Climate Change Agency zwischen Blaming und Framing

Alexandra Krämer

Climate Change Agency zwischen Blaming und Framing

Eine Claims-Making-Analyse arenenöffentlicher Klimakommunikation

Springer VS

Alexandra Krämer
Wien, Österreich

Dissertation Universität Salzburg, Gesellschaftswissenschaftliche Fakultät, Fachbereich Kommunikationswissenschaft, 2025.

ISBN 978-3-658-50040-5 ISBN 978-3-658-50041-2 (eBook)
https://doi.org/10.1007/978-3-658-50041-2

Die Deutsche Nationalbibliothek verzeichnet diese Publikation in der Deutschen Nationalbibliografie; detaillierte bibliografische Daten sind im Internet über https://portal.dnb.de abrufbar.

Planung/Lektorat: Friederike Lierheimer
Springer VS ist ein Imprint der eingetragenen Gesellschaft Springer Fachmedien Wiesbaden GmbH und ist ein Teil von Springer Nature.
Die Anschrift der Gesellschaft ist: Abraham-Lincoln-Str. 46, 65189 Wiesbaden, Germany

Für meine Eltern
Martina & Sebastian
Uli & Edith

Danksagung

Beginnend im Covid-19-Lockdown hat meine mehrjährige Doktoratsreise nun einen Abschluss gefunden. Auf dieser Reise durfte ich unwahrscheinlich viel dazu lernen – im fachlichen sowie im persönlichen Sinne. Das ist für mich von unschätzbarem Wert und ich hoffe, dass der Wert dieser Arbeit auch für andere von Nutzen sein kann. Ich verdanke es ganz besonderen Menschen, die mir Chancen gegeben, mich auf dem Weg immer wieder unterstützt und einen wesentlichen Teil dazu beigetragen haben, dass diese Arbeit ihren – wie ich finde gelungenen – Abschluss finden durfte.

Ganz großer Dank gilt meinem Doktorvater Univ.-Prof. Dr. Peter Winkler, der nicht nur über die Jahre hinweg stets greifbar war, sondern mir immer mit außerordentlich gutem Rat zur Seite gestanden ist. Auch wenn manche Gedanken noch unausgegoren waren, wusste er sie zu sortieren und mich dabei zu unterstützen, sie in eine fruchtbare Richtung weiterzuentwickeln. Dabei schätze ich besonders, dass es ihm gelang, mir den nötigen Freiraum zu lassen, um meinen eigenen Weg mit der Dissertation zu finden. Auch persönlich schätzte ich den Austausch und die Zusammenarbeit über die Jahre sehr.

Außerdem möchte ich mich bei den zahlreichen Kolleg:innen bedanken, die mir auf Konferenzen, Workshops und Seminaren hilfreiches Feedback gegeben und meine Arbeit durch ihre Anmerkungen bereichert haben. Weiterer Dank gilt jenen Kolleg:innen aus der Community, die zur selben Zeit mit mir promoviert haben und mir als Weggefährt:innen vor allem auch emotional eine große Unterstützung waren.

Bedanken möchte ich mich auch von Herzen bei meinen Eltern, die die nötigen Weichen gestellt haben, bei meinem Partner, der mir immer den Rücken frei gehalten und auf mein Wohlbefinden geachtet hat und meinen Freund:innen, die mich immer wieder Kraft und Motivation schöpfen haben lassen, wodurch es mir überhaupt möglich war, die Dissertation umzusetzen. Ihr habt mir diese Reise trotz mancher Unsicherheiten und Frustrationen nicht nur erträglich, sondern wirklich schön gemacht.

Ein herzliches Dankeschön aus tiefstem Herzen und viel Freude beim Lesen.

Salzburg
im Jänner 2025

Alexandra Krämer

Zusammenfassung

Die Klimakrise ist nicht nur eine ökologische und soziokulturelle, sondern auch eine kommunikative Herausforderung. Ziel der vorliegenden Dissertation ist es nachzuzeichnen, wie sich multiple Akteure aus Wirtschaft, Politik, Journalismus, Wissenschaft, Aktivismus sowie aus hybriden Akteursgruppen dieser kommunikativen Herausforderung stellen und dabei Climate Change Agency aufbauen.

Aus der Warte öffentlichkeitsorientierter Organisationskommunikationsforschung wird dazu im Theorieteil der kommunikative Aushandlungsprozess dieser Akteure im Spannungsfeld aus einer historisch gewachsenen Funktionserfüllung und einer gesellschaftlich erwarteten, notwendigen sozial-ökologischen Transformation rekonstruiert. Aus diesem Spannungsfeld ergeben sich je spezifische Inkonsistenzen, die diese Akteure mittels Claims-Making – also mit strategisch geframten diskursiven Bezugnahmen – bemüht sind, kommunikativ zu kaschieren, einander gezielt vorzuwerfen oder zu überwinden.

Empirisch ergibt sich auf Basis dieser theoretischen Überlegung die Frage, ob und wie es den multiplen Akteuren im Lichte eines oftmaligen wechselseitigen Blame-Games in der Arenenöffentlichkeit gelingen kann, Diskursdominanz aufzubauen und ihre Klimakommunikation in Form des Claims-Makings strategisch so zu framen, dass Climate Change Agency im Sinne eines Beitrags zur Institutionalisierung sozial-ökologischer Transformationserwartung geleistet werden kann. Dazu wurde der Ansatz der Claims-Making-Analyse für die Organisationskommunikationsforschung systematisch erschlossen und fruchtbar gemacht.

Grundlage der explorativen Anwendung waren alle thematisch passenden Beiträge der Tageszeitungen *Kronen Zeitung* und *Der Standard* sowie ausgewählte Presseaussendungen im Zeitraum der 27. Klimakonferenz 2022.

Die empirischen Ergebnisse zeigen, wie die Claims-Making-Analyse dafür nutzbar gemacht werden kann, nachzuvollziehen, wie multiple Akteure diskursiv auf Themen und andere Akteure Bezug nehmen, Koalitionen und Allianzen bilden und dabei sowohl auf hemmende als auch auf mobilisierende Kommunikationsregister zurückgreifen. Dabei gelingt es den Akteuren unterschiedlich gut, Diskursdominanz aufzubauen und ihre funktions- oder transformationsfokussierten Ansprüche zu platzieren. Climate Change Agency lässt sich hierin als diskursive Handlungsfähigkeit beschreiben, die durch eine hohe Diskursdominanz erreicht wird und deren Institutionalisierungsfokus klar auf der sozial-ökologischen Transformation liegt. Konkret wurden im untersuchten Diskursraum, den die Akteure unter wechselseitiger Bezugnahme aufeinander konstituierten, vier Master-Claim-Sphären identifiziert: ein wirtschaftlich/politisch vorangetriebener systemerhaltender Innovations-, ein akademisch/aktivistisch vorangetriebener systemtransformierender Verantwortungs-, ein medienvermittelter spaltender Stimmungs- und ein PR-vermittelter stabilisierender Unterstützungs-Master-Claim.

Die Arbeit bietet damit zum einen theoretisch eine fruchtbare Grundlage für organisations- und kommunikationswissenschaftliche Forschung zu komplexen Themenstellungen wie der Klimakrise, die sich nur über die hier vorgeschlagene Multi-Akteurs-Perspektive adäquat verstehen lassen. Zum anderen wird mit der Claims-Making-Analyse ein konkreter Vorschlag zur empirischen Nutzbarmachung dieser Perspektive geliefert und explorativ veranschaulicht.

Abstract

The climate crisis is not solely an ecological or socio-cultural challenge, so too is it a communicative challenge. The aim of this dissertation is to understand how multiple actors, of business, politics, journalism, academia, activism and hybrid groups of actors, accept this challenge and construct Climate Change Agency.

From a public-oriented perspective of organizational communication research, this work reconstructs the communicative negotiation of the aforementioned key actors in a tension field of a historically grown fulfillment of function, and an expected necessary socio-ecological transformation. From this field of tension, specific inconsistencies arise, whereby the actors seek to hide, to blame each other for, or to transcend them through their claims-making – strategically framed discursive relations.

The empirical part of this research takes into account the often-practiced blame-game in the arena public sphere and seeks to understand how the multiple actors fight for discourse dominance and frame their climate communication through the process of claims-making strategically. Through this process, the actors create Climate Change Agency and contribute to the institutionalization of the social-ecological transformation expectation. Therefore, the claims-making-analysis was systematically approached from an organizational communication research perspective and thus applied. Hence, a claims-making-analysis of thematically fitting newspaper outlets of the *Kronen Zeitung*, *Der Standard*, as well as selected press releases during the 27. conference of the parties 2022, was conducted in an explorative design.

The results demonstrate that the claims-making-analysis is a useful tool to reconstruct how multiple actors relate to topics and other actors discursively, build coalitions and alliances, as well as utilizing blocking and mobilizing communication registers. The multiple actors succeed differently in building discourse dominance and place their – either function or transformation focused – claims. Consequently, Climate Change Agency can be described as discursive agency, that is reached through a high discourse dominance and that has a clear focus on institutionalizing the socio-ecological transformation. The study identifies four master-claim-spheres in the researched discourse space that is constituted by the relations of the multiple actors: an economically/politically promoted system-preserving innovation-, an academically/activist-promoted system-transforming responsibility-, a media-driven dividing sentiment-, and a PR-driven stabilizing supporting-master-claim.

This work provides a useful theoretical approach for organizational communication scholarship and communication science, through which researching complex topics – like the climate crisis – can only be addressed through a multi-actors-perspective. Moreover, the explorative design posits that the claims-making-analysis can be suggested as a useful tool to empirically grasp the here applied multi-actors-perspective.

Inhaltsverzeichnis

Abkürzungsverzeichnis

AAR14	Austrian Assessment Report 2014
Abb.	Abbildung
APA	Austria Presse Agentur
APCC	Austrian Panel on Climate Change
BMK	Bundesministerium für Klimaschutz, Umwelt, Energie, Mobilität, Innovation und Technologie
BMSGPK	Bundesministerium für Soziales, Gesundheit, Pflege und Konsumentenschutz
bspw.	beispielsweise
bzw.	beziehungsweise
ca.	‚circa' – ungefähr
CAF	Collective Action Frames
CEO	Chief Executive Officer
CMA	Claims-Making-Analyse
CO_2	Kohlenstoff-Dioxid
COP	Conference of the Parties
CSR	Corporate Social Responsibility
d. h.	das heißt
e. V.	eingetragener Verein
EAG	Erneuerbaren-Ausbau-Gesetz
ECREA	European Communication Research and Education Association
etc.	‚et cetera' – und so weiter
EU	Europäische Union
EUF	empirische Unterfragen

ggf.	gegebenenfalls
H. i. O.	Hervorhebung im Original
Herv. d. Verf.	Hervorhebung durch Verfasserin
i. e.	‚id est' – das heißt
inkl.	inklusive
IPCC	Intergovernmental Panel for Climate Change
KR	Kronen Zeitung
KSG	Klimaschutzgesetz
Mio.	Millionen
Mrd.	Milliarden
NDC	national decarbonization commitments
NGO	Non-Governmental Organization
o. S.	ohne Seite
OECD	Organization for Economic Cooperation and Development
ÖH	Österreichische Hochschüler:innenschaft
ORF	Österreichischer Rundfunk
OTS	Originaltext-Service
PA	Presseaussendungen
PR	Public Relations
RAT	Rhetorical Arena Theory
SCCT	Situational Crisis Communication Theory
SDG	Sustainable Development Goals
sic	Schreibweise so im Original
SNI	Soziologischer Neo-Institutionalismus
ST	Der Standard
TUF	theoretische Unterfragen
u. a.	unter anderem
u. v. m.	und viele mehr
UN	United Nations
UNDP	United Nations Development Programme
UNEP	United Nations Environment Programme
UNFCCC	United Nations Framework Convention on Climate Change
usw.	und so weiter
vgl.	vergleiche
WMO	World Meteorological Organization
WWF	Umweltverband World Wide Fund For Nature
z. B.	zum Beispiel

Abbildungsverzeichnis

Tabellenverzeichnis

Einleitung 1

1.1 Relevanz und Problemstellung

Die Klimakrise ist eine der größten globalen und zukunftsrelevanten Herausforderungen der Gegenwart. Das Klima der Erde erwärmt sich stetig und die Konsequenzen sind bereits deutlich spürbar: Extreme Wetterereignisse, Ressourcenknappheit und Hitzewellen sind für zahlreiche Menschen bittere Lebensrealität. Menschen und Umwelt sind, vor allem im globalen Süden, aber auch in zentraleuropäischen Breiten – ebenfalls in Österreich – bedroht und manche Schäden sind schon jetzt irreversibel. (Global 2000, 2024; Rahmstorf, 2022, S. 15–18)

Die Menschheit steht somit einer globalen ökologischen Herausforderung gegenüber, die auch zu einer globalen soziokulturellen Herausforderung wird. Mit dem naturwissenschaftlichen Wissen über die Klimakrise und die damit einhergehenden Konsequenzen, das sich die Menschheit in den vergangenen Dekaden angeeignet hat, lastet nun immenser Handlungsdruck auf Staaten, Organisationen und Individuen weltweit. Das Voranschreiten der Klimakrise soll nach Möglichkeit eingedämmt werden und es soll eine bestmögliche Anpassung an bereits unveränderliche und absehbare Auswirkungen erfolgen. Das erfordert nicht nur einen Wandel individueller Einstellungen und Verhaltensweisen, sondern auch und vor allem eine tiefgreifende Transformation organisationalen und politischen Entscheidens, Kommunizierens und Handelns weltweit, um eine lebenswerte Zukunft für kommende Generationen zu sichern (Bennett, 2021, S. 4–6).

Somit besteht die Herausforderung, die komplexen ökologischen Zusammenhänge zu begreifen und mit diesem Wissen eine möglichst gerechte sozial-ökologische Transformation einzuleiten. Dabei ist die Zusammenarbeit von

A. Krämer, *Climate Change Agency zwischen Blaming und Framing*,
https://doi.org/10.1007/978-3-658-50041-2_1

besonders hoher Bedeutung, sei es zwischen Staaten, sozialen Systemen, global oder lokal agierenden Organisationen oder zwischen Individuen, um die Klimakrise gemeinsam zu bewältigen. Die Entscheidungen und die Handlungen in der Gegenwart beeinflussen unmittelbar die weiteren Entwicklungen in der nahen und ferneren Zukunft (Jay et al., 2017, S. 357) und damit nicht nur, ob und inwieweit es der Menschheit gelingen wird, die Auswirkungen der Klimakrise einzudämmen, sondern auch, welche Gestalt der sozial-ökologische Transformationsprozess in Bezug auf Verträglichkeit und Gerechtigkeit annimmt.

Der Kommunikation kommt in Bezug auf eine solche sozial-ökologische Transformation in vielerlei Hinsicht eine zentrale Rolle zu (Schäfer & Bonfadelli, 2017, S. 316; Takahashi et al., 2022a, S. 4). Öffentliche Kommunikation befähigt die Gesellschaft, sich kritisch mit soziopolitisch relevanten Themen wie der Klimakrise auseinanderzusetzen und zum einen Wissen über die Problematik zu erlangen sowie zum anderen potenzielle Lösungswege und Handlungsoptionen zu erkennen. Das Forschungsfeld um die öffentliche Kommunikation zur Klimakrise hat sich in den letzten Jahrzehnten analog zur wachsenden ökologischen und gesellschaftlichen Herausforderung vervielfacht und weiter ausdifferenziert. Zu den relevanten interdisziplinären Feldern gehören die Umwelt-, Risiko- und Klimawandelkommunikationsforschung (Hansen & Cox, 2022; Moser, 2010; Takahashi et al., 2022b), die Wissenschaftskommunikationsforschung (Boykoff, 2019; Davis et al., 2018; Priest, 2019), die medienöffentliche Klima- und Nachhaltigkeitskommunikationsforschung (Brüggemann, 2022; Neverla & Schäfer, 2012; Schäfer & Painter, 2021), die politische und aktivistische Klimakommunikationsforschung (Leviäkangas, 2021; Rootes et al., 2012; Tratschin, 2016; Tschötschel et al., 2021) oder auch die Corporate-Social-Responsibility-Forschung (CSR-Forschung) (Christensen et al., 2013; Lyon & Montgomery, 2015; Thummes, 2020; Weder & Eriksen, 2023) sowie die strategische Nachhaltigkeitskommunikationsforschung (Newig et al., 2013; Weder et al., 2021).

Innerhalb dieser Forschungsfelder wurden bereits zahlreiche Perspektiven in Bezug auf die Auseinandersetzung und den kommunikativen Umgang mit der Klimakrise eingenommen, die auch für dieses Forschungsvorhaben von Bedeutung sind. Der Fokus dieser Arbeit liegt dabei vor allem darin, diese unterschiedlichen Disziplinen nicht isoliert voneinander zu betrachten, sondern sie gesamthaft für eine akteursgruppenvergleichende Perspektive fruchtbar zu machen. In diesen interdisziplinären Forschungsfeldern treten die Akteursgruppen aus Wirtschaft, Politik, Medien, Wissenschaft und Aktivismus als immer wiederkehrende Schlüsselakteursgruppen auf. Diese Schlüsselakteure[1] prägen den öffentlichen Klimadiskurs maßgeblich und nehmen damit Einfluss auf die Erzeugung oder die Verhinderung von Veränderungsdruck – für Individuen, Organisationen und Nationen. Wie genau dies den Schlüsselakteuren kommunikativ gelingt, ist dabei aus einer öffentlichkeitsorientierten Organisationskommunikationsperspektive (Eisenegger, 2018; Sandhu, 2015) heraus von besonderem Interesse.

Die öffentlichkeitsorientierte Organisationskommunikationsforschung (Eisenegger, 2018; Sandhu, 2015) ist in der Lage, multiple Akteure unterschiedlicher Art als in ihr „gesellschaftlich-öffentliches Umfeld" (Eisenegger, 2018, S. 19) eingebettet zu begreifen. Eine solche Perspektive bietet die Möglichkeit, das Zusammenspiel aus einerseits komplexen gesamtgesellschaftlichen Veränderungen, wie sie beispielsweise durch die Klimakrise ausgelöst werden, und andererseits der besonderen Rolle der strategischen öffentlichen Klimakommunikation der Schlüsselakteure dabei zu reflektieren.

Der kommunikative Umgang öffentlicher Akteure mit der Klimakrise ist auch in der breiteren PR- und Organisationskommunikationsforschung bereits viel beforscht (Andersen et al., 2017; Basu & Palazzo, 2008; Carroll & Shabana, 2010; Du et al., 2010; Ergene, 2021: Jarolimek, 2014; Kong et al., 2020: Lintemeier & Rademacher, 2016; Lock, 2016; Lyon & Montgomery, 2015; Seele & Gatti, 2017; Weder & Voci, 2021; Weder, 2022; Wijen, 2014; Yusof et al., 2020). Jedoch lässt sich ein Großteil dieser Forschung einem instrumentellen Verständnis zuordnen (Basu & Palazzo, 2008; Carroll & Shabana, 2010; Du et al., 2010; Jarolimek, 2014; Kong et al., 2020; Lintemeier & Rademacher, 2016). Damit geht eine, meist auf ökonomische Akteure enggeführte, Single-Akteurs-Perspektive einher. Da in der öffentlichen Kommunikation jedoch eine breite Vielfalt an deutungsmächtigen Akteuren an der Aushandlung um die Klimakrise und die sozial-ökologische Transformationserwartung beteiligt ist, scheint es lohnend, eine holistische Perspektive multipler Akteure einzunehmen. Mit Hilfe des öffentlichkeitsorientierten Organisationskommunikationsverständnisses wird entsprechend über die dominante Single-Akteurs-Perspektive hinweg eine *Multi-Akteurs-Perspektive* eingenommen. Eine solche Perspektive ermöglicht ein breites Verständnis von Organisationstypen (Eisenegger, 2018, S. 31), wodurch die Kommunikationsspezifika unterschiedlicher Akteure vergleichend in den Blick

[1] Der Akteursbegriff wird in dieser Arbeit sehr häufig und oft auch in zusammengesetzten Wortkonstellationen genutzt. Da der Begriff in dieser Arbeit als eine grundsätzlich geschlechterneutrale Gruppenbezeichnung, meist auf Meso-Ebene, zu lesen ist, wird hier zugunsten der Barrierefreiheit von einer gegenderten Schreibweise abgesehen.

genommen werden und deren Potenziale für die sozial-ökologische Transformation beleuchtet werden können, ohne diese Perspektive auf eine instrumentelle organisationsfokussierte Perspektive zu reduzieren.

Mit einer solchen komplexen Multi-Akteurs-Perspektive und entsprechend unterschiedlichen Kommunikationsformen geht das Desiderat einher, dieses Verständnis hinsichtlich der strategischen öffentlichen Klimakommunikation theoretisch sowie empirisch greifbar zu machen. Gerade im Kontext der Klimakrise ist es aufschlussreich, *wie* die unterschiedlichen Akteursgruppen miteinander in Austausch treten und wie sie dabei kommunikativ mit den komplexen Anforderungen aus Funktionserfüllung und Transformationserwartung umgehen. Um sich dem theoretisch anzunähern, wird zunächst näher auf die Rolle der Öffentlichkeit (Eisenegger, 2021; Habermas, 1990, 2022; Imhof, 2006, 2011; Strömbäck, 2008) und die öffentliche Kommunikation (Gerhards & Neidhardt, 1990; Habermas, 1998, 2022; Mouffe 2014) eingegangen. Hier sind die Akteure in einer Arenenöffentlichkeit (Bruns, 2023; Gerhards & Neidhardt, 1990; Godulla, 2017; Wild, 2021) mit komplexen dynamischen Kommunikationsarenen konfrontiert, die eigenen Zugangs- oder Aufmerksamkeitslogiken unterliegen. Sie treten dabei in einen kommunikativen Kampf um Diskursmacht und Deutungshoheit. Durch strategisches Claims-Making (Koopmans & Erbe, 2004; Koopmans & Statham, 1999) und den Einsatz von „collective action frames" (Benford & Snow, 2000; Snow & Benford, 1988) darin nehmen sie aufeinander und auf den Themenkomplex der Klimakrise Bezug und erzeugen Sichtbarkeit für ihre Bedeutungskonstruktion sowie das Fehlverhalten anderer. Entsprechend werden im theoretischen Teil der Arbeit verschiedene Perspektiven der arenenöffentlichen Kommunikation integriert (Eisenegger & Udris, 2019; Eisenegger, 2018; Frandsen & Johansen, 2020, 2023; Gerhards & Neidhardt, 1990; Hilgartner & Bosk, 1988; Imhof, 2011; Lock, 2020; Lörcher & Taddicken, 2019; Luoma-aho & Vos, 2010; Raupp, 2019; Schmidt, 2014) und für die empirische Untersuchung der Claims-Making-Analyse (Koopmans & Erbe, 2004; Koopmans & Statham, 1999) fruchtbar gemacht.

Darüber hinaus müssen sich die Akteure angesichts unweigerlich auftretender Inkonsistenzen als legitime Akteure behaupten (Deephouse et al., 2017; Sandhu, 2015). Mit dem Soziologischen Neo-Institutionalismus (Czarniawska & Sevón, 1996; DiMaggio & Powell, 1983; Hasse & Krücken, 2005; Meyer & Rowan, 1977; Røvik, 1996; Scott, 2014; Zucker, 1977) ist dabei aufschlussreich nachzuzeichnen, dass sich diese akteursspezifischen Inkonsistenzen aus akteursübergreifenden komplexen institutionellen Logiken ergeben (Greenwood et al., 2015; Ocasio et al., 2017; Thornton & Ocasio, 1999). Diese komplexen institutionellen Logiken fordern zum einen, dass die Akteure ihre historisch gewachsene spezifische Funktion erfüllen, und zum anderen üben sie Erwartungsdruck auf die Akteure aus, sich an die wachsende sozial-ökologische Transformation anzupassen. Daraus ergibt sich ein Spannungsfeld zwischen selbsterhaltender Funktionserfüllung und systemverändernder Transformationserwartung, das für die Akteure unweigerlich zum „Decoupling“ (Boxenbaum & Jonsson, 2017; Brunsson, 2003; Meier & Meyer, 2020; Meyer & Rowan, 1977) führt. Aus dem Anspruch heraus, den widersprüchlichen Erwartungen gerecht zu werden, entkoppeln Organisationen und Akteure die von außen sichtbare Formalstruktur, die sich durch bestimmte Policys ausdrücken kann, von der Handlungsebene – was die Form des „Policy-Practice-Decouplings“ beschreibt (Bromley & Powell, 2012, S. 1) – oder die angestrebten Ziele, wie beispielsweise der Transformationserwartung gerecht zu werden, können ob der dafür zur Verfügung stehenden funktionsgebundenen Mittel nicht erreicht werden – „Means-Ends-Decoupling“ (Bromley & Powell, 2012, S. 8; Jabbouri et al., 2022, S. 123; Wijen, 2014, S. 302). Dieses akteursspezifische Decoupling wird jedenfalls zur Grundlage des wechselseitigen arenenöffentlichen Blame-Games, das wiederum strategisch im arenenöffentlichen Kampf um die Diskurshoheit eingesetzt wird. Diese Inkonsistenzproblematik wird folglich als akteursübergreifende Legitimationsherausforderung angenommen und daraus resultierende akteursspezifische Inkonsistenzen werden entlang der Decoupling-Varianten modelliert. Vor diesem Hintergrund liegt das Forschungsinteresse darauf, wie es den multiplen Akteuren gelingt, in der umkämpften Arenenöffentlichkeit zwischen Blaming und Framing so etwas wie Climate Change Agency – also kommunikative Handlungsfähigkeit, die für eine Institutionalisierung der sozial-ökologischen Transformationserwartung eingesetzt wird – aufzubauen und damit als „institutional entrepreneurs“ (Hardy & Maguire, 2017, S. 272) langfristig institutionellen Wandel voranzutreiben (DiMaggio, 1988; Fredriksson & Pallas, 2014; Friedland & Alford, 1991; Hardy & Maguire, 2017).

Um diesem Forschungsvorhaben auch empirisch gerecht zu werden, wird ein exploratives Forschungsdesign anhand einer Claims-Making-Analyse durchgeführt. Diese Analyse ist nicht nur sensibel für die angestrebte Multi-Akteurs-Perspektive, sondern sie ermöglicht es auch, den Aushandlungsprozess um die komplexen institutionellen Logiken und Bedeutungskonstruktionen nachzuvollziehen und diese in Hinblick auf die Climate Change Agency der Akteure genauer zu beleuchten. Daraus abgeleitet ergibt sich folgende forschungsleitende Frage:

Wie erzeugen multiple Akteure öffentlicher Arenen im Klimadiskurs kommunikative Climate Change Agency im Spannungsfeld zwischen funktionalen und transformativen Erwartungen?

Daran anknüpfend lassen sich folgende forschungsleitende theoretische Unterfragen (TUF) aufstellen, die den Theorieteil der Arbeit strukturieren:

TUF 1: Wie lassen sich unterschiedliche kommunikative Umgangsformen mit der wachsenden sozial-ökologischen Transformationserwartung beim gleichzeitig geltenden Anspruch nach Funktionserfüllung aus der aktuellen Literatur der PR- und Organisationskommunikationsforschung und angrenzenden Disziplinen systematisieren?

TUF 2: Wie lässt sich aus verschiedenen arenentheoretischen Ansätzen eine integrierte, für empirische Untersuchungen anschlussfähige, arenenöffentliche Perspektive entwickeln?

TUF 3: Wie lassen sich aus der akteursübergreifenden Funktions-/Transformations-Inkonsistenz akteursspezifische Inkonsistenzen auf Basis interdisziplinärer Literatur hinsichtlich des Policy-Practice- und des Means-Ends-Decouplings modellieren?

TUF 4: Wie können die Akteure über diese unweigerlich auftretenden Inkonsistenzen hinweg Handlungsfähigkeit aufbauen und zu institutionellem Wandel beitragen?

Mit der Beantwortung dieser forschungsleitenden Fragen wird vorliegend beabsichtigt, die sozial-ökologische Transformationserwartung als akteursübergreifende kommunikative Herausforderung anzunehmen, diese Herausforderung aus einer Multi-Akteurs-Perspektive zu betrachten und empiriefähig zu machen, die daraus resultierende Inkonsistenzproblematik als akteursübergreifende Legitimationsproblematik anzuerkennen und das Claims-Making vor diesem Hintergrund als kommunikativen Schlüsselprozess in der Konstruktion von Climate Change Agency zu charakterisieren. Die Climate Change Agency versteht sich vor diesem Hintergrund als jene Handlungsfähigkeit, die von den multiplen Akteuren durch das relationale strategisch geframte Claims-Making im arenenöffentlichen Diskurs aufgebaut und abgetragen und für die Institutionalisierung der sozial-ökologischen Transformation eingesetzt wird. Damit wird in dieser Arbeit beabsichtigt, einen nützlichen Beitrag für die PR- und Organisationskommunikationsforschung, für die Forschung zur arenenöffentlichen Kommunikation, für die Klimakommunikationsforschung und -praxis sowie darüber hinaus zu leisten.

In diesem Sinne zeigt die Arbeit erstens, wie sich dem Anspruch der Multi-Akteurs-Perspektive folgend verschiedene Zugänge der PR- und Organisationskommunikationsforschung zum strategischen kommunikativen Umgang mit der wachsenden sozial-ökologischen Transformationserwartung für ein differenziertes Verständnis der Kommunikationstypen und -formen systematisieren lassen. Gerade die breite Betrachtung hilft dabei, Schwachstellen der verschiedenen Zugänge zu erkennen, das Potenzial einer vergleichenden Perspektive zu verdeutlichen und die Relevanz des Ausbaus der jungen, bislang wenig erforschten transformativen Kommunikation zu betonen.

Zweitens wird die Multi-Akteurs-Perspektive mit Hilfe eines integrierten Arenenverständnisses theoretisch für die öffentlichkeitsorientierte Organisationskommunikationsforschung greifbar sowie in diesem Zuge unter Anwendung einer explorativen Untersuchung mittels einer Claims-Making-Analyse empirisch nutzbar gemacht. Ein solcher Zugriff erlaubt nicht nur einen analytischen Blick auf die Arenenöffentlichkeit, sondern bleibt darüber hinaus offen für demokratietheoretische Überlegungen. Dies bietet ergänzend Anschlussfähigkeit für die allgemeine Forschung zur Arenenöffentlichkeit.

Drittens lässt sich über die Untersuchung des Prozesses des Claims-Makings mit den dazugehörigen Mechanismen des Blamings und des Framings nachvollziehen, wie in der Arenenöffentlichkeit Climate Change Agency aufgebaut werden kann. Dies soll einen tieferen Einblick in die Konstitution, den Aufbau und die Erosion diskursiver Handlungsfähigkeit ermöglichen, die für die Institutionalisierung der sozial-ökologischen Transformation eingesetzt wird. Darüber hinaus wird mit dieser Untersuchung beabsichtigt, anhand der Veranschaulichung des dynamischen Zusammenspiels aus hemmenden Blaming- und mobilisierenden Framing-Strategien einen nützlichen Beitrag für die strategische Klimakommunikationsforschung und -praxis zu liefern. Dies ist letztlich vor dem Hintergrund der voranschreitenden Klimakrise auch von hoher gesellschaftlicher Relevanz.

1.2 Aufbau der Arbeit

Um die übergeordnete Forschungsfrage systematisch beantworten zu können, ist diese Arbeit folgendermaßen aufgebaut (siehe Abb. 1.1 am Ende dieses Abschnitts). Kapitel 2 beginnt mit einem thematischen Überblick zur Klimakrise als ökologischer und soziokultureller Herausforderung. Hier begründet sich die sozial-ökologische Transformationserwartung, die in weiterer Folge als gesamtgesellschaftliche kommunikative Herausforderung anerkannt wird. Sodann wird der aktuelle Stand der PR- und Organisationskommunikationsforschung im Umgang mit dieser kommunikativen Herausforderung systematisiert besprochen.

Kapitel 3 bildet den theoretischen Beitrag dieser Forschung. Zum einen soll in Abschnitt 3.1 die besondere Rolle der öffentlichen Kommunikation für die sozial-ökologische Transformation hervorgehoben werden. Die Öffentlichkeit wird hier als der zentrale Aushandlungsort verstanden, in dem multiple Akteure, die sich in einem Kampf um Aufmerksamkeit befinden, auf klimarelevante Themen öffentlichkeitswirksam Bezug nehmen und Claims-Making betreiben. Über die öffentliche Kommunikation wird zum einen die wechselseitige Beobachtung organisationaler Akteure untereinander sowie zum anderen die Beobachtung durch die Bevölkerung ermöglicht. Durch die öffentliche Kommunikation lässt sich gesellschaftlicher Wandel somit nicht nur reflektieren. Vielmehr wird der gestalterische Einfluss der öffentlich kommunizierenden Akteure diskutiert. Entlang eines Arenenverständnisses von Öffentlichkeit werden verschiedene Ansätze zur Arena selbst, zu den komplexen Dynamiken zwischen den Akteuren im Kampf um Aufmerksamkeit, zu den diskutierten gesellschaftlichen Themen und Problemlagen sowie zu den kommunikativen Bezugnahmen im Umgang mit diesen Themen diskutiert und integriert.

Zum anderen soll in Abschnitt 3.2 mit Hilfe des Soziologischen Neo-Institutionalismus nachvollzogen werden, wie sich die auf der gesamtgesellschaftlichen Ebene der Öffentlichkeit entwickelnden Erwartungshaltungen auf die gesellschaftlich-öffentlich eingebetteten Organisationen und Akteure auswirken. Dabei wird die Legitimität als die zentrale Komponente angenommen, auf die es den Akteuren bei der Aushandlung teils komplexer widersprüchlicher Erwartungen ankommt. Hier wird vor allem auf eine unweigerlich auftretende Inkonsistenzproblematik eingegangen, die sich akteursspezifisch unterschiedlich ausgestaltet, aber zu einer geteilten akteursübergreifenden Legitimationsproblematik wird. Dies wird in einem Decoupling-Modell zusammengeführt. Abschließend wird darauf eingegangen, wie es den Akteuren dennoch gelingen kann, Handlungsfähigkeit aufzubauen und konstruktiv zu einem institutionellen Wandel beizutragen.

Nach den theoretischen Ausführungen folgt in Kapitel 4 die empirische Untersuchung der Arbeit. Im Forschungsdesign wird der Aufbau der Claims-Making-Analyse präsentiert, mit der auch inhalts- oder netzwerkanalytische Elemente verschränkt werden und die Arenenforschung umsetzbar gemacht wird. In Kapitel 5 werden die von den theoretischen Erträgen geleiteten Resultate der durchgeführten Claims-Making-Analyse präsentiert. Anhand dieser Ergebnisse kann gezeigt werden, wie sich das erarbeitete Verständnis arenenöffentlicher Kommunikation empirisch umsetzen lässt und wie es entsprechend im untersuchten Zeitraum um den Klimadiskurs in der untersuchten österreichischen Arenenöffentlichkeit multipler Akteure bestellt ist. Hieraus lässt sich die kommunikative Climate Change Agency modellieren, mit der abgebildet wird, wie die unterschiedlichen Akteure durch das Claims-Making und damit den Einsatz des Blamings und Framings bemüht sind, Diskursdominanz aufzubauen, um diese für die Bedeutungskonstruktion um die Klimakrise und die sozial-ökologische Transformationserwartung einzusetzen. In Kapitel 6 folgen eine Zusammenfassung, die Beantwortung der Forschungsfrage sowie die Diskussion und die Implikationen der Resultate, bevor die Arbeit mit der Reflexion der Limitationen und der offenen Forschungsdesiderate abgeschlossen wird.

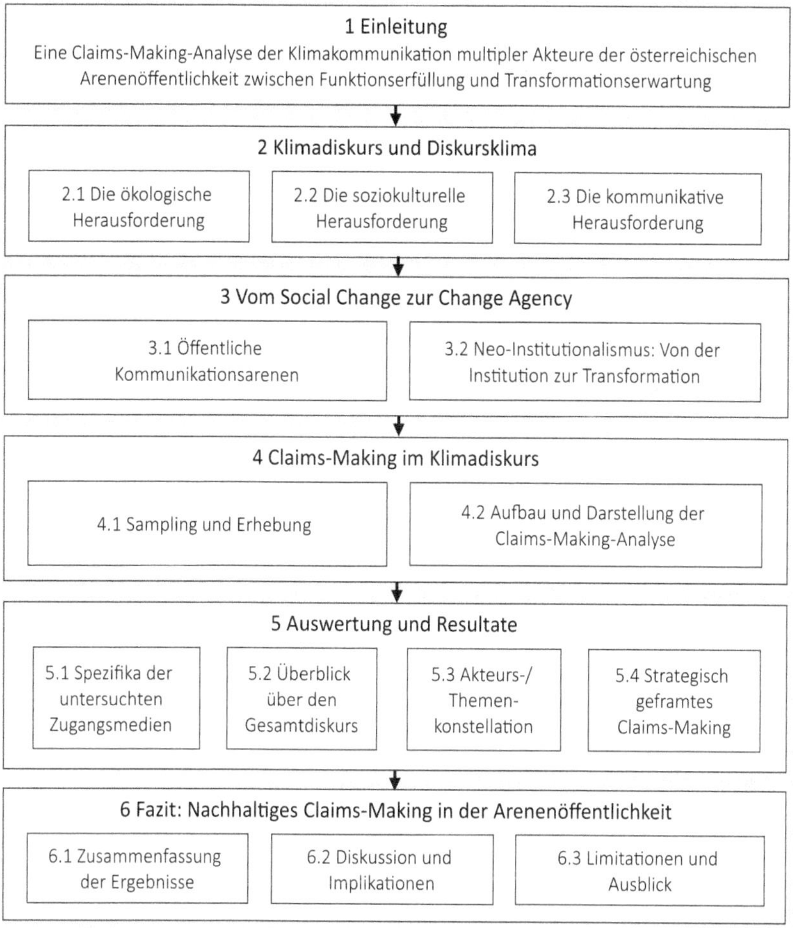

Abbildung 1.1 Aufbau der Arbeit. (Eigene Darstellung)

2 Klimadiskurs und Diskursklima

Die Klimakrise ist eine gesamtgesellschaftliche Krise von globaler Tragweite und damit eine der größten Herausforderungen der Menschheit (IPCC, 2024b). Die Bedrohung erstreckt sich nicht nur auf die ökologische Komponente, die Natur und die Umwelt betreffend, sondern auch auf die soziokulturelle Komponente, die Aushandlung ebendieser ökologischen Krise betreffend. Das erzeugt erhebliche Relevanz, wenn es um die Frage geht, was die Menschheit, die als hauptverursachend zu identifizieren ist (IPCC, 2018, S. 8), dieser Bedrohung entgegenzusetzen hat. Während sich die ökologische Krise an eindeutigen Faktoren festmachen lässt, gestaltet sich die soziokulturelle Aushandlung um die Implikationen der Klimakrise als äußerst komplex. Mit den folgenden Abschnitten ist die Zielsetzung verbunden, zunächst die manifeste ökologische Herausforderung (Abschnitt 2.1) und dann die soziokulturelle Herausforderung (Abschnitt 2.2) grob einzugrenzen und zu skizzieren, bevor auf die daran anknüpfende kommunikative Herausforderung eingegangen wird (Abschnitt 2.3).

2.1 Die ökologische Herausforderung

2.1.1 Der globale Klimawandel

Erste wissenschaftliche Erkenntnisse in Bezug auf die Zusammenhänge zwischen Treibhausgasen und klimatischen Veränderungen gehen bis in das 19. Jahrhundert zurück. 1824 wurde der atmosphärische Treibhauseffekt als solcher erstmals entdeckt und beschrieben (Archer & Pierrehumbert, 2011). Mit der globalen Lufttemperaturaufzeichnung wurde im Jahr 1850 begonnen (Umweltbundesamt, 2024a). In den 1960er Jahren maß der Chemiker Keeling den CO_2-Gehalt der Atmosphäre und stellte einen Anstieg der Konzentration fest (Keeling, 1978).

A. Krämer, *Climate Change Agency zwischen Blaming und Framing*,
https://doi.org/10.1007/978-3-658-50041-2_2

Erste Warnungen wurden ausgesprochen. In einem 1979 veröffentlichten Bericht vom Massachusetts Institute of Technology wird der von Menschen verursachte massive Anstieg der CO_2-Konzentration in der Atmosphäre erstmals in Zusammenhang mit der Klimaerwärmung gebracht und ein kritischer globaler Anstieg der Oberflächendurchschnittstemperatur vorhergesagt (Charney et al., 1979). Im selben Jahr wurde das erste Mal die Weltklimakonferenz, die Conference of the Parties (COP), organisiert von der World Meteorological Organization (WMO), abgehalten. Ab 1995 ist die Klimakonferenz dann von der United Nations Framework Convention on Climate Change (UNFCCC) ausgerichtet worden (UNFCCC, 2024a).

Die Klimawandelforschung stieg in den 1980er Jahren massiv an und im Jahr 1988 wurde der Weltklimarat, der Intergovernmental Panel for Climate Change (IPCC), von der World Meteorological Organization (WMO) und vom United Nations Environment Programme (UNEP) ins Leben gerufen (IPCC, 2024a). Der IPCC trägt die naturwissenschaftlichen Grundlagen und Implikationen des Klimawandels zusammen, die er den politischen Entscheidungsträger:innen für eine evidenzbasierte Gesetzesentwicklung zur Verfügung stellt (IPCC, 2024a). Der erste Sachstandsbericht des IPCC erschien 1990 und etwa zur gleichen Zeit fanden erste Klimawandelleugnungskampagnen ihren Weg in die Öffentlichkeit (Brulle, 2014, S. 683).

Mit dem zweiten Sachstandsbericht des IPCC 1995 erhärtete sich der Verdacht, dass der Treibhauseffekt und die damit verbundene Klimaerwärmung maßgeblich vom Menschen beeinflusst ist (IPCC, 1995, S. 4). Infolgedessen wurde 1997 das erste Kyoto-Protokoll von 192 Staaten in Kraft gesetzt, das die Industriestaaten dazu verpflichtet, ihre Treibhausgasemissionen einzuschränken bzw. zu reduzieren (UNFCCC, 2024c). Die festgeschriebenen Ziele, die Emissionen bis 2012 um 5,2 % im Vergleich zum Jahr 1990 zu reduzieren, konnten nicht eingehalten werden (Kromp-Kolb et al., 2014, S. 711).

Mitte der 2000er Jahre erlangte der Klimawandel auch in der breiten öffentlichen Kommunikation zunehmend Aufmerksamkeit, beispielsweise durch den vom damaligen US-Gouverneur Al Gore mitproduzierten Dokumentartfilm „Eine unbequeme Wahrheit“ (Guggenheim, 2006). 2001 weigerten sich die USA jedoch, das Kyoto-Protokoll umzusetzen (Standard.at, 2001). 2007 dann, im vierten Sachstandsbericht des IPCC, werden der Mensch und dessen Treibhausgasemissionen äußert wahrscheinlich als Verursacher der Erderwärmung identifiziert (IPCC, 2007, S. 5). Im Dezember 2009 einigten sich die Industriestaaten sich mit dem Copenhagen-Accord darauf, jährlich gemeinsam 100 Mrd. US-Dollar bis 2020 für Klimaschutz- und Anpassungsmaßnahmen vor allem im globalen Süden aufzuwenden (BMK, 2024a). Die USA, China, Indien, Südafrika und Brasilien pochten jedoch auf die Freiwilligkeit (Kromp-Kolb et al., 2014, S. 711). Der Accord wurde von den COP-teilnehmenden Staaten lediglich zur Kenntnis genommen und gilt als gescheiterter Versuch eines globalen Klimaschutzabkommens (Umweltbundesamt, 2024c). Die frühen 2000er Jahre enthielten schon die wärmsten Jahre seit Beginn der Temperaturaufzeichnung 1850 und in den Jahren 2005 bis 2007 wurde die Ein-Grad-Schwelle erstmals überschritten (Statista, 2024a).

Auf der COP in Doha wurde 2012 die Folgeperiode von 2013 bis 2020 des Kyoto-Protokolls festgelegt (Umweltbundesamt, 2024c). 2015 wurde auf der 21. Klimakonferenz das Pariser Abkommen verabschiedet, das die unterzeichnenden 196 Staaten gesetzlich dazu verpflichtet, die globale Durchschnittstemperatur unter 2 Grad Celsius über dem vorindustriellen Level zu halten bzw. sogar einen maximalen Anstieg um 1,5 Grad Celsius anzustreben (UNFCCC, 2024b). Dabei wurden keine Emissionsziele festgeschrieben, sondern die Staaten formulieren eigene NDCs (National Decarbonization Commitments), die sie einzuhalten versuchen. Diese NDCs können einen entscheidenden Unterschied machen, wenn es darum geht, die globale Erwärmung einzudämmen, wie verschiedene Hochrechnungsszenarien zeigen (Berkeley Earth, 2024a).

2018 sorgten Klimaproteste für einen Trend, auch wenn sie nicht zum ersten Mal die öffentliche Aufmerksamkeit auf die Klimakrise lenkten. Greta Thunberg initiierte wöchentliche Schulstreiks und rief damit die Protestbewegung ‚Fridays for Future' ins Leben, die im weiteren Verlauf ein globales Netzwerk ausbaute und Klimastreiks weltweit organisierte. Die gewonnene Aufmerksamkeit machte sich vielerorts in den Wahlergebnissen bemerkbar. Die im Copenhagen Accord festgelegten 100 Mrd. US-Dollar jährlich, die bis 2020 von den Industriestaaten für den Schutz des Klimas sowie die Klimawandelanpassung bereitgestellt werden sollten, wurden nicht erreicht (Deutsche Klimafinanzierung, 2022). Im Zentrum der 27. Klimakonferenz 2022 stand über den Klimaschutz und die Klimawandelanpassung hinaus auch die Entschädigung der am stärksten vom Klimawandel betroffenen Länder zur Diskussion auf der Agenda. Mit dem sechsten Sachstandsbericht des IPCC 2023 wird deutlich, dass sich die durchschnittliche Erdoberflächentemperatur bereits um 1,09 Grad Celsius erwärmt hat und dass die Erreichung des im Pariser Abkommen festgehaltenen 1,5-Grad-Ziels als unwahrscheinlich einzuschätzen ist (Cointe & Guillemot, 2023, S. 1).

Die Einhaltung des 1,5-Grad-Ziels ist also ein ambitioniertes Ziel, doch selbst die globale Durchschnittstemperatur unter 2 Grad Celsius zu halten, stellt eine Herausforderung dar. Die durchschnittliche Jahrestemperatur ist im Vergleich zu 1960 beispielsweise in Deutschland bereits um 2,81 Grad Celsius und in

Österreich um 2,90 Grad Celsius angestiegen (Berkeley Earth, 2024b). Landgebiete erwärmen sich allerdings schneller als die Meere. Im Jahr 2020 betrug die durchschnittliche Erwärmung aller Landgebiete 2 Grad Celsius (Rahmstorf, 2022, S. 14). Selbst wenn die glaubwürdigen NDCs eingehalten werden, deuten die Szenarien darauf hin, dass bis zum Jahr 2100 eine Jahresdurchschnittstemperatur von 2,5 Grad Celsius erreicht wäre (Berkeley Earth, 2024a). Die für 2030 prognostizierten Treibhausgasemissionen müssen mit Stand 2023 für das 2-Grad-Ziel noch um 28 % reduziert werden und für das 1,5-Grad-Ziel sogar um 42 % (UNEP, 2023, S. XXI, 1).

Global betrachtet kommt es immer häufiger zu extremen Wetterereignissen wie tropischen Wirbelstürmen oder Bränden und die Polkappen schmelzen ab, was zu einem Anstieg des Meeresspiegels führt (Rahmstorf, 2022, S. 19–23). Kritsch sind dabei vor allem die ökologischen Kipppunkte des globalen Klimasystems. Werden diese Kipppunkte überschritten, kommt es zu Rückkopplungseffekten und dann wirken die Phänomene selbstverstärkend und sind nicht mehr aufzuhalten (Rahmstorf, 2022, S. 24). Nicht nur können die einzelnen Teilsysteme kippen, sondern sie können auch die globale Erwärmung als Ganzes infolgedessen zum Kippen bringen. Beispielsweise wird durch das Auftauen des Permafrosts zusätzliches CO_2 freigesetzt, das dann durch die absterbenden Korallen und die zerstörten Wälder immer weniger bis gar nicht mehr absorbiert werden kann (Rahmstorf, 2022, S. 28).

2.1.2 Klimawandel in Österreich

Schon heute haben auch Deutschland und Österreich mit extremen Hitzewellen, extremen Dürren, extremen Niederschlägen, Hochwasser und Gletscherschmelze zu kämpfen (Global 2000, 2024; Rahmstorf, 2022, S. 15–18). Um 1900 gab es in Österreich nur zwei Hitzeperioden über 30 Grad Celsius im Jahr, heute sind es fünf (Global 2000, 2024). Gerade Stadtgebiete wie Wien sind davon stark betroffen und auf dem Land kommt es vermehrt zu Waldbränden (Global 2000, 2024). Auch die Gletscherschmelze trifft Österreich, abgesehen von den ökologischen Implikationen, als Land des Wintersports und des Wintertourismus hart. Bis Ende des Jahrhunderts könnten die Gletscher bereits völlig verschwunden sein, was auch wirtschaftliche Folgen mit sich bringt (Global 2000, 2024).

Maßnahmen der Anpassung an den Klimawandel sowie zu dessen Eindämmung sind gefordert. Klimawissenschaftler:innen sind sich einig, dass es Aufgabe der Wissenschaft ist, aufbauend auf dem aktuellen Erkenntnisstand jedwede möglichen Auswirkungen darzustellen und die Öffentlichkeit über naheliegende

Szenarien zu informieren (Kromp-Kolb et al., 2014, S. 349). Auf Basis existierender Daten und Entwicklungsszenarien lassen sich Einschätzungen über mögliche Risiken vom Worst Case bis zum Best Case treffen (Löschner et al., 2017). Für Österreich gibt es in Anlehnung an den Bericht des IPCCs einen eigenen Sachstandsbericht, den AAR14 (Austrian Assessment Report 2014) des APCCs (Austrian Panel on Climate Change). Dieser bildet über die Erkenntnisse des IPCC hinaus eine evidenzbasierte Grundlage speziell für Österreich, auf die Entscheidungsträger:innen zurückgreifen können.

Der österreichische Sachstandsbericht liefert nicht nur etwaige Worst- bzw. Best-Case-Szenarien, sondern legt auch konkrete Maßnahmen zur Vermeidung des Klimawandels und zur Anpassung an diesen nahe. Zum einen müssen weiterhin Treibhausgasemissionen reduziert werden (Minderungsmaßnahmen), zum anderen müssen auch Maßnahmen ergriffen werden, die vor den bestehenden oder erwarteten Auswirkungen des Klimawandels schützen (Anpassungsmaßnahmen) (Kromp-Kolb et al., 2014, S. 711). Beide Ansätze bergen Synergieeffekte füreinander.

Damit liegt Österreich auch im Rahmen des europäischen Green Deal, der 2019 erstmals von der Europäischen Kommission vorgelegt wurde. Ziel dieses Green Deals ist es, Europa bis 2050 klimaneutral zu machen, mit dem Zwischenschritt, die Treibhausgasemissionen bis 2030 um 55 % im Vergleich zum Jahr 1990 zu senken (Europäische Kommission, 2024a). 2022 lag der CO_2-Ausstoß in Österreich bei 72,8 Mio. Tonnen CO_2-Äquivalent, was 7,9 % unter dem Wert von 1990 liegt (Umweltbundesamt, 2024c). Als die größten treibhausgasverursachenden Sektoren gelten Energie, Industrie, Verkehr, Landwirtschaft und Gebäude (Umweltbundesamt, 2024c). Um die EU-Ziele der Reduktion der Treibhausgasemissionen um 55 % einhalten zu können, muss Österreich entsprechend dem ‚Fit for 55'-Paket die Emissionen bis 2030 um 48 % im Vergleich zu 2005 reduzieren (Umweltbundesamt, 2024c).

In Bezug auf die sich immer weiter ausdifferenzierenden Verantwortlichkeiten hat Österreich im Jahr 2011 das Klimaschutzgesetz (KSG) etabliert, das allerdings noch nicht für die Periode 2021 bis 2030 novelliert wurde (BMK, 2023, S. 50). Das nationale Klimaschutzkomitee, bestehend aus zuständigen Ministerien, Verbänden, Parteien und NGOs, wurde jedoch zu diesem Zweck ins Leben gerufen und bis heute tagt es einmal jährlich (BMK, 2023, S. 50). Unter der Bundesregierung der Legislaturperiode 2020 bis 2024 hat sich Österreich dem ehrgeizigen Ziel verschieben, die CO_2-Neutraität bereits bis 2040 zu erreichen (BMK, 2023, S. 6; Europäische Kommission, 2024b). Um dieses Ziel zu erreichen, wurde ein nationaler Klimaplan entwickelt. Dieser berichtet zum einen über bereits getroffene Maßnahmen, beispielsweise das Erneuerbaren-Ausbau-Gesetz

(EAG), die Einführung des Klimatickets oder die neue CO_2-Bepreisung, die über den Haushaltsklimabonus rückvergütet wurde (BMK, 2023, S. 6). Zum anderen werden die Maßnahmen strukturiert dargelegt, die zur geplanten Zielerreichung führen sollen. Ebenfalls berücksichtigt werden Kontextparameter, wie die Auswirkungen der Coronapandemie oder der Einfluss des russischen Angriffskriegs auf die Ukraine sowie aktualisierte, teils schärfere Richtlinien der EU (BMK, 2023, S. 6–7). Die geplanten Klimaschutzmaßnahmen erstrecken sich auf die Bereiche der Dekarbonisierung, der Energieeffizienz, der Energieversorgungssicherheit, des Energiebinnenmarkts sowie auf Forschung, Innovation und Wettbewerbsfähigkeit (BMK, 2023, S. 61–103). Hierbei werden mögliche Szenarien im Bereich der sektoralen CO_2-Reduktion mit existierenden oder zusätzlichen Maßnahmen skizziert, die zu einer CO_2-Neutralität bis 2040 führen sollen (BMK, 2023, S. 63–64; 69). Darüber hinaus sollen Maßnahmen getroffen werden, die auf die langfristige Anpassung an veränderte klimatische Bedingungen ausgelegt sind, beispielsweise

> die Verletzlichkeit natürlicher, gesellschaftlicher und ökonomischer Systeme zu verringern, deren Anpassungsfähigkeit zu erhalten bzw. zu steigern und neue Chancen, die sich ergeben könnten, bestmöglich zu nutzen [...]. Die Anpassungsmaßnahmen dürfen keine sozialen und ökologischen Nachteile mit sich bringen, sondern sollen die Risiken für die Demokratie, Gesundheit, Sicherheit und soziale Gerechtigkeit minimieren. Die Strategie stellt Handlungsempfehlungen für die unterschiedlichen Aktivitätsfelder bereit, welche im Rahmen von großangelegten Partizipationsprozessen erarbeitet wurden. (BMK, 2023, S. 71)

Hierfür wurden Handlungsempfehlungen für die Bereiche Landwirtschaft, Forstwirtschaft, Wasserhaushalt und Wasserwirtschaft, Tourismus, Energie – Fokus Elektrizitätswirtschaft, Bauen und Wohnen, Schutz vor Naturgefahren, Katastrophenmanagement, Gesundheit, Ökosysteme/Biodiversität, Verkehrsinfrastruktur und für ausgewählte Aspekte zur Mobilität, zur Raumordnung, zu Wirtschaft/Industrie/Handel und Stadt – urbane Frei- und Grünräume entwickelt (BMK, 2023, S. 71–72).

Abseits des Klimaplans verfügt Österreich über eine Fülle an staatlichen und nichtstaatlichen Initiativen, die bemüht sind, die Klimakrise einzudämmen, vor allem aber über die Politik hinaus Systeme miteinander zu vernetzen sowie die breite Bevölkerung aufmerksam zu machen und zum Handeln zu motivieren. Dazu zählen beispielsweise der Klima- und Energiefonds, klimaaktiv, das Climate Change Center Austria, Klimakonkret, Global2000 und diverse ‚Fridays'-Allianzen – um nur einige wenige zu nennen (Plattform für Klimakommunikation, 2024). Die breite Bevölkerung über die Expert:innen aus Wissenschaft und Politik hinaus zu erreichen, ist eines der Schlüsselelemente, wenn es um die sozial-ökologische Transformation geht. Hierbei kommt der Kommunikation eine besondere Rolle zu.

2.2 Die soziokulturelle Herausforderung

Im vorangegangenen Abschnitt 2.1 ging es darum, das Phänomen des Klimawandels aus einer ökologischen Perspektive zu skizzieren, um zunächst einen Eindruck zu gewinnen, wie umfassend, komplex und weitreichend die Ursachen und Konsequenzen der globalen Klimakrise allein auf ökologischer Ebene sind bzw. wie bislang darauf reagiert wurde. Auch auf soziokultureller Ebene schlagen sich die immer gravierender werdenden Auswirkungen der bereits geschehenden ökologischen klimatischen Veränderungen nieder. Aus der manifesten ökologischen Herausforderung erwächst eine komplexe soziokulturelle Herausforderung, die im Folgenden in drei Dimensionen genauer beleuchtet werden soll: der *temporalen*, der *sozial-moralischen* und der *systemischen* Dimension. Diese Dimensionen erheben keinen Anspruch auf Trennschärfe und Vollständigkeit, sie dienen lediglich einer groben Systematisierung. Je Dimension sollen dabei zuerst Spezifika der Klimakrise beschrieben werden, dann soziokulturelle Probleme, die mit diesen Spezifika einhergehen, und abschließend wird auf daran anknüpfende Diskurse eingegangen.

2.2.1 Klimakrise als Langzeitkrise

Die Klimakrise ist nicht nur wegen ihrer Größenordnung, die sich über weitreichende Konsequenzen ausdrückt, eine besondere Form der Krise. Auch ihre Langfristigkeit ist eine Spezifik. Sie tritt zunächst unbemerkt ein, entwickelt sich in einem schleichenden Prozess und ist überdies nur schwer zu greifen und einzuordnen (Boin et al., 2021, S. 2). Im Gegensatz zu unmittelbaren und relativ betrachtet kurzfristigen Krisenereignissen, wie von Merten (2013) modelliert, ist der Zeitpunkt des Eintretens der Klimakrise nicht klar abzugrenzen. Ein möglicher Ankerpunkt wäre der Zeitpunkt der Erkenntnis ob der Schädlichkeit der Treibhausgase und des Ausmaßes, in dem die Menschheit durch den massiven CO_2-Ausstoß zur Beschleunigung der Erderwärmung beiträgt. Diese Erkenntnis birgt gleichzeitig die Ursache der Krise, wobei das globale öffentliche Bewusstsein darüber erst im Laufe der Jahrzehnte danach langsam gewachsen ist und immer noch wächst. Die Dauer und der Verlauf der Klimakrise sind ebenfalls ungewiss, gleichwohl gewiss ist, dass sie eine existenzielle Gefahr für die

Menschheit darstellt. Gewiss ist nur, dass das Zeitfenster für mögliche Handlungen zur Eindämmung der Konsequenzen begrenzt ist (Jackson et al., 2017, S. 4). Denn die Klimakrise schreitet unaufhaltsam fort und droht mit irreversiblen Schäden, unabhängig davon, ob politische Aufmerksamkeit auf der Thematik liegt oder nicht (Jakobsson, 2021, S. 131).

Mit dieser zeitlichen Dimension der Klimakrise geht auf soziokultureller Ebene eine wachsende Dringlichkeit einher, die auf ein Bewusstseins- bzw. Akzeptanzproblem stößt. Üblicherweise reagieren Menschen auf Bedrohungen oder Krisensituationen instinktiv entweder mit „Kampf (‚fight'), mit Flucht (‚flight') oder Erstarren (‚freeze')" (Nikendei, 2020, S. 4). Die Klimakrise stellt eine solche Krisensituation und ernsthafte Existenzbedrohung dar. Damit eine Bedrohung jedoch als eine solche wahrgenommen werden kann, muss sie „unmittelbar, konkret und unstrittig" (Nikendei, 2020, S. 4) sein, was im Falle der Klimakrise nicht zutrifft. Angesichts der Langfristigkeit der Klimakrise und der Spezifik, dass sie sich als schleichender Prozess über eine lange Zeit hinweg aufbaut, von hoher Komplexität und oft wenig greifbar ist, dauert der Bewusstwerdungsprozess länger und es können kognitive Verzerrungen ausgelöst werden (Nikendei, 2020, S. 4). Nicht nur treten Verzerrungen bei der Wahrnehmung der Krise, sondern auch unterschiedliche Emotionen auf. Angesichts der vielschichtigen Dilemmata und drohender Einschränkungen kann es zu Gefühlen wie Angst, Scham, Schuld, Neid oder Verzweiflung kommen, die ein Abwehrverhalten auslösen oder Bewältigungsmechanismen in Gang setzen (Nikendei, 2020, S. 6).

Derartige Abwehr- bzw. Bewältigungsmechanismen können immer wirksam werden, wenn Menschen Veränderungsprozesse durchlaufen, da diese stets einen gewissen Verlust bedeuten. Elisabeth Kübler-Ross, eine Psychiaterin und Sterbeforscherin, hat im Rahmen ihrer Forschung mit Palliativpatient:innen ein Phasenmodell entwickelt, das zunächst auf den Umgang mit dem herannahenden Tod, dann auf die Trauerbewältigung der Angehörigen und zuletzt allgemein auf den Umgang mit Veränderungssituationen angewandt werden kann (Steffen, 2019, S. 170). Jede Veränderung oder Umgestaltung birgt einen Abschied in sich, auch wenn es nur der Abschied beispielsweise von einer Gewohnheit ist (Steffen, 2019, S. 170–171).

Die Phasen, die Menschen in einer solchen Situation durchlaufen, gestalten sich folgendermaßen: Zunächst wird durch ein Ereignis, das nicht vorhergesehen wurde, ein 1) *Schock* ausgelöst. Dieses Ereignis erfordert eine unmittelbare Neuausrichtung des Lebens. In diesem Zustand tritt ein Ohnmachtsgefühl auf und eine Reaktion ist zunächst ausgeschlossen. Daran anschließend folgt die Phase der 2) *Verneinung*. In dieser Phase regt sich heftiger Widerstand und die Reaktion auf die neue Situation reicht vom Nicht-wahrhaben-Wollen bis hin zum Leugnen. In der nächsten Phase kehrt die 3) *Frustration* über die Einsicht ein, dass sich tatsächlich etwas verändert hat und dies keine Einbildung war. Typisch für diese Phase ist das Verhandeln. „Könnte es nicht doch irgendwie anders sein? [...] Wäre ein Aufschub vielleicht möglich?" (Steffen, 2019, S. 172). Auf die Frustration folgt die 4) *Depression*, bei der die Abschottung von der Außenwelt sowie ein Ausbruch an Emotionen eintreten können, aber auch Raum eröffnet wird, die Realität neu zu betrachten. Daran schließt sich das 5) *Ausprobieren* an. Dies ist eine vorsichtige Phase, in der die neue Wirklichkeit einmal mutig und neugierig, ein anderes Mal ängstlich erkundet wird. Meist gibt es hier wieder Rückschritte in die vorherige Phase. Darauf folgt eine schrittweise bewusste 6) *Entscheidung für* die neue Situation. In dieser Phase werden positive Gefühle stark und es besteht die Wahl, die neue Situation zu akzeptieren. Abschließend folgt die 7) *Integration* der neuen Situation in den zuvor völlig umgewälzten Alltag. Die Akzeptanz des neuen Zustandes ist hierbei ein Schlüsselelement, um nicht zurückzufallen. (Steffen, 2019, S. 171–176)

Es ist also ein langer Weg vom Bewusstsein um die Klimakrise bis zur Akzeptanz und Anpassung auf der Handlungsebene (Marshall, 2014). Allzu leicht ist es, auf diesem Weg weiteren intervenierenden kognitionspsychologischen Phänomenen zu begegnen. Beispielsweise fällt es Menschen bei Langzeitphänomenen wie dem Klimawandel schwer, die Dringlichkeit der schleichenden Klimakrise gegenüber anderen, vielleicht unmittelbaren Problemen oder Krisen angemessen abzuwägen. Auch stellt es für Menschen eine Schwierigkeit dar, den Wert gegenwärtiger versus zukünftiger Kosten und Nutzen miteinander zu vergleichen (vgl. ‚discounting') (Baum & Easterling, 2010, S. 591). Tendenziell werden deshalb bei der Klimawandelanpassung gegenwärtige gegenüber zukünftigen und monetäre gegenüber humanen oder ökologischen Benefits priorisiert (Baum & Easterling, 2010, S. 592). Hier knüpft auch das Gain-Loss-Framing an, das die Aufmerksamkeit darauf legt, wie in der Klimakommunikation Kosten und Nutzen für Individuen und Kollektive geframt werden und mit welchen Effekten dieses Framing einhergeht (Bilandzic et al., 2017, S. 470). Meist wird die Aufmerksamkeit von Individuen überproportional auf ihre persönlichen Kosten für klimafreundliches Engagement gelenkt, die sie gegen den kollektiven Nutzen des klimafreundlichen Engagements abwägen müssen – aber der Antrieb, Verluste zu minimieren, ist stärker als der, Benefits zu maximieren (Bilandzic et al., 2017, S. 470–471). Das betrifft nicht nur Individuen der Zivilgesellschaft, sondern auch Entscheidungstragende und Gesetzgebende (Lazarus, 2009, S. 1153).

Weitere kognitive Dissonanzen beziehen sich beispielsweise auf Verzerrungen in der wahrgenommenen Verantwortung oder Handlungsbereitschaft. An dieser

Stelle sind Phänomene wie der „bystander effect" (Latané & Darley, 1970; Vernon, 2016, S. 194) oder die psychologische Distanz (Spence et al., 2012, S. 957) zu nennen, die das eigene Aktivwerden hemmen, obwohl es klare Handlungsorientierungen über klimafreundliches Verhalten gibt. Der *bystander effect* tritt auf, wenn mehrere Menschen in einer Krisensituation gleichzeitig unter Handlungsdruck geraten, wobei die reine Anwesenheit anderer zur Hemmung der individuellen Handlungsinitiative führt (Vernon, 2016, S. 194). Wenn die Verantwortungsdiffusion zu breit gestreut ist, sinkt die individuell wahrgenommene Verantwortung (Stoll-Kleemann & O'Riordan, 2020, S. 3). Die Originalstudie (Latané & Darley, 1970), die zur Erkenntnis des *bystander effect* geführt hat, erntete wegen ihrer Laborsituation und daraus resultierender intervenierender Gruppendynamiken berechtigte Kritik (Russill, 2024, S. 98). In Ergänzung wird deshalb der Effekt der psychologischen Distanz angeführt (Spence et al., 2012, S. 957). Dieser beschreibt die wahrgenommene Distanz zwischen einer individuell, lokal und gegenwärtig erlebten Erfahrung und externen Ereignissen, die weit entfernte Orte oder Personen, abstrakte oder unklare Handlungsziele betreffen oder erst weit in der Zukunft zum Tragen kommen (Raja & Carrico, 2021, S. 594–595). Hier führt ebendiese wahrgenommene Distanz ebenfalls zu einem Mangel an Verantwortungsgefühl und Handlungsbereitschaft.

Des Weiteren gibt es Phänomene, die das tatsächliche Handeln von Individuen hemmen, die eigentlich eine große Handlungsbereitschaft aufweisen würden. Aktuelle Studien gehen beispielsweise auf eine Kluft zwischen der eigentlichen individuellen Handlungsbereitschaft und der wahrgenommenen kollektiven Handlungsbereitschaft ein. Obwohl ein Großteil der Menschen weltweit zwar Klimaschutz und -anpassung unterstützt, unterschätzen die Menschen ebendiese Unterstützung seitens ihrer Mitmenschen (Andre et al., 2024, S. 253).

> The widespread willingness to act against climate change stands in contrast to the prevailing global pessimism regarding others' willingness to act. The world is in a state of pluralistic ignorance, which occurs when people systematically misperceive the beliefs or attitudes held by others […]. Importantly, these systematic perception gaps can form an obstacle to climate action. The prevailing pessimism regarding others' support for climate action can deter individuals from engaging in climate action, thereby confirming the negative beliefs held by others. (Andre et al., 2024, S. 257)

Die Studie argumentiert, dass diese Fehlwahrnehmung nur mit großangelegten koordinierten politischen und kommunikativen Interventionen korrigiert werden kann (Andre et al., 2024, S. 257). Aus psychologischer Perspektive ist es dabei ratsam, klare, relevante und kohärente Botschaften zu senden, die mit den Bedürfnissen und den individuellen Bedingungen der Adressaten übereinstimmen

(Nikendei, 2020, S. 10). Dabei sind die komplexen Emotionen miteinzubeziehen und es sollte achtsam damit umgegangen werden (Nikendei, 2020, S. 12).

An die Dringlichkeitsproblematik, einerseits den Bewusstwerdungsprozess der Menschen anzustoßen und andererseits die Akzeptanz und die Handlungsbereitschaft der Menschen zu stärken, knüpfen zwei Diskurse an: ein dominanter dystopischer Diskurs und ein langsam wachsender Diskurs der Selbstwirksamkeit. Der dystopische Diskurs gewinnt seine Dominanz nicht zuletzt aus der Korrespondenz mit geltenden Medienlogiken. Eine pessimistische Kommunikation mag zwar kurzfristig breite Aufmerksamkeit für die Klimakrise erregen und zur Bewusstmachung beitragen, bringt jedoch negative Auswirkungen mit sich. Die Bewusstmachung über das Schockmoment führt oft zu psychologischen Nebeneffekten, beispielsweise der „*eco-anxiety*" oder der „*climate-anxiety*" (Foster, 2022, S. 1365, Herv. d. Verf.), und kann sich negativ auf die Handlungsinitiative auswirken (O'Neill & Nicholson-Cole, 2009). Allein durch die Klimakrisen- und Katastrophenberichterstattung ist die Gesellschaft einem hohen Maß an pessimistischen Perspektiven ausgesetzt. Dystopische Diskurse können zwar durch Negativszenarien vor einer schlechteren Zukunft warnen (Schölderle, 2017, S. 137), allerdings kann ein hohes Ausmaß auch für Frustration und Ohnmacht sorgen, vor allem da die gegenwärtige Krisen- und Katastrophenberichterstattung überwiegt, was die Handlungsmotivation hemmt (O'Neill & Nicholson-Cole, 2009, S. 355).

Durch die häufig negativ konnotierte überdramatisierte Kommunikation über die Klimakrise setzt sich im öffentlichen Klimadiskurs eher ein pessimistisches bis fatalistisches Weltbild durch, vor allem wenn Handlungsempfehlungen ausbleiben (Nisbet, 2009, S. 19). Der medienvermittelte Klimadiskurs hat folglich einen starken Einfluss darauf, wie Menschen sich die Zukunft mit der Klimakrise überhaupt vorstellen können. Eine Studie des YouGov Meinungsforschungsinstituts aus dem Jahr 2023 zeigt, dass junge Menschen zwischen 16 und 26 Jahren in Europa zunehmend pessimistischer in die Zukunft blicken (YouGov, 2023, S. 6). Die Sorge um die Konsequenzen und die positive Bewältigung des Klimawandels ist dabei von zentraler Bedeutung. „Umwelt- und Klimaschutz wird auch in diesem Jahr mit Ausnahme von Spanien und Griechenland in allen Ländern als das wichtigste Problem, um das sich die EU kümmern sollte, genannt" (YouGov, 2023, S. 66, 73).

Der weniger verbreitete Selbstwirksamkeitsdiskurs hingegen legt eher Wert auf relevante und kohärente Botschaften, die mit den Bedürfnissen und den individuellen Bedingungen der Adressaten übereinstimmen (Nikendei, 2020, S. 10). In diesem Diskurs geht es darum, komplexe Emotionen miteinzubeziehen und achtsam damit umzugehen (Nikendei, 2020, S. 12). Das kann sowohl negative

Emotionen umfassen, die die Klimakrise als Bedrohung realistisch einschätzen lassen und vor einem zu starken Optimismus schützen, als auch insbesondere positive Emotionen einbeziehen, wenn es darum geht, Raum für Perspektiven zu öffnen und produktives Klimaengagement zu bewirken (Schneider et al., 2021, S. 114). Der Kommunikation kann eine bedeutende Funktion zukommen, wenn es darum geht, von der Bewusstwerdung zur Akzeptanz und Integration zu gelangen.

Ein Konzept der Klimakommunikation, das an dieser Stelle erwähnenswert erscheint, ist jenes des ökologischen Handabdrucks (Brot für die Welt und Germanwatch e. V., 2024). Dieser ökologische Handabdruck soll die zu starke Fokussierung auf Individuen, die beispielsweise mit dem ökologischen Fußabdruck einhergeht, ausgleichen. Anstatt Individuen für die ökologischen Konsequenzen ihres eigenen Handelns zu sensibilisieren, soll der Handabdruck zum Engagement auf struktureller Ebene motivieren und Möglichkeiten aufzeigen, sich an der Strukturveränderung beispielsweise durch politisches Engagement und nachhaltiges Handeln zu beteiligen (Brot für die Welt und Germanwatch e. V., 2024). Eine solche Perspektive kann auch die wahrgenommene Selbstwirksamkeit steigern.

Verhaltenspsychologische Analysen, beispielsweise die Publikation von Isabella Uhl-Hädicke „Warum machen wirs nicht einfach" (Uhl-Hädicke, 2022), plädieren für mehr Sichtbarkeit ebensolcher klimapositiver Haltungen und Handlungen. Neben dem Wissen um die Klimakrise und den strukturellen Rahmenbedingungen für klimapositives Verhalten sieht Uhl-Hädicke (2022, S. 64–65) mitunter den größten Hebel bei den sozialen Normen, die Gewohnheiten und Werteinstellungen beeinflussen können. Durch die höhere Sichtbarkeit klimapositiven Handelns würden auch weitere klimapositive Handlungen ermöglicht oder ausgelöst. So könnten sich Kaskaden positiver Handlungen entwickeln und zu positiven sozialen Kipppunkten auf Systemebene durchschlagen. Neben den in Abschnitt 2.1.1 thematisierten Kipppunkten des Ökosystems sprechen Otto et al. von „Social Tipping Elements" und dazugehörigen Interventionen, die über die individuelle Ebene hinaus das Potenzial haben, den sozial-ökologischen Wandel voranzutreiben (Otto et al., 2020, S. 2362).

An die Selbstwirksamkeitsdiskurse knüpfen beispielsweise auch Utopiediskurse an. Utopische Möglichkeitsdiskurse geraten im Verhältnis zu dystopischen Diskursen ins Hintertreffen. Diese können allerdings eine bedeutende Rolle einnehmen, wenn es darum geht, mögliche positive Auswege zu finden, da sie inspirieren und zur Handlung motivieren können (Hjerpe & Linnér, 2009, S. 234). In der populärkulturellen Literatur gibt es Beispiele, die einen Kontrast zu den dystopischen Diskursen darstellen. In Werken wie „Zukunftsbilder 2045" wird eine Welt gezeigt, in der die Eindämmungs- und Anpassungsmaßnahmen bereits gelungen sind (Schaller et al., 2022). Ansprechende Bilder von begrünten

Hausfassaden, Begegnungszonen und Fahrradwegen veranschaulichen ein mögliches zukünftiges ökologisch nachhaltiges und vor allem einladendes Stadtbild. Diese Bilder sind keine Utopie im Sinne des Unmöglichen, sondern folgen dem Anspruch einer Realutopie, basierend auf wissenschaftlichen und technologischen Erkenntnissen und teils bereits existierenden Innovationen im Zeichen der tatsächlichen Umsetzbarkeit (Schaller et al., 2022, S. 10). Ein weiteres Beispiel ist der Roman von Kim Stanley Robinson (2021) „Das Ministerium für die Zukunft", in dem eine hoffnungsvolle Vision skizziert wird, in der durch kollektive Verantwortungsübernahe und gebündelte globale Zusammenarbeit die gravierendsten Konsequenzen des Klimawandels verhindert werden und eine ökologisch nachhaltigere Zukunft für alle geschaffen werden kann. Diese Beispiele zeigen, dass ein utopischer bzw. ein optimistischer Zugang eine starke Wirkmacht besitzen kann. Utopische Perspektiven können als Gegengewicht dienen und dazu inspirieren, über Alternativen zu gegenwärtigen Strukturen grundlegend nachzudenken und positive Entwicklungen bewusst anzusteuern. „Der Status quo von heute ist die Utopie von gestern" (Welzer, 2023, S. 114).

2.2.2 Klimakrise als Gerechtigkeitskrise

Da die Klimakrise als von der Menschheit verursacht gilt (IPCC, 2023, S. 515), obliegt es auch der Menschheit, Verantwortung für die Bewältigung dieser Krise zu übernehmen (UNDP, 2007, S. 21). Gemessen am historischen Beitrag zur Verschlimmerung und Beschleunigung der Klimakrise stellt sich jedoch aus sozial-moralischer Sicht die Frage, inwiefern die Menschen im gleichen Maße zur Verantwortung zu ziehen seien. Diese Verantwortlichkeitsfrage eröffnet eine Kluft zwischen dem globalen Norden und dem globalen Süden, zwischen reicheren und ärmeren Bevölkerungsschichten oder auch zwischen vergangenen, gegenwärtigen und zukünftigen Generationen (UNDP, 2007, S. 22). All diese sozialen Gruppierungen haben unterschiedlich zum Voranschreiten der Klimakrise beigetragen und ebenso unterschiedlich sind sie von den Konsequenzen und Auswirkungen der Klimakrise betroffen. Dabei zeichnet sich eine Schieflage ab, wonach jene, die verhältnismäßig wenig zum Voranschreiten der Klimakrise beitragen, auch jene sind, die am ehesten von Konsequenzen getroffen werden. Die sozialmoralische Spezifik der Klimakrise besteht folglich in der ihr innewohnenden Ungerechtigkeit und dem moralischen Dilemma der Verantwortungsübernahme.

Die Klimakrise ist ein globales Phänomen, das keine nationalen Grenzen kennt. Historisch betrachtet haben Staaten des globalen Nordens mehr zum Voranschreiten des CO_2-Ausstoßes und damit zur globalen Erwärmung beigetragen und ebenso dazu, dass Nationen im globalen Süden oft in nicht nachhaltigen Strukturen gefangen sind (Parks & Roberts, 2010, S. 141).

> Now the rich countries have realized that their own industrial activity has been destroying the ozone in the earth's atmosphere and has been making far and away the greatest contribution to global warming. They would like the poor states to avoid adopting the same form of industrialization by which they themselves became rich. It is increasingly clear that if poor states pursue their own economic development with the same disregard for the natural environment and the economic welfare of other states that rich states displayed in the past during their development, everyone will continue to suffer the effects of environmental destruction. (Shue, 2020, S. 101)

Hinzu kommt, dass die Konsequenzen der Klimakrise zuerst jene Staaten aus dem globalen Süden treffen. Da die Staaten im globalen Süden auch finanziell weniger gut in der Lage sind, die Konsequenzen einzudämmen und sich anzupassen, werden Forderungen an den globalen Norden nach Ausgleichszahlungen laut (Mechler et al., 2019).

Auch auf individueller Ebene zeichnet sich hinsichtlich der Verantwortlichkeit die Schere zwischen Reich und Arm ab. Zwischen 1990 und 2015 waren die reichsten 10 % der Weltbevölkerung für über 50 % des globalen CO_2-Ausstoßes verantwortlich, während die ärmsten 50 % der Weltbevölkerung nur 7 % des CO_2-Ausstoßes verursachten (Statista, 2020). Gleichzeitig sind ärmere Bevölkerungsschichten bei Extremwetterereignissen stärker exponiert, verletzlicher und weniger in der Lage, mit den Konsequenzen umzugehen oder sich davon zu erholen, als es reichere Bevölkerungsschichten sind (Bangalore et al., 2017, S. 25). Auch in Österreich sind die ärmsten 20 % der Bevölkerung aufgrund schlechterer Wohnverhältnisse, eingeschränkter Mobilität und eines niedrigen Vermögens, das für schützende Investitionen aufgewandt werden kann, in Bezug auf klimatische Konsequenzen vulnerabel (BMSGPK, 2021, S. 34).

Des Weiteren tun sich auch zwischen den Generationen Konflikte hinsichtlich der Verantwortlichkeit auf. So lässt sich argumentieren, dass vergangene Generationen historisch betrachtet viel zum globalen CO_2-Ausstoß beigetragen haben, aber dass sich auch gegenwärtige Lebensstile, insbesondere westlicher, ökonomisch privilegierter Generationen, zu CO_2-intensiveren entwickelt haben. MacAskill (2022) plädiert zudem dafür, eine Langzeitperspektive einzunehmen, und betont dabei, dass es in der Verantwortung der gegenwärtigen Generation liegt, der künftigen Generation ein lebenswertes Leben zu ermöglichen. Künftige Generationen haben keinen Einfluss auf die gegenwärtigen Entwicklungen, werden aber tendenziell noch stärker von der Klimakrise betroffen sein, als es gegenwertig existierende Menschen sind. In diesem Sinne argumentiert auch Banerjee (2008, S. 65), dass die in der Gegenwart Lebenden die künftigen Generationen mitdenken und entsprechend Verantwortung für die Klimakrise übernehmen müssen, zumal diese künftigen Generationen sich am gegenwärtigen Kampf um endliche Ressourcen nicht beteiligen können.

An die Gerechtigkeits- bzw. Verantwortungsproblematik anknüpfend lassen sich zwei Diskurse verorten: ein dominanter Schuldzuweisungsdiskurs, der von Verantwortungsabwälzung auf andere geprägt ist, sowie ein langsam wachsender Ermächtigungsdiskurs, der von Verantwortungsübernahme zeugt. Der dominante Schuldzuweisungsdiskurs zeichnet sich unter anderem durch Verantwortungsabwälzungen zwischen (Industrie-/Schwellen-)Staaten oder auch zwischen Großkonzernen und Individuen sowie zwischen Individuen untereinander aus. Eine Diskursanalyse von insgesamt 600 Tageszeitungsartikeln der USA, Australiens, Indiens und Nigerias hinsichtlich der Schuld- und Verantwortungszuschreibung für die Treibhausgasemissionen zeigt beispielsweise, dass Australien die Schuld vornehmlich bei Indien und China sieht, während Australien sich selbst der Verantwortung entzieht, dass die USA auf die eigene Verantwortung fokussiert, dass Indien die allgemeine Verantwortung im globalen Norden verortet und dass Nigeria alle Staaten gelichermaßen verantwortlich sieht (Murali et al., 2021, S. 1). Rund 80 % der globalen absoluten CO_2-Emissionen werden von den G20-Staaten verursacht, wobei Schwellenländer auf dem Vormarsch sind (APA, 2024c). Aus Gründen der Fairness pochen Schwellenländer beispielsweise darauf, sich ebenfalls weiterentwickeln zu dürfen, was mit den kumulierten historischen CO_2-Emissionen gerechtfertigt wird (Flach et al., 2022, S. 13).

Nicht nur zwischen einzelnen Staaten wird die Verantwortung hin und her gewiesen. Auch zwischen industriellen Großkonzernen und Individuen, also zwischen der Produktions- und der Konsumseite, lassen sich gegenseitige Schuld- und Verantwortungsabwälzungen finden. Nicht selten werden Individuen mit ihrem nicht nachhaltigen Lebensstil und Konsumverhalten als Hauptverursachende oder sogar als „‚Treiber' der Produktion" geframt (Bogun, 2020, S. 522). Konzepte wie der ökologische Fußabdruck machen die Auswirkungen des eigenen Konsumverhaltens, meist *inklusive* der produktionsseitigen Anteile daran (Bogun, 2020, S. 525–526), für Individuen sichtbar und tragen darüber dazu bei, die Verantwortung auf individueller Ebene zu verankern.

> Anstatt sich also zunächst mit Ursachen, Verursachern und den von jenen erzeugten ökologischen Wirkungen – als *Voraussetzung* und Teil des Verantwortungsdiskurses – zu befassen, wird hier umgekehrt die Frage der Verantwortung als bereits entschieden vorausgesetzt und diese den Konsumenten zugeschrieben [...]. Auch die (direkt!) von Unternehmen verursachten Umweltfolgen werden nun als von den Konsumenten verursacht behandelt. Auf diese Weise sind nicht mehr die Produzenten, sondern

> die Konsumenten zu den eigentlichen Verursachern von Umweltproblemen geworden [...] [–] dadurch, dass die Umweltwirkungen der Produktion zu indirekten Wirkungen des Konsums *umdefiniert* werden. (Bogun, 2020, S. 538)

Diese Verantwortungsabwälzung auf die individuelle Ebene suggeriert eine scheinbare direkte Handlungsfähigkeit, das Konsumverhalten habe auch direkten Einfluss auf die Produktionsentscheidungen von Unternehmen, was nicht der Fall ist (Bogun, 2020, S. 549–550). „Im Gegenteil: Produktbezogene Lebenszyklusanalysen zeigen ebenso wie Bilanzen aus der Produkt- und der Konsumperspektive, dass die direkten Wirkungen des Konsums im Vergleich zu denen der Produktion in der Regel vernachlässigbar gering sind" (Bogun, 2020, S. 553). Dieses ‚Blame-Game' kann sich auch auf zwischenmenschlicher Ebene niederschlagen und eine konstruktive Handlungsermächtigung hemmen.

Dem dominanten Schuldzuweisungsdiskurs steht ein randständiger Ermächtigungsdiskurs gegenüber. Dieser Gegendiskurs ist eher auf die Verantwortungsübernahme fokussiert. Spätestens mit den Protestaktionen von Fridays for Future hat der Begriff der Klimagerechtigkeit in der breiten Öffentlichkeit Aufmerksamkeit erlangt (APA, 2024c). Mit diesem Begriff sollen vor allem Länder im globalen Süden oder generell von der Klimakrise stark betroffene Bevölkerungsschichten mehr Sichtbarkeit erlangen und auf die Ungerechtigkeit der Klimakrise soll aufmerksam gemacht werden (APA, 2024c). Besonders stark von der Klimakrise Betroffene sollen dazu ermächtigt werden, sich selbst vor den Auswirkungen schützen zu können, von denen sie als Erste betroffen sind, obwohl sie strukturell und historisch am wenigsten dazu beigetragen haben (Perkins, 2023, S. 2). Dabei sind sie auf die Unterstützung ebenjener Staaten und Instanzen angewiesen, die ökonomisch, sozial oder ökologisch privilegierter sind. „Climate justice is simultaneously a movement, an academic field, an organizing principle, and a political demand" (Perkins, 2023, S. 2). Die Klimakrise verursacht extremen Handlungsdruck auf globaler Ebene, dem dieser Zugang auf einer Ebene der Solidarität, der Kollaboration und der gegenseitigen Unterstützung im Sinne einer Verantwortungsübernahme gerecht zu werden versucht.

2.2.3 Klimakrise als Systemkrise

Die Klimakrise kann insofern als globale Systemkrise beschrieben werden, als sie zum einen eine Krise des Ökosystems selbst darstellt. Zum anderen steht sie im Konflikt mit dem historisch gewachsenen bzw. implementierten neoliberalen Wirtschaftssystem, das die ökologische Krise befeuert und damit gleichsam selbst in Frage gestellt werden kann. Deutlich wird dieser systemische Konflikt insbesondere bei der Gegenüberstellung der neoliberalen Grundidee des endlosen materiellen Wachstums, die das globalisierte kapitalistische Wirtschaftssystem durchzieht, mit der spätestens durch die Klimakrise aufgezeigten Endlichkeit ökologischer und sozialer Ressourcen (Bennett, 2021, S. 94–95; Meadows, 1972, S. 45). Die systemische Spezifik der Klimakrise liegt entsprechend darin begründet, dass mit dem ökologischen System, von dem die Menschheit abhängig ist, und dem ökonomischen System, zu dem die Menschheit eine Abhängigkeit geschaffen hat, zwei zentrale globalgesellschaftliche Systeme in einem gravierenden Konflikt miteinander stehen.

Diese systemische Krise wird zum „Super wicked problem" (Lazarus, 2009, S. 1153) und schlägt sich nun auch in Form daraus erwachsender konfligierender machtpolitischer Interessen nieder. Jene Akteure, die durch die nicht nachhaltige globale politische Ökonomie am meisten profitieren, haben selbstredend ein großes Interesse daran und besitzen darüber hinaus die meisten Ressourcen, ebendiese Strukturen aufrechtzuerhalten; dem stehen jene Akteure gegenüber, die durch die klimaschädlichen Auswirkungen ebendieser globalen politischen Ökonomie am stärksten betroffen sind und folglich ein großes Interesse daran haben, die Strukturen ökologisch und sozial nachhaltiger zu gestalten, wenngleich ihnen die nötigen ökonomischen oder politischen Ressourcen dafür eher fehlen (Newell, 2021, S. 7–8). Das Ergebnis ist eine polarisierte Debatte konfligierender Interessen, die aus einer Makroperspektive betrachtet zu einem Priorisierungsdilemma führt. An dieses anknüpfend, lassen sich wieder zwei Diskurse erkennen: ein dominanter Systemerhaltungsdiskurs und ein erstarkender Systemtransformationsdiskurs.

Der dominante Systemerhaltungsdiskurs zeichnet sich durch jene Interessen aus, die sich für die Legitimation und die Erhaltung der Erzählung des endlosen Wachstums einsetzen oder auch dem damit eng verbundenen Festhalten an fossilen Energieträgern verschreiben. Hierbei werden vielfältige kommunikative Strategien eingesetzt. Zum einen basiert die Wachstumserzählung auf dem Aufkommen des neoliberalen Denkens. Die Erzählung verspricht ökonomische Unabhängigkeit von politischen Zwängen und damit individuelle Gestaltungs- und Entfaltungsfreiheit. Dass diese Erzählung auf einer Illusion beruht, geriet über die Zeit in Vergessenheit. Dadurch wurden jedoch direkte Abhängigkeiten zum kapitalistischen System geschaffen, denen Menschen sich heute nicht ohne weiteres entziehen können. (Bennett, 2021, S. 55–61)

> The moral of the story is not that oil, chemical, airline, or car companies, or the many users of their products, are promoting business as usual with the intent to

> kill life-support systems on the planet. The evil is more banal than that; it involves giving priority to feeding economies that are widely believed to require growth and high corporate profits in order to function. That dubious economic story has made a few people rich and powerful enough to bend the fate of the entire planet to their misguided interests. (Bennett, 2021, S. 23)

Alternative Ideen in Richtung ökologisch und sozial nachhaltigeren Wirtschaftens oder auch der nachhaltigeren Energiegewinnung bis hin zur Evidenzlage um die Klimakrise selbst haben intensive Delegitimationskampagnen erfahren. Im späten 20. Jahrhundert, befeuert durch die wachsende Globalisierung und kapitalistische Interessen, fand die Klimawandel-Leugnungs-Lobby ihren Ursprung und Höhepunkt (Almiron, 2019, S. 9). Vor allem große Ölkonzerne, die sich durch die Klimafakten als Hauptverursachende in ihrer Existenzgrundlage angegriffen sehen, aber auch politische Parteien aus dem konservativen, wirtschaftsliberalen, autoritären oder populistischen Spektrum haben ein großes Interesse daran, Desinformationen in der Öffentlichkeit zu platzieren und den Klimawandel zu leugnen (Almiron, 2019, S. 9; Bennett, 2021, S. 21, 49, 112; Umweltbundesamt, 2024b). Zusammen mit internationalen think tanks lieferten derartige Netzwerke, beispielsweise das Atlas Network, alternative Ideen, Diskussionspunkte, Gesetzesentwürfe und verschafften sich beispielsweise mit Astroturfing die scheinbare Unterstützung von Expert:innen und Aktivist:innen von ‚Fake'-Organisationen und simulierten so die nötige Glaubwürdigkeit und die nötige Menge an Befürworter:innen in der breiten Öffentlichkeit (Bennett, 2021, S. 112).

Dieses Lobbying gegen die Evidenz des menschengemachten Klimawandels zeigt, wie mächtig die Kommunikation bezüglich der öffentlichen Meinung sein kann. Meinungen von Klimawandel-Skeptiker:innen lassen sich auch heute noch stark beeinflussen und für ökonomische oder politische Interessen instrumentalisieren (Kaiser, 2017, S. 1665). Vor diesem Hintergrund ist auch beobachtbar, dass Wahlkämpfe – meist aus dem konservativen oder rechtspopulistischen Spektrum – immer wieder auf dem Rücken der Klimakrise ausgetragen werden, indem klimapolitische Schutz- und Anpassungsmaßnahmen bzw. die sozial-ökologische Transformationserwartung identitätspolitisch gegen andere Interessen der Bevölkerung ausgespielt und Desinformationskampagnen betrieben werden (Huber et al., 2021, S. 4; Krishna, 2021, S. 2). Auch Verschwörungsdiskurse lassen sich hier leicht anknüpfen, was auf Dauer zulasten der wissenschaftlichen Glaubwürdigkeit und letztlich der Umwelt und der Menschen, die darin leben, geht. Die Evidenz der Klimakrise wird hier zur Glaubensfrage.

Laut einer Studie des Yale Program on Climate Change Communication und des Center for Climate Change Communication glauben 72 % der US-amerikanischen Bevölkerung, dass der Klimawandel geschieht (Leiserowitz et al., 2023, S. 3). In Deutschland sind es im Durchschnitt 61 %, die an den menschengemachten Klimawandel glauben (Statista, 2023). In Österreich sind es 77 % der Bevölkerung, die glauben, dass es den menschengemachten Klimawandel gibt (BMK, 2024b). Umgekehrt bedeutet dies, die USA, Deutschland und Österreich zusammengenommen betrachtet, dass im Durchschnitt ca. 30 % der Bevölkerung nicht an den menschengemachten Klimawandel glauben oder sich nicht sicher sind.

Der IPCC, bestehend aus mehreren hundert Wissenschaftler:innen, wurde allerdings genau dafür ins Leben gerufen, um den aktuellen Kenntnisstand der Klimawissenschaft zuverlässig zu bewerten und zu reviewen (Oreskes, 2018, S. 32; Umweltbundesamt, 2024b).

> Eine der bedeutenderen Aussagen ist, dass die Wissenschaft nun mit 95-prozentiger Sicherheit zeigt, dass der menschliche Einfluss die Hauptursache der beobachteten Erwärmung seit Mitte des 20. Jahrhunderts ist [...]. Diese und andere Aussagen bestätigen und erweitern unser wissenschaftliches Verständnis des Klimasystems und der Rolle von Treibhausgasemissionen. So verlangt der Bericht dringende Aufmerksamkeit sowohl von politischen Entscheidungsträgern als auch der breiten Öffentlichkeit. (IPCC, 2016)

Trotz der eindeutigen Faktenlage gibt es immer wieder auch Zweifel an den grundlegendsten Evidenzen, die bewusst gesät werden (Almiron, 2019, S. 9). Zahlreiche Erkenntnisse sind Teil von Wahrscheinlichkeiten und Szenarien, die stets gewisse Unsicherheiten bergen, und auch innerhalb der Wissenschaft können (und sollen) divergierende Ansichten vorherrschen – das ist legitim für die Wissenschaft, bietet aber für Lobbyist:innen aus dem politisch-ökonomischen Spektrum eine fruchtbare Grundlage, um Zweifel zu schüren (Umweltbundesamt, 2024b).

Als eine weitere Spielart dieses Diskurses lassen sich auch Konzepte verorten, die damit beginnen, der Nachhaltigkeit innerhalb des kapitalistischen Denkens mehr Raum zu geben. Im Jahr 2011 veröffentlichte die OECD ihr Manifest „Towards Green Growth", das dem Versuch gewidmet ist, den Schutz des Klimas und der Umwelt im Rahmen der wirtschaftlichen Wachstumslogik zu gewährleisten. Durch klimafreundliche Investitionen und Innovation sei es nicht nur möglich, die ökologische Nachhaltigkeit zu unterstützen, sondern auch weiterhin das ökonomische Wachstum zu sichern (OECD, 2011, S. 51; 63). Dieser Ansatz erntete jedoch scharfe Kritik. Mit einem solchen Versuch, Wachstum und Nachhaltigkeit zu vereinen, würde nur zur Verstärkung einer marktliberalen Einstellung innerhalb des kapitalistischen Denkens beigetragen, anstatt die eigentlich notwendigen tiefgreifenden Transformation zu befördern (Ergene et al., 2021, S. 1322–1323; Newell, 2021, S. 8). „As a result of the fatal pairing of sustainability and growth, today's levels of CO_2 have reached more than 400 parts per million, with 350 ppm generally regarded as the safe upper limit" (Bennett, 2021, S. 27). Sustainable Development Goals (SDGs) der UN (2015) werden trotz des noblen Anspruchs, angesichts der komplexen ökonomischen, sozialen und ökologischen Herausforderungen eine gerechte Transformation zu ermöglichen, nicht selten kritisiert. Sie seien schlichtweg nicht zusammenhängend umsetzbar (Bennett, 2021, S. 89) und dennoch zu einem attraktiven Kommunikationsprodukt geworden, das zur „leading economy-friendly environmental idea" (Bennett, 2021, S. 87) herangewachsen ist. Beide Ansätze trügen eher dazu bei, das Wachstum vom dadurch entstehenden umweltlichen Schaden zu entkoppeln (Bennett, 2021, S. 26), und würden höchstens Symptom- statt Ursachenbehandlung betreiben (Bennett, 2021, S. 32). Die Beobachtung dessen, dass die Diskussion um das Priorisierungsdilemma von starken profitgeleiteten Interessen eingenommen wird, ruft auch jene kritischen Stimmen hervor, die einen gänzlich entpolitisierten Umgang mit der Klimakrise fordern, sodass es nicht zur demokratischen Entscheidungsfrage wird, *ob* die Menschheit sich an diese globale Herausforderung anpasst (Staab, 2022).

Dem dominanten Systemerhaltungsdiskurs steht nun der wachsende Systemtransformationsdiskurs gegenüber. Schon im Jahr 1972 veröffentlichten Donella Meadows und weitere Autoren einen Bericht für den Club of Rome mit dem Titel „The limits of growth", der schon damals modelliert, dass die planetaren Belastungsgrenzen erschöpflich sind und dass es kein endloses Wachstum geben kann (Meadows et al., 1972). Die jüngere „Degrowth"-Bewegung setzt an dieser Stelle an und bildet einen starken Kontrast zu wachstumsorientierten Konzepten (Latouche, 2009). Hier wird das maßlose Wachstum als ökologisch und sozial destruktiv erachtet und es wird für Suffizienz, Lokalität und soziale Gerechtigkeit plädiert (Kallis, 2011, S. 1017). Vor allem jedoch lässt sich der jüngste Ansatz der „Doughnut Economics" (Raworth, 2017) als vielversprechendes Konzept anbringen. Die Doughnut Economics versuchen Umwelt, Gesellschaft, Politik und Wirtschaft als intersektional zu begreifen (Bennett, 2021, S. 44), hierbei gilt: „human activity should be nested within the environment so that resources and wastes are balanced and used to provide human wellbeing" (Bennett, 2021, S. 136). Anstatt also über nachhaltige Entwicklung innerhalb ökonomischer Grenzen zu spekulieren, wird zunehmend über ökonomische Entwicklung innerhalb ökologischer Grenzen nachgedacht.

Alternative Konzepte und Ideen gibt es also, es bleibt nur die Frage, wie der systemische Wandel ermöglicht werden kann. Auch hier eröffnet Lance Bennett (2021, S. 50–61) einen interessanten Zugang, indem er rekonstruiert, wie die neoliberale Idee Einzug in die Gesellschaft gehalten hat, und indem er daraus ein Idea-Flow-Modell ableitet, das auch auf die Idee der Nachhaltigkeit angewandt werden könne. Entlang dieses Modells sollten Ideen (*production*) durch verschiedene ansprechende Frames, Bilder und verdichtete Narrative unterstützt werden (*packaging*), damit sie leicht von Netzwerken (*networking*) und Entscheidungsträger:innen aufgegriffen (*political uptake*) und verbreitet werden können (Bennett, 2021, S. 14–15). Auch Fernández-Aballí (2019, S. 233) verfolgt einen ähnlichen Gedanken und spricht von „climate change advocacy" als kommunikativem Prozess, der von unterschiedlichen Organisationen, Gruppierungen, Plattformen und Netzwerken unterschiedlichen Ausmaßes praktiziert werde, um Bewusstsein zu schaffen und die Konsequenzen sowie die menschengemachten Ursachen der global steigenden Temperaturen zu bekämpfen. Eine globalgesellschaftliche Transformation dieses Ausmaßes kann nur sukzessiv über einen langen Zeitraum vonstattengehen. Systemischer Wandel sozialer Strukturen, beispielsweise technologische oder regulative Veränderungen, werden mit bis zu zehn Jahren Umstellungsphase als schnell eingestuft, während einige infrastrukturelle, politische oder norm- und wertorientierte Veränderungsprozesse bis zu 30 oder mehr Jahre dauern können (Otto et al., 2020, S. 2362). „A first step in this journey is to realize that communicating effectively about the future is really about how we communicate about economics and politics now" (Bennett, 2021, S. 12).

Aus der temporalen, der sozial-moralischen und der systemischen Spezifik der Klimakrise ließ sich mit diesem Abschnitt 2.2 ein Bild der soziokulturellen Herausforderungen und der daran anknüpfenden Diskurse skizzieren. Als zentrale Herausforderungen wurden das Dringlichkeitsdilemma, das Gerechtigkeitsdilemma und das Priorisierungsdilemma adressiert. Dabei zeichnete sich ab, dass es zum einen jeweils dominantere Diskurse gibt, die die sozial-ökologische Transformation eher erschweren, und zum anderen weniger vorherrschende, in den vergangenen Jahren aufgekommene Diskurse, die transformationsermöglichende Aspekte aufzeigen. So lassen sich für die transformationserschwerenden Diskurse beispielsweise der dystopische Schockdiskurs, der Schuldzuweisungsdiskurs und der Systemerhaltungsdiskurs anführen. Den transformationsermöglichenden Diskursen können der Selbstwirksamkeitsdiskurs, der Ermächtigungsdiskurs und der Systemtransformationsdiskurs zugeordnet werden. Diese skizzierten Spezifika bilden den Rahmen für das allgemeine Diskursklima des Klimadiskurses.

2.3 Die kommunikative Herausforderung

In den vorangegangenen Abschnitten wurde zunächst auf die ökologische Herausforderung der Klimakrise eingegangen (Abschnitt 2.1), bevor die soziokulturellen Herausforderungen, die mit dieser ökologischen Krise einhergehen, grob systematisiert und daran anschließende transformationshemmende sowie transformationsermöglichende Diskurse aufgezeigt wurden (Abschnitt 2.2). Ziel dieses Abschnitts 2.3 ist es nun, die daraus entstehende kommunikative Herausforderung einzugrenzen. Aus den beiden vorangegangenen Abschnitten ging der Bedarf der sozial-ökologischen Transformation hervor sowie die Notwendigkeit, genau dafür Bewusstseinsbildung, Akzeptanz und Handlungsmotivation zu erzeugen. Hierbei kommt der Kommunikation eine Schlüsselrolle zu (Takahashi et al., 2022a, S. 3). Insbesondere die soziokulturellen Herausforderungen der Klimakrise machen jedoch deutlich, dass sich die Diskursbedingungen und das Diskursklima nicht nur aufgrund der skizzierten temporalen, sozial-moralischen und systemischen Spezifika der Klimakrise als besonders vertrackt erweisen. Dieses Problemgegenstands haben sich nicht nur die Kommunikationswissenschaft und im Speziellen das Forschungsfeld der Umwelt- und Wissenschaftskommunikation angenommen, sondern auch in der PR- und Organisationskommunikationsforschung befasst man sich mit der Frage, wie Akteure in diesem Kontext überhaupt kommunizieren können. Dem soll nun in weiterer Folge nachgegangen werden (TUF 1: Wie lassen sich unterschiedliche kommunikative Umgangsformen mit der wachsenden sozial-ökologischen Transformationserwartung beim gleichzeitig geltenden Anspruch nach Funktionserfüllung aus der aktuellen Literatur der PR- und Organisationskommunikationsforschung und angrenzenden Disziplinen systematisieren?).

Die Art und Weise, wie eine Gesellschaft kommunikativ mit der Klimakrise umgeht, bildet einen der Hauptmotoren für eine sozial-ökologische Transformation (Linnér & Wibeck, 2020, S. 221, 2021, S. 1). Neben dem Austausch über individuelle Erfahrungen in Verbindung mit der Klimakrise kommt der öffentlichen Kommunikation eine essenzielle Rolle zu, wenn es darum geht, Evidenzen und Implikationen der Klimakrise besser zu begreifen und mögliche Handlungsoptionen zu erkennen. Das macht die Kommunikationswissenschaft und damit verbundene Forschungsfelder zu zentralen Forschungsdisziplinen für diese Thematik (Schäfer & Bonfadelli, 2017, S. 316; Takahashi et al., 2022a, S. 4).

Die Klima- und Nachhaltigkeitskommunikationsforschung ist weiters von Interdisziplinarität und vielfältigen Zugängen gekennzeichnet. Dabei lassen sich beispielsweise die Umwelt-, Risiko- und Klimawandelkommunikationsforschung, die die ökologische Umwelt der Menschen und wechselseitige Auswirkungen in den Blick nimmt (Hansen & Cox, 2022; Moser, 2010; Takahashi et al., 2022b), die Wissenschaftskommunikationsforschung, die sich damit beschäftigt, wie das naturwissenschaftliche Wissen über die Klimakrise am besten an eine breite Öffentlichkeit kommuniziert werden kann (Boykoff, 2019; Davis et al., 2018; Priest, 2019), die Forschung zur medienöffentlichen Klima- und Nachhaltigkeitskommunikation, bei der der Fokus stärker auf dem medienöffentlichen Umgang mit der Thematik liegt und daraus resultierende soziopolitische Implikationen dieses öffentlichen Aushandlungsprozesses betrachtet (Brüggemann, 2022; Neverla & Schäfer, 2012; Schäfer & Painter, 2021), die politische und aktivistische Kommunikationsforschung, bei der die politische Kommunikation der Klimakrise zum Gegenstand wird (Leviäkangas, 2021; Rootes et al., 2012; Tratschin, 2016; Tschötschel et al., 2021), oder die Nachhaltigkeitskommunikationsforschung, die auf die strategische Kommunikation der Nachhaltigkeit fokussiert (Newig et al., 2013; Weder et al., 2021; Weder & Eriksen, 2023), grob voneinander unterscheiden. Die Forschungsinteressen sind hier ebenso divers wie umfassend und reichen in Theorie und Methode von Kommunikator:innenforschung, über Forschung an Medien als Intermediären, Forschung an den konkreten Inhalten und deren Rezeption bis hin zur Forschung an globalgesellschaftlichen soziopolitischen Implikationen der Klima- und Nachhaltigkeitskommunikation (Hansen & Cox, 2022).

In der Medienberichterstattung erlangt die Klimakrise in den letzten Jahrzehnten generell immer mehr Aufmerksamkeit (Nacu-Schmidt et al., 2023, S. 4; Schäfer, 2015, S. 856). Der öffentliche Klimadiskurs wird damit zum zentralen Schauplatz unterschiedlicher Interessen und Perspektiven auf die Klimakrise, was eine prägende Rolle spielt, wenn es um die Wahrnehmung und das Wissen hinsichtlich der Klimakrise geht (Murali et al., 2021, S. 1). Diese medienvermittelte öffentliche Kommunikation ist weiterhin die Hauptinformationsquelle für klimarelevante Informationen und darüber hinaus Quelle für die Bewusstseinsbildung und die Handlungsorientierung im Umgang mit den klimabezogenen Herausforderungen (Klinger & Metag, 2022, S. 31). Eine zentrale Frage dabei ist, wie die medienvermittelte öffentliche Kommunikation dazu beitragen kann, nicht nur das Wissen um die Klimakrise in der Bevölkerung zu vergrößern, sondern die Menschen auch zur Verhaltensänderung zu bringen und die „values-action-gap" (Blake, 1999; Brown & Sovacool, 2018) zu überwinden. Dabei zeichnet sich ab, dass ein Paradigmenwechsel erforderlich ist, von einer übermäßig negativistisch geprägten und lähmenden Kommunikation hin zu einer stärker lösungsorientierten und konstruktiveren Kommunikation, die Handlungsoptionen aufzeigt und Selbstwirksamkeit vermittelt (O'Neill & Nicholson-Cole, 2009; Riddick, 2024;

Urner, 2021). In dieser medienvermittelten Öffentlichkeit ist eine Vielzahl an Akteuren – aus Wirtschaft, Politik, Wissenschaft, Zivilgesellschaft und dem Journalismus selbst – tätig, die sich über unterschiedliche Medien, Plattformen und Formate Gehör verschaffen können (Pezzullo & Cox, 2018, S. 22). Genau diese unterschiedlichen öffentlich sichtbaren Akteure haben eine Schlüsselrolle in Hinblick auf die Vermittlung und Verbreitung nicht nur von Wissen um die Klimakrise und ihrer soziopolitischen Implikationen, sondern auch von bestimmten Gesamterzählungen, die der Handlungsmotivation dienen können.

An dieser Stelle drängt sich ein Blick in die PR- und Organisationskommunikationsforschung auf. Nicht nur durch die medienvermittelte Sichtbarkeit der unterschiedlichen Akteure und ihrer Deutungsangebote, sondern auch durch ihre selbstvermittelte öffentliche Kommunikation können die Akteure Einfluss auf die öffentliche Bedeutungskonstruktion um die Klimakrise nehmen. Dabei kann es sich um unterschiedliche Akteure handeln, die im Namen wirtschaftlicher, politischer, journalistischer, akademischer oder aktivistischer Organisationen, Netzwerke oder Kollektive kommunizieren. Ein solches holistisches Kommunikator:innenverständnis lässt das Einbeziehen unterschiedlicher Organisationstypen und -grade zu, das gerade in Bezug auf die Klima- und Nachhaltigkeitskommunikation von besonderer Relevanz ist und ein in der PR-Forschung häufig auf Unternehmen fokussiertes Verständnis auflockert. All diese verschiedenen in der Öffentlichkeit Klima- und Nachhaltigkeitskommunikation betreibenden Akteure sind gefragt, gleichzeitig ihre Funktionen zu erfüllen und der Erwartung nach sozial-ökologischer Transformation nachzukommen. Dabei nehmen sie ob ihrer öffentlichen Exposition eine zentrale Rolle für die Bedeutungskonstruktion und die Handlungsmotivation ein. „[T]oday sustainability isa [sic] principle of action that comes into action with & by communication – that is not only communicatively constructed but also communicatively cultivated in our society" (Weder & Eriksen, 2023, S. 2).

Allgemein wird der gesellschaftliche Erwartungsdruck an Organisationen größer, soziale und ökologische Verantwortung zu übernehmen sowie verstärkt auch eine politische Haltung einzunehmen und somit den Wachstumsimperativ zu überwinden und einem normativen Imperativ zu folgen (ECREA, 2023; Pompper, 2021). Dieser Wandel führt auch in der PR- und Organisationskommunikations- sowie in der Strategischen Kommunikationsforschung zu einem gesteigerten Interesse an der Frage, wie Klima- und Nachhaltigkeitskommunikation erfolgreich betrieben werden kann, sei es in unterschiedlichen Anwendungsgebieten (Dash & Dash, 2021; Lee, 2021), in medialen Umgebungen (Ihlen & Nitz, 2008; Moreno & Capriotti, 2009) oder in national-kulturellen Kontexten (Gill et al., 2008; Thaker, 2020; Yang et al., 2017). Dabei wird der Erfolg der

Kommunikation immer noch überwiegend an der Organisation als zweckmäßigem Akteur festgemacht und die Forschung bezieht sich zum größten Teil auf wirtschaftliche Unternehmen (Dahl & Fløttum, 2019; Furlan Alves et al., 2019). Aus allgemeinöffentlicher Perspektive gibt es eine klare Erwartung, angesichts der Klimakrise den Erfolg strategischer Kommunikation nicht mehr nur am funktionalen organisationsfokussierten Erfolg zu bemessen, sondern sie für eine gelingende sozial-ökologische Transformation einzusetzen – „Strategic Climate Communication" (Cox, 2010); „Strategic Sustainability Communication" (Weder, 2023b). In diesem Kontext lässt sich ein Bedarf an Change Agents identifizieren (Buhr et al., 2023; Sandhu, 2022; Weder, 2021), also an Einzelakteuren oder Organisationen, die als gutes Vorbild vorangehen und sich mit Hilfe von Achtsamkeit, Neugier, Mut, Resilienz, Moral und Führungskompetenz sowie Suffizienz und Verantwortungsbewusstsein (Laininen, 2019, S. 183–184) für eine ökologisch nachhaltige Zukunft einsetzen. „Sustainability communication also includes being a **pioneer**, doing things in a different way, and ‚sparking conversations'" (Weder & Eriksen, 2023, S. 110, H. i. O.).

Den Begriff der Nachhaltigkeit gilt es an dieser Stelle nochmals besonders hervorzuheben, da darunter verschiedene Konzepte vereint werden. Ursprünglich aus der Forstwirtschaft kommend, meint eine nachhaltige Bewirtschaftung eines Waldes jene, die nur so viel Holz aus dem Wald entnimmt, wie auch wieder nachwachsen kann (Hamberger, 2013, S. 17). In den 1980er Jahren wurde dieser Begriff dann für die nachhaltige Entwicklung im Kontext der Klimakrise übernommen und beschreibt ein „development that meets the needs of the present without compromising the ability of future generations to meet their own needs" (UN, 1987, o. S.). Jedoch wird dieser Begriff zunehmend in ökonomischen Kontexten verwendet, deren Priorisierungsfokus nicht auf der ökologischen Nachhaltigkeit liegt, sondern eher darauf, ökonomische, soziale und ökologische Interessen auszugleichen (vgl. Abschnitt 2.2.3). Dabei wird der Nachhaltigkeitsbegriff häufig nur als eine Alternative innerhalb des Kapitalismus und nicht als Alternative zum Kapitalismus und zur Wachstumserzählung interpretiert (Weder, 2023a, S. 579). „Sustainability has been well used (and abused) as ‚buzz-word', label or language token for certain behavior and action in political, organizational and increasingly in individual communication" (Weder, 2023a, 577). Die jüngere Forschung zur strategischen Sustainability Communication legt ihr Augenmerk deshalb wieder bewusst darauf, eine Lesart des Nachhaltigkeitsbegriffs zu kultivieren, die „as guiding principle of action on an individual, organizational and societal level" (Weder & Eriksen, 2023, S. 82) fokussiert und sich dadurch aktiv gestalterisch am Prozess der sozial-ökologischen Transformation beteiligt (Weder, 2023a, S. 577). Im Folgenden gilt es, diese kommunikative Herausforderung anhand von Literatur aus der PR- und Organisationskommunikationsliteratur, der Strategischen Kommunikationsforschung, der CSR- und Managementforschung sowie der Business Ethics und Organization Studies systematisch zu diskutieren. Bei der Systematisierung ließen sich drei kommunikative Hauptzugänge im Umgang mit den unterschiedlichen Ansprüchen der Funktionserfüllung und der Transformationserwartung identifizieren: 1) ein konsistenzwahrender Zugang, 2) ein inkonsistenzfokussierter Zugang und 3) ein transformativer Zugang.

Darüber hinaus fiel an dieser Stelle auf, dass diese kommunikativen Zugänge auch mit den Kommunikationstypen der *von-*, der *über-* und der *für-*Klima- und Nachhaltigkeitskommunikation korrespondieren (Newig et al., 2013, S. 2976; Weder et al., 2021, S. 3; Weder & Voci, 2021, S. 166). Die verschiedenen Kommunikationstypen manifestieren sich abhängig davon, welche Perspektive eingenommen wird und welche Narrative darin verbreitet werden. Narrativen sowie daran anknüpfendem Storytelling wird hohes Einflusspotenzial auf Meinungsbildung und Bedürfnisse der Rezipient:innen zugeschrieben (Fløttum & Gjerstad, 2017; Napoli & Ouschan, 2020). Bei der Kommunikation *von* Klimakrise und Nachhaltigkeit setzt sich ein Narrativ der Nachhaltigkeit als umfassendem Konzept durch, das das Wohlergehen auf ökologischer, sozialer und ökonomischer Ebene als ultimative Guideline zur nachhaltigen Zukunft sichern soll – „sunshine perspective" (Weder et al., 2021, S. 3). Dabei wird die Nachhaltigkeit als normatives Rahmenkonzept verstanden, das eine Balance zwischen sozialer Gerechtigkeit, ökonomischem Profit und ökologischen Interessen, innerhalb der gegebenen Marktorientierung und Wachstumslogik, zu erreichen versucht (Weder et al., 2021, S. 3). „However, it is a story of progress, of technological innovation and of a renewable energy economy" (Weder et al., 2021, S. 3). Hier kann beispielsweise auch das Konzept des Green Growths (OECD, 2011) eingeordnet werden. Diese *von-*Kommunikation wird dafür kritisiert, den Begriff der Nachhaltigkeit mit einer ökonomischen Lesart zu dominieren und die ökologische Debatte um Ressourcenknappheit, ökologische Belastungsgrenzen oder den Erhalt der Biodiversität zunehmend zu verdrängen (Banerjee, 2008, S. 65). Bei der Kommunikation *über* Klimakrise und Nachhaltigkeit hingegen dominiert ein Narrativ der ökologischen Verschlechterung, das eine Story von individuellen Opfern und von Verzicht, beispielsweise hinsichtlich der Einschränkung der individuellen ökonomischen Freiheit, erzählt – „rainy side" (Weder et al., 2021, S. 4). Bei der Kommunikation *für* Klimakrise und Nachhaltigkeit setzt sich ein Narrativ der Revolution, des kulturellen Wandels, der Innovation und der Verhaltensänderung durch (Weder et al., 2021, S. 4). Diese Story handelt von Wiederherstellung, regenerativen Praktiken sowie neuen ökologischen Identitäten und ist damit deutlich komplexer als die vorhergehenden Storys, weshalb sie sich oft weniger leicht durchzusetzen vermag (Weder et al., 2021, S. 4). Letztere Perspektive hat jedenfalls den Anspruch und das Potenzial, die Lesart des Begriffs der Nachhaltigkeit wieder zu einer ökologischen zu führen und Nachhaltigkeit durch nachhaltige Kommunikation nicht zu „normalisieren“, sondern zu „kultivieren“ (Weder, 2023a, S. 577; Weder & Eriksen, 2023, S. 109–110).

2.3.1 Konsistenzwahrende *von*-Kommunikation

Der konsistenzwahrende Zugang war vor allem in der instrumentellen Literatur zu finden. Dazu gehören beispielsweise PR-Ansätze und solche der Strategischen Kommunikation, die das Dialogverhältnis zwischen Stakeholder:innen und Organisation in den Blick nehmen (Grunig et al., 1996) und der Verständigung einen besonderen Stellenwert einräumen (Burkart, 2015). Auch der Strategie kommt dabei eine bedeutende Rolle zu. „Strategic communication encompasses all communication that is substantial for the survival and sustained success of an entity. Specifically, strategic communication is the purposeful use of communication by an organization or other entity to engage in conversations of strategic significance to its goals“ (Zerfass et al., 2018, S. 493). Dabei wird eine gewisse Offenheit für nicht wirtschaftliche Akteure gewährt. „Entity includes all kind of organizations (e.g., corporations, governments, or nonprofits), as well as social movements and known individuals in the public sphere“ (Zerfass et al., 2018, S. 487). Der überwiegende Teil der instrumentellen Forschung befasst sich aber mit Unternehmenskommunikation. Grundsätzlich lässt sich hier jedoch betonen, dass strategische Kommunikation von unterschiedlichen Organisationen und Akteuren mit einer bewussten Absicht, Einfluss zu nehmen, betrieben wird (Frandsen & Johansen, 2022, S. 22). Die Einflussnahme durch die Kommunikation erstreckt sich über die Wahrnehmung, die Haltung und das Verhalten des Publikums bzw. der Stakeholder:innen, indem sie der Bedeutungskonstruktion und der Bewusstseinsbildung dient (Zerfass & Link, 2022, S. 239). Die Absicht ist nach einem instrumentellen Verständnis strikt auf ein bestimmtes *organisationales* Ziel ausgerichtet, beispielsweise das Identifikationspotenzial mit der eigenen Entity zu erhöhen, für eine positive Reputation zu sorgen, Handlungsspielräume – „license to operate“ (Zerfaß, 2008, S. 68) – sicherzustellen oder die Beziehungen zu Stakeholder:innen zu pflegen und ein bestimmtes Verhalten selbiger hervorzurufen, das bestenfalls wiederum positive Auswirkungen auf die Organisation hat (Bridge & Tench, 2022, S. 199).

Der konsistenzwahrende Zugang zur Klima- und Nachhaltigkeitskommunikation zeigte sich in der gesichteten Literatur als am dominantesten. *Konsistenz* meint dabei den Grad, „to which norms or requirements are consistent with corporate interests“ (Whelan, 2013, S. 758). Das bedeutet, dass eine starke Beziehung zu den Stakeholder:innen aufgebaut bzw. erhalten werden soll, indem die organisationalen funktionalen Interessen und die an die Organisation herangetragene Transformationserwartung als konsistent vermittelt werden. Mit Hilfe von CSR-Kommunikation beispielsweise soll im Kontext der sozial-ökologischen Transformationserwartung auf positives Verhalten hingewiesen werden, um letztlich das Vertrauen der Stakeholder:innen in die Organisation zu gewinnen bzw. zu stärken (Bentele & Nothaft, 2011; Dahl & Fløttum, 2019; Du et al., 2010).

Ein zentrales Konzept, um dieses Ziel zu erreichen, ist es, in den Augen der Stakeholder:innen als glaubwürdig wahrgenommen zu werden. „Glaubwürdigkeit ist ein grundlegendes Konzept der Kommunikationswissenschaft und gilt als zentrale Voraussetzung effektiver Kommunikation. Gerade in der PR und hier im Besonderen bei der Kommunikation über Corporate Social Responsibility (CSR) ist glaubwürdiges Kommunizieren von Unternehmen ein Muss, um bei Anspruchsgruppen Gehör zu finden“ (Lock, 2016, S. 413). Jedoch ist es für Organisationen unterschiedlich schwierig, glaubwürdige CSR-Kommunikation zu betreiben. Viele Unternehmen werden ob der Diskrepanz zwischen ergriffenen CSR-Maßnahmen und ihrem gegenläufigen Kerngeschäft (Cheema et al., 2020; Kim & Lee, 2018) oder auch wegen einer Diskrepanz zwischen Kommunikation und Handeln als unglaubwürdig wahrgenommen. Denn auch in Bezug auf Kommunikation und Handeln rät dieser Zugang zur Konsistenz (Basu & Palazzo, 2008, S. 129; Eisenegger & Schranz, 2015, S. 146; Lock, 2016, S. 414).

Den aktiven Dialog zu Stakeholder:innen zu suchen, um Reputation und Legitimität im Kontext der sozial-ökologischen Transformationserwartung aufzubauen (Jarolimek, 2014; Lintemeier & Rademacher, 2016), ist das erklärte Ziel konsistenzwahrender Kommunikation (Ihlen, 2011; Morsing et al., 2008). In diesem Sinne setzt der konsistenzwahrende Zugang auf möglichst authentische, transparente und vertrauenswürdige Kommunikation (Coombs & Holladay, 2021; Kim & Lee, 2018) und verlagert den Diskurs von einem wirtschaftlichen profitgetriebenen bewusst zu einem Verantwortungsdiskurs. Dieser schlägt sich stark in der CSR-Forschung nieder, wo dann nicht nur danach gefragt wird, welchen sozial-ökologischen Beitrag Organisationen leisten können, sondern auch umgekehrt, welche Benefits die CSR-Kommunikation für die Organisation haben kann – der „Business Case for CSR“ (Carroll & Shabana, 2010; Du et al., 2010; Kong et al., 2020).

2.3.2 Inkonsistenzfokussierte *über*-Kommunikation

Der inkonsistenzfokussierte Zugang ließ sich vor allem in der kritischen PR- und Organisationskommunikationsliteratur finden. Hierzu gehören Ansätze, die den streng instrumentellen Fokus öffnen und ihr Hauptaugenmerk auf Ereignisse und Dynamiken in der organisationalen Umwelt legen (Dernbach, 2015; Eisenegger, 2018; Ihlen & Fredriksson, 2018; Röttger, 2015; Sandhu, 2015). Dabei wird die in der instrumentellen Forschung eingenommene „Inside-out-Perspektive" *von* Organisationen in die Öffentlichkeit, um die „Outside-in-Perspektive" von der Öffentlichkeit *über* Organisationen ergänzt (Eisenegger, 2018, S. 19). Für solche Ansätze ist es entsprechend von besonderem Interesse, die Beziehung zwischen der Organisation und ihrer kommunikativen und sozialen Umwelt sowie wechselwirksame Einflüsse und Dynamiken in den Blick zu nehmen. In komplexen pluralistischen Bezugswelten treten vielfältige und verflochtene Spannungen auf und Dualismen sind nicht immer eindeutig voneinander abzugrenzen oder gar oppositionell (Smith et al., 2017, S. 1). Die wachsende sozial-ökologische Transformationserwartung stellt eine solche Umweltbedingung dar, zu der sich die Akteure nun positionieren müssen, um Vertrauen, Reputation oder soziale Legitimität aufbauen zu können (Eisenegger, 2018; Sandhu, 2015).

Die funktionalen Interessen und die normativen gesellschaftlichen Erwartungen, wie hier die sozial-ökologische Transformationserwartung, werden in dieser Literatur im Gegensatz zum konsistenzwahrenden Zugang als komplex und teilweise unvereinbar gesehen. Diese Unvereinbarkeit und die Kritik am konsistenzwahrenden Zugang werden somit zum Kern des inkonsistenzfokussierten Zugangs. Beispielsweise stellen sich kritische Stimmen gegen einen solchen konsistenzwahrenden Zugang und argumentieren, dass dieser zwar gut zu kommunizieren ist, jedoch nicht auf die Praxisebene durchschlägt (Ählström, 2010, S. 70). Das leiste keinen grundlegenden Beitrag zu echter Nachhaltigkeit, sondern lediglich zur Imageverbesserung (Ergene et al., 2021, S. 1322–1323).

Der inkonsistenzfokussierte Zugang zur Klima- und Nachhaltigkeitskommunikation zeichnet sich also durch die Auseinandersetzung mit der Unvereinbarkeit widersprüchlicher, jedoch gleichzeitig existierender Erwartungen aus. Beispielsweise stellt die ökonomisch getriebene Erwartung nach Profitmaximierung und die gleichzeitig existierende Erwartung nach umweltverträglichem und nachhaltigem Verhalten einen solchen Widerspruch dar. Die kritische PR- und Organisationskommunikationsliteratur macht an dieser Stelle deutlich, wie komplex der Umgang mit solchen widersprüchlichen Erwartungen sein kann. Diese Widersprüchlichkeit löst oft Verwirrung aus und bedarf deshalb einer (kommunikativen) Ausverhandlung. „As corporations, nonprofits, and civic groups engage in social change processes that blur traditional boundaries, complex tensions must be negotiated by organizational actors“ (Mitra & Fyke, 2017, S. 140). Auch auf struktureller Ebene kann es zu Schwierigkeiten in der Aushandlung kommen. Nicht selten tritt eine Inkonsistenz zwischen Kommunikation und Handeln auf (Åhlström, 2010, S. 70; Waddock & Googins, 2011, S. 25) und es besteht entweder nur ein indirekter, kein oder ein näherungsweise kausaler Zusammenhang zwischen ihnen (Winkler et al., 2017, S. 481). Kommunikation, Entscheiden und Handeln können bis zur „full divergence among policies, programs, and impacts“ (Graafland & Smid, 2019, S. 231) entkoppelt sein. Des Weiteren kann es vorkommen, dass die strukturellen Bedingungen ein substanzielles Engagement mit den neuen Erwartungen schlicht verunmöglichen, auch wenn das das erklärte Ziel ist (Wijen, 2014, S. 302). Dies bietet wiederum Angriffsfläche für daran anknüpfende Decoupling-Vorwürfe (Bromley & Powell, 2012, 483–484; Brunsson, 1986, S. 165; Wijen, 2014, S. 302; Winkler et al., 2017, S. 481). Letztere werden als Schlüsselphänomen in Abschnitt 3.2.2 nochmals detaillierter besprochen.

Konsistenz zwischen Kommunikation und Handeln bzw. zwischen funktionalen oder normativen gesamtgesellschaftlichen Zielen glaubwürdig herzustellen, ist gerade im Kontext der sozial-ökologischen Transformationserwartung entsprechend schwierig (Ginder et al., 2021; Reilly & Hynan, 2014) bzw. aus inkonsistenzfokussierter Sicht anzuzweifeln. Gerade im Kontext global agierender Unternehmen ist Misstrauen gleichsam vorausgesetzt, da eine gewisse Inkonsistenz zwischen komplexen Werten stets eingeschrieben ist und zu einem „dilemma between ethical obligations towards society versus economic duties of maximising profits“ (Andersen et al., 2017, S. 51) wird. Diese Komplexität verlagert sich dann auf die Kommunikationsebene, wo sie entweder in der CSR-Kommunikation der Organisationen rechtfertigungsbedürftig wird (Boltanski & Thévenot, 2006; Edwards, 2018) oder wo es der Öffentlichkeit zur deliberativen Aushandlung überlassen wird (Scherer & Palazzo, 2007), inwiefern ein tatsächlicher Impact geleistet wird. Nicht selten stößt der konsistenzwahrende Zugang hier an seine Grenzen und erntet in Situationen, in denen schlichtweg keine Konsistenz zwischen den sozial-ökologischen Erwartungen und den organisationalen Interessen und Zielen oder der Kommunikation und dem Handeln vorliegt, Hypokrisie- und Greenwashing-Vorwürfe (Lyon & Montgomery, 2015; Seele & Gatti, 2017; Yusof et al., 2020). Diese kritische Perspektive mündet also stets in die Unauflösbarkeit der komplexen Erwartungen und unweigerlich daran anknüpfende Vorwürfe.

2.3.3 Transformative *für*-Kommunikation

Der transformative Zugang war überwiegend in konstitutiven Ansätzen der CSR-Kommunikationsforschung, der Literatur zum Umgang mit Paradoxien sowie einer aufkommenden agonistischen Perspektive der PR- und Organisationskommunikationsforschung auszumachen. Ein Versuch der konstitutiven CSR-Kommunikationsforschung (Schoeneborn & Trittin, 2013), beispielsweise die Inkonsistenz zwischen Funktionserfüllung und sozial-ökologischer Transformationserwartung zu überwinden, lässt sich im Konzept des Aspirational Talks (Christensen et al., 2013, S. 372) begründen. Hierbei werden Aspirations, also „responsibility-related organizational self-descriptions" (Penttilä, 2020, S. 67), kommunikativ formuliert, die dann – so die Hoffnung – in der Zukunft auf der Handlungsebene erfüllt werden können (Christensen et al., 2013, S. 372, 2020a, S. 407). Auch wenn die Inkonsistenz nicht sofort überwunden werden könne, so ließe sich durch die Formulierung des Ideals und die damit einhergehende intensivere öffentliche Beobachtung zumindest eine Annäherung an das Ideal – ein „creeping commitment" (Christensen et al., 2013, S. 383; Haack et al., 2012b, S. 815) – bewirken. Die Strategie des Aspirational Talks schafft einen authentischeren Umgang mit den inkonsistenzbedingten Spannungen, jedoch wird die Beweispflicht über das tatsächliche Wahrwerden der artikulierten Aspirations in die Zukunft verschoben – „transitory state" (Winkler et al., 2017, S. 480). Dies birgt wiederum das Potenzial für einen daran anknüpfenden zeitlichen Hypokrisie-Vorwurf (Christensen et al., 2020b, S. 327).

Dennoch hat dieses konstitutive Verständnis von Kommunikation im Gegensatz zur kritischen Perspektive eine öffnende Eigenschaft. Das konstitutive CSR-Verständnis knüpft an die Communication-Constitutes-Organzations-Perspektive (CCO-Perspektive) an, die postuliert, dass sich Organisationen erst durch Kommunikation konstituieren, wodurch der Kommunikation selbst ein performativer Charakter zugeschrieben und damit *der* zentrale Stellenwert eingeräumt wird (Cooren & Martine, 2016; Schoeneborn, 2013; Schoeneborn & Trittin, 2013, S. 193). Mit diesem Verständnis und der Strategie des Aspirational Talks werden die im Konflikt stehenden Anforderungen den Stakeholder:innen zur diskursiven Verhandlung eröffnet (Christensen et al., 2015) und deren Kritik wird ermöglicht (Christensen et al., 2017). Durch das Vermitteln von Kernwerten und das gleichzeitige Angreifbar- und Verletzlichmachen werden Authentizität und Aufrichtigkeit signalisiert (Waddock & Googins, 2011, S. 27). Hierüber werden also erstrebenswerte, beispielsweise der ökologischen Nachhaltigkeit verschriebene Ziele postuliert, die durch die Festschreibung in der eigenen Mission und durch die kommunikative Aushandlung mit der Öffentlichkeit eine starke Performativität entwickeln sollen (Haack et al., 2012a, S. 815; Koep, 2017, S. 220). Eine selbstüberzeugende Rhetorik ist dabei eher schädlich, da sie viel Aufmerksamkeit auf sich zieht und die Spannungen dabei reproduziert sowie echtes Engagement eher hemmt („vicious circle"), während eine agonistische Rhetorik über diese Spannungen hinausgeht, indem sie die Aspirations immer wieder neu framt, situativ anpasst und bestehende Machtbeziehungen hinterfragt („virtuous circle") (Winkler et al., 2020, S. 106).

Die Paradoxie-Forschung beschäftigt sich intensiv mit Pluralität, Spannungen und Widersprüchlichkeiten von Paradoxien, die aus individuellen Interaktionen, Gruppendynamiken, organisationalen Strategien oder auch breiteren institutionellen Kontexten entstehen können (Smith et al., 2017, S. 1). In Hinblick auf einen möglichen Umgang mit derartigen Paradoxien raten Paradoxie-Forscher:innen von einem komplexitätsreduzierten Entweder-oder-Verständnis und damit von einer einseitigen Priorisierung *eines* Spannungspols ab, da das eher zu einem Teufelskreis führe (Smith et al., 2017, S. 2). „Choosing one pole of a tension may defensively trigger its opposition" (Smith et al., 2017, S. 2). Stattdessen schlagen sie vor, die inhärente Widersprüchlichkeit und die gleichzeitige Interdependenz der konkurrierenden Anforderungen anzuerkennen (Smith et al., 2017, S. 2).

Dabei wird versucht, eine neue Perspektive auf anscheinend paradoxe Business-Interessen und sozial-ökologische Ziele zu geben (Hahn et al., 2018, S. 235). Der langfristige Erfolg einer Organisation erfordert kontinuierliche Bemühungen, um diese multiplen Anforderungen simultan zu erfüllen (Hahn et al., 2018, S. 236; Smith & Lewis, 2011, S. 381). „By accepting and working through such tensions, a paradox approach enables decision makers to achieve competing sustainability objectives simultaneously" (Hahn et al., 2018, S. 235). Smith und Lewis argumentieren überdies, dass das Bewusstsein um die existierenden Spannungen im Management tendenziell eher Akzeptanz als Abwehr hervorruft (2011, S. 391), was dafür spräche, einen offenen Umgang mit den auftretenden Inkonsistenzen zu pflegen. Des Weiteren sehen die Autor:innen in den Paradoxien nicht etwa etwas Negatives, sondern vielmehr die Chance, die Widersprüche neu zu framen und mit solch einem proaktiven Zugang das innewohnende Innovationspotenzial nicht nur für die Organisation selbst, sondern auch für ein tatsächliches Engagement mit der sozial-ökologischen Transformationserwartung hervorzurufen (Jay et al., 2017, S. 365; Mitra & Fyke, 2017, S. 140). „This kind of reframing involves accepting the paradox as not only inevitable but a useful tension to drive innovation" (Jay et al., 2017, S. 366).

Die Paradoxieforschung stellt damit die Weichen für den transformativen Zugang. Der Konflikt, der aus den organisationalen Identitäten und den herangetragenen ökologischen Werten entsteht, kann insofern Wandel begünstigen, als die Inkonsistenzen eine organisationale Umorientierung in den Raum stellen, die organisationale Kreativität sowie organisationales Lernen unterstützt (Hahn et al., 2018, S. 237). Inhärente Inkonsistenzen zu reframen und sie nicht als unvermeidbare Bedrohung, sondern als nützliche Spannungen zu akzeptieren, aus denen eine neue Kultur entstehen kann, die nicht an einer schnellen, defensiven und oberflächlichen Auflösung interessiert ist, lässt also einen aktiveren Zugang im Umgang mit den Ambivalenzen und Nachhaltigkeitsparadoxien zu (Jay et al., 2017, S. 366–367). Das drückt sich auch in der Forderung nach einem agonistischen Zugang und einem aktivem Austausch mit einander widersprechenden Positionen aus, damit die Nachhaltigkeit immer stärker thematisiert und problematisiert werden kann (Weder, 2022; Weder & Voci, 2021; Winkler et al., 2020).

Weder (2022, S. 228) entwickelt diese agonistische Perspektive weiter und plädiert für ein ko-konstruktives transformatives PR-Verständnis. Die PR-Kommunikation wird danach als Kommunikation aufgefasst, die durch den Austausch von Ideen sozialen Wandel erst ermöglicht, wobei, aufbauend auf Davidsons (2016) Verständnis, PR-Kommunikation von unterschiedlichen Akteuren, wie von NGOs, institutionellen Akteuren sowie von sozialen Bewegungen, mitgemeint wird, die nicht selten in Konflikt mit den wirtschaftlichen Strategien stehen (Weder, 2022, S. 341). Die Stärke der PR, dialogorientiert zu arbeiten und Stakeholder:innen einzubinden, erhält mit einem solchen agonistischen Verständnis eine neue Bedeutung. Denn im Dialog liegt das Potenzial, auch explizit Dissens zu äußern (Weder, 2022, S. 341), wobei der Konsens nicht das erklärte Ziel ist, sondern die Problematisierung an sich (Weder, 2022, S. 342). Denn mit Hilfe der Problematisierung lässt sich das Konzept der Nachhaltigkeit kommunikativ Aufbrechen, anstatt in einer Common-Sense-Logik zu verharren (Weder, 2022, S. 339). In der Anerkennung und Kommunikation von vielfältigen konfligierenden Werten und Standpunkten wird diese agonistische Perspektive als konstruktiv angesehen, mit der hegemoniale, als unhinterfragbar geltende Argumente kontinuierlich überprüft und hinterfragt werden können (Weder, 2022, S. 342). In der Kommunikation *für* die Nachhaltigkeit, nicht zuletzt durch die kommunikative Problematisierung, liegt entsprechend das transformative Potenzial nachhaltiger PR (Weder, 2022, S. 339; 342). Transformative PR mit der Nachhaltigkeit als moralischem Kompass bedeutet entsprechend Inhalte und Themen, Perspektiven, Kontexte sowie etablierte Prozesse zu problematisieren (Weder, 2022, S. 344).

Die Forschung zur transformativen Klima- und Nachhaltigkeitskommunikation im Bereich der PR und Organisationskommunikation ist noch relativ jung, aber hier und im interdisziplinären Feld gibt es bereits klare Tendenzen, die in Richtung einer stärkeren Betonung der ökologischen Nachhaltigkeit gehen. So schlagen Ergene et al. (2021, S. 1319) beispielsweise eine neue Forschungsagenda im Sinne der sozial-ökologischen Transformation vor, indem sie mit einem „ecological case for business" aufwarten. Dieser erfordere einen epistemologischen Paradigmenwechsel von der Management- zur kritischen Perspektive, einen ontologischen Wechsel von einer realistischen zu einer relationalen Perspektive, von disziplingetriebenen zu interdisziplinär angelegten Forschungsdesigns und letztlich von wertneutraler zu engagierter wissenschaftlicher Haltung (Ergene et al., 2021, S. 1319). Salem et al. (2018) schreiben der Organisationskommunikation das Potenzial zu, Transformation im Sinne einer langfristigen Veränderung von organisationalen Kernprinzipien, Zielen, Autoritätsbeziehungen, Strukturen, Märkten oder Technologien (S. 109) zu erreichen, weil sie in ihrer Natur autopoietisch und autokatalistisch ist (S. 119).

Bennett (2021, S. 45–46) beispielsweise spricht davon, dass sich das menschliche Weltbild in der Kommunikation manifestiert und darüber auch reproduziert und dass sich darin klare Hierarchien der unterschiedlichen Lebenssphären finden lassen. Die in der öffentlichen Kommunikation vermittelten Repräsentationen der Lebenssphären folgen der Ordnung der ökonomischen Sphäre als dominantester, gefolgt von der politischen, an die die soziale Sphäre anschließt, und erst zuletzt kommen Repräsentationen der Umwelt und der Nachhaltigkeit (Bennett, 2021, S. 45–46). Daraufhin lädt Bennett (2021) dazu ein, sich vorzustellen, wie ein alternatives Modell aussehen könnte, und stellt damit ein neues Narrativ bereit. Diesem alternativen Modell entsprechend skizziert er die Sphäre der Umwelt als größte und wichtigste Sphäre, von der alle anderen Sphären abhängen.

> As a thought exercise, or an ‚imaginary,' [sic] consider how we might live if the environment were the largest concern on which all else depends. And then imagine that we organize societies in terms of environmental capacities to support them. (This may require changing how we think about our responsibilities to each other as planetary citizens.) Next, imagine how it would be if politics (politicians, interests, movements, parties, elections) actually answered more broadly to societies that were more attuned to caring for the planet. Finally, imagine an economy that is organized by politics that are more accountable to society and environment. (Bennett, 2021, S. 46–47)

Dieser Denkanstoß zusammen mit der agonistischen Perspektive der PR- und Organisationskommunikation strebt eine neue Diskursordnung an und ermutigt dazu, dem Klima und der ökologischen Nachhaltigkeit gegenüber anderen Themen einen höheren Stellenwert einzuräumen, wenn nicht sogar den höchsten. Das würde ein klares Commitment in allen gesellschaftlichen Teilbereichen und ein bewusstes Kommunizieren entlang dieses Commitments erfordern (Bennett & DeKay, 2020; Bennett, 2021; Weder et al., 2021). Die PR ist nach Weders Auffassung somit verpflichtet, ihre Kapazitäten zu nutzen und für die ökologische Nachhaltigkeit einzusetzen, indem sie eine Problematisierung und eine agonistische Aushandlung ermöglicht und darüber beim radikalen Hinterfragen bestehender Strukturen und Argumente unterstützt (Weder, 2021, 2022). Dieses diskursive ‚Aufbrechen' lässt somit zu, dass transformativen Narrativen mehr Raum gegeben werden kann, die sodann einen konstruktiven Beitrag zur Kultivierung der Nachhaltigkeit (Weder, 2023a; Weder & Eriksen, 2023) leisten können.

Die konsistenzwahrende *von*-Kommunikation hat sich in der PR- und Organisationskommunikationsforschung, der Strategischen Kommunikationsforschung oder der CSR-Kommunikationsforschung als am weitesten verbreiteter Zugang zum Umgang mit der organisationalen Funktionserfüllung und der sozial-ökologischen Transformationserwartung erwiesen. Dabei werden jedoch meist eine instrumentelle Sicht und eine auf wirtschaftliche Unternehmen fokussierte Single-Akteurs-Perspektive eingenommen. Ziel dieses Zugangs ist es, durch die Konsistenzwahrung das organisationale Fortbestehen zu gewährleisten, wobei die inhärente Inkonsistenzproblematik auf kommunikativer Ebene verschleppt wird und die Unglaubwürdigkeit als unintendierte Konsequenz (Lyon & Montgomery, 2015, S. 238–239) auftauchen kann. Die inkonsistenzfokussierte *über*-Kommunikation beschreibt die komplexen Erwartungen oft als unvereinbar und macht es sich zur Kernaufgabe, diese eingeschriebene und unvermeidbare Inkonsistenz aufzudecken und zu kritisieren. Dieser Zugang ist vor allem in der kritischen CSR- und Organisationskommunikationsforschung wiederzufinden. Die Fokussierung auf Inkonsistenzen und auf die Unauflösbarkeit von resultierenden Widersprüchen und Dilemmata ist hier zentral. Die transformative *für*-Kommunikation ist, verglichen mit dem konsistenzwahrenden und dem inkonsistenzfokussierten, der jüngste Zugang und entsprechend gibt es noch wenig insbesondere empirische Forschung dazu. Vielversprechend ist hier die Tatsache, dass dieser Ansatz für eine Multi-Akteurs-Perspektive sensibel ist und strategischen Kommunikator:innen unterschiedlicher Art einen hohen Stellenwert einräumt, wenn es darum geht, Initiation und Moderation von Problematisierung und Dissens zu übernehmen, um jenseits hegemonialer und unhinterfragter Logiken Raum für potenzielle neue Narrative zu schaffen, die die Globalgesellschaft auf dem Weg zur Kultivierung der ökologischen Nachhaltigkeit als neuer ‚Normalität' begleiten. Ziel dieses Zugangs ist es also weder, eine scheinbare Auflösung der Inkonsistenzen zu eigenen Gunsten zu erreichen, noch deren Unauflösbarkeit zu kritisieren. Vielmehr ist es hier das Ziel, die Ursache der Inkonsistenz zu hinterfragen und diese diskursiv aufzubrechen sowie die Diskursbedingungen neu zu verhandeln.

Diese drei Kommunikationstypen sind nun auch für diese Arbeit, insbesondere für die Empirie, von Bedeutung. Zum einen ist dabei von Interesse, wie sich diese unterschiedlichen Kommunikationstypen im österreichischen arenenöffentlichen Diskurs multipler Akteure wiederfinden und charakterisieren lassen. Des Weiteren ist von Relevanz, wie sich konsistenzwahrende, inkonsistenzfokussierte und transformative Zugänge unterschiedlich in der Arenenöffentlichkeit durchsetzen und wie sie hinsichtlich ihres kommunikativen Umgangs mit der sozial-ökologischen Transformationserwartung in Relation zueinander eine kommunikative Handlungsfähigkeit im Sinne des Klimas aufbauen können. Wie ihnen das letztlich gelingt, ist vor allem in Hinblick auf die Institutionalisierung der sozial-ökologischen Transformationserwartung zentral.

2.4 Zwischenfazit I

Ziel des breiten thematischen Einstiegs und der ersten theoretischen Systematisierungen des Kapitels 2 war es, zum einen die ökologische Herausforderung des Klimawandels (Abschnitt 2.1) sowie zum anderen die soziokulturelle Herausforderung der Klimakrise (Abschnitt 2.2) zu skizzieren. Darin lässt sich die sozial-ökologische Transformationserwartung von globalgesellschaftlicher Tragweite begründen, die sich auf Staaten, Organisationen und Individuen niederschlägt – auch in Österreich. Diese Transformationserwartung stellt entsprechend auch eine kommunikative Herausforderung dar (Abschnitt 2.3). Dabei sind vor allem Schlüsselakteure aus Wirtschaft, Politik, Journalismus, Wissenschaft und Aktivismus gefragt, ihre funktionalen Erwartungen zu erfüllen und gleichzeitig der sozial-ökologischen Transformationserwartung nachzukommen, indem sie mit ihrer strategischen öffentlichen Kommunikation nicht nur für Aufmerksamkeit, sondern auch für Handlungsbereitschaft *für* die Klimakrise sorgen. In der Literatur der PR und Organisationskommunikation, der Strategischen Kommunikationsforschung, der CSR- und Managementforschung sowie den Business Ethics und Organization Studies ließen sich drei kommunikative Zugänge im Umgang mit den komplexen Erwartungen zwischen Funktionserfüllung und sozial-ökologischer Transformation identifizieren: 1) ein konsistenzwahrender

Zugang, 2) ein inkonsistenzfokussierter Zugang und 3) ein transformativer Zugang.

Die ökologische Herausforderung liegt im schnellen Voranschreiten der Klimakrise begründet. Da der CO_2-Ausstoß maßgeblich von der Menschheit verursacht und noch immer vorangetrieben wird, indiziert die ökologische Lage eine drastische Reduktion des CO_2-Ausstoßes und Maßnahmen zur Bindung von CO_2, das bereits in die Atmosphäre gelangt ist, um die nötige CO_2-Neutralität zu erreichen (Mitigation). Darüber hinaus sind Maßnahmen zur Anpassung an bereits auftretende und noch absehbare Konsequenzen des Klimawandels zu treffen (Adaption) und es ist global betrachtet ein möglichst gerechter Umgang mit diesen Maßnahmen zu finden (Loss & Damage). Da bei der Umsetzung dieser Maßnahmen sowie zwischen den Maßnahmen selbst Konflikte auftreten können, ergibt sich eine gesellschaftspolitische Aushandlung um diese.

Dieser Aushandlungsprozess um die ökologische Herausforderung wird zu einer komplexen soziokulturellen Herausforderung im Umgang mit der Klimakrise. Dabei lassen sich gewisse Spezifika der Klimakrise identifizieren (temporal, sozial-moralisch, systemisch), die zu komplexen soziokulturellen Problemlagen führen, welche einen *einfachen* Lösungsweg im Umgang mit der Klimakrise ausschließen. An diese komplexen Problematiken des Dringlichkeitsdilemmas, des Gerechtigkeitsdilemmas und des Priorisierungsdilemmas knüpfen jeweils ein dominanter eher transformationshemmender sowie ein weniger dominanter eher transformationsermöglichender Diskurs an.

Die temporale Spezifik der Klimakrise ist es, dass es sich um eine Langzeitkrise handelt. Die Dringlichkeit und der damit verbundene Handlungsdruck entstehen entsprechend erst über einen langwierigen Prozess der Bewusstmachung, der Akzeptanzschaffung und letztlich der Anpassung auf der Handlungsebene. Bei diesem Prozess kommt es meist zu Abwehrhaltungen und kognitiven Dissonanzen. Der dominante anschließende Diskurs ist ein dystopisch geprägter, der versucht, über das Schockmoment auf die Dringlichkeit aufmerksam zu machen und den nötigen Handlungsdruck zu erzeugen, was aber auch zu Lähmung führen kann. Der weniger dominante Diskurs ist jener, der die Selbstwirksamkeit adressiert. Hier geht darum, komplexe Emotionen zu berücksichtigen, Raum für Perspektiven zu schaffen und Sichtbarkeit für klimapositives Handeln zu erzeugen.

Die sozial-moralische Spezifik der Klimakrise besteht darin, dass es sich um ein Gerechtigkeitsdilemma handelt. Die Klimakrise ist ungerecht, indem sie jene, die sie am wenigsten verursachen, oft am härtesten straft. Die Gerechtigkeit wird hier zwischen dem globalen Norden und dem globalen Süden, zwischen reich und arm oder auch zwischen Generationen verhandelt und in den anknüpfenden Diskursen zum zentralen Argument. Der dominante Diskurs ist ein Diskurs, der von Schuldzuweisung und Verantwortungsabwälzung zwischen Staaten, zwischen Konzernen und Individuen oder auch zwischen Individuen geprägt ist. Der weniger dominante Ermächtigungsdiskurs zeichnet sich hingegen durch Verantwortungsübernahme aus. Hierbei geht es darum, die Klimagerechtigkeit bewusst einzufordern, Sichtbarkeit für Betroffene zu erzeugen und sie finanziell sowie strukturell zu ermächtigen, sich selbst besser vor den Auswirkungen der Klimakrise schützen und erholen zu können.

Die systemische Spezifik der Klimakrise ist es, dass es sich um ein Priorisierungsdilemma handelt. Die neoliberale Grundidee des endlosen materiellen Wachstums steht der Endlichkeit ökologischer und sozialer Ressourcen gegenüber. Zu beiden Systemen bestehen jedoch Abhängigkeiten seitens der Menschheit, was zu einem grundlegenden Interessenkonflikt aus ökonomischen und ökologischen Ansprüchen führt. Der dominante anknüpfende Diskurs beabsichtigt Systemerhaltung durch Leugnen der Klimakrise oder durch suggerierte Vereinbarkeit beider Ansprüche, was jedoch eher zum Erhalt der kapitalistischen Wachstumslogik beiträgt. Diesem steht der weniger dominante Diskurs der Systemtransformation gegenüber, der alternative Varianten des Wirtschaftens zulässt, die das Wohlergehen der Menschheit innerhalb ökologischer Belastungsgrenzen sichern sollen.

Die klimaspezifischen Diskurse legen gesamthaft betrachtet den Ton des Diskursklimas fest. Sie wurden zum Anlass genommen, einen genaueren Blick auf den kommunikativen Umgang mit Inkonsistenzen zu werfen, die aus den komplexen Erwartungen zwischen Funktionserfüllung und sozial-ökologischer Transformation erwachsen. Hierfür wurde neben angrenzenden Forschungsfeldern maßgeblich auf Literatur der PR- und Organisationskommunikationsforschung zurückgegriffen. Dabei konnten drei kommunikative Zugänge ermittelt werden, die darüber hinaus mit den drei Typen strategischer Klima- und Nachhaltigkeitskommunikation korrespondieren: 1) der Zugang der konsistenzwahrenden *von*-Kommunikation, 2) der Zugange der inkonsistenzfokussierten *über*-Kommunikation und 3) der Zugang der transformativen *für*-Kommunikation (Newig et al., 2013, S. 2976; Weder et al., 2021, S. 3; Weder & Voci, 2021, S. 166).

Die konsistenzwahrende *von*-Kommunikation baut darauf, starke Beziehungen zu Stakeholder:innen aufzubauen bzw. zu erhalten, indem Glaubwürdigkeit und Handlungskompetenz durch bestenfalls eine maximale Konsistenz zwischen den organisationalen und den sozial erwarteten Zielen hergestellt wird. Die eingeschriebenen Inkonsistenzen werden dabei nicht strukturell adressiert und eher kommunikativ ausgehandelt, wobei bei diesem kommunikativen Aushandlungsprozess nicht selten der Vorwurf des Greenwashings auftaucht. Die inkonsistenzfokussierte *über*-Kommunikation geht von der Unvereinbarkeit der komplexen Erwartungen aus und macht die Entkopplung von Kommunikation und Handeln oder das Verfehlen beabsichtigter Ziele, was angesichts der eingeschriebenen Inkonsistenzen häufig zu Tage tritt, zum Gegenstand der Kritik. Bei der transformativen *für*-Kommunikation wird die den Inkonsistenzen inhärente Spannung anerkannt und als nützliche Ausgangsbasis akzeptiert, um die zugrunde liegenden Diskursbedingungen in agonistischer Manier fundamental zu hinterfragen. So soll Raum für neue Narrative eröffnet und ökologische Nachhaltigkeit als moralisches Leitbild, als neues ‚Normal' kultiviert werden. Die Ökologie wird dabei als relevanteste Sphäre angesehen, von der die anderen Sphären (soziale, politische und ökonomische Sphäre) abhängen.

Abschließend lassen sich aus den Abschnitten 2.1 bis 2.3 folgende Erkenntnisse zusammentragen. In den ökologischen und soziokulturellen Herausforderungen, die durch die Klimakrise entstehen, lässt sich die sozial-ökologische Transformationserwartung begründen. Diese Erwartung wird in der öffentlichen Kommunikation verhandelt. Hier konnte bereits ein erster Einblick in die Komplexität konkurrierender Diskurse und in das vorherrschende Diskursklima bei diesem globalgesellschaftlichen Aushandlungsprozess eröffnet werden. Des Weiteren nehmen zentrale strategische Klima- und Nachhaltigkeitskommunikator:innen in der Öffentlichkeit einen zentralen Stellenwert ein. Nicht nur sind sie in der Öffentlichkeit sichtbar, sondern sie sind in der Lage, ebendiese Diskurse aktiv mitzugestalten und zu prägen. Dabei stellen sich Schlüsselakteure aus Wirtschaft, Politik, Journalismus, Wissenschaft oder Aktivismus der zentralen kommunikativen Herausforderung, einerseits in einen Aushandlungsprozess um aus der Spannung zwischen Funktionserfüllung und Transformationserwartung entstehenden Inkonsistenzen zu treten und andererseits öffentlich Relevanz und Handlungsmotivation für die sozial-ökologische Transformation zu erzeugen.

3 Vom Social Change zur Change Agency

Entlang der angestrebten Multi-Akteurs-Perspektive gilt es mit dem folgenden Abschnitt 3.1, sich einem theoretischen arenenöffentlichen Verständnis von Öffentlichkeit anzunähern. In der Arenenöffentlichkeit, die wiederum eigene krisenhafte Dynamiken mit sich bringt, treffen die unterschiedlichen Akteure in Arenen zusammen und treten in einen kommunikativen Aushandlungsprozess um gesamtgesellschaftlich relevante Themenkomplexe wie die Klimakrise ein. Hier zeigt sich, welche Akteure und Themen sich mitsamt ihren Deutungen durchzusetzen vermögen.

Des Weiteren gilt es in Abschnitt 3.2, nochmals besonderes Augenmerk auf die Inkonsistenzproblematik zu legen, mit der die Akteure sich angesichts komplexer funktionaler und transformativer Erwartungen, die an sie gestellt werden, konfrontiert sehen. Diese sind sodann aus der Multi-Akteurs-Perspektive heraus für die verschiedenen Schlüsselakteure sichtbar zu machen. Dies mündet in ein Decoupling-Modell, das die unterschiedlich ausgestalteten, jedoch ähnlich gelagerten Inkonsistenzen für die verschiedenen Schlüsselakteure aufzeigt. Anhand des soziologischen Neo-Institutionalismus soll daraufhin elaboriert werden, welche Rolle die Akteure im Kontext all dieser komplexen Dynamiken in ihrer Umwelt in Hinblick auf die Institutionalisierung einer sozial-ökologischen Transformation einnehmen können und wie es ihnen dabei gelingen kann, durch strategische öffentliche *von-*, *über-* und *für-*Klima- und Nachhaltigkeitskommunikation so etwas wie kommunikative Climate Change Agency aufzubauen.

A. Krämer, *Climate Change Agency zwischen Blaming und Framing*,
https://doi.org/10.1007/978-3-658-50041-2_3

3.1 Öffentliche Kommunikationsarenen

In diesem Abschnitt geht es darum, eine theoretische Annäherung an die öffentliche Kommunikation zu schaffen, die nicht nur die komplexen Dynamiken der Öffentlichkeit selbst berücksichtigt (Abschnitt 3.1.1), sondern auch verschiedene Perspektiven auf öffentliche Kommunikation eröffnet – eine analytische, eine deliberative und eine agonistische (Abschnitt 3.1.2). Diese betonen die Bedeutung der öffentlichen Kommunikation für demokratische Gesellschaften und beleuchten Funktionen sowie Dysfunktionen. Darauf aufbauend werden verschiedene arenenöffentliche Perspektiven für die Schlüsselkomponenten der Arenenöffentlichkeit – Arena, Akteure, Themen und Claims – zusammengetragen (Abschnitt 3.1.3), die abschließend miteinander in Beziehung gebracht und in ein integratives Verständnis von arenenöffentlicher Kommunikation überführt werden. Dieses Verständnis bildet die Grundlage für die empirische Untersuchung dieser Arbeit in Hinblick auf die strategische öffentliche Klimakommunikation multipler Akteure.

3.1.1 Wandel der Öffentlichkeit

Ziel des folgenden Abschnitts ist es, den Wandel der Öffentlichkeit selbst in den Blick zu nehmen. Die Struktur der Öffentlichkeit hat sich im Kontext des sozialen oder technologischen Wandels ebenfalls mehrmals verändert und zusammen mit den damit verbundenen Funktionen und Bedeutungen für die Gesellschaft weiterentwickelt. Auf der Forschungstradition der Frankfurter Schule und der kritischen Theorie nach Adorno und Horkheimer aufbauend identifiziert Habermas einen ersten „Strukturwandel der Öffentlichkeit“ (1990) in der Nachkriegszeit. Im Entstehungskontext des kapitalistischen Systems veränderte sich das Verhältnis zwischen Politik und Wirtschaft, die begannen, sich miteinander zu verschränken. Die Idealvorstellung einer bürgerlichen vernunftorientierten Öffentlichkeit wich angesichts der präsenter werdenden Unterhaltungsindustrie der Vorstellung eines unmündigen, ausschließlich konsumierenden Publikums. Die öffentliche und die private Sphäre wuchsen immer stärker zusammen (sozialer Strukturwandel) und der Schwerpunkt verlagerte sich von politisch motivierten Versammlungsöffentlichkeiten zur neuen massenmedial hergestellten Öffentlichkeit, in die nun auch wirtschaftliche Privatinteressen Einzug hielten (politischer Funktionswandel). (Habermas, 1990; Imhof, 2011, S. 71–72)

Ein zweiter, neuer Strukturwandel der Öffentlichkeit vollzog sich langsam ab den 1960er bis hin zu den 1980er Jahren. In diesem Zeitraum gewann die Rolle der aktiven autonomen Zivilbevölkerung und damit die Idee einer deliberativen Öffentlichkeit wieder an Bedeutung (Imhof, 2006, S. 4, 2011, S. 73). Das Mediensystem differenzierte sich weiter aus, löste sich zunehmend vom politischen Einfluss und orientierte sich fortwährend an der Marktlogik (Ökonomisierung der Medienlogik), während sich gleichzeitig die öffentliche politische Kommunikation zunehmend an der Medienlogik ausrichtete (Medialisierung der politischen Kommunikation) (Imhof, 2006, S. 4–5; Strömbäck, 2008, S. 241). „Dieser neue Strukturwandel der Öffentlichkeit hat einen verschärften Wettbewerb um Aufmerksamkeit zur Folge. Er setzt insbesondere die politischen Organisationen einer äußeren und inneren, strukturverändernden Medialisierung aus" (Imhof, 2006, S. 10).

Strömbäck (2008) beschreibt diesen Strukturwandel der Öffentlichkeit als maßgeblich geprägt durch einen Medialisierungsprozess, der die ideale Funktionsweise der politischen Kommunikation und der Demokratie unterminiert (Strömbäck, 2008, S. 229). Er identifiziert zudem vier Phasen, nach denen dieser Übergangsprozess vonstattengeht. Diese sind als idealtypische Phasen zu verstehen und nicht immer eindeutig voneinander abzugrenzen. In der ersten Phase werden Massenmedien einerseits zur Hauptinformationsquelle der Bevölkerung, während diese Funktion zuvor individuellen Erfahrungen und interpersoneller Kommunikation zukam, andererseits werden Massenmedien zu einem öffentlichen Kommunikationskanal zwischen Bevölkerung und politischen Institutionen. Die medialen Darstellungen haben einen Einfluss darauf, wie die Bevölkerung die Wirklichkeit wahrnimmt und wie sie ihre Einstellungen und Meinungen bilden. Darüber hinaus befinden sich die Medien in einem Näheverhältnis zur Politik, die die Medien auch gezielt zur Meinungsbildung miteinbezieht („mediated politics") (Strömbäck, 2008, S. 236).

In der zweiten Phase löst sich diese Abhängigkeit größtenteils auf. Die Medien bereiten die Inhalte zunehmend nach ihren eigenen Normen und Werten und am Publikum ausgerichtet auf. Das bedeutet, Storytelling-Techniken und Nachrichtenwerte, beispielsweise Komplexitätsreduktion, Polarisierung, Personalisierung, Visualisierung oder Framing, werden im Kampf um die öffentliche Aufmerksamkeit gezielt eingesetzt (Strömbäck, 2008, S. 233). „Von innen wie von außen wird das Gewicht von politischen Organisationen und ihrer Vertreter an der medialen Resonanz gemessen. Um das knappe Gut ‚Aufmerksamkeit' werden sich also mehr Akteure mit professionelleren Mitteln bemühen" (Imhof, 2006, S. 16). Demzufolge gewinnt die neue Medienlogik auch für jene Geltung, die versuchen, Einfluss auf diese Inhalte zu nehmen. In dieser Phase bilden sich Professionen wie Public Relations und News-Management stärker aus (Strömbäck, 2008, S. 237).

In der dritten Phase sind die Massenmedien weiterhin die dominante Informationsquelle und ihre Unabhängigkeit gegenüber politischen Instanzen hat sich sogar umgekehrt, sodass politische und andere soziale Akteure sich an die Erzähllogiken der Medien bezüglich des Formats, des Inhalts und der Aufmerksamkeitsproduktion anpassen müssen („adaption") (Strömbäck, 2008, S. 238). In der vierten Phase haben die sozialen Akteure diese Medienlogiken völlig internalisiert. Das bedeutet, dass sich beispielsweise politische Kampagnen und sogar der Regierungsmodus an der Medienlogik orientieren („adoption") (Strömbäck, 2008, S. 240). „By mobilizing all available resources in the daily battles to influence and shape the news, mainly by accommodating the wants, needs, and standards of newsworthiness of the media, political and social actors might become successful in the short term, but at the same time, their actions reveal the relative insignificance of the political logic as opposed to the media logic" (Strömbäck, 2008, S. 240). Die Medienlogik ist in diesem Sinne als Gegenstück zu einer politischen Logik zu verstehen (Strömbäck, 2008, S. 241) und sie macht alle sozialen, öffentlich agierenden Akteure zu Medienakteuren (Strömbäck, 2008, S. 238).

Die Struktur der Öffentlichkeit verändert ihre Dynamik in diesem zweiten Wandel also, indem nicht-etablierte politische Akteure wie Protestbewegungen zunehmen und sich in Form medienvermittelter Aktionsformen selbst Resonanz verschaffen können (Imhof, 2006, S. 5), indem sich etablierte politische Akteure an die neuen „Selektions- und Interpretationslogiken der Medien" (Imhof, 2006, S. 6) anpassen müssen und gleichzeitig verhältnismäßig weniger Resonanz erlangen (Imhof, 2006, S. 8) und indem sich diese Medienlogik durch eine Zunahme an Skandalisierungen, Personalisierungen und Moralisierungen auszeichnet (Imhof, 2006, S. 7).

Das Aufkommen bzw. Erstarken des Internets läutet einen weiteren, dritten Strukturwandel der Öffentlichkeit ein (Eisenegger, 2021, S. 2; Habermas, 2022, S. 145). Hierdurch werden die Medialisierungseffekte des zweiten Strukturwandels nochmals verstärkt und beschleunigt. Das Internet und die Digitalisierung haben neue Plattformen und Instrumente zur Ermöglichung digitaler Kommunikation hervorgebracht (van Dijck et al., 2018). Daraus resultieren neue Kommunikationsdynamiken, die ihrerseits die Struktur der Öffentlichkeit verändern und Einfluss darauf nehmen, wie öffentlich kommuniziert wird (Imhof, 2011, S. 108). Neben klassischen Printmedien und Rundfunk reihen sich nun Online-Foren, Blogs, Online-Medien sowie soziale Medien, die die Marktsituation verändern und die Dominanz klassischer Printmedien untergraben (Habermas, 2022, S. 145). Dadurch haben sich die Zugangsmöglichkeiten zum öffentlichen Diskurs – für öffentliche Akteure beim Kampf um Aufmerksamkeit ebenso wie für die Individuen der Zivilbevölkerung in der Beobachtung desselben – erweitert. Das bedeutet, dass die Anpassung und die Internalisierung der kommunizierenden Akteure an die Erzähllogiken dieser ‚neuen' Online-Kommunikationsumgebungen (Strömbäck, 2008, S. 238; 240) dort ebenso wie zuvor in den Massenmedien stattfindet, sowie diese Kommunikation dort auch für die Gesellschaft beobachtbar und meinungsbildend ist. Mit dem pluralisierten medialen Angebot haben sich ebenfalls die Anzahl und die Vielfalt an Kommunikator:innen stark erhöht, während sich gleichzeitig zeitliche und räumliche Grenzen der Kommunikation aufgelöst haben. „The innovative idea that ushered in this third revolution in communications technologies was the world-wide networking of computers, as a result of which anyone could communicate from any place with anyone anywhere else in the world" (Habermas, 2022, S. 158). Demzufolge sind öffentliche Kommunikator:innen nun nicht mehr so stark auf journalistische Medienanbieter:innen oder generell auf institutionelle Anbieter:innen angewiesen und können sich selbstständig Zugang zur Öffentlichkeit verschaffen. „A series of changes in the technologies, economic organization, and social practices of production in this environment has created new opportunities for how we make and exchange information, knowledge, and culture" (Benkler, 2008, S. 2). Diese Zugangsfreiheit verspricht aus einer optimistischen Sicht eine bessere Kultur der Selbstreflexion, eine bessere demokratische Partizipation sowie eine Verbesserung sozialer Entwicklungen weltweit (Benkler, 2008, S. 2).

> The new pattern of communication has given rise to two remarkable effects for the structural transformation of the public sphere. At first, the new media seemed to herald at last the fulfilment of the egalitarian-universalistic claim of the bourgeois public sphere to include all citizens equally. These media promised to lend all citizens their own publicly perceptible voice and even to equip it with mobilising power. They would free users from the receptive role of addressees who choose between a limited number of programmes and would enable every individual to make his or her voice heard in the anarchic exchange of spontaneous opinions. (Habermas, 2022, S. 159–160)

An dieses egalitäre und antiautoritäre Versprechen knüpfte schnell ein techno-solutionistisches Narrativ, das von libertären kapitalistischen weltmarktführenden Tech-Unternehmen vorangetrieben wurde (Habermas, 2022, S. 160). „[A] solutionist order of worth – in which value derives from solving social problems through technology – has become central to an emerging spirit of digital capitalism" (Nachtwey & Seidl, 2024, S. 91). Der optimistische Blick, vor allem auf die politischen Möglichkeiten, die durch die Digitalisierung zunächst eröffnet wurden, wonach die inklusive Partizipation an öffentlichen Diskursen und Meinungsbildungsprozessen als Hoffnung für eine funktionierende Demokratie galt (Jarren et al., 2000, S. 14), wich bald einem desillusionierten Blick.

Denn nicht nur haben sich die Medien bzw. Plattformen pluralisiert, sondern auch die öffentlichen Kommunikationsflüsse beschleunigt und multipliziert. Einerseits wird die demokratische Partizipation damit niederschwelliger und flexibler, andererseits jedoch werden die verfügbaren Informationen undurchschaubarer und komplexer. Wo es früher ein klares Verständnis „der (einen) Öffentlichkeit gab, sprechen wir heute von multiplen Öffentlichkeiten, die durch die Medialisierung und Kommerzialisierung einer radikalen Logik der Aufmerksamkeitsproduktion innerhalb eines Konkurrenzsystems" (Gerhards & Neidhardt, 1990, S. 47) folgt. Diese Logik ist so weit institutionalisiert, dass die notwendige Selektion beispielsweise auf Social Media automatisiert und durch Algorithmen sowie künstliche Intelligenz organisiert vonstattengeht (Cardon, 2017, S. 131), die jedoch aus einer kritischen Perspektive gesehen kaum ein Ersatz für professionelle menschliche Selektion sein können (Habermas, 2022, S. 160).

Die vergangenen Jahre haben entsprechend für Phänomene wie Fragmentierung, Echokammern, Fake News und zunehmende Polarisierung durch Netzwerkeffekte gesorgt und Menschen für die Schattenseiten des digitalen Fortschritts in der Online-Kommunikation sensibilisiert (Etter & Albu, 2020, S. 4; Habermas, 2022, S. 160). Die digitalisierte Öffentlichkeit entfernt sich zusehends von der deliberativen Idealvorstellung der partizipativen Öffentlichkeit – stattdessen sinken die Relevanz und das Vertrauen in die Qualität und die Reliabilität klassischer staatlich finanzierter Informationsangebote (Habermas, 2022, S. 162). Die Öffentlichkeit wird zunehmend von Affekt, Moralisierung und Polarisierung geprägt (Keller, 2011, S. 81; Mühlhoff et al., 2019, S. 60). Einige Stimmen sprechen an dieser Stelle vom Zeitalter der Post-Politik und Postfaktizität (Habermas, 2022, S. 162; Malcolm, 2021, S. 1063).

Spätestens mit diesem dritten Strukturwandel der Öffentlichkeit wird die ambivalente Rolle der Medien bzw. der unterschiedlichen Kommunikationsumgebungen nochmals verstärkt deutlich. Sind sie einerseits selbst als soziale Akteure im Sinne von Medienorganisationen mit unterschiedlichen Interessen und Zugzwängen aufzufassen (vgl. Aufmerksamkeitsökonomie), so sind sie andererseits auch als Plattform für öffentliche Kommunikation zu begreifen, deren Sinn und Zweck es ist, Öffentlichkeit herzustellen. Dazu zählen nicht nur klassische Medien wie Rundfunk und Tageszeitungen, sondern auch Medien im Online-Bereich, wie Online-Medien, Blogs und soziale Medien. Online wie offline ist die Produktion der Aufmerksamkeit der Antrieb, um profitabel sein zu können.

Ihm liegt unverändert eine strukturelle wie kommunikative Orientierung an der Marktlogik zugrunde (Strömbäck, 2008, S. 238). Die zunehmende Plattformisierung wirkt sich überdies auf traditionelle Medienorganisationen aus, denn auch diese müssen sich unter drohenden Finanzierungsproblemen *noch* stärker an der Aufmerksamkeitslogik orientieren, um sich am Markt gegenüber den Online-Angeboten behaupten zu können (Eisenegger & Udris, 2019, S. 21). Traditionelle und neue Medien können dabei auch verschmelzen, beispielsweise wenn journalistische Inhalte im Rahmen der Kooperationsstrategie auf digitalen Plattformen publiziert werden (Eisenegger & Udris, 2019, S. 22).

Als Folge kann also festgehalten werden, dass sich im dritten Strukturwandel der Öffentlichkeit das Angebot an Medienorganisationen und Plattformen enorm ausdifferenziert und die neu herausgebildeten Infrastrukturen und Kommunikationslogiken ihrerseits die öffentliche Kommunikation, die sich in oder auf ihnen vollzieht, formen. Die vormaligen Nachrichtenfaktoren wie Negativismus, räumliche Nähe, kulturelle Nähe, Konflikt oder Relevanz (Meckel & Kamps, 1998, S. 24; Staab, 1998, S. 49) oder ähnliche Pendants im Online-Bereich, wie Personalisierung, Popularität oder Skandalisierung, sind weiterhin wirkmächtig, beispielsweise auch auf Social Media (Imhof, 2014, S. 222–223; Klinger & Svensson, 2015, S. 1247; 1249). Zusätzlich arbeiten nun Algorithmen im Hintergrund, die das Online-Verhalten der Nutzer:innen messen, auswerten und die Profile erneut mit favorisierten Inhalten bespielen, um die Aufmerksamkeit so lange wie möglich zu halten. Da die Informationen, die den Rezipient:innen zur Verfügung stehen, auch Grundlage für deren Meinungsbildung und Grundlage für die Entscheidungssouveränität der Bürger:innen sind, lässt sich diese Kommunikationsumgebung der öffentlichen Kommunikation als kein furchtbares für den angestrebten sozial-ökologischen Transformationsprozess beschreiben. Etablierte Gütekriterien journalistischer Qualität wie „Richtigkeit, Vollständigkeit (Relevanz), Wahrhaftigkeit (z. B. Quellentransparenz) und Verschiedenartigkeit – sowie [...] Unabhängigkeit, Aktualität, Verständlichkeit und Unterhaltsamkeit“ (Arnold, 2016, S. 553) verlieren angesichts der radikalen Kapitalisierung der Aufmerksamkeit, insbesondre durch soziale Medien, an Bedeutung.

Das bedeutet in weiterer Folge, dass sich die der medialen Infrastruktur zugrunde liegende Kommunikationslogik auch auf alle kommunizierenden Akteure projiziert (Strömbäck, 2008, S. 240). „[V]erschiedene, auf öffentliche Resonanz angewiesene Akteure [haben sich] an diesen Wandel angepasst, um im Kampf um Aufmerksamkeit ihren Themen und Positionen Gehör zu verschaffen“ (Eisenegger & Udris, 2019, S. 21). Das gelingt den unterschiedlichen Akteuren, ob aus der Wirtschaft, der Politik, der Wissenschaft oder aus Protestbewegungen, unterschiedlich gut. Beispielsweise ist es für Protestbewegungen, deren Kommunikationsstil ohnehin emotionalisierend und dramatisierend ist, leichter, die Selektionskriterien dieser Kommunikationsumgebung zu bedienen als beispielsweise für wissenschaftliche Akteure, deren Kommunikationsstil sachlich und nüchtern ist (Peters, 2013, S. 14103). Das Ringen der verschiedenen Akteure um die öffentliche Aufmerksamkeit revolutioniert indes „die Dynamiken und Techniken des Erwerbs und der Legitimierung von Wissen" (Ben-Yehoshua, 2016, S. 2) – darunter eben auch von Wissen um den Klimawandel. An dieser Stelle lässt sich konstatieren, dass der dritte Strukturwandel der Öffentlichkeit bereits davor geltende Wirkmächte immens intensiviert hat. Dazu gehören zusammengefasst die Kapitalisierung der Aufmerksamkeit (Anpassung der Medien an die Marktlogik) und die Medialisierung der Öffentlichkeit (Anpassung der öffentlich kommunizierenden Akteure an die Medienlogik) und die dadurch befeuerte gleichzeitige Erosion der politischen Logik.

> Die Umweltsensibilität kann u.a. beeinträchtigt sein durch die Tendenz von Öffentlichkeit, sich vor allem mit sich selber zu beschäftigen. Es gibt einen „Autismus" von Öffentlichkeiten, der ihren Zwecksetzungen als intermediäres System natürlich widerspricht. Als Folge kann sich zum Beispiel ergeben, daß der Politisierungsgrad öffentlicher Kommunikationen so niedrig ist, daß ihre politischen Funktionen völlig verschwinden. (Gerhards & Neidhardt, 1990, S. 13)

Dennoch ist genau dieser Kommunikationskontext, die digitalisierte Öffentlichkeit, der Ort, wo weiterhin politische Meinungsbildung geschieht – unter dem Einfluss neuer Technologien. „[S]imilar to the construction of realities by traditional mass media – automated algorithmic selection applications shape daily lives and realities, affect the perception of the world, and influence behavior" (Just & Latzer, 2017, S. 238). Technologisch betrachtet besteht die Möglichkeit, die globale Konnektivität als Stärke zu nutzen sowie Reichweite, Sichtbarkeit und Aufmerksamkeit für die Klimakrise und die sozial-ökologische Transformation zu erzeugen. Allerdings begünstigen die neuen Kommunikationslogiken der digitalisierten Öffentlichkeit eher kurzlebige Aufmerksamkeitsproduktion oder auch Desinformation, was es umso schwieriger macht, für die langfristige und komplexe Klimakrise fortwährend Relevanz und Handlungsmotivation zu erzeugen. Über die Informationsvermittlung der Geschehnisse hinaus ist es deshalb von Belang, *wo* und vor allem *wie* die Dinge kommuniziert werden, da dies wiederum beeinflusst, wie die Menschen als Individuum und letztlich als Gesellschaft über die Ereignisse denken (Just & Latzer, 2020, S. 136–137; Schneider & Eisenegger, 2018, S. 94).

Ein Blick auf dieses konstruktivistische Argument ist jedenfalls ein lohnender, insbesondere in Hinblick auf Krisenthemen wie jenes der Klimakrise. Hier bildet die öffentliche Kommunikation eine maßgebliche Grundlage dafür, wie die Krisenhaftigkeit selbst, aber auch die individuelle Handlungsfähigkeit wahrgenommen werden, und dafür, wie Vertrauen in öffentliche Instanzen aufgebaut wird oder erodiert. Das ist die Grundlage dafür, dass Entscheidungen und Handlungen überhaupt im Sinne einer klimapositiven Haltung getroffen und unternommen werden können. Folglich wird nun genauer auf die Rolle der öffentlichen Kommunikation im Kontext der sich stets wandelnden Öffentlichkeit eingegangen.

3.1.2 Öffentliche Kommunikation zwischen Krise und Wandel

Öffentliche Kommunikation meint allgemein jedwede Kommunikation, die öffentlich stattfindet und frei zugänglich, beobachtbar und potenziell bekannt ist (Eisenegger & Udris, 2019, S. 4; Habermas, 1990, S. 156; Wimmer, 2007, S. 32). Oft wird sie auch in Abgrenzung zur privaten oder interpersonellen Kommunikation definiert (Wimmer, 2007, S. 33). Die Öffentlichkeit wird dabei als „allgemein zugänglicher Diskussions- und Handlungsraum" (Wimmer, 2007, S. 33) verstanden, in dem die öffentliche Kommunikation stattfindet. Die öffentliche Kommunikation lässt sich als eine Vielzahl an Kommunikationsflüssen begreifen, die zusammengenommen die kommunikative Infrastruktur der Öffentlichkeit darstellen (Imhof, 2011, S. 90). Somit unterliegt die öffentliche Kommunikation den Logiken und Dynamiken, die von der sie umgebenden Öffentlichkeit ausgehen (Eisenegger & Udris, 2019, S. 6) (siehe vorherigen Abschnitt 3.1.1).

In Hinblick auf gesamtgesellschaftliche Entwicklungen kommt der öffentlichen Kommunikation nun eine wesentliche Rolle zu. Einer analytischen Perspektive folgend ist die Gesellschaft durch öffentliche Kommunikation in der Lage, sich selbst und ihren Wandel zu beobachten. „Was wir über unsere Gesellschaft, ja über die Welt, in der wir leben, wissen, wissen wir durch die Massenmedien" (Luhmann, 1995, S. 5). Diese Aussage lässt sich auch über das massenmediale Verständnis von Öffentlichkeit hinaus auf die digitalisierte Öffentlichkeit übertragen.

Einer deliberativen Perspektive zufolge lässt sich öffentliche Kommunikation nicht nur als Beobachtungsspiegel begreifen, sondern ihr wird mitunter ein aktiverer gestalterischer Charakter in Hinblick auf gesellschaftliche Entwicklungen zugeschrieben. Dieser gestalterische Charakter ist jedoch nicht als so weitreichend zu verstehen, dass er sozialen Wandel selbst *tatsächlich* intentional zu *steuern* vermag. Sozialer Wandel bleibt auch hier etwas sich unvorhersehbar Ereignendes. Jedoch kann die öffentliche Kommunikation der am deliberativen Prozess Beteiligten als Gestaltungs*versuch* festgehalten werden. Dieser demokratische Willensbildungsprozess wird in der Idealvorstellung von freien und gleichen Bürger:innen ausgetragen (Habermas, 2022, S. 150), in dem sich letztlich die besseren Argumente durchsetzen (Imhof, 2011, S. 81). Allerdings schränkt die „Annahme strategischer Argumentation [...] die Rationalitätserwartungen der Beteiligten ein" (Imhof, 2011, S. 81).

Einer agonistischen Perspektive zufolge lässt sich sozialer Wandel ebenfalls in der öffentlichen Kommunikation beobachten, jedoch wird die klassische medienöffentliche Kommunikation als grundsätzlich vermachtet und von neoliberalen Kräften kontrolliert verstanden, weshalb hier tendenziell bestimmte hegemoniale Deutungsangebote reproduziert werden (Mouffe, 2014, S. 209). Die gestalterische Rolle von öffentlich kommunizierenden Akteuren liegt hier im Aufbrechen hegemonialer Diskurse und damit im agonistischen Kampf um die Deutungshoheit. Diese gelte es für Akteure mit alternativen Deutungsangeboten über andere Formen der öffentlichen Kommunikation zurückzuerobern (Mouffe, 2014, S. 210).

Ebendiese politische Bedeutung der öffentlichen Kommunikation ist in weiterer Folge in Hinblick auf gesamtgesellschaftlich relevante Themenkomplexe, beispielsweise die Klimakrise, genauer zu beleuchten. Dafür werden unterschiedliche Perspektiven auf öffentliche Kommunikation herangezogen: zum einen eine analytische Perspektive und zum anderen normativ-politische Perspektiven – eine deliberative und eine agonistische Perspektive. Diese drei Perspektiven auf öffentliche Kommunikation wurden bewusst ausgewählt, da sie für die weiteren Überlegungen zur Arenenöffentlichkeit (Abschnitt 3.1.3) sowie für das integrierte Verständnis von arenenöffentlicher Kommunikation (Abschnitt 3.1.4) relevant. Der analytische Blick hilft dabei, die Strukturen und Funktionen öffentlicher Kommunikation und das Zusammenwirken der verschiedenen Komponenten genauer zu begreifen; der deliberative Blick unterstützt darin, die Bedeutung des Aushandlungsprozesses multipler Akteure als Sensegiver zu einem gesellschaftspolitisch relevanten Thema zu begreifen; und der agonistische Blick trägt dazu bei, die strukturellen Bedingungen, die diese Sensegiver begünstigen, auf ihre eingeschriebenen Machtdysbalancen zu hinterfragen.

Die Stärke des *analytischen Verständnisses* öffentlicher Kommunikation liegt in der systematischen Betrachtung ihrer Komponenten sowie deren Zusammenspiel und Bedeutung für die Konstruktion öffentlicher Meinung. Gerhards und

Neidhardt bauen mit ihrer Forschung zu den „Strukturen und Funktionen der modernen Öffentlichkeit" (1990) auf einer langen Historie öffentlichkeitstheoretischer Überlegungen auf. Sie begreifen Öffentlichkeit als „intermediäres System [...], das zwischen dem politischen System einerseits und den Bürgern und den Ansprüchen anderer Teilsysteme der Gesellschaft vermitteln soll" (Gerhards & Neidhardt, 1990, S. 12). Des Weiteren bestimmten sie die prinzipielle Offenheit der Öffentlichkeit für alle Mitglieder der Gesellschaft als Kernmerkmal, weshalb der Kommunikationsmodus auch auf Laienkommunikation orientiert sei (Gerhards & Neidhardt, 1990, S. 17). Gerhards und Neidhardt unterscheiden zudem analytisch zwischen drei Ebenen der Öffentlichkeit: der einfachen Begegnungsöffentlichkeit (Gerhards & Neidhardt, 1990, S. 20), der Versammlungsöffentlichkeit (Gerhards & Neidhardt, 1990, S. 22) und dem massenmedialen Verständnis von Öffentlichkeit (Gerhards & Neidhardt, 1990, S. 23–24). In all diesen Ebenen von Öffentlichkeit – am stärksten jedoch in der massenmedialen Öffentlichkeit – wird durch Kommunikation kontinuierlich öffentliche Meinung in der breiten Bevölkerung hergestellt (Gerhards & Neidhardt, 1990, S. 23–24). In der öffentlichen Kommunikation werden bestimmte Themen und Meinungen aufgegriffen (Input), verarbeitet (Throughput) und vermittelt (Output) (Gerhards & Neidhardt, 1990, S. 6). Über diese drei analytischen Kategorien lasse sich öffentliche Kommunikation und der damit verbundene öffentliche Meinungsbildungsprozess systematisch untersuchen (Gerhards & Neidhardt, 1990, S. 13). Dieser Prozess ist jedoch von zahlreichen komplexen Faktoren abhängig und läuft vom Input über den Throughput zum Output nur selten linear, geschweige denn konsistent strategisch-intentional ab (Gerhards & Neidhardt, 1990, S. 38). Godulla (2017) definiert öffentliche Kommunikation im digitalisierten Zeitalter darüber hinaus als „professionelle, partizipative und technisierte Vermittlung von Themen durch technische Verbreitungsmittel. Sie entfaltet sich im Zusammenspiel individueller und komplexer Akteure, die direkt und indirekt in eine wechselseitige Beziehung treten" (Godulla, 2017, S. 254).

Über einen solchen analytischen Zugang hinaus lässt sich an dieser Stelle auch die Bedeutung der öffentlichen Kommunikation aus *demokratietheoretischer Sicht* heraus feststellen. Grundlage für ein solches normatives Verständnis sind eine rechtsstaatliche und legitimerweise entscheidungsbefähigte Politik sowie ein politisches Verständnis der Gesellschaft als Ganzes (Imhof, 2008, S. 65). Die öffentliche Kommunikation übernimmt einem solchen normativen Verständnis entsprechend bestimmte Leistungsfunktionen für eine demokratische Gesellschaft (Eisenegger & Udris, 2019, S. 5). Zum ersten wird die Gesellschaft mit all ihren rechtsstaatlichen Instanzen durch öffentliche Kommunikation beobachtbar, was es der Bevölkerung ermöglicht, die Machthabenden zu kritisieren und ggf. mittels Legitimitätsentzug zu sanktionieren (Kontroll- und Legitimationsfunktion) (Eisenegger & Udris, 2019, S. 5). Zum zweiten erlaubt es die Öffentlichkeit der Gesellschaft, mittels öffentlicher Kommunikation direkt oder über Organisationen vermittelt Aufmerksamkeit auf bestimmte Themen zu lenken und dafür zu mobilisieren, damit sie in die politische Agenda aufgenommen werden (Forums- und Deliberationsfunktion) (Eisenegger & Udris, 2019, S. 5). Zum dritten kann sich die Gesellschaft anhand der Öffentlichkeit erst als Teil einer Rechtsgemeinschaft mit der gemeinsamen Basis der demokratischen Grundrechte, wie jener der Meinungsfreiheit, der Versammlungsfreiheit, der Demonstrationsfreiheit oder der Pressefreiheit, überhaupt erst wahrnehmen (Integrationsfunktion) (Eisenegger & Udris, 2019, S. 5). Hierbei sei erwähnt, dass es natürlich unterschiedliche Formen der Demokratie gibt, die auch eine unterschiedliche Beziehung zur Rolle oder Funktion der Öffentlichkeit haben. Da sich die vorliegende Arbeit konzeptionell sowie empirisch überwiegend am deutschsprachigen Raum orientiert, sind hier „westlich-kapitalistisch geprägte Demokratien" (Eisenegger & Udris, 2019, S. 12) gemeint.

Aufbauend auf der öffentlichen Kommunikation und damit verbundenen Wahrnehmungen findet die Meinungsbildung in der Bevölkerung statt. Öffentliche Kommunikation ist aus Rezipient:innensicht also weit mehr als nur Bereitstellung von Information. Das öffentlich erlangte ‚Wissen' wird zur Grundlage der Meinungsbildung und damit zur Grundlage des Verhaltens – das heißt, sie wirkt sich auf das Wahl-, das Konsum- und das Investitionsverhalten aus sowie letztlich auch darauf, Handlungsinitiative im Sinne des Klimas zu übernehmen und einen ökologisch nachhaltigen Lebensstil zu kultivieren. Dabei ist es von zentraler Bedeutung, wie bestimmte Themen von unterschiedlich definitionsmächtigen Akteuren gesetzt und prominent gemacht werden und wie sich dadurch bestimmte Ideen gegen andere durchsetzen und verbreiten (Eisenegger & Udris, 2019, S. 6). Inwiefern die kommunizierenden Akteure mit ihren Perspektiven Resonanz erzeugen, andere Akteure mobilisieren und politischen Druck erzeugen können, hängt dabei mitunter stark von ihren Framing-Strategien ab (Gerhards & Neidhardt, 1990, S. 38–39). Gerhards und Neidhardt (1990, S. 38) beschreiben diesen Zusammenhang folgendermaßen:

> Will man öffentliche Meinung erzeugen, muß man zu erst einmal die Aufmerksamkeit eines allgemeinen Publikums für seine Belange gewinnen, dann andere von seinen Informationen, Meinungen überzeugen. Wenn möglichst viele andere den eigenen Deutungen zustimmen, die eigene Überzeugung teilen und dann selbst öffentlich vertreten, entsteht öffentliche Meinung. Dazu braucht man gute ‚Argumente' und

> ‚passende Darstellungen' des Gegenstandes, über den man redet. Zu einer Mobilisierung von öffentlicher Aufmerksamkeit bedarf es spezifischer Deutungs- und Interpretationsmuster, die einem Laienpublikum plausibel machen, warum man meint, das thematisierte Problem sei ein Problem, auf das einzuwirken sei.

Die öffentliche politische Meinungsbildung wird nach einem *deliberativen Verständnis* von öffentlicher Kommunikation zum Herzstück moderner Demokratien (Habermas, 1998). In einer säkularen Welt müssen sich Demokratien aus ihren eigenen Ressourcen heraus legitimieren, was durch den Prozess der demokratischen Willensbildung gelingen soll (Habermas, 2022, S. 150). Dieser Deliberationsprozess kann als diskursiver Prozess beschrieben werden, an dem idealerweise alle von den potenziellen Entscheidungen Betroffenen gleichermaßen beteiligt sind (Habermas, 2022, S. 150). Die Deliberationen inkludieren somit die vielstimmigen Positionen aller Beteiligten und führen im fortlaufenden Meinungsbildungsprozess durch rationale, kognitiv korrekte Begründungen zu Ergebnissen, die rational akzeptabel sind (Habermas, 2022, S. 150). So würden idealerweise Mehrheitsentscheidungen gebildet, für die alle relevanten Themen, Informationen und Lösungsvorschläge diskutiert und abgewogen wurden (Habermas, 2022, S. 150).

> However, those two requirements of the democratic process – namely, deliberation and the inclusion of all citizens – can only be realised, even approximately, at the level of the institutions of the state, and especially in the representative bodies of parliamentary law-making. This explains the essential but limited contribution that political communication in the public sphere can make to the democratic process. (Habermas, 2022, S. 150)

Nicht nur lässt sich also in Frage stellen, inwiefern der Deliberationsprozess ob des strategischen Impetus der Akteure stets rational auf Basis des besseren Arguments geführt werden kann (Imhof, 2011, S. 81), nicht zuletzt angesichts der in Abschnitt 3.1.1 diagnostizierten Effekte des zweiten und dritten Strukturwandels der Öffentlichkeit. Auch lässt sich hinterfragen, wer sich tatsächlich am Deliberationsprozess beteiligen kann und inwiefern die Inklusion aller relevanten Positionen auf staatlich-institutioneller Ebene gelingen kann. Ein solches Gelingen eines mehrheitlich gebildeten Konsenses wird von kritischen Positionen grundlegend in Frage gestellt (Mouffe, 2014, S. 142). Auch gibt es plausible Ansätze, die auf eine Tendenz in der öffentlichen Kommunikation schließen lassen, dass als dominant wahrgenommene Meinungen vermeintlich minderheitliche Meinungen verdrängen (Schweigespirale) (Gerhards & Neidhardt, 1990, S. 46; Noelle-Neumann, 1989), was eine ideale herrschaftsfreie

Deliberation ausschließe. Dennoch hebt das deliberative Verständnis öffentlicher Kommunikation die Bedeutung des Kommunikationsprozesses in Hinblick auf gesellschaftspolitisch relevante Angelegenheiten selbst nochmals hervor – sowohl für Beobachtende als auch für aktiv Kommunizierende. In der öffentlichen Kommunikation erlangen Akteure und ihre Themen Aufmerksamkeit sowie sie Definitionsmacht aufbauen und sich hierin somit langfristig betrachtet die gesellschaftliche Entwicklung widerspiegelt (Eisenegger & Udris, 2019, S. 6).

Aus Sicht des *agonistischen Verständnisses* öffentlicher Kommunikation wird nun Kritik am deliberativen Verständnis geübt. Diese Kritik richtet sich insbesondere an den Rationalismus und die Idealvorstellung des herrschaftsfreien Diskurses sowie daran, dass sich durch den deliberativen Prozess am Ende eine Art Mehrheitsmeinung gegen andere Meinungen auf Basis rationaler Argumente durchsetze. Einem solchen deliberativen Verständnis setzt Mouffe (2014) ein agonistisches Verständnis entgegen, das die Vielfalt rivalisierender Meinungen und Weltanschauungen in pluralistischen Gesellschaften anerkennt und betont, dass dieser Pluralität etwas Produktives innewohnt. Mouffe (2014, S. 21–22) zufolge ist es notwendig,

> sich die ‚hegemoniale' Natur jedweder gesellschaftlichen Ordnung bewusst zu machen und sich die Gesellschaft als Produkt einer Reihe von Praktiken vorzustellen, die darauf abzielen, in einem Umfeld der Kontingenz eine Ordnung zu schaffen. [...] Die Dinge könnten immer auch anders liegen, und jede Ordnung basiert auf dem Ausschluss anderer Möglichkeiten. [...] Jede Ordnung kann daher durch antihegemoniale Praktiken infrage gestellt werden, die versuchen, sie zu re-artikulieren und eine andere Form der Hegemonie zu installieren.

Hierin begründet sich die Kritik am deliberativen Verständnis öffentlicher Kommunikation, das entsprechend durch den Versuch, eine Mehrheitsmeinung durch vernunftgetriebene rationale Elimination alternativer Meinungen zu erreichen (Mouffe, 2014, S. 27; 142), eher zur Reproduktion und Stabilisierung der bestehenden Ordnung und damit bestehender Machtverhältnisse beiträgt (Mouffe, 2014, S. 25). Dem agonistischen Verständnis entsprechend, liegt das demokratische Potenzial im Anerkennen des unvermeidlichen Konflikts rivalisierender, jedoch ihrerseits legitimer Werte oder Ideale und darin, Raum für die Austragung dieser Konflikte und die Möglichkeit zur Koexistenz zu schaffen, anstatt sie zu eliminieren (Mouffe, 2014, S. 28). „Liberale, demokratische Politik setzt voraus, die ‚Anderen' nicht als Feinde wahrzunehmen, die es zu vernichten gilt, sondern als Kontrahenten, deren Ideen es zwar – mit aller Schärfe – zu bekämpfen gilt, deren Recht, für diese Ideen einzutreten, aber nicht infrage gestellt werden darf" (Mouffe, 2014, S. 28). Konsens ist diesem Verständnis nach immer noch wesentlich für funktionierende Demokratien, wird jedoch unweigerlich von Dissens begleitet und bleibt in sich stets konflikthaft (Mouffe, 2014, S. 29–30).

In der öffentlichen Kommunikation nach agonistischem Verständnis werden nun Reproduktion von hegemonialen Diskursen sowie Disartikulation dagegen deutlich. Einen solchen gegenwärtigen hegemonialen Diskurs stellt jener der neoliberalen kapitalistisch geprägten Gesellschaft dar (Mouffe, 2014, S. 45). Mouffe (2014, S. 138) ermuntert jedoch dazu, sich bewusst zu machen, dass diese Hegemonie „das Ergebnis einer diskursiven Konstruktion" ist, die weiterhin kontingent und damit herausforderbar ist. Hegemoniale Diskurse können dieser Auffassung nach entweder reproduziert und stabilisiert werden, bis sie in eine Art „Common Sense" (Mouffe, 2014, S. 138) münden; oder aber sie werden durch „Disartikulation" und „gegenhegemoniale Interventionen" (Mouffe, 2014, S. 139) aufgebrochen, hinterfragt und verändert. Dabei wird der Zivilgesellschaft und deren „kulturelle[n] und künstlerische[n] Praktiken eine Schlüsselrolle" (Mouffe, 2014, S. 139) zugeschrieben. Ziel solcher Praktiken ist es, die geltende Ordnung und den vermeintlichen Konsens kritisch zu hinterfragen und alternative Stimmen und Sichtweisen aufzuwerfen (Mouffe, 2014, S. 143).

Diese Stärke des agonistischen Verständnisses, versteckte Formen von Machtbeziehungen sichtbar zu machen, bislang unhinterfragte Deutungshoheiten zu hinterfragen und damit hegemoniale Diskurse für alternative Perspektiven zu öffnen, birgt auch Schattenseiten. Kritische Stimmen bemängeln, dass das agonistische Verständnis durch seine radikale Offenheit gegenüber pluralistischen Werten und Meinungen einer normativen Grundlage entbehre, die evidenzbasiert problematische Sichtweisen von anderen unterscheiden lässt. „Mouffe's agonistic political theory does not provide adequate normative criteria to reject potentially problematic instances of politicization such as science denialism observed in the public debates about climate change" (Aytac, 2021, S. 417).

In Hinblick auf die öffentliche Klimakommunikation lässt sich jedoch mit dem agonistischen Verständnis hinterfragen, *welche* Akteure in der öffentlichen Kommunikation Deutungshoheit erlangen und inwiefern diese möglicherweise auch strukturell gegenüber anderen Akteuren begünstigt sind, mit ihren Themen und Deutungsangeboten Sichtbarkeit zu erlangen. Dies ist für den weiteren Verlauf dieser Arbeit von Bedeutung.

Die Diskussion der unterschiedlichen Perspektiven auf öffentliche Kommunikation hat erste Einblicke in ihre Beschaffenheit, ihre Rolle und ihre Funktion für demokratische Gesellschaften gewährt und konnte auch Schwachpunkte der unterschiedlichen Konzeptionen aufzeigen. Gesamthaft betrachtet lässt sich erkennen, dass den vorgestellten Perspektiven je ein unterschiedliches Verständnis von sozialem Wandel und der Rolle der öffentlichen Kommunikation darin zugrunde liegt. Des Weiteren ist festzustellen, dass sich aus jeder der drei Perspektiven öffentliche Kommunikation als krisenbehaftet beschreiben lässt. Dies kann sich in letzter Konsequenz auch auf die sozial-ökologische Transformation auswirken, die Gegenstand der Verhandlung in der öffentlichen Kommunikation ist.

Aus der analytischen Perspektive auf öffentliche Kommunikation heraus lässt sich gesellschaftlicher Wandel als etwas begreifen, das sich fortwährend ereignet und mit Hilfe der öffentlichen Kommunikation beobachtbar wird. Den öffentlichen Kommunikator:innen wird kein starker gestalterischer Einfluss zugeschrieben. Die öffentliche Kommunikation ermöglicht es der Gesellschaft lediglich, sich selbst zu erkennen, was als Grundvoraussetzung der Reflexion und der darauf aufbauenden Meinungsbildung der Bevölkerung erachtet wird. Nur anhand der öffentlichen Kommunikation könnten die Bürger:innen sich als Teil eines größeren Ganzen, der Gesellschaft, wahrnehmen. An dieses Verständnis ist eine Beobachtungskrise geknüpft. Einer der Kernkritikpunkte am ‚Spiegelmodell' ist jener, dass die öffentliche Kommunikation nie ein neutrales Abbild der sich ereignenden Realität darstellt (Imhof, 2011, S. 78–79), sondern durch die verschiedenen Kommunikator:innen und medialen Umgebungen vermittelt geschieht, die wiederum eigenen Zugzwängen oder Logiken unterliegen. Das verunmöglicht eine unmittelbare ungefilterte Repräsentation der Realität und bietet Raum für Zweifel auf Seiten der Beobachtenden. In Hinblick auf die Klimakrise lässt sich hier beispielsweise analog erkennen, dass die öffentliche Kommunikation für die Bevölkerung ein zentraler, wenngleich nicht der einzige Weg ist, die Klimakrise wahrzunehmen und sich dadurch eine Meinung bilden zu können. Beispielsweise zählen auch individuelle Umweltbeobachtungen und eigene Erfahrungen mit Extremwetterereignissen zu relevanten Faktoren der Bewusstseinsbildung und Risikowahrnehmung der Klimakrise, um im Sinne der sozial-ökologischen Transformation Handlungsmotivation aufzubauen (van der Linden, 2015, S. 112). Bleiben die eigenen Umwelterfahrungen jedoch aus, wird die öffentliche, insbesondere die medienviermittelte Klima- und Nachhaltigkeitskommunikation zur zentralen Grundlage der Meinungsbildung. Dieser durch die Beobachtungskrise eröffnete Raum für Zweifel an wahrhaftiger Repräsentation eröffnet auch die Möglichkeit, an der Wahrhaftigkeit der menschengemachten Klimakrise selbst zu zweifeln.

Aus der deliberativen Perspektive auf öffentliche Kommunikation heraus lässt sich sozialer Wandel als etwas beschreiben, das sich einerseits fortwährend ereignet und in der öffentlichen Kommunikation zu beobachten ist, aber auch als etwas, auf das andererseits durch öffentliche Kommunikation zumindest indirekt Einfluss genommen werden kann. Den öffentlichen Kommunikator:innen wird hierbei also ein aktivere gestalterische Rolle zugeschrieben. Durch die Beteiligung an der öffentlichen Kommunikation können in einem deliberativen Aushandlungsprozess gesellschaftspolitisch relevante Themen von allen, die von potenziellen Entscheidungen betroffen sind, verhandelt werden. Durch diesen vernunftorientierten Aushandlungsprozess würde am Ende der Deliberation eine mehrheitlich gestützte rational vertretbare Meinung resultieren. Ein solcher deliberativer Prozess kann jedoch als Ideal verstanden werden, da nicht gewährleistet ist, dass er frei von jeder strategischen Intentionalität geführt wird (Imhof, 2011, S. 81). An dieses Verständnis ist entsprechend eine Vertrauenskrise geknüpft. Einer der Kernkritikpunkte an diesem idealisierten Deliberationsmodell ist, dass dieser Aushandlungsprozess in der Realität nicht rational geführt werden kann und nicht inklusiv ist, indem nicht alle relevanten Stimmen zu einem bestimmten Thema gehört werden können. Entsprechend verlagert sich der Deliberationsprozess und wird zu einem institutionell geführten Stellvertreterdiskurs. Folglich liegt die Verantwortung des Aushandlungsprozesses bei jenen repräsentativen Instanzen, die wiederum eigenen Zugzwängen und Interessenskomplexen unterliegen. In Hinblick auf die Klimakrise kann dies beispielsweise bedeuten, dass die öffentliche Klimakommunikation überwiegend auf institutioneller Ebene geführt wird und die sozial-ökologische Transformation von Akteuren strategisch verhandelt wird. Dadurch, dass die breite Bevölkerung nicht an diesem institutionellen Stellvertreterdiskurs beteiligt ist, mag es sein, dass sie sich darin nicht ausreichend repräsentiert fühlt, dass ihr Vertrauen erodiert und sie die Diskurse weiters als folgenlos oder sogar als kontraproduktiv für die eigene Souveränität wahrnimmt (Amlinger & Nachtwey, 2022). Dieser Vertrauensverlust kann die Flucht Einzelner in alternative Meinungsblasen, in denen die Klimakrise beispielsweise nicht existiert, befeuern.

Aus der agonistischen Perspektive auf öffentliche Kommunikation wird eher hinterfragt, welche Kommunikator:innen strukturell begünstigt sind, eine solche mögliche gestalterische Rolle in der öffentlichen Kommunikation einzunehmen. Durch Disartikulation können hegemoniale Diskurse in der öffentlichen Kommunikation aufgebrochen und kritisch hinterfragt werden, was vermeintlichen Konsens oder vermeintliche Mehrheitsmeinungen aufdeckt und Korridore für alternative Deutungsangebote eröffnet. Während dominante Formen der öffentlichen Kommunikation soziale Ordnung anstreben und damit eher zur Stabilisierung bestehender Deutungsangebote beitragen, hält agonistische öffentliche Kommunikation die Möglichkeit zur Transformation stets offen. An dieses Verständnis ist jedoch eine Kontingenzkrise geknüpft. Einer der Kernkritikpunkte am Agonismusmodell ist, dass es keine normativen Selektionskriterien liefert, die es erlauben, zwischen legitimen und beispielsweise evidenzbasiert illegitimen Sichtweisen zu unterscheiden. Wenn alle konkurrierenden Deutungsangebote gleichberechtigt verhandelt werden, schließt das problematische mit ein. In Hinblick auf die Klimakrise kann dies einerseits bedeuten, dass das kritische Hinterfragen neoliberaler kapitalistisch geprägter Hegemonie möglich wird und alternative Ideen sichtbar und diskutierbar werden, was für die sozial-ökologische Transformation essenziell ist. Andererseits kann dies aber auch bedeuten, dass sich wieder alternative Ideen, beispielsweise von populistischen und neoautoritären Akteuren vorangetrieben, durchsetzen, indem sie genau diese Offenheit für alternative Deutungsangebote durch strategische Klimaleugnung (Huber, 2020, S. 965) für sich nutzen.

Anhand dieser drei Perspektiven auf die öffentliche Kommunikation kann gezeigt werden, dass die öffentliche Kommunikation in Hinblick auf gesellschaftspolitische Fragen wie die auszuhandelnde sozial-ökologische Transformation eine essenzielle Rolle einnimmt. Nicht nur beeinflusst sie im Wesentlichen, wie Menschen die Gesellschaft im Kontext der Klimakrise wahrnehmen, sondern auch ihre Meinungsbildung und Handlungsbereitschaft. Dabei ist die öffentliche Kommunikation nicht neutral oder rational, sondern konkurrenzgetrieben und interessengeleitet. Welche öffentliche Kommunikator:innen also welche Ideen und Deutungsangebote vertreten bzw. in der Lage sind, Sichtbarkeit für diese zu erzeugen, ist entsprechend zentral für die sozial-ökologische Transformation und auch zentraler Fokus dieser Arbeit.

3.1.3 Arenenöffentliche Perspektiven

In den vorangegangenen Abschnitten 3.1.1 und 3.1.2 ging es darum, zunächst die Öffentlichkeit als Kommunikationskontext zu skizzieren, der selbst gewissen Wandlungsprozessen unterliegt, die sich auf die in der Öffentlichkeit stattfindende Kommunikation auswirken. Des Weiteren wurden drei Perspektiven auf öffentliche Kommunikation unterschieden, die jeweils unterschiedliche Funktionen und Dysfunktionen öffentlicher Kommunikation in Hinblick auf die Wahrnehmung und die Meinungsbildung der Gesellschaft zu gesellschaftspolitisch relevanten Angelegenheiten vertreten. Im Folgenden gilt es nun, die öffentliche Kommunikation in der diskutierten Form empiriefähig zu machen. Ziel dieses Abschnitts ist es zunächst, anhand einer analytischen Perspektive die Komponenten arenenöffentlicher Kommunikation zu identifizieren und zu charakterisieren, um sie dann für deliberative und agonistische Ansätze offenzuhalten und weiters für die Empirie anschlussfähig zu machen.

Die gegenwärtige Öffentlichkeit wird meist als äußerst komplex und fragmentiert beschrieben. „,The' public sphere is now irretrievably fractured into a multiplicity of online and offline, larger and smaller, more or less public spaces that frequently (and often serendipitously) overlap and intersect with one another" (Bruns, 2023, S. 70). Nicht selten wird an dieser Stelle auch von mehreren Öffentlichkeiten gesprochen (Bruns, 2023, S. 76). Aus diesem Grund ist die Öffentlichkeitsforschung entsprechend komplex. Bruns (2023, S. 70–71) bemängelt, dass kommunikative Strukturen, Funktionen und Dynamiken meist isoliert betrachtet werden und dass es noch an umfassenden Modellen und übergreifenden Perspektiven mangele, insbesondere in Hinblick auf die Empirie. Im Kern lautet sein Auftrag an die Forschung zur öffentlichen Kommunikation, interdisziplinäre und iterative Ansätze zu entwickeln, die sowohl empiriefähig sind als auch für demokratietheoretische Überlegungen offen bleiben (Bruns, 2023, S. 71).

An dieses Desiderat und die angestrebte Multi-Akteurs-Perspektive anknüpfend, wird im Folgenden eine integrative arenenöffentliche Perspektive entwickelt (TUF 2: Wie lässt sich aus verschiedenen arenentheoretischen Ansätzen eine integrierte, für empirische Untersuchungen anschlussfähige, arenenöffentliche Perspektive entwickeln?). Das Arenenverständnis von Öffentlichkeit geht auf die Antike zurück. Oft wird ein Vergleich gezogen zu öffentlich zugänglichen Foren (‚Agora'), die der Aushandlung politischer Themen dienten, oder zum antiken Theater, das sinnbildlich einen Kommunikationsraum mit dazugehörigem Publikum darstellt (Schade, 2021, S. 266). Seit der Antike hat sich das Öffentlichkeitsverständnis vielfach gewandelt; die Grundidee sprechender Akteure, die sich mit gesellschaftsrelevanten Themen an ein ‚öffentliches', beobachtendes Publikum richten und somit den öffentlichen Diskurs aktiv mitgestalten, bleibt auch im heutigen Arenenverständnis erhalten.

Michael Wild (2021) baut auf das Arenenmodell nach Gerhards und Neidhardt (1990) auf und fragt, inwiefern es auch im digitalen Zeitalter für die Beschreibung eines Öffentlichkeitsverständnisses fruchtbar gemacht werden kann. Unter dem *Arenenbegriff* lässt sich auch hier maßgeblich eine Kommunikationsumgebung fassen. Wild greift auf das Mehrebenenmodell nach Gerhards und Neidhardt (1990) zurück, das zwischen der massenmedialen Öffentlichkeit auf der Makroebene, Versammlungsöffentlichkeiten auf der Mesoebene und der Encounter-Öffentlichkeit auf der Mikroebene unterscheidet. Dieses Modell dient als Grundgerüst der Struktur der Öffentlichkeit. Innerhalb dieser Ebenen gibt es dann verschiedene Foren bzw. Arenen, in denen sich verschiedene Akteure zu bestimmten Themen äußern und um die sich stets ein Publikum versammelt. Diese Arenen können beispielsweise unterschiedliche Medien, aber auch Online-Plattformen sowie digitale und physische Räume sein. Diese Auslegung lockert den strikten massenmedialen Begriff auf und macht das Modell auch für digitale Kommunikationsformen wirksam. Der maßgebliche Unterschied zwischen den Ebenen liegt in deren Zugangsbedingungen für die Sprecher:innen, die eine Aussage tätigen wollen, und in deren Reichweite, wie viele Menschen also potenziell mit dieser Aussage erreicht werden können. Die unterschiedlichen Arenen sind dabei nicht als isoliert voneinander, sondern in wechselseitiger Beobachtung und Bezugnahme als vernetzt zu betrachten. (Wild, 2021, S. 153–157.)

Unter dem *Akteursbegriff* versteht Wild die Sprecher:innen, die unterschiedliche Rollen einnehmen (Repräsentant:innen, Advokat:innen, Expert:innen, Intellektuelle und Kommentator:innen), bestimmte *Kommunikationsmuster* (Verlautbarung, Agitation und Diskurs) anwenden und dabei mit ihren Themen um Prominenz in Form von Aufmerksamkeit (‚Shares' im Online-Bereich) und Prestige in Form von Zustimmung (‚Likes' im Online-Bereich) ringen (Wild, 2021, S. 158–159). Die Rolle des *Publikums* bleibt bei Gerhards und Neidhardt (1990) noch wenig tiefgehend beschrieben (Wild, 2021, S. 159). Außerdem können Akteure als aktiv oder passiv beschrieben werden und auch zwischen diesen Rollen hin und her wechseln – „one could say ‚on the stage' or ‚in the audience'" (Luoma-aho & Vos, 2010, S. 324).

Durch die öffentliche Kommunikation bestimmter *Themen* wird durch den Kommunikationsprozess (Input: Sammlung von Information, Throughput: Verarbeitung von Information, Output: Anwendung von Information) sodann öffentliche Meinung beim Publikum hergestellt, was die maßgebliche Funktion der öffentlichen Kommunikation darstellt (Wild, 2021, S. 161). „Insbesondere durch die Themen, aber auch durch die Sprecher und das Publikum, ist die Vernetzung der einzelnen Öffentlichkeitsforen im Arenenmodell grundlegend angelegt" (Wild, 2021, S. 163).

Der *Kommunikationsprozess* selbst bleibt sowohl bei Wild (2021, S. 158), beschrieben als „Kommunikationsmuster", als auch bei Bruns (2023, S. 76), beschrieben als „interconnections" oder „communicative flows", relativ vage. Gerhards und Neidhardt (1990) arbeiten mit dem Framing-Begriff, wonach das Framing für die „Zentrierung von öffentlicher Aufmerksamkeit für das definierte Thema und die Überzeugung zu einer bestimmten Meinung" (S. 39) zentral und erforderlich sei und der „Problematisierung" (S. 39), der „Kausalattribuierung" (S. 42) sowie der „Selbstlegitimation" (S. 43) diene. In weiterer Folge wird hier mit dem Claims-Begriff (Koopmans & Erbe, 2004, S. 98) gearbeitet, der die wechselseitige kommunikative Bezugnahme genauer beschreibt.

Durch die Summe an unterschiedlichen *Arenen* als Kommunikationsumgebungen, in denen unterschiedliche *Akteure* als Claims-Maker vor einem Publikum bestimmte *Themen* kommunikativ verhandeln und dabei wechselseitig in Form von *Claims* kommunikativ aufeinander Bezug nehmen, entsteht die Arenenöffentlichkeit. Das arenenöffentliche Verständnis ist in seiner Grundanlage ein viel diskutiertes. Dabei liegt der Anspruch weniger darauf, als öffentlichkeitstheoretisches Konzept statt als kommunikationstheoretisches Konzept verstanden zu werden (Frandsen & Johansen, 2010, S. 432). Eine solche arenenöffentliche Perspektive ermöglicht es auch für diese Forschung, die Arena selbst sowie die kommunizierenden Akteure, die verhandelten Themen und die eingesetzten Kommunikationsstrategien gleichsam in Relation zueinander in den Blick zu nehmen und deren Potenziale für die sozial-ökologische Transformation zu beleuchten. Außerdem lassen sich die einzelnen Komponenten und ihr Zusammenspiel weiterhin aus deliberativer und agonistischer Sicht betrachten.

Um nun darauf aufzubauen und insbesondere die Prozesse und Dynamiken der Arenenöffentlichkeit im Kontext gesellschaftlicher Krisenzeiten besser nachvollziehen zu können, ist es notwendig, die einzelnen Komponenten – Arenen, Akteure, Themen und Claims – genauer zu beleuchten. In diesem Sinne sollen nun ergänzend weitere Arenenkonzepte herangezogen und jeweils die 1) Arenen als Kommunikationsumgebung (Lörcher & Taddicken, 2019; Schmidt, 2014), 2) die Akteure als Kommunikator:innen (Eisenegger & Udris, 2019; Imhof, 2011), 3) die Themen als kommunikativ verhandelte soziopolitisch relevante Problemlagen (Hilgartner & Bosk, 1988; Lock, 2020; Luoma-aho & Vos, 2010) und 4) die kommunikativen Bezugnahmen (Frandsen & Johansen, 2020, 2023; Raupp, 2019) mit speziellem Fokus auf das Claims-Making (Koopmans & Erbe, 2004; Koopmans & Statham, 1999) und Framing (Benford & Snow, 2000; Snow & Benford, 1988) in der Tiefe charakterisiert werden. Mit den Erkenntnissen daraus soll ein holistisches und integratives Verständnis von Arenenöffentlichkeit erarbeitet werden, das allgemein für Krisenzeiten und Zeiten sozialer Wandlungsprozesse sowie hier speziell für den Kontext der Klimakrise und der wachsenden sozial-ökologischen Transformationserwartung sensibel und empiriefähig ist.

3.1.3.1 Arena als Kommunikationsumgebung

Die Arena lässt sich nach Gerhards und Neidhardt (1990) als ein physischer oder medial erzeugter Raum begreifen, in dem öffentliche Kommunikation stattfindet. An eine Arena sind bestimmte Zugangsbeschränkungen geknüpft, die darüber bestimmen, wer sprechen darf und wie sich die potenziellen Reichweiten unterscheiden (Gerhards & Neidhardt, 1990, S. 33). Das gilt auch noch im 21. Jahrhundert. Gerhards und Neidhardt (1990) forschten zu Zeiten des zweiten Strukturwandels der Öffentlichkeit und damit noch vor dem Einzug des Internets (zur Weiterentwicklung inkl. Internet siehe auch Gerhards & Schäfer, 2010). Entsprechend bleiben ihre Beschreibungen vorerst auf der Ebene der

Massenmedien stehen. Es braucht also ein Arenenverständnis, das zum einen Online-Kommunikationsformen explizit integriert und zum anderen auch für andere Akteure als die dominanten politischen oder journalistischen offen ist.

Arenenmodelle, die dezidiert auf diese Anforderungen eingehen, sind mitunter Bruns (2023), Godulla (2017), Imhof (2011), Lörcher und Taddicken (2019), Schmidt (2014) sowie Wild (2021). „Die gesellschaftliche Verbreitung des Internets hat zu einer Erweiterung von Öffentlichkeit beigetragen" (Schmidt, 2014, S. 35). Durch das Internet hat sich entsprechend eine neue technische Grundlage ergeben, wie Öffentlichkeit überhaupt hergestellt werden kann. Zum massenmedialen Spektrum kommen nun digitale Kommunikationsräume hinzu. Damit werden zur Herstellung von Öffentlichkeit die klassischen Massenmedien um einen Medienbegriff erweitert, der beispielsweise auch Websiteauftritte, Presseaussendungen, Parteiprogramme, Gesetze, Fachzeitschriften, Blogs und Social-Media-Beiträge umfasst sowie einem potenziell vielfach größeren Publikum zur Verfügung stellt (*Medienvielfalt*). Eine weitere Neuerung ist, dass sich wirtschaftliche, politische, nichtregierungsorganisatorische oder zivilöffentliche Akteure durch ebendiese neuen technischen Möglichkeiten eigenständig Wege in die Öffentlichkeit bahnen und sich der klassischen journalistischen Gatekeeping-Funktion entziehen können (Schmidt, 2014, S. 46) (*Akteursvielfalt*). Das bedeutet für die Gesamtöffentlichkeit ein deutlich höheres Informationsangebot und befeuert damit für die öffentlich kommunizierenden Akteure den vielfach thematisierten Kampf um Aufmerksamkeit. In diesen Arenenansätzen liegt der analytische Fokus darauf, Arenen als an die medialen Räume geknüpft zu begreifen, zu denen sich Kommunikator:innen Zugang verschaffen und in denen die öffentliche Kommunikation beobachtbar und beforschbar wird. „Generell sind die Online-Öffentlichkeitsarenen als idealtypische Konstrukte zu verstehen, die nicht überschneidungsfrei und häufig auch untereinander verknüpft sind. Informationen können also zwischen Arenen wandern, ergänzt und neu gedeutet werden" (Lörcher & Taddicken, 2019, S. 188).

Imhof (2011) hingegen baut sein Arenenverständnis auf Habermas' Tradition auf und fokussiert den System- bzw. den Akteursbezug entsprechend stärker. Der Arenen- und der Akteursbegriff sind in diesen Ansätzen schwer voneinander zu trennen, da die Zugangsvoraussetzungen, die bestimmen, wer innerhalb einer Arena eine sprechende Rolle einnehmen kann, stark an das Akteursprofil gebunden sind. „Je höher der Organisationsgrad der Ebenen, desto voraussetzungsvoller ist der Zugang. Kollektive Akteure – Regierungen, Parteien, Verbände etc. – sind in dieser Hinsicht im Vorteil; sie schaffen z. B. den Zugang zu Massenmedien eher als nur wenig verfaßte Gruppierungen oder Einzelpersonen" (Gerhards & Neidhardt, 1990, S. 27). Imhof beschreibt:

> Die kommunikative Infrastruktur der politisch-kulturellen Öffentlichkeit lässt sich als Netzwerk von Kommunikationsflüssen beschreiben, die in Arenen zusammenfließen. Diese Arenen öffentlicher Kommunikation bestimmen maßgeblich die Möglichkeitsspielräume von individuellen wie kollektiven Akteuren. Dieses Netzwerk von Kommunikationsflüssen und Arenen wird wiederum maßgeblich generiert durch die Institutionen, Organisationen und Rollenträger nicht nur, aber vorab der zentralen Handlungssysteme Politik, Ökonomie und Medien zum einen, sowie thematisch fokussierter nicht-etablierter ‚zivilgesellschaftlicher' Akteure (soziale Bewegungen und Protestparteien) zum anderen. Neben den zentralen Handlungssystemen zählen zur kommunikativen Infrastruktur auch die semiautonomen Sphären ‚Wissenschaft', ‚Religion' und ‚Kunst'. (Imhof, 2011, S. 90)

Die Arenenöffentlichkeit besteht folglich aus mehreren Arenen, also Kommunikationsumgebungen, die man sich sowohl als physische als auch als mediale oder virtuelle Räume vorstellen kann. In diesen Räumen bildet sich ein Netzwerk aus Kommunikationsflüssen der öffentlichen Kommunikation unterschiedlicher Akteure. Diese Kommunikationsflüsse konstituieren die Arenen und die Arenen konstituieren in Summe die Arenenöffentlichkeit. In den herangezogenen Arenenansätzen sowie in der Klima- und Nachhaltigkeitskommunikationsforschung kristallisieren sich als Schnittmenge die immergleichen Akteursgruppen als für die öffentliche Kommunikation und entsprechend für die Klima- und Nachhaltigkeitskommunikation besonders relevant heraus: wirtschaftliche, politische, journalistische, wissenschaftliche und zivilöffentliche aktivistische Akteursgruppen (Eisenegger, 2018; Frandsen & Johansen, 2011, 2020; Hansen & Cox, 2022; Imhof, 2011; Lock, 2020; Lörcher & Taddicken, 2019; Schmidt, 2014). Diese kommunizierenden Akteure stellen die „wichtigsten Akteure […] der politischen und kulturellen Öffentlichkeit" (Imhof, 2011, S. 93) dar.

Da die Arenen unterschiedlich voraussetzungsvoll sind, verhalten sich die Akteure in ihnen auch entsprechend unterschiedlich bzw. haben unterschiedliche Erfolgschancen, die knappe Aufmerksamkeit für sich und ihre Themen zu gewinnen. Dabei ist es notwendig zu verstehen, dass Arenen als die Orte, wo die öffentliche Kommunikation stattfindet, meist medial von unterschiedlichen Akteursgruppen kreiert und verwaltet werden. So lässt sich mitunter zwischen professionellen journalistischen massenmedialen Arenen (bspw. Tageszeitungen, Rundfunk), Expert:innen-Arenen (bspw. wissenschaftliche Journals), Organisations- und Werbearenen (bspw. Websites) und semi- oder nichtprofessionellen kollaborativen Netzwerken oder persönlichen Arenen (bspw. Online-Kommunikationsforen) unterscheiden (Lörcher & Taddicken, 2019, S. 186–187; Schmidt, 2014, S. 44).

Eine sprechende Rolle können die Akteure innerhalb der Arenen also nur einnehmen, wenn sie den medialen und Expertise-Ansprüchen der jeweiligen Arena gerecht werden. Beispielsweise sind die Hürden, eine sprechende Rolle in einer Expert:innen-Arena einzunehmen, am höchsten, da hierfür der Expert:innenstatus durch eine langwierige rigide Ausbildung als Grundvoraussetzung gilt. Auch als Journalist:in oder als PR-Kommunikator:in einer Partei oder eines Unternehmens sind die Kommunikationshürden hoch, um in der journalistischen, der wirtschaftlichen oder der politischen Arena eine legitime Sprechrolle einzunehmen. (Lörcher & Taddicken, 2019, S. 186)

Bezüglich der Reichweite binden meist wenige institutionalisierte Kommunikationsarenen, beispielsweise die journalistische massenmediale Arena, die meiste öffentliche Aufmerksamkeit, während die ‚neue' Vielzahl an autonomen semiprofessionellen Kommunikationsarenen im Vergleich oft nur geringe Reichweiten erzielen kann (Eisenegger, 2021, S. 2; Schmidt, 2014, S. 47–48). Journalistische Arenen haben zusammen mit ökonomischen und politischen Arenen die größte Reichweite und bestimmen am stärksten die öffentliche Themenagenda – vgl. „politisch-kulturelle Öffentlichkeit" (Imhof, 2011, S. 87); „Sinnzirkel" (Eisenegger, 2018, S. 29). Der öffentlichen Kommunikation aus diesen Arenen kommt im Verhältnis zur wissenschaftlichen oder aktivistischen Kommunikation also verhältnismäßig mehr Aufmerksamkeit zu – „Short-Head-" vs. „Long-Tail-Öffentlichkeiten" (Eisenegger, 2021, S. 2; 28–29; Schmidt, 2014, S. 48). Der organisierten Zivilöffentlichkeit kann es durch gezielte strategische öffentliche Kommunikation gelingen, meist in Kombination mit versammlungsöffentlichen Großereignissen (Protestaktionen), situativ viel öffentliche Aufmerksamkeit zu erreichen und damit aus der Long-Tail-Öffentlichkeit punktuell in die Short-Head-Öffentlichkeit einzuziehen und in der journalistischen oder politischen Arena aufgegriffen zu werden.

An die jeweiligen arenentypischen Medien sind auch bestimmte Selektions- und Präsentationslogiken geknüpft, die an der Aufmerksamkeitsmaximierung orientiert sind. Beispielsweise orientieren sich klassische journalistische Formate an Nachrichtenwerten und -faktoren, während sich Presseaussendungen, Websites oder Berichte eher auf Interessenkommunikation konzentrieren und sich durch werbende, rechtfertigende oder argumentierende Kommunikation auszeichnen (Lörcher & Taddicken, 2019, S. 186). Im Online-Bereich, beispielsweise auf Social Media, finden sich Selektionskriterien der persönlichen Relevanz, etwa Emotionalität oder Authentizität (Lörcher & Taddicken, 2019, S. 186). Diese werden darüber hinaus mittels technischer Selektionsmanipulatoren wie Algorithmen oder KI zusätzlich erzeugt oder gesteigert (Klinger & Svensson, 2018, S. 4656).

Je nachdem, über welche Arena bzw. welches ‚Medium' die unterschiedlichen Akteure sich also ihren Weg suchen, passen sie ihre Kommunikation an die jeweilige Kommunikationsumgebung an, um den erforderten Kriterien zu entsprechen und die Aufmerksamkeit für die eigenen Kommunikationsziele beim intendierten Publikum zu erhöhen. Journalistische Akteure richten ihre Kommunikation beispielsweise an ein disperses anonymes Publikum und informieren dieses, funktional betrachtet, über gesellschaftlich relevante Themen. Wirtschaftliche und politische Akteure richten ihre Kommunikation an ihre Stakeholder:innen (potenzielle Kund:innen bzw. Wähler:innen) und werben um deren Interesse und Zustimmung. Wissenschaftliche Akteure richten ihre Kommunikation an eine Fach-Community, an Entscheidungstragende oder an ein themeninteressiertes Publikum und vermitteln ihre gewonnenen Erkenntnisse. Die Zivilbevölkerung richtet ihre Kommunikation in Form von Kritik an die anderen Akteure, beispielsweise der Politik oder der Wirtschaft, oder in Form von Aufklärung, Mobilisierung und Alarmierung an andere Netzwerke oder die breite Öffentlichkeit. (Lörcher & Taddicken, 2019, S. 186)

Je nach Arena kann sich folglich auch die Klima- und Nachhaltigkeitskommunikation unterscheiden, die darin stattfindet. In der journalistischen Arena sind beispielsweise klimabezogene Berichterstattung oder Informationsprogramme anzutreffen, während sich Klima- und Nachhaltigkeitskommunikation in der wirtschaftlichen Arena in Form von CSR-Berichten, Mission- und Vision-Statements oder klassischer Werbung findet. In der politischen Arena bezieht sich die Klimakommunikation auf die Maßnahmen, die zum Klimaschutz, zur Anpassung und zum Ausgleich getroffen und in bindende Entscheidungen gegossen werden sollen. In der wissenschaftlichen Arena findet sich evidenzbasierte Klimakommunikation zur Vermittlung der gewonnenen Erkenntnisse und die zivilöffentliche aktivistische Arena begünstigt protestierende und mobilisierende Kommunikation.

3.1.3.2 Akteure als Kommunikator:innen

Im vorangegangenen Abschnitt 3.1.3.1 wurde der Versuch unternommen, sich dem Arenenbegriff im Sinne einer Kommunikationsumgebung anzunähern. In diesem Abschnitt soll nun näher auf die Spezifik der in den unterschiedlichen Arenen kommunizierenden journalistischen, wirtschaftlichen, politischen, wissenschaftlichen und zivilöffentlichen bzw. aktivistischen Akteursgruppen eingegangen werden.

Bei Gerhards und Neidhardt (1990) fallen unterschiedliche Begriffe: Sprecher:innen, Kommunikator:innen, Akteure, Arenenakteure, Öffentlichkeitsakteure, wobei der Akteursbegriff der am dominantesten verwendete ist.

> Auf den verschiedenen Ebenen von Öffentlichkeit, aber auch ebenenübergreifend, bilden sich themenspezifische Diskurse in Arenen, in denen interessierte Akteure mit ihren Darstellungen agieren: Parteien, Regierungen, Interessengruppen, soziale Bewegungen, Bürgerinitiativen, auch andere Gruppen und Personen. Sie alle versuchen, zu den von ihnen als wichtig bewerteten Themen die von ihnen als richtig gehaltenen Meinungen durchzusetzen und auf diese Weise politisch wirksam zu werden. Dies gelingt in dem Maße, in dem sie für ihre ‚message' ein Publikum engagieren und überzeugen können. Die Foren öffentlicher Kommunikation, die sich zu bestimmten Themen bilden und je nach Konjukturverlauf [sic] der Themen mehr oder weniger lange existieren, bestehen aus Arena und Galerie, und der Erfolg der Arenenakteure wird letztlich auf der Galerie entschieden. (Gerhards & Neidhardt, 1990, S. 26–27)

Dabei kann es sich folglich um Einzelakteure oder Repräsentant:innen von Kollektivakteuren, beispielsweise von Organisationen oder Netzwerken, die in den jeweiligen Arenen als Kommunikator:innen auftreten, handeln. Auch Imhof (2011) greift den Akteursbegriff in seinen Ausführungen in Anlehnung an Gerhards und Neidhardt (1990) auf und schreibt damit ebenfalls individuellen und kollektiven Akteuren die Herstellung der Öffentlichkeit mittels öffentlicher Kommunikation zu (Imhof, 2011, S. 91). Typische Akteure aus den Arenen auf individueller oder kollektiver Ebene wären beispielsweise Journalist:innen, Redakteur:innen, Medienorganisationen im Rundfunk oder Zeitungswesen (Gerhards & Neidhardt, 1990, S. 33; Imhof, 2011, S. 232) in der journalistischen Arena, PR-Spezialist:innen, Werbe- oder Lobbying-Agenturen oder Abteilungen von Unternehmen (Gerhards & Neidhardt, 1990, S. 3; 33; Imhof, 2011, S. 94) in der wirtschaftlichen Arena, PR-Spezialist:innen der Regierung, von Parteien, Verbänden oder Interessengruppen, meist im Austausch mit Marketing- und PR-Agenturen (Gerhards & Neidhardt, 1990, S. 3; 11; 33; Imhof, 2011, S. 94), in der politischen Arena, Wissenschaftler:innen und Expert:innen (Gerhards & Neidhardt, 1990, S. 7; Imhof, 2011, S. 214–215; 232) in der wissenschaftlichen Arena und zivilgesellschaftliche Akteure in Form von sozialen Bewegungen, Protestakteuren, Bürger:inneninitiativen oder anderen Netzwerken, Gruppierungen und Personen (Gerhards & Neidhardt, 1990, S. 3; 26–27; 43; Imhof, 2011, S. 186) in der aktivistischen Arena.

Gerhards und Neidhardt (1990) sowie Imhof (2011) leiten ihr Öffentlichkeitsverständnis einerseits von einem systemtheoretischen Verständnis nach Luhmann, andererseits von Habermas' diskurstheoretischer Arbeit zur Öffentlichkeit her. Die Systemtheorie allein reiche als Gesellschaftstheorie nicht aus, um das Konzept der öffentlichen Kommunikation und Meinungsbildung zu integrieren (Gerhards & Neidhardt, 1990, S. 5), und im systemfunktionalistischen Denken fehle jegliche Normativität, die es allerdings braucht, um sozialtheoretisch anschlussfähig zu sein (Imhof, 2011, S. 79). An dieser Stelle knüpfen sie Habermas' deliberatives Öffentlichkeitsmodell an, um ebendiesen normativen Charakter einzubringen, was allerdings in weiterer Folge wiederum für die Unschärfe kritisiert wird, ob es sich um ein empirisch untersuchbares soziales Phänomen oder um eine normative regulative Idee handle (Gerhards & Neidhardt, 1990, S. 5; Imhof, 2011, S. 81). Trotz der Kritik an der normativen Überhöhung mancher Konzeptionen in Habermas' Zugang eignet er sich, um in die Gesellschaftssystemtheorie (Öffentlichkeit) eine handlungstheoretische Komponente (öffentliche Kommunikation) einzubringen (Imhof, 2011, S. 32). „[S]chließlich führt die Beschäftigung mit den normativen Dimensionen der Öffentlichkeit zur Frage nach der Qualität der öffentlichen Kommunikation" (Imhof, 2011, S. 77).

Auch Gerhards (1994) verschränkt die systemtheoretische Basis des Öffentlichkeitsverständnisses mit der Theorie rationalen Handelns und beschreibt, dass jedes Teilsystem den Akteuren bestimmte Handlungsorientierungen – „Constraints" (Gerhards, 1994, S. 80) – vorgibt, welche die Ziele der Akteure und die Mittel, die zur Zielerreichung eingesetzt werden können, definieren und damit festlegen, was legitimes Handeln und Kommunizieren ist (Gerhards, 1994, S. 80–81). In weiterer Folge wird nun genauer auf diese akteursspezifischen Rollen und Funktionen eingegangen.

Zunächst unterscheidet Imhof zwischen „etablierten versus nicht-etablierten Akteuren" (Imhof, 2011, S. 76). Als nicht-etablierte Akteure zählen dabei zivilgesellschaftliche und aktivistische Akteure wie soziale Bewegungen, während semiautonome Akteure aus Wissenschaft, Religion und Kunst sowie zentrale Akteure aus Politik, Wirtschaft und Medien zu den etablierten Akteuren gehören (Imhof, 2011, S. 90). Nicht-etablierte und etablierte Akteure unterscheiden sich maßgeblich in ihren Chancen, öffentliche Resonanz zu bewirken (Imhof, 2011, S. 76). Nicht-etablierten Akteuren gelingt es meist nur punktuell, kurzfristige öffentliche Resonanz zu erlangen (Imhof, 2011, S. 95–96) bzw. sie sind darauf angewiesen, von der journalistischen Arena aufgegriffen zu werden (Imhof, 2011, S. 195).

Des Weiteren wird, wie bereits angeklungen, zwischen einer zentralen öffentlichen Sphäre, einer semiautonomen Sphäre sowie einer autonomen Sphäre bzw. – um mit den darauf aufbauenden Begrifflichkeiten nach Eisenegger zu arbeiten – zwischen einer Zentrums-Öffentlichkeit, einer Expert:innen-Öffentlichkeit und einer Gegenöffentlichkeit unterschieden (Eisenegger & Udris, 2019, S. 11; Imhof, 2011, S. 98). Dabei werden der Zentrums-Öffentlichkeit politische, wirtschaftliche und mediale Kommunikationszentren, der Expert:innen-Öffentlichkeit jene Expert:innenkulturen der Kunst, der Religion und der Wissenschaft sowie der Gegenöffentlichkeit autonome Gegenöffentlichkeiten zugeordnet

(Eisenegger & Udris, 2019, S. 11; Imhof, 2011, S. 98). Die Expert:innenkulturen haben jeweils unterschiedliche Weltbezüge. Einen kognitiv-empirischen (Wissenschaft), einen moralischen (Religion) und einen expressiv-ästhetischen (Kunst) (Eisenegger & Udris, 2019, S. 11; Imhof, 2011, S. 212–213). Für die weitere Beschreibung der Akteursspezifika wird bevorzugt auf die Expert:innenkultur der Wissenschaft Bezug genommen, da sie, wie in Abschnitt 3.1.3.1 erläutert, für diese Arbeit als Schlüsselakteur in der Klima- und Nachhaltigkeitskommunikation identifiziert worden ist.

Imhof (2011), Eisenegger und Udris (2019) unterscheiden überdies zwischen strukturzentrierten Phasen und Krisenphasen. Die Rollen und Funktionen der Akteure bzw. die Dynamik der Kommunikationsflüsse zwischen den zentralen und peripheren Akteuren unterscheiden sich je nach Phase. In strukturzentrierten Phasen übernimmt die Zentrums-Öffentlichkeit die Themensetzung und liefert Deutungsangebote bzw. Leitbilder (gesellschaftliche Zielrichtung), die der gesamtgesellschaftlichen Orientierung dienen. Auch in solchen strukturzentrierten Phasen gibt es Raum für abweichende Meinungen, jedoch genießen die im Zentrum etablierten Leitbilder einen hohen Konsens. Aufgabe der Expert:innen-Öffentlichkeit ist es, in strukturzentrierten Phasen bestehende Leitbilder zu interpretieren und zu legitimieren. Die Rolle der Gegenöffentlichkeiten besteht darin, von der Zentrums-Öffentlichkeit abweichende Deutungsangebote zu diskutieren und die etablierten Leitbilder zu hinterfragen. In strukturzentrierten Phasen erreichen sie jedoch kaum Resonanz und bleiben in der Peripherie der öffentlichen Kommunikation. (Eisenegger & Udris, 2019, S. 12–13)

Die Resonanzchancen der Akteure in den Gegenöffentlichkeiten steigern sich erheblich in Krisenphasen, also „im Kontext diskontinuierlich auftretender gesellschaftlicher Orientierungskrisen, in denen der gesellschaftliche Basiskonsens erodiert, weil sich einstige Versprechungen als nicht erfüllt herausstellen und die Gesellschaft offen wird für neue Gesellschaftsentwürfe, Leitbilder und Lösungsmuster“ (Eisenegger & Udris, 2019, S. 13). Die Legitimität der öffentlichen Akteure beginnt unterdessen in der Krisenzeit zu bröckeln (Imhof, 2011, S. 204). In solchen Phasen der „Destabilisierung von Erwartungssicherheit“ (Imhof, 2011, S. 209) beschleunigen sich die Kommunikationsflüsse und die neu aufkommenden, im Sinne von ‚Resonanz erlangenden‘ Deutungsangebote bzw. Leitbilder werden von der Expert:innen-Öffentlichkeit evaluiert und erfordern auch eine Auseinandersetzung in der Zentrums-Öffentlichkeit über die vorherrschende und mögliche neue Zielrichtung der gesellschaftlichen Entwicklung (Gerhards & Neidhardt, 1990, S. 43; Imhof, 2011, S. 97; 204). „Krisen erscheinen nicht mehr nur als vorübergehende Einbrüche in einem im übrigen geradlinigen und sich selbst regulierenden Entwiclungsprozess [sic], sondern als kontingenzerweiterte

Perioden sozialen Wandels, in denen die Richtung gesellschaftlicher Entwicklung selbst zur Debatte steht“ (Imhof, 2011, S. 210).

Imhof beschreibt die Phasen der Strukturzentrierung und die der Krisenzeiten als sich diskontinuierlich abwechselnd. „Aus den Verdichtungen der öffentlichen politischen Kommunikation lässt sich ein Indikator sozialen Wandels gewinnen, der auf Krisenperioden in ihrer Gestalt als Ketten von konfliktinduzierten Kommunikationsereignissen reagiert“ (Imhof, 2011, S. 182). Ob der Zunahme an multiplen gesellschaftlichen krisenhaften Themen und an entsprechend pluralen Kommunikationsereignissen ist es fraglich, ob und inwiefern das Konzept der strukturzentrierten Phase möglicherweise obsolet erscheint (Krzyżanowski et al., 2023). Die Digitalisierung, diverse Kriege und letztlich auch der Klimawandel sind sämtlich globale Krisen, die sich gegenseitig überlagern und auch interferieren. Das wirkt sich ebenfalls auf die öffentlichen Akteure in hiesigen kapitalistisch geprägten Demokratien aus. Diese kontinuierliche Krisenhaftigkeit, die diagnostizierte „Dauerkrise“ (Urner, 2021), bedeutet einen intensiven öffentlichen Diskurs und einen kontinuierlichen Kampf der unterschiedlichen öffentlichen Akteure um Aufmerksamkeit und Legitimität, der kontinuierlich und konfliktbehaftet (Mouffe, 2014, S. 28) in der öffentlichen Kommunikation ausgetragen wird.

An dieser Stelle sei erneut erwähnt, dass es auch eine Macht bzw. Ressourcenfrage ist, ob und wie dieser Kampf den unterschiedlichen Akteuren gelingen kann (Gerhards & Neidhardt, 1990, S. 36). Imhof (2011) schreibt den öffentlichen Akteuren Macht in Form von Definitionsmacht zu. Wem es also gelingt, viel öffentliche Aufmerksamkeit zu erreichen, dem obliegt es, die Themenagenda sowie gesellschaftliche Leitbilder zu prägen, was damit über den wechselseitigen Austausch zwischen politischer und medialer Arena zur politischen Macht im Sinne rechtsbindender Entscheidungen führen kann (Imhof, 2011, S. 104). Um jene Definitionsmacht zu erreichen, braucht es zum einen die Aufmerksamkeit des Publikums und zum anderen die Fähigkeit der Sprechenden, Meinungsführerschaft auszuüben (Gerhards & Neidhardt, 1990, S. 36). Dabei ist der Zugang zu Ressourcen unmittelbar für die Möglichkeit verantwortlich, diese Macht überhaupt auszubauen. „Besitzverhältnisse, Ressourcenzugang, Sponsorenunterstützung und Professionskontrollen beeinflussen, wer was und wie viel in die öffentliche Kommunikation eingeben kann“ (Gerhards & Neidhardt, 1990, S. 36). Gerhards und Neidhardt definieren deshalb, dass diese Definitionsmacht mit höherer Organisiertheit und stärkerer Zentralisierung der öffentlichen Kommunikation wächst (Gerhards & Neidhardt, 1990, S. 35).

Aus einer agonistischen Perspektive lässt sich nun hinterfragen, ob es die postulierten strukturzentrierten Phasen in einem postmodernen krisenbehafteten

Öffentlichkeitsverständnis überhaupt noch gibt bzw. inwiefern ein Zustand der sozialen Ordnung noch erreichbar, geschweige denn erstrebenswert ist. Agonistische Perspektiven lenken die Aufmerksamkeit eher auf das Potenzial, das krisenhaften Zeiten innewohnt, ebensolch etablierte hegemoniale Leitbilder zu dekonstruieren und aktiv neu zu gestalten. Krisenzeiten bergen aus agonistischer Sicht also immer auch Chancen für die Akteure, eine solche aktive gestalterische Rolle einzunehmen und die neu eröffneten Kommunikationsräume dafür zu nutzen, bislang unhinterfragte Grundsätze zu hinterfragen. Bei diesem Gestaltungsprozess kommt insbesondere der Akteursvielfalt (Mouffe, 2014, S. 120) sowie dem Einbezug von Emotionen und Affekten eine bedeutende Rolle zu (Mouffe, 2014, S. 27). Kritik wird seitens eines agonistischen Akteursverständnisses am ehesten in Hinblick auf die Definitionsmacht deutlich. Diese ist an den Zugang zu Ressourcen und damit an den Zugang zu bestimmten Arenen geknüpft, was hegemoniale Ideen meist in ihrer Durchsetzungsfähigkeit begünstigt.

Nach Imhofs (2011) arenatheoretischem Modell sozialen Wandels ließe sich jedenfalls einordnen, wie die wachsende wissenschaftliche Erkenntnis über den Klimawandel über Jahre hinweg langsam in der semiautonomen wissenschaftlichen Arena und in der autonomen protestöffentlichen Arena aufkeimte, bevor sie in den 1980er Jahren von der zentralen journalistischen Arena aufgegriffen und immer stärker diskutiert wurde. Ein politisches und ökonomisches ‚Weiter-wie-bisher' wurde zunehmend öffentlich in Frage gestellt und der Legitimationsdruck stieg. Grüne Werte zogen mehr und mehr ins Zentrum der Aufmerksamkeit ein. Beispielsweise gelang es der Partei „die Grünen", von einer in den 1980er Jahren gegründeten Protestpartei zu einer etablierten und teilweise mitregierenden Partei zu werden (Eisenegger & Udris, 2019, S. 12), so wie sich nach und nach auch immer mehr Anpassungen in der Wirtschaft wie Nachhaltigkeitsstandards auftaten. Durch die Klimaproteste ab 2018 wurde vor allem der Dringlichkeit der Klimakrise erneut öffentliche Aufmerksamkeit weltweit zuteil. Aus agonistischer Sicht käme es entsprechend jetzt nicht darauf an, eine konsensbasierte, neue Form der Stabilität zu erreichen, sondern darauf, einen möglichst produktiven, demokratischen, inklusiven, öffentlichen Diskurs um die Klimakrise und die sozial-ökologische Transformationserwartung zu führen.

3.1.3.3 Themen als kommunikativ verhandelte Problemlagen

Um das Wesen öffentlicher Diskurse, die in Summe gesellschaftliche Entwicklungen beeinflussen können, besser verstehen zu können (Eisenegger & Udris, 2019, S. 14), gilt es nun, sich dem Themenbegriff anzunähern. Die Themensetzung erfolgt durch die öffentlichen Akteure. Sie sind es, die Themen in den öffentlichen Arenen entlang existierender Gegebenheiten als soziale Probleme definieren und sie somit zu öffentlich diskutierbaren *Issues* machen (Gerhards & Neidhardt, 1990, S. 39; Hilgartner & Bosk, 1988, S. 70). „Ein Thema wird zu einem öffentlichen Issue erst dann, wenn es als ein Problem erscheint“ (Gerhards & Neidhardt, 1990, S. 40). Dabei repräsentieren diese sozialen Probleme eher Projektionen kollektiver Sentiments als eine objektive Widerspiegelung der tatsächlichen Verfasstheit der Gesellschaft (Hilgartner & Bosk, 1988, S. 53–54; Imhof, 2011, S. 78–80).

In der Öffentlichkeit gibt es eine Vielzahl solcher Issues, die von verschiedenen Akteuren lanciert werden, unterschiedlich viel Aufmerksamkeit und Zustimmung bekommen und sich damit in einem Konkurrenzkampf befinden (Gerhards & Neidhardt, 1990, S. 44; Hilgartner & Bosk, 1988, S. 55). „[W]e assume that public attention is a scarce resource, allocated through competition in a system of public arenas“ (Hilgartner & Bosk, 1988, S. 55). Die Ressource Aufmerksamkeit ist nicht nur wegen der Vielzahl an Issues besonders knapp, sondern auch, weil den Arenen eine „carrying capacity“ (Gerhards & Neidhardt, 1990, S. 27; 44; Hilgartner & Bosk, 1988, S. 58), also eine Beschränkung der Anzahl oder der Intensität gleichzeitig diskutierbarer Issues, zugeschrieben wird. Aus diesem Wettkampf ergeben sich unterschiedliche Dynamiken für den Themenverlauf und für die Akteure, die für sie einstehen.

Der Kampf um die Aufmerksamkeit wird nicht über die Themensetzung allein entschieden. Stattdessen finden in der Aushandlung um die Issues komplexe Selektions- und Interpretationsprozesse statt (Hilgartner & Bosk, 1988, S. 58; Imhof, 2011, S. 86). Nicht nur befinden sich unterschiedliche Issues in Konkurrenz zueinander, sondern auch unterschiedliche Interpretationen desselben Issues (Hilgartner & Bosk, 1988, S. 58). Auch die Absicht der Akteure beeinflusst die Interpretation der Issues. „These groups and individuals come from many sectors of society and may have very different goals. Some […] may actively seek social change or reform […], the main goal of some actors […] may be making money rather than pushing for or resisting social change“ (Hilgartner & Bosk, 1988, S. 57). Der Konkurrenzdruck unter den öffentlich diskutierten Issues ist ob ihrer Menge immens. Nur einem geringen Anteil an Issues gelingt es, zu prominenten Themen im gesamtgesellschaftlichen Diskurs zu werden, während die Mehrheit am Rande des öffentlichen Bewusstseins verharrt (Hilgartner & Bosk, 1988, S. 57).

Diese Prominenz bzw. ein hohes Maß an öffentlicher Aufmerksamkeit kann begünstigt werden, wenn die Issues auch von anderen Akteuren aufgegriffen werden und in anderen Arenen Resonanz finden (Hilgartner & Bosk, 1988, S. 53; Imhof, 2011, S. 127). Das bedeutet, dass ein Issue zunächst von einem Akteur als Problem definiert wird und in einer Arena thematisiert und verhandelt wird, von wo aus es dann auch von anderen Akteuren übernommen und adaptiert (Imhof, 2011, S. 127) und in Form von Anschlusskommunikation und Feedback in anderen Arenen multipliziert werden kann (Hilgartner & Bosk, 1988, S. 53; Imhof, 2011, S. 181). Diese Anschlusskommunikation ist insbesondere für die Resonanz des Issues entscheidend.

> Die politisch und kulturell relevanten Themen der öffentlichen Kommunikation werden durch Selektion definiert. Sie sind abhängig von Aufmerksamkeitsstrukturen, die das Bedeutsame vom Marginalen unterscheiden. Während solche Aufmerksamkeitsstrukturen in privaten Beziehungen auf der Basis von Eigenlogiken eine große Variabilität aufweisen, sind die Bezüge öffentlicher, medienvermittelter Kommunikation Produkt eines Seletionsprozesses [sic], der nur bestimmten Themen Resonanz und Anschlusskommunikation verschafft. (Imhof, 2011, S. 181–182)

Somit wird der öffentliche Aushandlungsprozess gesamtgesellschaftlich relevanter Issues zu einem kollektiven Definitionsprozess (Hilgartner & Bosk, 1988, S. 70), der den Themen eine Konjunktur verschafft. Je nach Erfolg im Kampf um die Aufmerksamkeit können sich die Issues unterschiedlich lange im Zentrum der öffentlichen Aufmerksamkeit halten. Während manche Issues für einige Jahre im Zentrum der Aufmerksamkeit stehen, werden andere deutlich schneller wieder in den Hintergrund gedrängt, wogegen wieder andere wachsen, sinken und wieder auftauchen können und niemals ganz verschwinden (Hilgartner & Bosk, 1988, S. 57). Anthony Downs (1972, S. 38) nennt diese Themenkonjunkturen „issue-attention cycle“, innerhalb dessen ein Thema verschiedene Stadien der Aufmerksamkeit durchläuft: 1) das Stadium vor dem Problemstatus, 2) das Stadium der Alarmierung und des Enthusiasmus, 3) das Stadium der Realisation um den Kostenaufwand der ‚Problemlösung‘, 4) das Stadium des Rückgangs der Aufmerksamkeitsintensität und 5) das Stadium nach dem Problemstatus (Downs, 1972, S. 39–41). Issues haben also die Eigenschaft, in der öffentlichen Aufmerksamkeit aufzusteigen und abzusinken, und diese Dynamik wird maßgeblich durch den Aufmerksamkeitswettbewerb konkurrierender Themen und Selektions- und Interpretationsprozesse der Akteure gestaltet (Hilgartner & Bosk, 1988, S. 53; Imhof, 2011, S. 86).

Imhof (2011, S. 86) schreibt der Öffentlichkeit wegen dieser Eigenschaft eine seismographische Fähigkeit zu. Über die öffentliche Kommunikation werden die abstrakte Gesellschaft und die relevanten sozialen und kulturellen Themen, die in ihr zur Verhandlung stehen, sichtbar und konkret (Imhof, 2011, S. 86). Außerdem wird deutlich, dass die Issues, die in den öffentlichen Arenen diskutiert werden, wenn sie ein hohes Maß an Aufmerksamkeit erreichen und sich damit als gesellschaftlich relevant herauskristallisieren, wiederum Einfluss auf die Akteure nehmen können (Hilgartner & Bosk, 1988, S. 55). Die Art und Weise, wie die Issues in der Öffentlichkeit diskutiert werden, dient letztlich auch als Meinungsbildungsgrundlage (Wild, 2021, S. 160) und spendet zudem Orientierung für das Verhalten. Das bedeutet, dass die Akteure in der Lage sind, die öffentlichen Issues wahrzunehmen und sich zu ihnen zu verhalten, indem sie Bezug auf sie nehmen oder nicht. Das hat nicht nur Einfluss auf die Themenkonjunktur, sondern kann sich auch auf die Akteure, die diese Themen promoten (oder nicht promoten), auswirken.

Die PR- und Organisationskommunikationsforschung untermauert diese Perspektive, indem sie die gesellschaftlich diskutierten Themen als relevant für die Legitimität und Reputation von Organisationen begreift. Da sich Issues, die in den öffentlichen Arenen diskutiert werden, möglicherweise auch auf Organisationen auswirken können, ist es mittlerweile zur gängigen PR-Praxis geworden, sich proaktiv mit möglichen kritischen Issues auseinanderzusetzen.

> Durch die systematische Beobachtung und die frühzeitige Identifikation relevanter Ansprüche und Themen, die eine Begrenzung organisationsstrategischer Handlungsspielräume erwarten lassen, schafft Issues Management im Sinne einer Frühwarnfunktion die informatorischen Grundlagen für eine proaktive Auseinandersetzung mit (potenziell) kritischen Themen. Issues Management betont damit die strategische Dimension der Kommunikationsfunktion in Organisationen. (Röttger, 2001b, S. 11–12)

Aus organisationskommunikationstheoretischer Perspektive werden Issues als Gegebenheiten charakterisiert, die „von öffentlichem Interesse sind; ein Konfliktpotenzial aufweisen; tatsächlich oder potenziell Organisationen und deren Handlungspotenzial tangieren; eine Beziehung zwischen Anspruchsgruppen/Teilöffentlichkeiten und Organisationen herstellen und im Zusammenhang mit einem oder mehren [sic] Ereignissen stehen“ (Röttger, 2001b, S. 19). Indem Organisationen die öffentliche Kommunikation und die darin diskutierten Issues also systematisch beobachten – „Issues monitoring“ (Eisenegger, 2005) –, versprechen sie sich, „die einhergehenden Reputationsdynamiken frühzeitig zu identifizieren“ (Eisenegger, 2005, S. 125) und „maximale zeitliche und inhaltliche Handlungsspielräume auf Seiten der Organisation zu erhalten“ (Röttger, 2001b, S. 20). Diese „wirksame Beeinflussung des öffentlichen Umfeldes“ (Eisenegger, 2005, S. 109) soll mittels strategischer Kommunikationsmaßnahmen, durch „Issues management“ (Eisenegger, 2005, S. 109; Röttger, 2001a) gelingen.

Am öffentlichen Diskurs durch Bezugnahme auf die diskutierten Issues teilzunehmen, kann für Organisationen also eine Chance sein, sich als legitimer gesellschaftlicher Akteur zu erweisen. „Eine langfristig erfolgreiche Existenz von

Unternehmen ist nicht ohne externe Verantwortlichkeit, d. h. unter Berücksichtigung von gesellschaftlichen Rahmenbedingungen und Wertvorstellungen in der Unternehmensstrategie, möglich“ (Röttger, 2001b, S. 15). Allerdings stellt das Issues-Management für die Organisationen meist eine große Herausforderung dar (Röttger, 2001b, S. 22). Nicht nur geht es um eine potenziell unendliche Vielzahl möglicher relevanter Issues und Stakeholder:innengruppen (Röttger, 2001b, S. 21), sondern die Issues treten zu Beginn oft nur latent auf und lassen sich erst im Nachhinein als Problem identifizieren, was die Prognostizierbarkeit erheblich erschwert (Röttger, 2001b, S. 20).

Aus diesem Grund treten die Organisationen bezüglich der von ihnen als relevant erachteten Issues in einen aktiven Aushandlungsprozess mit ihren verschiedenen Publics ein. Um die Issues herum bilden sich nun separate ‚Issue-Arenen‘, die als Interaktionsräume, in denen Organisationen in Austausch mit ihren Publics treten und die jeweiligen Issues diskutieren, verstanden werden können (Luoma-aho & Vos, 2010, S. 315). Diese dezidiert organisationsrelevanten Issue-Arenen sind konzeptionell von jenen arenenöffentlich verhandelten Issues zu unterscheiden. Die Issues selbst können in beiden Arenenperspektiven dieselben sein, jedoch werden das Issue und relevante Bezugspunkte einmal aus einer organisationalen Sicht und einmal aus einer gesamtgesellschaftlichen arenenöffentlichen Sicht betrachtet. Die Organisationskommunikation zu den aus organisationaler Perspektive relevanten Issues, kann sich jedoch im größeren arenenöffentlichen Kontext bemerkbar machen.

Indem sich Akteure zu einem bestimmten Issue äußern wollen, formen sie die Issue-Arenen aktiv, „by communicating directly via owned media to get their issue position heard, by using shared media to engage in dialogue, and by approaching (earned) media outlets to build their agenda to reach political decision makers indirectly and via their constituents“ (Lock, 2020, S. 223). Mittels strategischer Kommunikation versuchen sie, ihre organisationalen Eigeninteressen als kongruent mit dem gesellschaftlichen Allgemeininteresse zu verargumentieren (Lock, 2020, S. 225). Durch das Identifizieren der richtigen Publics und der tatsächlich relevanten Issue-Arenen soll zum einen die organisationale Legitimität und damit das Überleben der Organisation gesichert werden (Luoma-aho & Vos, 2010, S. 315), zum anderen sollen durch Dialog, Kollaboration sowie kokreationale Aushandlung die organisationseigenen sowie die Interessen multipler Stakeholder:innen balanciert und es soll ein gemeinsamer Sinn erarbeitet werden (Luoma-aho & Vos, 2010, S. 317; 322).

Aus der Pluralität der Issues und den unterschiedlichen Stakeholder:innengruppen und -perspektiven ergeben sich folglich oft auch widersprüchliche Handlungsindikatoren, was die Komplexität im Umgang mit diesen Issues nochmals erhöht (Luoma-aho & Vos, 2010, S. 323).

> Often there is not just one, but several issue arenas that the organization must simultaneously take part in, just as there are several stakeholders. An energy company, for example, may take part in an economic debate about consequences of a recession, but also in environmental discussions. The company, just like its stakeholders, might be active in one arena and at the same time be part of the passive public in another. The level of activity of the actors depends on what is happening in the issue arenas, a phenomenon that the traditional stakeholder maps fail to describe. (Luoma-aho & Vos, 2010, S. 321)

An dieser Stelle ist festzuhalten, dass den Akteuren hier, durch ihre Fähigkeit der professionellen strategischen Kommunikation, nicht nur das Potenzial zur Einflussnahme auf ihre eigene Legitimität und Reputation, sondern auch das Potenzial zur Einflussnahme auf den Diskursverlauf der Issues in der Arenenöffentlichkeit selbst zumindest indirekt zugeschrieben wird. Das wird nicht zuletzt bei Issues von globaler Tragweite, beispielsweise bei „macro issues“ (Ewing, 1990, S. 19; Lock, 2020, S. 223) wie der Klimakrise, entscheidend, da sie Konsequenzen für die gesamte Welt in sich bergen (Lock, 2020, S. 223). Die Klimakrise wird dabei nicht nur von wirtschaftlichen (Dahl & Fløttum, 2019) oder politischen (McKasy & Zulli, 2021) Akteuren als ein solches relevantes Issue identifiziert. Die Besonderheit bei derartigen Makro-Issues ist es, dass sie zwar global in den (online-)öffentlichen Arenen verhandelt werden, die Entscheidungen jedoch auf nationaler politscher Ebene getroffen werden müssen (Lock, 2020, S. 223). Gerade in Hinblick auf die Klimakrise erweist sich die Übersetzung von transnationalen Issues in national bindende Entscheidungen als kompliziert (Reber, 2021, S. 173).

Ein Ansatz wie jener der Issues-Arena ist in der PR- und Organisationskommunikationsforschung noch wenig verbreitet. Ihm gelingt es jedoch, multiple Akteure in der Rolle als Kommunikator:innen – „these can be corporations, political institutions, research institutes, civil society and activist groups, or media outlets“ (Lock, 2020, S. 225) – angesichts globalgesellschaftlicher Herausforderungen abzudecken. Der Ansatz ermöglicht also eine öffentlichkeitsorientierte Multi-Akteurs-Perspektive, die für die Erforschung ebensolcher komplexer, global verhandelter Issues wie der Klimakrise unabdinglich ist. Des Weiteren ist der Ansatz bemüht, die klassische Management-Perspektive zu erweitern (Lock, 2020, S. 223; Luoma-aho & Vos, 2010, S. 315). Das Verständnis der strategischen

Kommunikation ist jedoch wieder maßgeblich an organisationalen Interessen (vgl. Legitimität, Reputation) orientiert: „,Which issue arenas are *relevant for the future of the organization*?' and ,Which issue arenas provide opportunities for interaction with specific groups?'" (Luoma-aho & Vos, 2010, S. 316, Herv. d. Verf.) (Ausnahmen: Lock, 2020, 2023). Es konnte allerdings gezeigt werden, dass das organisationskommunikationstheoretische Issues-Verständnis für eine arenenöffentliche Perspektive anschlussfähig ist.

3.1.3.4 Claims als kommunikative Bezugnahmen

Die verschiedenen bislang diskutierten arenentheoretischen Perspektiven lieferten tiefere Erkenntnisse zu den Komponenten arenenöffentlicher Kommunikation – zu Eigenschaften der verhandelten *Themen*, zum Verständnis der unterschiedlichen *Akteure* und zu den *Arenen* als Kommunikationsumgebung. Was jedoch noch nicht genauer beschrieben wurde, ist der Kommunikationsprozess. Wie am Anfang des Abschnitts 3.1.3 bereits angedeutet, sind Charakterisierungen des eigentlichen Kommunikationsprozesses in den meisten arenentheoretischen Konzepten eher vage.

Gerhards und Neidhardt (1990, S. 39) halten beispielsweise fest, dass es bei der Kommunikation zu einem bestimmten als Problem definierten Issue nicht nur darum geht, Aufmerksamkeit dafür zu gewinnen, sondern auch darum, mit einer bestimmten Meinung oder Perspektive hinsichtlich dieses Themas zu überzeugen. Damit dies gelingt, werden die Issues auf bestimmte Art und Weise geframt (Gerhards & Neidhardt, 1990, S. 39). Das ist entsprechend *das Politische* an der arenenöffentlichen Kommunikation. Wenn es um Themenkomplexe wie die Klimakrise geht, kommt es unweigerlich zu einem Aushandlungsprozess von politischer Relevanz, da sich Wahrnehmungen, daran anknüpfendes Verhalten und letztlich bindende Entscheidungen mitunter wesentlich in Wechselwirkung mit der arenenöffentlichen Klima- und Nachhaltigkeitskommunikation konstituieren. Auf der Annahme aufbauend, dass den kommunizierenden Akteuren ein gewisses Maß an gestalterischer Einflussnahme auf soziale Wandlungsprozesse zukommt, ergibt sich nun auch implizit *das Strategische* an der arenenöffentlichen Kommunikation der unterschiedlichen Akteure. Die Ziele dieser Kommunikationsakte können so vielfältig sein wie die Akteure selbst, jedoch sind die Aufmerksamkeitsbindung und der Versuch, Zustimmung für die eigene Perspektive zu erlangen, der gemeinsame Nenner.

Das Framing kann also als zentral für die Bedeutungskonstruktion um die arenenöffentlich verhandelten Themen festgehalten werden. Eine Studie (Raupp, 2019), die auf einem weiteren arenentheoretischen Konzept aufbaut, liefert das bislang fehlende Element des eigentlichen Kommunikationsprozesses – das

Claims-Making (Koopmans & Erbe, 2004; Wilde, 2013). Das hier angesprochene weitere arenentheoretische Konzept ist die Rhetorical Arena Theory (RAT) (Frandsen & Johansen, 2020, 2023; Raupp, 2019). Sie verbindet ein strategisches Kommunikationsverständnis mit einem agonistischen Akteursverständnis und schreibt entsprechend pluralistischen Stimmen in der arenenöffentlichen Kommunikation hohe Relevanz zu. Dieser Ansatz wurzelt in der situativen Krisenkommunikationsforschung (SCCT) und im skandinavischen Neo-Institutionalismus (Frandsen & Johansen, 2011, S. 516). Sie wird als multivokaler Ansatz verstanden, der der kommunikativen Komplexität gerecht werden soll, die durch eine Vielzahl an Stimmen in Krisensituationen unweigerlich entsteht (Frandsen & Johansen, 2020, S. 195). Das Krisenverständnis der RAT fokussiert ursprünglich und in einem Großteil der Ausführungen auf organisationale, beispielsweise die Reputation beeinträchtigende Krisen (Frandsen & Johansen, 2017), jedoch lässt sich das Grundkonzept auch auf globale Krisen wie die Klimakrise anwenden (Frandsen & Johansen, 2011, S. 512). „It is not just a matter of an organization communicating with its stakeholders; a lot of voices typically start communicating when a crisis hits an organization, a politician, an individual, or a whole society“ (Frandsen & Johansen, 2023, S. 170).

Gerade in Krisensituationen entsteht eine „rhetorical arena, i.e. a social space that opens where a lot of voices start communicating *to, with, against, past, or about each other* and where communicative complexity among voices play out“ (Frandsen & Johansen, 2023, S. 173, H. i. O.). Akteure, die in einer solchen rhetorischen Arena involviert sind, sind entsprechend heterogen und können wirtschaftliche, politische, journalistische, akademische oder auch aktivistische Akteure sein und unterschiedliche, komplexe Interessen und Agenden vertreten, was in weiterer Folge zu unterschiedlichen Reaktionen, Wahrnehmungen und auch Strategien führt (Frandsen & Johansen, 2023, S. 170; Raupp, 2019, S. 2). Deutlich hervorgehoben wird der agonistische Charakter der vielfältigen, teils konfligierenden Stimmen, die durch ihre Aushandlungen zur sozialen Konstruktion um die Krise beitragen, wobei manche Stimmen mehr Aufmerksamkeit erregen und den Verlauf des Diskurses stärker prägen können als andere (Frandsen & Johansen, 2023, S. 170). Die RAT versteht sich als „theory about the voices entering an arena and thus, a specific social space where they interact with others around a crisis“ (Frandsen & Johansen, 2023, S. 171). Der Fokus in Hinblick auf den kommunikativen Prozess selbst liegt also auf den Interaktionen zwischen den unterschiedlichen Akteuren bzw. Stimmen. Das kommunikative Verhalten der Akteure ist dabei interessengeleitet, bedeutungskonstruierend und strategisch und kann sich hier über Worte, Bilder, Artefakte, Symbole, Körpersprache oder Verhalten ausdrücken (Frandsen & Johansen, 2020, S. 203). Die Interaktionen können bestimmte Muster aufweisen, beispielsweise kann es sich um verbale Angriffe oder verbale Verteidigungen handeln, die sogar in ein wechselseitiges ‚Blame-Game' münden können (Frandsen & Johansen, 2020, S. 203).

Die angesprochene Studie (Raupp, 2019) aus der Forschung zur RAT stellt einen vielversprechenden Ansatz bereit, um die kommunikativen Bezugnahmen in der Arenenkommunikation weiter zu präzisieren und diese auch empiriefähig zu machen. Raupp (2019) untersucht den Mediendiskurs über den VW-Abgasskandal und stützt ihre empirische Untersuchung zum einen auf den Ansatz der symbolischen Netzwerkanalyse, der inhalts- und netzwerkanalytische Aspekte kombiniert (Adam, 2008), sowie zum anderen auf den Ansatz des politischen Claims-Makings (Koopmans & Erbe, 2004; Wilde, 2013). Die Untersuchungseinheit sind dabei die Claims, also die im Mediendiskurs getätigten relationalen Aussagen der unterschiedlichen Akteure zum VW-Abgasskandal. Anhand dieser Claims lassen sich sowohl *sprechende* als auch *adressierte Akteure* sowie das jeweils *adressierte Thema* und die eingesetzten *Kommunikationsstrategien* in Relation zueinander abbilden (Koopmans & Erbe, 2004, S. 103). Nicht nur ist der relationale Charakter der öffentlichen Kommunikation hierüber abbildbar, sondern es ermöglicht auch, einen stärkeren Fokus auf das Politische und Strategische daran zu legen.

> A claim is defined as an instance of strategic action in the public sphere. It consists of the expression of a political opinion through some form of physical or verbal action, regardless of the form this expression takes (statement, violence, decision, demonstration, court ruling, etc.) and regardless of the nature of the actor (governments, social movements, NGOs, individuals, etc.). Statements by journalists may also be included if the journalist's opinion is provided in an explicit way in the news coverage. (Koopmans & Erbe, 2004, S. 98)

Da Krisensituationen im Wesenskern immer politisch sind (Frandsen & Johansen, 2023, S. 173), wird auch der Aushandlungsprozess um diese zu einem politischen. Aus einer agonistischen Perspektive betrachtet, werden kontextuelle Faktoren sowie organisationale und diskursive Ressourcen über die Arenenakteure hinweg dafür entscheidend, wie es ihnen gelingt, ihre Claims strategisch günstig im arenenöffentlichen Kommunikationsnetzwerk zu platzieren (Koopmans & Statham, 1999, S. 203–204; Raupp, 2019, S. 3). Claims sind also keineswegs *neutrale* Äußerungen. Genau an dieser Stelle lässt sich das Claims-Making mit dem Framing verknüpfen, wenn Claims als jene aufmerksamkeitsbindenden und bedeutungskonstruierenden Äußerungen zu den verhandelten Issues betrachtet werden (Gerhards & Neidhardt, 1990, S. 39). Claims sind also diskursiv, relational, politisch und strategisch geframt. Das bedeutet, das Claims-Making als kommunikativer Bezugnahmeprozess ist nicht nur für die Positionierung der kommunizierenden Akteure relevant, sondern auch für die Bedeutungskonstruktion um die zu verhandelnden soziopolitisch relevanten Problemlagen. Dieses Konzept vermag es, den bislang vage beschriebenen Kommunikationsprozess in der Arenenöffentlichkeit zu konkretisieren und für die hier angestrebte integrative arenenöffentliche Perspektive verwertbar und empiriefähig zu machen.

Das Framing taucht als Kommunikationsstrategie über die verschiedenen arenentheoretischen Zugänge hinweg immer wieder auf (Gerhards & Neidhardt, 1990, S. 39; Imhof, 2011, S. 172; Koopmans & Statham, 1999, S. 204; Lock, 2020; Luoma-aho & Vos, 2010, S. 321). Da diese unterschiedlichen Zugänge auch mit unterschiedlichen Framing-Verständnissen arbeiten, gilt es in Folge, sich dem hier verwendeten Framing-Verständnis anzunähern. Gerhards und Neidhardt (1990) basieren ihre Beschreibungen der „Deutungs- und Interpretationsmuster“ (S. 38) auf „Goffman 1974[;][...] Gamson und Modigliani 1989; Klandermans 1988; vor allem [aber] Snow et al. 1986 sowie Snow und Benford 1988“ (Gerhards & Neidhardt, 1990, S. 39). Benford und Snow (2000; 1988) beziehen sich ihrerseits unter anderem ebenfalls auf die Autoren Goffman (1974), Gamson und Modigliani (1989) sowie Klandermans (1992). Imhof (2011) nimmt auf Entman (2004) Bezug. In den Issue-Arenen-Zugängen sowie der RAT wird das Framing kaum tiefergehend beleuchtet. Luoma-aho und Vos (2010, S. 318) adressieren das Framing beispielsweise nur peripher, beziehen sich dabei aber ebenfalls auf Goffman (1974) sowie Hallahan (1999). Bei Lock (2020, S. 481) ist das Framing zwar ebenfalls kein zentrales Konzept, jedoch verweist sie auf die Arbeit von Klüver et al. (2015), in der Framing als strategisches Tool Erwähnung findet, mit dem Lobbygruppierungen Einfluss auf die Politik nehmen können. Frandsen und Johansen (2020, S. 201–202) adressieren das Framing ebenfalls nur peripher, schreiben aber, dass es von multiplen Akteuren ausgeht und ebenso wie Narrative und Metaphern definitiv einen Effekt hat. Von Koopmans und Statham (1999, S. 204), die mit ihrem Claims-Making-Ansatz beabsichtigen, politische öffentliche Kommunikation empiriefähig zu machen, bauen auf die politische Diskursanalyse, die sich ebenfalls der konstruktivistischen Framing-Perspektive nach Gamson und Modigliani (1989) bedient.

Die verschiedenen angeführten Framing-Konzepte bzw. Autor:innen haben zwar leicht unterschiedliche Schwerpunkte, beziehen sich in ihren Ausführungen aber häufig aufeinander, was sie entsprechend wenig trennscharf macht. Eine wesentliche Unterscheidung lässt sich zwischen den Konzepten, die sich eher journalistischen Medienframes widmen (Entman, 1993; Gamson & Modigliani, 1989; Goffman, 1974), und jenen, die aus der politischen Protest- und Mobilisierungsforschung stammen (Benford & Snow, 2000; Klandermans, 1988, 1992;

Snow & Benford, 1988), treffen. Gemeinsam ist ihnen aber die Einflussnahme auf die öffentliche Meinung, wobei der politische Forschungsstrang das bewusst Strategische (Überzeugungscharakter) daran noch stärker hervorhebt.

Entman (1993) beschreibt das Framing als Strategie der Selektion und der Salienz.

> To frame is to *select some aspects of a perceived reality and make them more salient in a communicating text, in such a way as to promote a particular problem definition, causal interpretation, moral evaluation, and/or treatment recommendation* for the item described. Typically frames diagnose, evaluate, and prescribe, a point explored most thoroughly by Gamson (1992). [...] Frames, then, *define problems* – determine what a causal agent is doing with what costs and benefits, usually measured in terms of common cultural values; *diagnose causes* – identify the forces creating the problem; *make moral judgments* – evaluate causal agents and their effects; and *suggest remedies* – offer and justify treatments for the problems and predict heir likely effects. (Entman, 1993, S. 52, H. i. O.)

Imhof (2011) beispielsweise stützt sich in seinen Erläuterungen auf die Medienframes nach Entman (2004) und beschreibt die Problemdefinition und die Benennung von Ursachen in Kombination mit moralischen Bewertungen und möglichen Lösungswegen als Charakteristika der „Interpretationsdimension“ der Arenenkommunikation (Imhof, 2011, S. 172).

Gerhards und Neidhardt (1990) erarbeiten neben den allgemeinen Regeln der Aufmerksamkeitsmaximierung und der komplexitätsreduzierten Kommunikation, die auf ein Laienpublikum zugeschnitten sein sollte, drei zentrale Framing-Strategien: 1) die Problematisierung, die zum einen durch *Konkretisierung* und damit Herstellung von Betroffenheit und zum anderen durch *Abstraktion* zur Einbettung des Gesagten in allgemeingültige Normen und Wertvorstellungen, was die Bedeutung dessen nochmals steigert, sowie durch *Dramatisierung*, um die Dringlichkeit des Problems zu erhöhen, und natürlich durch die Orientierung an den *Nachrichtenfaktoren*, um Aufmerksamkeit zu erregen und Meinungen zu plausibilisieren, geprägt ist; 2) die Kausalattribuierung, durch die die *Gründe* für das zuvor skizzierte Problem beschrieben werden und *Verantwortliche* benannt werden können, die vor allem in Hinblick auf die Lösungsbemühungen in die Pflicht genommen werden können; 3) die Selbstlegitimation, die vor allem für die *Herstellung von Glaubwürdigkeit*, beispielsweise durch den Einsatz von Testimonials aus der Wissenschaft oder den empirischen Nachweis der Problematik, eingesetzt wird. (Gerhards & Neidhardt, 1990, S. 39–43)

Damit beziehen sich Gerhards und Neidhardt (1990) auf bestimmte Bestandteile der Medienframes, beispielsweise das Salienz- und Selektionsprinzip, und greifen die Kategorien der Problemdefinition, der Kausalattribuierung direkt und die moralische Bewertung indirekt durch die Identifikation von Verantwortlichen im Rahmen der Kausalattribuierung auf (Entman, 1993). Dann schlagen sie die Brücke zu Framing-Konzepten der politischen Protest- und Mobilisierungsforschung, indem sie betonen, dass es nicht nur darum geht, die Aufmerksamkeit des Publikums zu gewinnen, sondern es auch von der eigenen Meinung zu *überzeugen*. Hierbei sind die Selbstlegitimation und die Glaubwürdigkeit der Aussagen von zentraler Bedeutung. „Wenn möglichst viele andere den eigenen Deutungen zustimmen, die eigene Überzeugung teilen und dann selbst öffentlich vertreten, entsteht öffentliche Meinung" (Gerhards & Neidhardt, 1990, S. 38). Da genau diese Eigenschaft des Framings für das Arenenkommunikationsverständnis und entsprechend für die Klima- und Nachhaltigkeitskommunikation, die im Kern der vorliegenden Arbeit stehen, als wesentlich erachtet wird, soll an dieser Stelle ein genauerer Blick darauf gerichtet werden.

Benford und Snow (2000) beforschten, wie genau der Konkurrenzkampf verschiedener Issues bzw. verschiedener Perspektiven auf Issues vonstattengeht, indem sie das Framing von sozialen Bewegungen mit speziellem Bezug zu gesamtgesellschaftlich relevanten Issues, die eine kollektive Handlung erfordern, untersuchten. Die Klimakrise kann ebenfalls als ein solches relevantes Issue angesehen werden, das auf globaler Ebene kollektive Handlung erfordert. Benford und Snow haben mit ihrer Forschung das Konzept der „collective action frames" maßgeblich geprägt (Benford & Snow, 2000, S. 612). Im Wesentlichen geht es den Autoren darum, zu beleuchten, wie Ideen und Bedeutungen entstehen, diffundieren und wie sie mobilisiert und gegenmobilisiert werden (Benford & Snow, 2000, S. 612). Das Framing ist dabei stets Bedeutungsarbeit, die von aktiv kommunizierenden Akteuren ausgeht und zur Bedeutungskonstruktion der Issues, aber auch der involvierten Akteure beiträgt (Benford & Snow, 2000, S. 613). Ziel der *collective action frames* ist es, potenzielle Anhänger:innen zur überzeugen und deren Unterstützung für die eigene Sache zu gewinnen, das heißt sie zu mobilisieren sowie Antagonist:innen zu demobilisieren (Snow & Benford, 1988, S. 198). Der aktive prozessuale Charakter des Framings impliziert die Handlungsfähigkeit (Agency) der kommunizierenden Akteure, da diese sich gemeinsam an der Konstruktion der Wirklichkeit beteiligen, die wiederum als Handlungsorientierung fungiert (Benford & Snow, 2000, S. 614).

Für die Analyse von *collective actionframes* unterscheiden Benford und Snow drei verschiedene „core framing tasks" (Benford & Snow, 2000, S. 615; Snow & Benford, 1988, S. 199). Zu diesen Tasks gehören das diagnostische und das prognostische Framing – deren Aufgabe die Konsensmobilisierung ist – sowie das motivationale Framing – dessen Aufgabe die Handlungsmobilisierung ist

(Snow & Benford, 1988, S. 199). Je robuster und gehaltvoller diese Frames ausgearbeitet und verwoben sind, desto erfolgreicher sind sie in der Durchsetzung. Zum *diagnostischen Framing* zählen die Identifikation eines Problems bzw. Issues, das eines Wandels bedarf, die Zuschreibung von Kausalität sowie die Zuschreibung von Verantwortung und das Blaming (Benford & Snow, 2000, S. 615–616; Snow & Benford, 1988, S. 200). Bei den kausalen Faktoren unterscheiden Benford und Snow (Snow & Benford, 1988, S. 200) zwischen technologischen, politischen, ökonomischen und moralischen. Zum *prognostischen Framing* gehören nicht nur etwaige Lösungen des indizierten Problems, sondern auch konkrete Strategien, Taktiken und Ziele, die zur Umsetzung dieser Lösungen führen sollen (Snow & Benford, 1988, S. 201). Diagnostische und prognostische Frames können korrespondieren, wobei die Lösung nicht immer direkt in die Kausalattribuierung eingeschrieben ist. Wird jedoch beispielsweise Technologie als Ursache für ein Problem gesehen, wird auch häufig auf technologische Lösungen fokussiert (Snow & Benford, 1988, S. 201). Typischerweise können prognostische Framings auch Anfechtungen der Lösungsvorschläge von Opponent:innen – „counterframing“ – enthalten, die die Logik oder die Effektivität betreffen sowie die häufig damit einhergehende Legitimierung der eigenen Vorschläge und die Eigendarstellung als kompetent (Benford & Snow, 2000, S. 617). Das *motivationale Framing* unterscheidet sich von den anderen beiden Framings, da es nicht auf die Konsens-, sondern auf die Handlungsmobilisierung abzielt (Snow & Benford, 1988, S. 202). „Since agreement about the causes and solutions to a particular problem does not automatically produce corrective action, it follows that consensus mobilization does not necessarily yield to mobilization" (Snow & Benford, 1988, S. 202). Dass Handlung nicht unmittelbar auf den Konsens über die Probleme und Lösungen folgt, sehen Snow und Benford (1988, S. 202) häufig bei Issues, die das Allgemeinwohl betreffen, da die Vorteile nicht unmittelbar mess- und sichtbar sind. Die Agency wird über ein bestimmtes Vokabular adressiert, das die Betonung des Schweregrads, der Dringlichkeit, der Wirksamkeit und des Anstands umfasst (Benford & Snow, 2000, S. 617). Diagnostische und prognostische Frames können zugleich ein motivationales Framing enthalten.

Die *collective action frames* können unterschiedliche variable Eigenschaften haben. Zum einen können Frames multiple Ideen und Konzepte inkorporieren und sich zu „master frames“ (Benford & Snow, 2000, S. 618) verdichten. Diese zeichnen sich dann durch einen breiteren Interpretationsrahmen, höhere Inklusivität und Flexibilität sowie ein großes kulturelles Resonanzpotenzial aus (Benford & Snow, 2000, S. 619). Beispielsweise gilt der Klimawandel selbst als Frame (Rademaekers & Johnson-Sheehan, 2014, S. 12) und kann eine Vielzahl untergeordneter Frames enthalten (Benford & Snow, 2000, S. 619). Frames verfügen zum anderen über ein Resonanz- und Durchsetzungsfähigkeitspotenzial, wenn sie eine hohe Salienz und Glaubwürdigkeit aufweisen (Benford & Snow, 2000, S. 619). Die Glaubwürdigkeit von Frames ist höher, wenn artikulierte Glaubenssätze, Behauptungen und Handlungen konsistent sind, wenn die Claims mit den tatsächlichen Gegebenheiten in der Welt korrelieren und wenn die Sprecher:innen eine hohe Glaubwürdigkeit, beispielsweise in Form von Status und Expertise, besitzen (Benford & Snow, 2000, S. 620–621). Die Salienz ist erhöht, wenn die über das Framing vermittelten Werte mit zentralen Werten aus dem Wertesystem und persönlichen Erfahrungen der Individuen resonieren und wenn eine relativ große Bandbreite an solchen Werten abgedeckt und sinnvoll miteinander verknüpft werden kann (Snow & Benford, 1988, S. 205–206). Dabei kommt es insbesondere darauf an, dass das Framing nicht zu abstrakt und entfernt von der Lebensrealität des Publikums wird – je näher an den kulturellen Narrationen und Glaubenssätzen, desto besser (Benford & Snow, 2000, S. 621–622).

Außerdem sind Frames als dynamische Konzepte zu begreifen, die unter verschiedenen Voraussetzungen generiert und diffundiert werden. Generiert werden sie über drei sich teils überlappende Prozesse. Sie können *diskursiv* generiert werden, indem sie artikuliert und akzentuiert werden (Benford & Snow, 2000, S. 623); sie können *strategisch* generiert werden, indem sie, einer bestimmte Zweckerfüllung gewidmet, Frame-Alignment-Prozesse bedienen – „frame bridging, frame amplification, frame extension, and frame transformation“ (Benford & Snow, 2000, S. 624); und sie können *konfrontativ* generiert werden, indem sie aus dem Wettstreit multipler, an der Bedeutungskonstruktion beteiligter Arenenakteure durch „counterframing […][,] frame disputes […] and the dialectic [tension] between frames and events“ (Benford & Snow, 2000, S. 625) hervorgehen. Diffundiert werden sie zwischen Organisationen, Kulturen und über die Zeit hinweg, wobei sie von Frame-Transmittern bewusst diffundiert werden sowie von Frame-Adoptern, meist selektiv, in neue Kontexte oder Kulturen eingebettet werden (Benford & Snow, 2000, S. 627). Aus dieser Logik ergibt sich, dass Frames kontinuierlich herausgefordert und umkämpft sowie reproduziert, transformiert und ersetzt werden sowie über Arenen, Akteure, Kulturen und über die Zeit hinweg verbreitet werden. „[T]his process does not occur in a structural or cultural vacuum. Rather, framing processes are affected by a number of elements of the socio-cultural context in which they are embedded" (Benford & Snow, 2000, S. 628).

Snow und Benford (1988) thematisieren auch problematische Eigenschaften und Dynamiken, die mit dem Framing einhergehen können. Beispielsweise zeigt sich in ihrer Forschung, dass das diagnostische Framing selten mit dem motivationalen Framing verknüpft und teils drastisch ausgedrückt wird, was eher zu fatalistischen Weltuntergangswahrnehmungen führen kann. Darüber hinaus wird durch starkes diagnostisches Framing meist viel Aufmerksamkeit auf die Problemidentifikation gelegt, während prognostische, lösungsorientierte Frames zu kurz kommen. Ein weiteres Problem ergibt sich, wenn prognostische und diagnostische Frames keine öffentliche inklusive Debatte mehr ermöglichen, weil sie beispielsweise zu technikfokussiert und entsprechend auf Expert:innen zugeschnitten und exklusiv verlaufen. (Snow & Benford, 1988, S. 203–204)

Diese Tendenzen zeigen auch Rademaekers und Johnson-Sheehan (2014) in ihrer Untersuchung zu Framing und Re-Framing der Klimakrise in der Klimakommunikation. Auch sie bestätigen, dass die Bevölkerung weniger bereit ist, Fakten zu akzeptieren, wenn diese nicht mit ihren vorab existierenden Frames oder solchen, die in den Medien kursieren, übereinstimmen. „But, if climate change facts just don't fit their worldview, they will assume the facts are flawed in some way or at least ‚open to debate'" (Rademaekers & Johnson-Sheehan, 2014, S. 10). Weiters stellen sie – zumindest für den nordamerikanischen Kulturraum – fest, dass diese vorab existierenden Frames stark von einem Konsumdenken geprägt sind, das die fossile Industrie zu aktivieren weiß. „Even when people are ready to accept climate change arguments, they hesitate because they are concerned that taking action against climate change might mean hurting the economy or taking away jobs" (Rademaekers & Johnson-Sheehan, 2014, S. 10).

Dagegen plädieren die Autoren Rademaekers und Johnson-Sheehan (2014) für ein Re-Framing der Klimakrise und schlagen unter anderem vor, dass der Fokus eher auf ökologischen und ökonomischen Entwicklungspotenzialen liegen sollte und weniger darauf, sie gegeneinander auszuspielen, beispielsweise durch das Betonen, das Vorgehen gegen die Klimakrise könne nur auf Kosten von ökonomischer Freiheit und Arbeitsplätzen vonstattengehen. Des Weiteren schlagen sie – ähnlich wie bereits Snow und Benford – vor, von einem überbordenden Katastrophen-Frame zu einem Problemlösungs-Frame zu kommen. Daran anknüpfend ist es nötig, von einem ökonomischen Effizienz-Frame, der eine Gegenüberstellung von Kosten und Nutzen im Vorgehen gegen die Klimakrise anstrebt, zu einem Anpassungs-Frame zu kommen, der den Klimawandel als gegebene Ausgangsbasis sieht und sich auf die Umsetzung von Lösungen mehr als auf die Ursachen fokussiert. (Rademaekers & Johnson-Sheehan, 2014, S. 12–18)

> When governmental entities take the lead in frames of adaptation, individuals are more likely to incorporate those frames into their personal, social, and ecological

> hierarchies as well. The result of framing climate change through adaptation is that climate change becomes the concern of everyone, not just environmentalists and environmental scientists. (Rademaekers & Johnson-Sheehan, 2014, S. 18)

Damit dieser Schritt gelingen kann, braucht es soziale Akzeptanz für die klimapolitischen Maßnahmen, die nicht nur durch einseitige strategische Kommunikation zur Transformation der Haltungen des Publikums, sondern auch durch den Dialog, um die darin verwobenen komplexen Werte und sozialen Identitäten verstehen zu können, erreicht werden soll. „Shifting the goal towards engagement and building a diverse social support base means understanding what guides people in their social interactions" (Badullovich, 2023, S. 214).

Für die meisten Menschen in der Bevölkerung und der Öffentlichkeit stellt die Klimakrise eine komplexe und mehrdeutige Situation dar, die mit großen Unsicherheiten einhergeht. Umso bedeutender wird vor diesem Hintergrund die Bedeutung reflektierter Kommunikation. Framing findet immer statt, ob bewusst oder unbewusst, wenn Informationen kommuniziert werden (Nisbet, 2009, S. 15). „Audiences rely on frames to make sense of and discuss an issue; journalists use frames to craft interesting and appealing news reports; policymakers apply frames to define policy options and reach decisions; and experts employ frames to simplify technical details and make them persuasive" (Nisbet, 2009, S. 15–16). In diesem Sinne lässt sich die strategische öffentliche Kommunikation konstruktiver und nachhaltiger gestalten, wenn es gelingt, Inhalte auf die spezifischen Medien bzw. Arenen und die zugehörigen Publika zuzuschneiden und sie in einer Art und Weise zu gestalten, dass sie eine neue Denkweise über die eigene Relevanz im Kontext der Klimakrise auslösen (Nisbet, 2009, S. 15).

3.1.4 Integriertes Verständnis arenenöffentlicher Kommunikation

Ziel dieses Abschnitts 3.1 war es zum einen, auf das in Abschnitt 2.3 erarbeitete Desiderat, zu einer Multi-Akteurs-Perspektive zu kommen, einzugehen. In der klimabezogenen PR- und Organisationskommunikationsforschung lässt sich ein überwiegender Fokus auf eine Single-Akteurs-Perspektive identifizieren. Da das allerdings nur einen Teil des Potenzials öffentlicher Klimakommunikation abdeckt, ging es in diesem Abschnitt darum, einen öffentlichkeitsorientierten Zugang zu wählen und sich einem theoretischen Rahmen anzunähern, der sowohl dem Strategischen als auch dem Politischen der öffentlichen Kommunikation unterschiedlicher Arenenakteure zu komplexen, gesamtgesellschaftlich relevanten und krisenbehafteten Themen, wie jenem der Klimakrise, gerecht wird. Zum anderen baut das hier entwickelte integrative arenenöffentliche Verständnis auf eine solide analytische Basis, indem die wesentlichen Komponenten arenenöffentlicher Kommunikation beschrieben wurden und gezeigt wurde, wie Arenenforschung mit Hilfe einer für das Framing sensiblen Claims-Making-Analyse (CMA) betrieben werden kann. Dies stellt darüber hinaus bereits die Weichen für die Umsetzung der empirischen Untersuchung im späteren Teil der Arbeit. Dabei bleibt dieses arenenöffentliche Verständnis offen gegenüber deliberativen sowie agonistischen demokratietheoretischen Überlegungen.

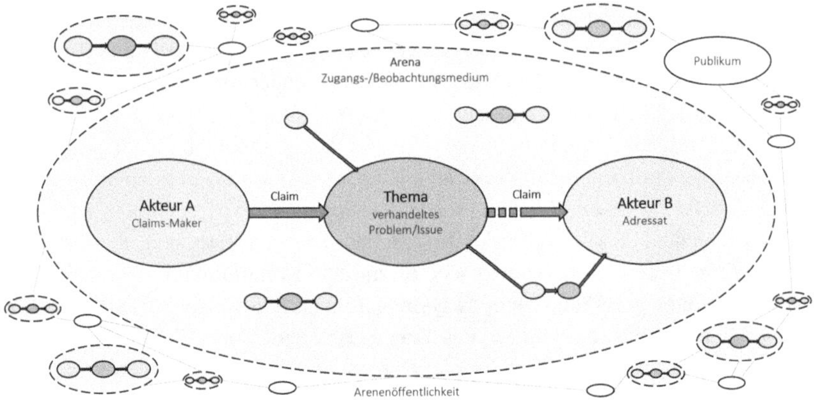

Abbildung 3.1 Arenenöffentliche Kommunikation. (Eigene Darstellung)

Für ein integratives Verständnis arenenöffentlicher Kommunikation (siehe Abb. 3.1) wurden im Wesentlichen vier zentrale Komponenten identifiziert: 1) Die *Arenen* sind als Kommunikationsumgebung, als jene medialen oder physischen ‚Orte' zu verstehen, zu denen sich Kommunikator:innen Zugang verschaffen und wo deren Kommunikation öffentlich sichtbar wird. Hierbei ist zu betonen, dass diese Arenen unterschiedlich voraussetzungsvolle Zugangsbedingungen, Reichweiten und Publika haben können und dass sich die Selektions- und Präsentationslogiken in ihnen unterscheiden. 2) Die *Akteure*, die in diesen Arenen kommunizieren, kämpfen um die Aufmerksamkeit des Publikums. Gerade in Krisenzeiten werden bestimmte soziopolitische Themen besonders relevant und im Aushandlungsprozess um diese Themen sind die Akteure bemüht, Deutungshoheit zu gewinnen. 3) Die *Themen* bzw. Issues, die von bestimmten Akteuren als gesamtgesellschaftlich relevante Problemlagen identifiziert werden, stehen in Konkurrenz zueinander. Indem die Akteure aktiv auf etwaige Themen Bezug nehmen, verleihen sie ihnen Sichtbarkeit. Dabei ist beispielsweise entscheidend, wie hoch die Diskursdominanz der Kommunikator:innen ist, wie häufig sie in anderen Arenen aufgegriffen werden oder wie sie geframt werden. Die Themen und deren Deutungen, denen am meisten Aufmerksamkeit zuteilwird, können sich so gegen andere durchsetzen und sie aufgrund der „carrying capacity“ (Gerhards & Neidhardt, 1990, S. 27–28; 44; Hilgartner & Bosk, 1988, S. 58) der Arenen von der öffentlichen Aufmerksamkeit verdrängen. 4) Die *Claims* können als kommunikative Bezugnahmen beschrieben werden. In ihnen drückt sich die diskursive und relationale Bezugnahme von den sprechenden Akteuren auf adressierte Akteure und Themen aus, die auf eine bestimmte Art und Weise geframt sein können. An dieser Stelle greifen die CMA und die Komponenten des hier beschriebenen arenenöffentlichen Verständnisses nahtlos ineinander. Mit Hilfe einer Analyse des Claims-Makings können aus den Claims, die in bestimmten *Arenen* geäußert werden, die sprechenden sowie die adressierten *Akteure*, die *Themen*, auf die Bezug genommen wird, sowie die Strategien, die bei dieser kommunikativen Bezugnahme (*Claims*) zum Einsatz kommen, in Relation zueinander erhoben und analysiert werden (Koopmans & Erbe, 2004, S. 103). Auf welche Art und Weise diese Claims geframt werden, lässt sich hier anhand der *collective action frames* beschreiben, die diagnostischer, prognostischer oder motivationaler Natur sein können (Benford & Snow, 2000; Snow & Benford, 1988). Durch sie drückt sich die Haltung der sprechenden Akteure zu anderen adressierten Akteuren und zu den verhandelten Themen aus und trägt damit zur Diskurspositionierung der Akteure in der Arenenöffentlichkeit sowie zur Bedeutungskonstruktion um die verhandelten Themen bei. Anhand der Claims wird letztlich auch der strategische und der politische Charakter der arenenöffentlichen Kommunikation nochmals deutlich, der auch in der Aushandlung um die Klimakrise und die sozial-ökologische Transformation zum Tragen kommt.

Die unterschiedlichen Arenen existieren nun nicht nur isoliert voneinander, sondern sind durch wechselseitige Beobachtung und Bezugnahme miteinander vernetzt (Wild, 2021, S. 155). Das bedeutet, dass die Akteure in den unterschiedlichen Arenen auch unterschiedliche Rollen einnehmen können. Haben sie beispielsweise in der einen Arena noch eine sprechende Rolle eingenommen, werden sie in einer anderen Arena zum Adressaten und beobachten selbst die arenenöffentliche Kommunikation einer dritten Arena. Für die Forschung zu arenenöffentlicher Kommunikation bedeutet das ebenfalls, die Arenen bestenfalls nicht isoliert voneinander zu untersuchen. Je mehr unterschiedliche Arenen zusammengenommen untersucht werden, desto näher an der tatsächlichen Arenenöffentlichkeit lassen sich Aussagen zum Status der Diskursdominanz von Akteuren oder zur Bedeutungskonstruktion um die jeweiligen Themen treffen. Da sich die arenenöffentliche Kommunikation jedoch in einem fortwährenden Fluss befindet, steigert dies die Komplexität nochmals. „Any such truly comprehensive, large-scale, and multi-platform efforts are likely to be prohibitively complex and resource-intensive“ (Bruns, 2023, S. 76). Das stellt die Arenenforschung entsprechend vor erhebliche Herausforderungen, den Zugang zu den nötigen Daten sowie die Auswertung der immensen Fülle an Material betreffend. Auch für diese Arbeit mussten entsprechend gewisse Einschränkungen in Kauf genommen werden, um zumindest eine Momentaufnahme der arenenöffentlichen Klimakommunikation liefern zu können. Je besser sich die Arenenforschung dieser Herausforderung stellen kann, desto vielversprechender sind die potenziell zu gewinnenden Erkenntnisse.

Ein arenenöffentliches Verständnis ermöglicht aus analytischer Perspektive jedenfalls wertvolle Einblick in die komplexen Dynamiken der öffentlichen Kommunikation hinsichtlich der Meinungsbildungsprozesse – der Artikulation und Disartikulation um gesamtgesellschaftlich relevante Themen. Aus der deliberativen Sicht ist die Klimakommunikation der unterschiedlichen Akteursgruppen aus Wirtschaft, Politik, Journalismus, Wissenschaft und Aktivismus dabei besonders relevant für die Meinungsbildung in der Öffentlichkeit. In diesem öffentlichen Aushandlungsprozess, der hier in den Arenen beobachtbar und untersuchbar wird, werden Probleme mit Bezug zur Klimakrise gleichermaßen wie mögliche Lösungswege zur Sprache gebracht, ebenso wie auch die Bewusstseinsbildung und die Handlungsbereitschaft des Publikums beeinflusst werden. Aus einer agonistischen Sicht lässt sich hingegen hinterfragen, welche Akteure in diesem Aushandlungsprozess Diskursdominanz aufbauen sowie welche Diskurse sich gegenüber anderen durchzusetzen vermögen. Hier lässt sich entsprechend auch nachvollziehen, inwiefern hegemoniale oder alternative Deutungsangebote durch die Diskursdominanz der sie verstretenden Akteure insgesamt mehr oder weniger Raum einnehmen.

Das alles ist abschließend vor dem Hintergrund multipler globaler Krisenlagen sowie der Krisenhaftigkeit der Öffentlichkeit selbst zu betrachten. Nicht nur wird die Aushandlung um den Umgang mit der Klimakrise und der sozial-ökologischen Transformationserwartung zu einem Dringlichkeits-, Gerechtigkeits- sowie Priorisierungsdilemma (Abschnitt 2.2). Auch hat sich das Umfeld dieser Aushandlung, die Öffentlichkeit selbst, spätestens mit der Medialisierung und der Plattformisierung (Abschnitt 3.1.1) als krisenhaft darin erwiesen, wie die gesellschaftlichen Entwicklungen noch umfassend beobachtet werden können, wie repräsentativen Akteuren noch Vertrauen entgegengebracht werden kann und auf welcher Basis, angesichts populistischer und neoautoritärer Diskurse, öffentliche Debatten noch produktiv geführt werden können (Abschnitt 3.1.2).

3.2 Neo-Institutionalismus: Von der Institution zur Transformation

In diesem Abschnitt geht es darum, nachzuvollziehen, wie die gesamtgesellschaftliche sozial-ökologische Transformationserwartung sich nun bei den multiplen Akteuren unterschiedlich niederschlägt und Handlungsdruck erzeugt. Dabei gilt es, sich aus der Multi-Akteurs-Perspektive heraus an die Inkonsistenzproblematik anzunähern, mit der die unterschiedlichen Akteure konfrontiert sind. Angesichts der Klimakrise und der wachsenden sozial-ökologischen Transformationserwartung sind die Akteure gefragt, einerseits ihre Funktion weiterhin zu erfüllen und andererseits einen Weg zu finden, diese mit den Erwartungshaltungen zu vereinbaren. Der soziologische Neo-Institutionalismus hilft dabei zu verstehen, wie die komplexen institutionellen Logiken der unterschiedlichen Akteure in Konflikt mit einander geraten, was wiederum zur erwähnten Inkonsistenzproblematik führt.

Der folgende Abschnitt 3.2.1 macht es sich zunächst zur Aufgabe nachzuvollziehen, wie institutionelle Logiken auf die Akteure wirken und wie sie zu Inkonsistenzen führen können, die dann einer Aushandlung bedürfen. In Abschnitt 3.2.2 wird tiefer auf das Decoupling als weit verbreitete Umgangsform mit diesen Inkonsistenzen eingegangen. Das entwickelte Decoupling-Modell veranschaulicht die Inkonsistenzproblematik aus akteursspezifischer Sicht für die Schlüsselakteure – also für wirtschaftliche sowie für politische, journalistische, akademische und aktivistische Akteure. Eine akteursübergreifende Sicht zeigt daraufhin, dass die Inkonsistenzproblematik sich zwar unterschiedlich für die Akteure ausdrückt, dass diese jedoch im Kern ähnlichen Legitimitätskonflikten in Form von typischen Hypokrisie- und Inkompetenzvorwürfen begegnen. Abschnitt 3.2.3 beschäftigt sich abschließend damit, welche Rolle die Akteure im Kontext dieser Inkonsistenzproblematik aus den komplexen institutionellen Logiken in Hinblick auf institutionellen Wandel einnehmen können. Das Konzept der *institutional entrepreneurs* eröffnet einen Korridor für ein Akteursverständnis, das einen aktiven Beitrag bei der Institutionalisierung einer ‚neuen' Erwartung zulässt. Darauf aufbauend kann eine kommunikative Change Agency skizziert werden, die durch strategische Kommunikation aufgebaut werden und auf diese Weise zum institutionellen Wandel beitragen kann.

3.2.1 Institutionen, Legitimität, Isomorphie und Komplexität

Der soziologische Neo-Institutionalismus (SNI) ist eine Forschungstradition, die auf die 1970er Jahre zurückgeht und in der phänomenologischen Tradition des Sozialkonstruktivismus verankert ist (Berger & Luckmann, 1967). Im Wesentlichen lassen sich als bedeutendste Strömungen eine amerikanische (DiMaggio & Powell, 1983; Meyer & Rowan, 1977; Scott, 2014; Zucker, 1977) und eine skandinavische (Brunsson, 2003; Czarniawska & Sevón, 1996; Røvik, 1996) Tradition unterscheiden. Auch im deutschsprachigen Raum hat der SNI sich niedergeschlagen (Hasse & Krücken, 2005). Er gilt insbesondere in der Organisationsforschung, aber auch zunehmend in der Organisationskommunikationsforschung als etabliert (Frandsen & Johansen, 2013; Greenwood et al., 2017; Sandhu, 2012) und grenzt sich somit von anderen Verständnissen, beispielsweise dem ökonomischen, dem politischen oder dem historischen Institutionalismus, ab (Sandhu, 2020, S. 3).

Im Fokus des SNI steht die Beziehung zwischen Organisationen und ihrem institutionellen Kontext, einerseits in Form des organisationalen Feldes und andererseits in Form der Gesellschaft als Ganzer (Frandsen & Johansen, 2011, S. 517). Zu Grunde liegt die Überlegung, dass Organisationen auf lange Sicht nur in der Lage sind zu überleben, wenn sie über ihre Effektivität hinaus auch soziale Legitimität genießen (Frandsen & Johansen, 2011, S. 517). Das bedeutet, dass Organisationen ihr Entscheiden und Handeln auf bestimmte institutionelle Regeln und sogenannte rationalisierte Mythen aufbauen, die bestimmen, was angemessenes Verhalten innerhalb des organisationalen Feldes oder der Gesellschaft ist. „Institutional rules function as myths which organizations incorporate, gaining legitimacy, resources, stability, and enhanced survival prospects“ (Meyer & Rowan, 1977, S. 340).

Ähnlich den in Abschnitt 3.1.3.2 thematisierten gesellschaftlichen Leitbildern (Eisenegger & Udris, 2019, S. 8; Imhof, 2011, S. 91), „verstanden als die Summe kulturell verankerter Erwartungsstrukturen“ (Eisenegger & Udris, 2019, S. 8), können die im SNI beschriebenen *Institutionen* also ebenfalls als Erwartungsstrukturen bezeichnet werden (Hasse & Krücken, 2005, S. 15; Sandhu, 2020, S. 2). Diese Erwartungsstrukturen entstehen im organisationalen Feld oder in der Gesellschaft, also im organisationalen Umfeld, und wirken durch *institutionelle Logiken* in Form von Regeln, Normen oder kulturell-kognitiven unhinterfragten „taken-for-granted“ Glaubenssätzen auf die Organisation (Frandsen & Johansen, 2011, S. 516; Sandhu, 2020, S. 6; Weik, 2020, S. 42). Institutionelle Logiken werden definiert als „the socially constructed, historical patterns of cultural symbols and material practices, assumptions, values, and beliefs by which individuals produce and reproduce their material subsistence, organize time and space, and provide meaning to their daily activity“ (Thornton & Ocasio, 1999, S. 804). Der Argumentation von Frandsen und Johansen (2011, S. 517) folgend, können aus neo-institutioneller Sicht auch die Klimakrise und ihre Implikationen für das organisationale Entscheiden und Handeln als Set an komplexen Erwartungsstrukturen respektive Institutionen, ja sogar als eine Art Megastandard, der sich insbesondere in seiner kognitiv-kulturellen Dimension auf globaler Ebene und über einen langfristigen Zeitraum in einer Vielzahl an Organisationen und organisationalen Feldern institutionalisiert, betrachtet werden.

Die *Legitimität* wird überdies zur zentralen Erklärungskomponente, weshalb es für die Organisationen kaum möglich ist, sich diesen Erwartungsstrukturen und dem damit verbundenen gesellschaftlichen Druck zu entziehen. Die Legitimität sichert schlichtweg das Überleben einer Organisation, die finanzielle Performance, die Unterstützung der Stakeholder:innen sowie die Möglichkeit, strategische Entscheidungen treffen zu können (Deephouse et al., 2017, S. 27–28), also die „license to operate“ (Fredriksson & Ihlen, 2018, S. 4). Die Legitimität einer Organisation kann weiter als Grad der Angemessenheit innerhalb eines sozialen Systems verstanden werden, die Dimensionen von *akzeptiert* über *ordnungsgemäß* und *umstritten* bis *illegitim* umfassen kann (Deephouse et al., 2017, S. 28). Je nachdem, welchen Erwartungsstrukturen sie gerecht werden, können sich Organisationen *pragmatisch-regulative*, *normativ-moralische* oder *kulturell-kognitive* Legitimität sichern, indem sie sich beispielsweise an Gesetze halten, ihren funktionalen Zweck erfüllen, geltenden Normen und Werten entsprechen oder die latenten kulturell-kognitiven Glaubenssätze widerspiegeln (Deephouse et al., 2017, S. 28; 39–40; Sandhu, 2015, S. 251). Wesentlich dabei ist, dass die Legitimität zwar eine zentrale manageriale Zielgröße darstellt, jedoch nur „teilweise gestaltbar“ (Hasse & Krüger, 2020a, S. 16) ist. Viel eher ist sie eine Größe, die durch die Zuschreibung von außen, beispielsweise durch staatliche, mediale oder individuelle Instanzen bzw. Stakeholder:innen oder andere Organisationen, entsteht (Deephouse et al., 2017, S. 28; 36–37). In Bezug auf die Klimakrise ließe sich beispielsweise behaupten, dass Organisationen, die sich an etablierte Gesetze, die dem Klimaschutz und der Nachhaltigkeit dienen, halten und die ihre moralische Haltung an einem positiven Umgang mit der Klimakrise ausrichten, entsprechend eine hohe Legitimität in Hinblick auf die wachsende Erwartung nach Klimaschutz und Klimawandelanpassung genießen dürften.

Um sich die gesellschaftliche Legitimität also zu erarbeiten, stehen Organisationen unter Druck, sich an die institutionalisierten Erwartungsstrukturen anzupassen. Durch die sprachliche Vermittlung und andere semiotische Symbole werden die latenten institutionellen Logiken manifest und beobachtbar (Ocasio et al., 2017, S. 510) – für die Gesellschaft im Gesamten, aber auch für andere Organisationen aus dem gemeinsamen *organisationalen Feld* (Boxenbaum & Jonsson, 2017, S. 77). Durch die wechselseitige Beobachtung im organisationalen Feld sind Organisationen in der Lage, legitimes Verhalten, das beispielsweise mit positiver Reputation belohnt wird, von illegitimem Verhalten, das beispielsweise durch Reputationsentzug bestraft wird, zu unterscheiden. Diese Sichtbarkeit von vorbildhaftem konformem Verhalten anderer Organisationen im selben organisationalen Feld einerseits und die Ähnlichkeit der institutionellen Logiken andererseits, die auf Organisationen aus demselben organisationalen Feld wirken, führen zu dem Effekt, den der SNI als *Isomorphie* beschreibt. „A central idea of institutional isomorphism is that organizations conform to 'rationalized myths' in society about what constitutes a proper organization. These myths emerge as solutions to widely perceived problems of organizing and become rationalized when they are widely believed to constitute the proper solutions to these problems“ (Boxenbaum & Jonsson, 2017, S. 77). Isomorphie meint entsprechend die Ähnlichkeit von Strukturen und Formen von Organisationen und kann aus drei verschiedenen Zugzwängen entstehen: „1) *coercive* isomorphism that stems from political influence and the problem of legitimacy; 2) *mimetic* isomorphism resulting from standard responses to uncertainty; and 3) *normative* isomorphism, associated with professionalization“ (DiMaggio & Powell, 1983, S. 150, H. i. O.). Unter der ersten Form lassen sich bestimmte externe Vorschriften und Regulatorien, beispielsweise des Staats, begreifen, die, so sie nicht eingehalten werden, zu Sanktionen führen würden; unter der zweiten Form kann das Imitieren vorbildhaften Verhaltens anderer Organisationen verstanden werden, insbesondere dann, wenn es keine klaren Handlungsvorschriften gibt; und die dritte Form bezieht sich auf die interne Verbreitung gängiger Standards im Lichte der Professionalität (Boxenbaum & Jonsson, 2017, S. 79). Das Konzept der Isomorphie hilft folglich dabei zu erklären, wie auch in Bezug auf den Klimaschutz und die ökologische Nachhaltigkeit 1) durch den regulatorischen Zwang, externe politische Gesetze einzuhalten, 2) durch den mimetischen Zwang, auch in einer unsicheren Situation wie der Klimakrise als Vorbild für andere voranzugehen bzw. sich angemessenes vorbildhaftes Verhalten anderer Organisationen anzueignen, sowie 3) durch den normativen Zwang, interne bewährte Standards und Prozesse weiterzugeben, Anpassungsdruck auf Organisationen ausgeübt wird.

Jedoch stellt sich die Frage, weshalb die tatsächliche Anpassung an die Erwartung nach Anpassung an die Klimakrise so schwerfällt. Der SNI führt hierzu als mögliche erklärende Komponente die *institutionelle Komplexität* an (Greenwood et al., 2011, S. 317). Da es nicht nur *eine* dominante institutionelle Logik ist, sondern vielmehr multiple und komplexe institutionelle Logiken sind, die gleichzeitig einen Erwartungsdruck auf eine Organisation ausüben, stellt es zwangsläufig eine große Herausforderung für individuelle und kollektive Akteure wie Organisationen dar, all diesen verschiedenen Sets an Erwartungsstrukturen gleichermaßen gerecht zu werden (Ocasio et al., 2017, S. 513–514). Wenn Akteure oder Organisationen mit einer Vielzahl an institutionellen Logiken konfrontiert sind, kommt es darauf an, wie sie mit diesen Logiken umgehen und auf die konfligierenden Anforderungen reagieren (Ocasio et al., 2017, S. 514). Dabei kann es sein, dass sich eine dominantere Logik gegen andere durchsetzt und vorherrschend wird, ebenso können konfligierende Logiken für einen längeren Zeitraum koexistieren (Nicolini et al., 2016, S. 229). Dementsprechend kann es zum einen zu Segmentierungen in Struktur und Praxis kommen, zum anderen ermöglicht die Koexistenz konkurrierender Logiken die Entstehung neuer Organisationen (Nicolini et al., 2016, S. 229–230).

Das vollständige Ersetzen einer alten Logik und damit die Übernahme einer neuen Logik kommen bei Organisationen insbesondere dann vor, „when they experience their identity as being challenged or regarded as problematic“ (Frandsen & Johansen, 2011, S. 519). Ocasio, Thornton und Loundsbury (2017, S. 516–517) beschreiben neben dem Ersetzen einer Logik durch eine andere (replacement) und der Aufspaltung einer Logik (segregation) insbesondere die Kombination von Elementen aus verschiedenen Logiken (hybridization) als üblich. Gelingt dabei eine Übersetzung nach innen bei gleichzeitigem Fortbestehen der alten institutionellen Logiken bzw. werden die neuen institutionellen Logiken von Beginn an integriert, ist von sogenannten *Hybrid-Organisationen* die Rede (Battilana et al., 2017, S. 128; Glynn et al., 2020, S. 53; Jay, 2013, S. 137; Pache & Santos, 2013, S. 972). In diesem Fall kombinieren Organisationen meist scheinbar unvereinbare Elemente unterschiedlicher institutioneller Logiken (Battilana et al., 2017, S. 128). „In specifying core elements that 'would conventionally not go together' we mean combinations that violate institutionalized rules about what is appropriate or compatible“ (Battilana et al., 2017, S. 138). Hybrid-Organisationen haben entsprechend in vielerlei Hinsicht mit Paradoxien zu kämpfen. „Paradoxes are dual elements that are contradictory, yet also interdependent“ (Smith & Pina e Cunha, 2020, S. 95). Sie verursachen ein Spannungsfeld zwischen den konkurrierenden Logiken, das sich über die Zeit hinweg entwickeln kann und auf lange Sicht einer strukturellen und kommunikativen Aushandlung bedarf. „[W]hen lacking legitimacy in a given field, hybrids may manipulate the templates provided by the multiple logics in which they are embedded in an attempt to gain acceptance“ (Pache & Santos, 2013, S. 972).

Battilana et al. (2017) nehmen in ihren Ausführungen Bezug auf die *Hybridisierung* und identifizieren drei verschiedene Strategien im organisationalen Umgang mit konkurrierenden institutionellen Logiken. 1) *Integration*: Hier werden multiple Identitäten über die Organisationseinheiten hinweg vertreten, anstatt sie in einzelne Subeinheiten aufzusplitten. Dies ist beispielsweise bei Social Enterprises der Fall, wenn sie bemüht sind, die minimalen Anforderungen an das Allgemeinwohl und an eine kommerzielle Logik zu erfüllen, indem sie selektiv auf Elemente beider Logiken Bezug nehmen. 2) *Differenzierung*: Hierbei werden konkurrierende Logiken in einzelne Subeinheiten strukturell aufgesplittet, damit diese Subeinheiten jeweils besser mit relevanten Publika resonieren. Eine solche strukturelle Differenzierung beispielsweise von sozialen und kommerziellen Logiken kann dabei helfen, lähmende Konflikte zu vermeiden, indem Handlungsspielräume ermöglicht werden. Allerdings birgt das auch ein hohes Potenzial für aufkommende Unstimmigkeiten, da die institutionelle Komplexität permanent aufgelöst werden muss. 3) *Kombination*: Hierbei kommen Integration und Differenzierung gleichermaßen vor, um den negativen Konsequenzen bei der Fokussierung auf eine der Strategien zu begegnen. Integration kann dabei den bei der Differenzierung auftretenden interpersonellen Konflikten entgegenwirken, während Differenzierung den bei der Integration auftretenden intrapersonellen Konflikten entgegenwirken kann. (Battilana et al., 2017, S. 144–149)

Des Weiteren lässt sich unterscheiden, ob multiple konkurrierende institutionelle Logiken auf der strukturellen Ebene ausgehandelt werden (Hybrid-Organisationen) oder ob die Aushandlung nur oberflächlich stattfindet, indem für die Legitimation wesentliche institutionelle Logiken zwar auf der von außen sichtbaren Ebene der Formalstruktur repräsentiert, jedoch nicht nach innen auf die strukturelle Ebene übersetzt werden. Wenn sich komplexe institutionelle Logiken also gegenüberstehen, wie beispielsweise einerseits eine bereits institutionalisierte Logik, die es einer Organisation gebietet, in einem wirtschaftlichen Sinne erfolgreich zu sein, und andererseits eine neuere zu institutionalisierende Logik, die mit der Erwartung an die Organisation verknüpft ist, im ökologischen Sinne nachhaltig zu sein, dann kann es zur losen Kopplung bzw. zur gänzlichen Entkopplung (*Decoupling*) dieser Logiken in Handeln, Entscheiden und Kommunizieren kommen (Boxenbaum & Jonsson, 2017, S. 78; Frandsen & Johansen, 2011, S. 527; Meyer & Rowan, 1977, S. 356–357). Das Decoupling im ursprünglichen neoinstitutionellen Verständnis meint entsprechend, dass sich Organisationen, um Legitimität zu erhalten, zunächst in ihrer nach außen hin sichtbaren Formalstruktur an die neu herangetragenen Erwartungen anpassen, „while they engage in technical ‚business as usual'" (Boxenbaum & Jonsson, 2017, S. 78), um ihre Effizienz zu wahren (Meyer & Rowan, 1977, S. 356). Decoupling beschreibt die Lösung für dieses Problem unterschiedlicher Anforderungen. Um diesen gleichzeitig entsprechen zu können, entkoppeln Organisationen formale Strukturen sowohl von ihren internen Aktivitäten als auch voneinander. So können interne Aktivitäten unabhängig bzw. unbeobachtet von Umwelterwartungen ablaufen, während unterschiedliche Teile der Formalstruktur verschiedene Erwartungen aus der Umwelt bedienen. (Meier & Meyer, 2020, S. 78)

3.2.2 Decoupling[1]

Mit der im öffentlichen Diskurs erstarkenden sozial-ökologischen Transformationserwartung ist in den letzten Jahrzenten auch der Legitimationsdruck auf öffentlich kommunizierende Akteure zusehends gestiegen. Um angesichts dieser Erwartung weiterhin als legitim gelten oder sich erneut als legitim positionieren zu können, sind Akteure unterschiedlicher Art dazu gezwungen, sich mit damit einhergehenden Regularien, Normen und Werten sowie mit für selbstverständlich genommenen Glaubenssätzen auseinanderzusetzen. Bei dieser Auseinandersetzung treten unweigerlich Inkonsistenzen zwischen komplexen institutionellen Logiken auf, die in der Konsequenz in Form von Entkopplungen auf struktureller oder kommunikativer Ebene zu Tage treten. Der Umgang mit diesen Inkonsistenzen ist jedoch entscheidend, wenn es für einen Akteur oder eine Organisation darum geht, die sozial-ökologische Transformationserwartung für sich erfolgreich zu übersetzen und für andere zu repräsentieren, um letztlich als positiver Change Agent (Buhr et al., 2023; Sandhu, 2022; Weder, 2021), bzw. als Climate Change Agent hervorzugehen und einen echten Beitrag zur sozial-ökologischen Transformation zu leisten.

Das Decoupling als bewusste oder unbewusste Strategie im Umgang mit der institutionellen Komplexität macht – insbesondere vor dem Hintergrund der Dringlichkeit der Klimakrise – deutlich, dass institutioneller Wandel nicht einfach herbeizuführen ist. Je nachdem, welcher Akteur welche Form des Decouplings betreibt, kann sich dies einerseits auf dessen Legitimität auswirken, sowie es andererseits Auswirkungen auf die De-/Institutionalisierung der unterschiedlichen Logiken hat. In diesem Sinne soll in diesem Abschnitt das Forschungsdesiderat aufgegriffen werden, die Inkonsistenzproblematik, die der Thematik zwangsläufig innewohnt, auf die erarbeitete Multi-Akteurs-Perspektive – folglich auf wirtschaftliche, politische, journalistische, akademische sowie aktivistische

[1] Vorarbeiten zu diesem Abschnitt finden sich in Krämer und Winkler (2023) und Krämer (2024).

Akteure – anzuwenden (TUF 3: Wie lassen sich aus der akteursübergreifenden Funktions-/Transformations-Inkonsistenz akteursspezifische Inkonsistenzen auf Basis interdisziplinärer Literatur hinsichtlich des Policy-Practice- und des Means-Ends-Decouplings modellieren?).

Wie bereits im vorherigen Abschnitt 3.2.1 thematisiert, wurzelt das hier verwendete Konzept des Decouplings im soziologischen Neo-Institutionalismus (Boxenbaum & Jonsson, 2017, S. 78; Frandsen & Johansen, 2011, S. 527; Meyer & Rowan, 1977, S. 356–357). In der ursprünglichen Form beschreibt das Decoupling das Phänomen, dass Organisationen oder Akteure ihre Formalstruktur von der Handlungsebene entkoppeln, „when institutional and task environments are in conflict, or when there are conflicting institutional pressures" (Boxenbaum & Jonsson, 2017, S. 78). Die Kommunikation kann dabei oberflächlich an existierende Erwartungsstrukturen angepasst werden, während Praktiken und Strukturen, meist unbewusst, unverändert bleiben (Boxenbaum & Jonsson, 2017, S. 78).

> In institutionalized organizations, then, concern with the efficiency of day-to-day activities creates enormous uncertainties. Specific contexts highlight the inadequacies of the prescriptions of generalized myths, and inconsistent structural elements conflict over jurisdictional rights. Thus the organization must struggle to link the requirements of ceremonial elements to technical activities and to link inconsistent ceremonial elements to each other. (Meyer & Rowan, 1977, S. 356)

3.2.2.1 Funktions-/Transformations-Inkonsistenz als Basis-Inkonsistenz

In der Organisationssoziologie findet das im SNI entwickelte Konzept des Decouplings Anklang. Der Soziologe Nils Brunsson (2003) greift dieses Konzept auf und entwickelt es auf der Grundlage systemtheoretisch fundierter Überlegungen weiter. Er erläutert, dass Organisationen, die mit inkonsistenten, konfligierenden oder widersprüchlichen Anforderungen konfrontiert sind (Brunsson, 2003, S. xii), diese Anforderungen „by way of talk, others by decisions, and yet others by action – thus to some extent satisfying three conflicting demands" (Brunsson, 2003, S. xiv) – adressieren. Bei dieser Form des Decouplings können entsprechend Kommunikation, Handeln und Entscheiden voneinander entkoppelt sein.

Brunsson (2003) unterscheidet zwei Legitimationsprinzipien. Zum einen können sich Organisationen dadurch legitimieren, dass sie Handlungsfähigkeit aufbauen und dadurch in der Lage sind, Probleme zu lösen oder Wandel herbeizuführen (Brunsson, 2003, S. 14; 194). Zum anderen können sie sich dadurch legitimieren, dass sie Probleme identifizieren und durch die Reflexion auftretender Inkonsistenzen Verantwortung dafür übernehmen (Brunsson, 2003, S. 195). Folglich zeigt Brunsson (2003) zwei sich gegenüberstehende Idealtypen von Organisationen auf: die „Action Organization“ (S. 14) und die „Politicial Organization“ (S. 19).

In ihrer Handlungsorientiertheit strebt eine *Action Organization* danach, Probleme zu lösen und ihre organisationale Umwelt zu verändern (Brunsson, 2003, S. 194). Sie fungiert als unabhängige Einheit und setzt Instrumente ein, um koordiniertes Handeln zu ermöglichen (Brunsson, 2003, S. 194). Eine *Action Organization* produziert konsistente Ziele und selbstdefinierte Ideologien und erschafft Prozesse und Strukturen, die Konsens, Kontrolle und Konsistenz fördern (Brunsson, 2003, S. 194). Sie ist entsprechend selektiv in Bezug auf komplexe institutionelle Logiken und darauf spezialisiert, spezifische Anforderungen aus bestimmten Teilen ihrer Umwelt zu erfüllen. Aufgrund dieser Spezialisierung fallen die Lösungen auf die adressierten Probleme oft unterkomplex aus (Brunsson, 2003, S. 18–19). „In conclusion we could say that the action organization is systematic in *not* adopting normative models of rationality. In a complicated world it cultivates a single perspective and a single idea about how it functions and about how its environment functions, and the confidence it attaches to this ideology is excessive in relation to what would seem reasonable“ (Brunsson, 2003, S. 19, H. i. O.).

In Bezug auf die Multi-Akteurs-Perspektive lässt sich analog zum SNI sagen, dass der Idealtyp der *Action Organization* eher bei formalisierten Organisationen zu finden ist. Hierunter sind Akteure und Organisationen zu verorten, die einen Fokus auf ihre Effizienz und Zweckmäßigkeit legen (Brunsson, 2003, S. 6; Meyer & Rowan, 1977, S. 356) und kollektives koordiniertes Handeln zu diesem Zweck generieren (Brunsson, 2003, S. 2). Diese Effizienz bzw. dieser Zweck kann für unterschiedliche Organisationen und Akteure entsprechend etwas anderes bedeuten. Diese/r liegt in den über Jahrzehnte hinweg institutionalisierten Regeln und Erwartungen darüber, wie sich beispielsweise Unternehmer:innen, Journalist:innen, Politiker:innen, Wissenschaftler:innen oder Aktivist:innen zur Erfüllung ihrer Aufgaben und Rollen im organisationalen Feld und in der Gesellschaft zu verhalten haben. So gilt zum Beispiel für wirtschaftliche Akteure jenes Verhalten als zweckdienlich bzw. effizient, das Profit erwirtschaftet und ökonomisches Wachstum sichert; für politische Akteure jenes, das politisch legitime Hegemonie sichert; für journalistische Akteure jenes Verhalten, das öffentliche Aufmerksamkeit koordiniert; für akademische Akteure jenes, das die Produktion von Erkenntnissen ermöglicht; und für aktivistische Akteure, jenes das geltende

Normen und Werte herausfordert (Eisenegger & Udris, 2019, S. 11–12; Grunow, 2023, S. 47; Imhof, 2011, S. 90–99).

Das idealtypische Gegenstück zur *Action Organization* ist die *Political Organization.* Anstatt die organisationalen Handlungen auf die Erfüllung einer bestimmten Logik zu fokussieren, entsteht die Legitimität von *Political Organizations* durch die kritische Reflexion multipler, konfligierender und inkonsistenter Normen und Erwartungen (Brunsson, 2003, S. 19). Hier liegt die Betonung auf der Abhängigkeit der Organisation von ihrer Umwelt, von der sie ein unmittelbarer Teil ist (Brunsson, 2003, S. 195). Als solcher begriffen, setzt sie sich mit komplexen Problemen auseinander und akzeptiert die daraus resultierende eigene Verantwortung (Brunsson, 2003, S. 195). Anstatt, wie *Action Organizations*, Nischen zu suchen und eine spezifische Anforderung zu erfüllen, reflektiert die *Political Organization* eine Vielzahl an Anforderungen und Erwartungen aus verschiedenen Teilen ihrer Umwelt (Brunsson, 2003, S. 19). „Goals are important and valuable in themselves, regardless of where they lead; it is the good intentions of the organization that are important. Similarly, control is important not in order to influence action but in order to show that the right people are in power" (Brunsson, 2003, S. 195).

In Bezug auf die Multi-Akteurs-Perspektive lässt sich ebenfalls entlang des SNI nun feststellen, dass durch den menschengemachten Klimawandel über die letzten Jahrzehnte ein neues Set an Erwartungsstrukturen herangewachsen ist, das fortwährend regulativ, normativ und kognitiv-kulturell institutionalisiert wird – die *sozial-ökologische Transformationserwartung*. Diese steht nun in Konflikt mit effizienzgetriebenen funktionalen Legitimitätsgrundlagen. „As a result of all these demands, the situation of organizations and the conditions for organizing have been transformed. It is a long time since industrial companies could concentrate exclusively on manufacturing their products as efficiently as possible, and thus to survive and grow" (Brunsson, 2003, S. 1). An dieser Stelle ist anzunehmen, dass, aufgrund der immer komplexer werdenden Erwartungsstrukturen in den organisationalen Umwelten, auch der Druck gestiegen ist, im thematisierten Sinne zu *Political Organizations* zu werden und das in der Vergangenheit als effizient und zweckmäßig etablierte Verhalten angesichts der sozial-ökologischen Transformationserwartung zu hinterfragen sowie in die Aushandlung mit diesen komplexen Logiken zu gehen. Sich ausschließlich auf die eigene *effizienzgebundene Funktionserfüllung* zu konzentrieren, ist angesichts dieser Entwicklung immer schwerer zu rechtfertigen. Immer mehr unterschiedliche öffentlich beobachtbare Akteure und Organisationen kommunizieren und entscheiden mehr bezüglich klimarelevanter Issues und sind zunehmend bemüht, entsprechend zu handeln sowie über ihre Zweckgebundenheit hinauszublicken. Vor diesem Hintergrund lässt sich das stärkere Aufkommen von Hybrid-Organisationen wie Social Enterprises erklären, die versuchen, multiplen komplexen Erwartungen gerecht zu werden.

Die Unterscheidung zwischen *Action Organizations* und *Political Organizations* ist als idealtypisch zu verstehen, denn in der realen Welt kann es zu Mischformen kommen (Brunsson, 2003, S. 32). Diese analytische Unterscheidung ist jedoch notwendig, um unterschiedliches organisationales Verhalten erklären zu können. Manche Organisationen lassen sich eher als handlungsorientiert, manche eher als politisch beschreiben und erklären (Brunsson, 2003, S. 195). Auch sei erwähnt, dass die unterschiedlichen Definitionen der Organisationstypen auf bestimmte Teile einer Organisation besser zutreffen können als auf andere, zumal Organisationen unterschiedliche institutionelle Logiken chronologisch, situativ oder intraorganisational separiert handlungsorientiert oder politisch priorisieren können (Brunsson, 2003, S. 195). Brunsson betont jedenfalls, dass die beiden Idealtypen eher als komplementär und weniger als widersprüchlich gelesen werden können. „The models complement one another because of the different roles they play regarding intentions and results" (Brunsson, 2003, S. 197).

Zusammengefasst kollidieren bezugnehmend auf den Rahmen dieser Arbeit eine effizienzgetriebene zweckrationale Erwartung nach Funktionserfüllung im Sinne der Selbsterhaltung und eine politisch motivierte Erwartung nach ökologisch nachhaltigem Verhalten und einem konstruktiven Beitrag für die sozial-ökologische Transformation im Sinne der Umwelterhaltung. Diese funktionalen und transformativen Erwartungen verlangen gleichzeitig ihre Erfüllung. Diese *Funktions-/Transformations-Inkonsistenz* wird in diesem Zusammenhang zur Basis-Inkonsistenz, die sich für alle Akteure und Organisationen zwar unterschiedlich ausgestaltet (siehe Abb. 3.2 in Abschnitt 3.2.2.3), aber zur gemeinsamen Legitimitätsherausforderung wird. Die unterschiedlichen Akteure und Organisationen lassen sich innerhalb dieses Spannungsfeldes als eher handlungsorientiert oder als eher politisch beschreiben. Resultierend aus der Grundspannung zwischen *funktionsfokussiertem bzw. handlungsorientiertem* und *transformationsfokussiertem bzw. politisch orientiertem* Organisieren der Inkonsistenzen ergeben sich in der Weiterentwicklung des grundlegenden neo-institutionellen Decoupling-Verständnisses zwei verschiedene Formen, die das Decoupling annehmen kann – das „Policy-Practice Decoupling" und das „Means-Ends Decoupling" (Bromley & Powell, 2012, S. 2; Jabbouri et al., 2022, S. 123).

3.2.2.2 Policy-Practice- und Means-Ends-Decoupling

Wie beim ursprünglichen neo-institutionellen Verständnis des Decouplings wird also auch in der Organisationssoziologie eine Entkopplung zwischen der Formalstruktur – hier den „policies" (Bromley & Powell, 2012, S. 1) – und der Handlungsebene – hier den „practices" (Bromley & Powell, 2012, S. 1) festgestellt, was sich fortan als Policy-Practice-Decoupling etabliert (Bromley & Powell, 2012, S. 2; Jabbouri et al., 2022, S. 123).

> A gap between policy and practice has become virtually synonymous with decoupling, although it is just one form of the phenomenon. This type includes policies adopted purely as ceremonial window dressing or implemented, evaluated, and monitored so weakly that they do little to alter daily work routines. (Bromley & Powell, 2012, S. 7)

Das *Policy-Practice-Decoupling* zeichnet sich dadurch aus, dass entsprechend der externen Erwartung zwar formale Regeln berücksichtigt, jedoch systematisch verletzt oder nicht vollständig implementiert werden, was zudem von einem lediglich symbolischen oder nicht vorhandenen Evaluationsprozess begünstigt wird (Bromley & Powell, 2012, S. 8). Als möglicherweise unbeabsichtigte, jedoch meist unvermeidbare Konsequenz daraus kann es vorkommen, dass diese Inkonsistenz zwischen den zeremoniellen Policys und den eigentlich exerzierten Practices als heuchlerisch wahrgenommen wird (Brunsson, 2003, S. 27–31; Effron et al., 2018, S. 61). Das Policy-Practice-Decoupling geht für die Organisation ob der wahrgenommenen Heuchelei zu Lasten der Legitimität und damit des Zugangs zu Ressourcen, schützt jedoch andererseits die Kernaktivitäten und interne Interessen (Bromley & Powell, 2012, S. 8). Die neuen institutionellen Regeln, an die es sich anzupassen gilt, werden nur zeremoniell übernommen, was zur Folge hat, dass kein substanzielles Engagement mit diesen Erwartungen erfolgt und hingegen die Funktionslogik priorisiert wird (Bromley & Powell, 2012, S. 8).

Die zweite Form des Decouplings, das *Means-Ends-Decoupling*, geht auf das Phänomen ein, dass, selbst wenn eine Organisation die angestrebten und kommunizierten Policys erfolgreich übernimmt und in die Handlungsebene übersetzt, das Resultat daraus meist unklar ist bzw. die beabsichtigten Ziele immer noch verfehlt werden können (Bromley & Powell, 2012, S. 8; Jabbouri et al., 2022, S. 123; Wijen, 2014, S. 302). Entgegen des effizienzgetriebenen Funktionsgedankens werden Ressourcen und Praktiken bestimmten Zielen gewidmet, deren Effekt oder Bezug nicht sicher gegeben ist (Bromley & Powell, 2012, S. 8). Dass jedoch Mittel eingesetzt werden, auch wenn sie entkoppelt sind, wirkt sich wiederum positiv auf die Wahrnehmung der Effizienz aus und lässt sich entsprechend über diese rechtfertigen – ungeachtet der Effektivität (Stål & Corvellec, 2022, S. 859). Diese Unsicherheit ob der unklaren oder nicht eindeutig messbaren Effektivität, die steigende Komplexität und Heterogenität auf organisationaler Ebene sowie die Ablenkung der organisationalen Aufmerksamkeit von den eigentlichen Kernaktivitäten gehen hier zu Lasten der Legitimität (Bromley & Powell, 2012, S. 8; 16).

Sowohl das Policy-Practice-Decoupling als auch das Means-Ends-Decoupling gehen folglich mit starken Risiken für die organisationale Legitimität einher. Zum Policy-Practice-Decoupling schreiben Bromley und Powell (2012, S. 16), dass es in einer „rationalizing world, with heightened emphasis on transparency and accountability, [...] increasingly likely to be seen as a moral and operational failure" ist. Zum Means-Ends-Decoupling führen sie aus: „in our contemporary, post-industrial society, the evaluation and measurement of effectiveness and the efficacy of work activities take on a seemingly moral imperative" (Bromley & Powell, 2012, S. 16). Darüber hinaus beobachten sie aber einen Trend, dass das Means-Ends-Decoupling sich verbreitet und das Policy-Practice-Decoupling immer weniger üblich wird (Bromley & Powell, 2012, S. 16).

In den beiden Formen des Decouplings wird die Paradoxie, also die Widersprüchlichkeit und die gleichzeitige wechselseitige Bedingtheit, der Funktions- und der Transformationslogik sichtbar. Orientieren sich Akteure und Organisationen nicht oder nur oberflächlich an der klaren gesellschaftlichen Erwartung nach Nachhaltigkeit und Transformation, riskieren sie den Vorwurf der Heuchelei oder gar als illegitim zu gelten, womit sie ihrem Kerngeschäft nicht mehr effizient nachgehen könnten und die Funktionserfüllung eingeschränkt wäre. Nehmen Akteure und Organisationen diese Erwartung jedoch ernst und versuchen ihre Kompetenzen für bestimmte Ziele entsprechend dieser Erwartung einzusetzen, kann es sein, dass diese Kompetenzen nicht ausreichen, um die beabsichtigten Ziele zu erreichen. Sie verlassen darüber hinaus ihre Kernkompetenz und riskieren den Vorwurf der Ineffektivität. Um entsprechend funktionstüchtig bleiben zu können, müssen sich Akteure und Organisationen an die sozial-ökologische Transformationserwartung anpassen, und um sich für die sozial-ökologische Transformationserwartung einsetzen zu können, müssen sie funktionstüchtig bleiben. Brunsson (2003, S. 197) schreibt: „the action model can even be described as a condition for the effective functioning of the political model". Dieses Paradoxon wird insbesondere in Hybrid-Organisationen deutlich, die versuchen, die sozial-ökologische Transformationslogik als Teil ihrer eigenen Funktionslogik zu begreifen. Zwar verhalten sie sich analog zu Brunssons (2003) Verständnis als *Political Organization* korrekt, sind aber gegenüber formalen Organisationen mit einem stark handlungsorientierten Fokus weniger effizient und damit in einem kapitalistisch geprägten Wertesystem entsprechend weniger durchsetzungsfähig. So sind beispielsweise Social Enterprises gegenüber ihren profitorientierten Pendants weniger ressourcenstark und haben entsprechend auch weniger Kapazitäten, das eigentliche soziale Anliegen durchzusetzen bzw. gegenüber der dominanten Profitlogik zu institutionalisieren.

Aus der Perspektive der arenenöffentlichen Kommunikation betrachtet liefern das Policy-Practice-Decoupling sowie das Means-Ends-Decoupling und die damit verbundenen Potenziale, als unglaubwürdig oder inkompetent wahrgenommen zu werden, einen Nährboden für wechselseitige Vorwürfe. Bestimmte Akteursgruppen sind der öffentlichen Skepsis besonders ausgeliefert und im öffentlichen Diskurs entsprechend exponiert. Wie in Abschnitt 3.1.3.2 ausgeführt, zählen dazu vor dem Hintergrund des Klimadiskurses vor allem wirtschaftliche, politische, journalistische, akademische sowie aktivistische Akteure und Organisationen. In weiterer Folge soll nun veranschaulicht werden, wie sich Spannungen zwischen der handlungsorientierten Funktions- und der politisch motivierten Transformationslogik für diese verschiedenen Akteursgruppen ausgestalten, wie entsprechend das Policy-Practice-Decoupling und das Means-Ends-Decoupling aussehen können und welche Vorwürfe an diese beiden Formen des Decouplings anknüpfend jeweils aufkommen können.

3.2.2.3 Decoupling-Modell akteursspezifischer Logiken

Um die zugrunde liegenden akteursspezifischen Inkonsistenzen, die sich aus der allgemeinen Spannung zwischen der Funktions- und der Transformationslogik ergeben, nachvollziehen und systematisieren zu können, wurde auf Literatur der strategischen Kommunikationsforschung, der Organisationskommunikationsforschung, der Umwelt- und Nachhaltigkeitskommunikationsforschung sowie ergänzend auf interdisziplinäre Literatur der Journalismusforschung, der politischen Kommunikationsforschung, der Wissenschaftskommunikationsforschung sowie der Sozialen Bewegungs- und Protestkommunikationsforschung zurückgegriffen. Untersucht wurden akteursspezifische Herausforderungen der Umwelt-, Klima- und Nachhaltigkeitskommunikation, die durch die Inkonsistenz der verschiedenen Legitimationsansprüche hervorgerufen werden, insbesondere für wirtschaftliche, politische, journalistische, akademische sowie aktivistische Akteure. Darüber hinaus wurden typische Vorwürfe, die an das Policy-Practice-Decoupling oder das Means-Ends-Decoupling anknüpfen, gesammelt und ebenfalls systematisiert.

Das hierbei entwickelte Modell ist als ein idealtypisches Modell zu verstehen, das auf manche Akteure und Organisationen mehr zutreffen mag als auf andere. Die thematisierten Inkonsistenzen sind zugespitzte Formen der zugrunde liegenden Funktions-/Transformations-Inkonsistenz und es ist anzunehmen, dass stets mehrere institutionelle Logiken gleichzeitig wirken. Entsprechend gibt es nicht beispielsweise die *eine* wirtschaftliche Logik. Viel eher handelt es sich um multiple institutionelle Logiken, an denen sich wirtschaftliche Organisationen und Akteure orientieren, um erfolgreich zu sein. Der Erfolg wird dabei daran gemessen, wie sehr es ihnen gelingt, Legitimität entsprechend den unterschiedlichen Logiken aufzubauen. Durch die Zuspitzung lassen sich jedoch akteursspezifische Spannungsfelder eröffnen, mögliche typische Vorwürfe systematisieren und die ähnlich gelagerten Legitimationsproblematiken sichtbar und vergleichbar machen. Ziel des Modells ist es, die Inkonsistenzproblematik, die dem Umgang mit der sozial-ökologischen Transformationserwartung innewohnt, nachvollziehbar und problematisierbar zu machen sowie diese Inkonsistenzproblematik auf die Multi-Akteurs-Perspektive anzuwenden, um dem bisherigen Fokus auf eine einzelne Akteursgruppe zu begegnen und ein holistischeres Bild der komplexen Legitimationsdilemmas zu erhalten.

Das Modell (siehe Abb. 3.2) umfasst fünf Segmente, die jeweils einer der fünf idealtypischen Akteursgruppen zugeordnet sind. Die innerhalb der Segmente modellierten Logiken können sowohl auf Einzel- als auch auf Kollektivakteure und Organisationen wirken, wenn die Akteure und Organisationen auch nicht immer eindeutig und ausschließlich einer Akteursgruppe zuzuordnen sind. Die Ringe des Modells dienen der Vergleichbarkeit der auf die unterschiedlichen Akteursgruppen wirkenden Logiken. Der jeweils äußerste und innerste Ring dienen der Veranschaulichung der Ähnlichkeit der Inkonsistenzproblematik aus einerseits einer eher funktionsorientierten institutionellen Logik im innersten Ring und einer eher transformationsorientierten institutionellen Logik im äußersten Ring. Die beiden dazwischen liegenden Ringe veranschaulichen die an das Policy-Practice-Decoupling und das Means-Ends-Decoupling anknüpfenden idealtypischen Vorwürfe an die verschiedenen Akteursgruppen. In den folgenden Abschnitten werden die einzelnen akteursspezifischen Sektoren – beginnend mit der ökonomischen Akteursgruppe, gefolgt von der politischen, der journalistischen, der akademischen und abschließend von der aktivistischen Akteursgruppe – genauer beschrieben.

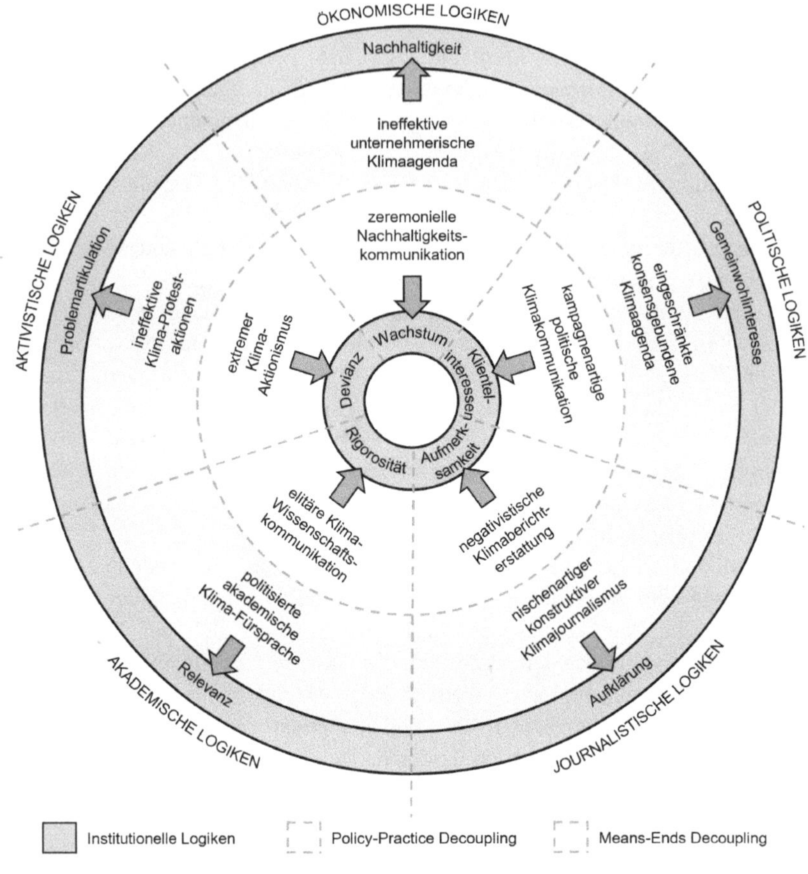

Abbildung 3.2 Decoupling-Modell. (Eigene Darstellung)

Wachstums-/Nachhaltigkeits-Inkonsistenz ökonomischer Logiken
Als zentrale sich gegenüberstehende Logiken, die für diese Arbeit thematisiert werden, gelten wie bereits erwähnt zum einen eine handlungsorientierte Funktions- und zum anderen eine politisch orientierte sozial-ökologische Transformationslogik. Im ökonomischen Spektrum ist die Funktions-/Transformations-Inkonsistenz wohl am intuitivsten, zumal sie auch die am meisten beforschte

ist. Wie in Abschnitt 2.3 thematisiert, gibt es in der Strategischen Kommunikationsforschung und der Organisationskommunikationsforschung einen deutlichen Überhang an Forschung um wirtschaftliche Akteure.

Um als Organisation oder Akteur aus dem ökonomischen Spektrum bezüglich des Funktionsanspruchs als legitim zu gelten, muss in erster Linie Profit erwirtschaftet und Wachstum gesichert werden (Bennett, 2021, S. 91; Grunow, 2023, S. 47). Aus der Perspektive des Funktionsanspruchs sichern ökonomische Organisationen oder Akteure ihren legitimen Stellenwert in der Gesellschaft, indem sie ihre Handlungen auf das Erwirtschaften von Profit ausrichten, damit sie zum einen das eigene Überleben sichern und zum anderen einen ökonomischen Mehrwert für die Gesellschaft liefern und zum wirtschaftlichen Wachstum beitragen. Dieser Anspruch rechtfertigt sich vor dem Hintergrund eines neoliberalen und kapitalistischen bzw. marktwirtschaftlichen Gesellschaftssystems. Mit der steigenden Transformationserwartung jedoch, die mit der voranschreitenden Klimakrise einhergeht, erstarkt auch eine der Wachstumslogik gegenüberstehende Nachhaltigkeitslogik. Wirtschaftliche Akteure sind in den vergangenen Jahrzenten immer mehr dazu aufgefordert, das Prinzip der Profitmaximierung zu hinterfragen (Bennett, 2021, S. 35; Roth et al., 2020, S. 411). Als den Hauptverursachenden des globalen CO_2-Ausstoßes, des hohen globalen Ressourcenverbrauchs und der Ressourcenverschwendung zugehörig werden wirtschaftliche Akteure vor dem Hintergrund der rapiden Beschleunigung der Klimakrise nicht selten kritisiert. Deshalb geraten sie entsprechend umso mehr unter Zugzwang, ihre rein profitorientierte Funktionslogik zu überwinden und der Erwartung nach einem Mehrwert für Umwelt und Gesellschaft, der über den eigenen Profit hinausgeht (Carroll, 2016, S. 3), nachzukommen. Um angesichts dieses Nachhaltigkeitsanspruchs als legitim gelten zu können, muss darauf durch strategisches Klimamanagement, beispielsweise das Engagement in Klimaschutz- und -anpassungsmaßnahmen durch CO_2-Reduktion in Produktion, Prozessen und der Logistik (Furlan Alves et al., 2019, S. 688), Rücksicht genommen werden. Wird die Endlichkeit ökologischer und sozialer Ressourcen und damit des materiellen Wachstums ernsthaft anerkannt, müssen daraus neue Formen des Wirtschaftens innerhalb ökologischer Belastungsgrenzen folgen (Bennett, 2021, S. 94).

Diese Erkenntnis steht jedoch im radikalen Widerspruch mit dem fest etablierten neoliberalen Wachstumsprinzip, auf dem wirtschaftliche Akteure aufbauen – folglich zeichnet sich eine *Wachstums-/Nachhaltigkeits-Inkonsistenz* ab. Es gibt bereits Ideen, wie sich die globale Wirtschaft verändern kann, damit sie nachhaltiger werden kann, beispielsweise Modelle, die in Richtung einer Kreislaufwirtschaft oder der „Doughnut Economics“ denken (Raworth, 2017), aktuell aber werden dahingehend noch wenige ernstzunehmende Schritte unternommen. Da es global betrachtet keine geeinte supranationale Entscheidungsinstanz gibt, kann kaum Druck auf wirtschaftliche Akteure ausgeübt werden (Ansari et al., 2013, S. 1033; McDermott, 2009, S. 286). Zu diesem Zweck finden Weltwirtschaftsgipfel und auch die politische Klimakonferenz, an der zahlreiche wirtschaftliche Vertreter:innen teilnehmen, statt. Trotz mangelnder politischer Regulierung auf globaler Ebene sind zahlreiche ökonomische Akteure und Organisationen seit mehreren Jahrzenten bemüht, dieses Dilemma für sich aufzulösen (Massenberg, 2019, S. 1233; Raa, 2020), indem sie versuchen, Konsistenz zwischen den beiden Ansprüchen herzustellen, und Vereinbarkeit suggerieren (Banerjee, 2008, S. 64) (vgl. Konzept des Green Growth in Abschnitt 2.2.3). So kann die Verantwortungsübernahme für klimarelevante Probleme sowohl zum Risiko als auch zur Chance für wirtschaftliche Akteure werden (Dahl & Fløttum, 2019, S. 499). Diese Bemühungen der Verantwortungsübernahme drücken sich beispielsweise in selbst auferlegten SDG-Goals (Laasch, 2018, S. 163; UN, 2015) oder auch CSR-Maßnahmen (Du et al., 2010, S. 8) aus, die jedoch nicht selten der Idee des instrumentellen „business case of sustainability" (Bowers, 2010, S. 249) entsprechen. Die Inkompatibilität der beibehaltenen Wachstumslogik und der gleichzeitigen Priorisierung ökologischer Nachhaltigkeitsanforderungen stellt, ob des hohen Rechtfertigungsdrucks, in jedem Fall die Kernherausforderung für ökonomische Akteure und Organisationen dar (Roth et al., 2020, S. 416) und führt entsprechend zum Decoupling.

Das Policy-Practice-Decoupling drückt sich bei ökonomischen Akteuren und Organisationen idealtypischerweise dadurch aus, dass auf der von außen sichtbaren kommunikativen Ebene zwar der Nachhaltigkeitslogik, auf der Handlungsebene jedoch weiterhin einer profitorientierten Wachstumslogik entsprochen wird. Die Klima- und Nachhaltigkeitskommunikation ist hier also zeremonieller Natur. Hierzu zählen typischerweise formale for-profit Organisationen wie große global agierende ressourcenstarke Unternehmen oder Konzerne, die der politischen Nachhaltigkeitsanforderung insofern nachgeben, dass sie formale Kriterien, wie CSR-Berichte erfüllen oder CSR-Kampagnen betreiben – nicht zuletzt, um sich damit selbst ein grüneres Image zu verschaffen (Bohrmann, 2022, S. 206). Gleichzeitig kann insbesondere kurzfristiges gewinnorientiertes Denken dazu führen, dass langfristige Vorteile einer Nachhaltigkeitsorientierung für die Organisation selbst, wie verbessertes Risikomanagement, bessere Reputation sowie die Erschließung neuer Märkte, schlichtweg übersehen oder aus einer Unsicherheit heraus vermieden werden (Furlan Alves et al., 2019, S. 691). Stattdessen kann das dazu führen, dass Unternehmensstrukturen, Ressourcenmanagement, Mitarbeiter:innenschutz oder Lieferketten keineswegs nachhaltiger werden, sondern im Gegenteil versucht wird, den kurzfristigen Gewinn mit Hilfe der CSR-Kommunikation noch zu steigern (Furlan Alves et al., 2019, S. 692). Das Policy-Practice-Decoupling geht, sofern es öffentlich sichtbar gemacht wird, für ökonomische Akteure entsprechend mit erheblichen Glaubwürdigkeitskonflikten (Banerjee, 2008, S. 61; Morsing et al., 2008, S. 97; Thummes, 2020, S. 3) und dem Vorwurf des Greenwashings einher (Lyon & Montgomery, 2015, S. 223; Seele & Gatti, 2017, S. 239; Vollero, 2022), was ein hohes Legitimitätsrisiko birgt.

Das Means-Ends-Decoupling drückt sich bei ökonomischen Akteuren und Organisationen hingegen idealtypischerweise dadurch aus, dass ihre Kommunikation und Praktiken bereits einer Nachhaltigkeitslogik entsprechen, die ergriffenen Maßnahmen aber nicht zum beabsichtigten Ziel führen oder ergebnislos bleiben. Die Klimaagenda der ökonomischen Akteure bleibt also ineffektiv. Diese Ergebnislosigkeit wird maßgeblich beeinflusst durch den Umstand, dass Bestrebungen wirtschaftlicher Akteure und Organisationen, langfristig nachhaltig zu werden, immer noch in einer an die Wachstumslogik orientierten Umwelt stattfinden (Banerjee, 2008, S. 65; Bennett, 2021, S. 91). Sie sind entsprechend immer noch der Wachstumslogik verpflichtet, um sich in erster Linie selbst zu erhalten, damit sie in zweiter Instanz einen positiven Beitrag für die Nachhaltigkeit leisten können. Hierzu zählen typischerweise Hybrid-Organisationen, wie supranationale Organisationen, Social Enterprises oder kleinere Unternehmen, die bemüht sind, die Nachhaltigkeitslogik als ihr Hauptverkaufsversprechen zu begreifen (Laasch, 2018, S. 162; 165; Smith et al., 2013, S. 407; Snelson-Powell et al., 2020, S. 411). Verglichen mit formalen Organisationen stellen diese Gegenentwürfe jedoch die Minderheit dar und können sich global betrachtet selten gegen geltende Marktmechanismen durchsetzen (Bourne et al., 2023, S. 233). Ob und inwiefern die verfügbaren Mittel in einer weiterhin wachstumsorientierten Umgebung tatsächlich zur Nachhaltigkeit beitragen können und nicht schwachen Kompromissen zum Opfer fallen (Pache & Santos, 2013, S. 974–975; Smith et al., 2013, S. 418; Wijen, 2014, S. 313), wird hierbei Gegenstand der Kritik. Vorwürfe der Ineffektivität lassen Zweifel an der Handlungsfähigkeit der Akteure und entsprechend auch an ihrer Legitimität laut werden (Banerjee, 2008, S. 58).

Klientel-/Gemeinwohlinteressen-Inkonsistenz politischer Logiken
Um sich im politischen Spektrum entsprechend dem Funktionsanspruch zu legitimieren und zu erhalten, gilt es für die Akteure und Organisationen in einer demokratischen Gesellschaft, verschiedene Interessen der Bevölkerung auszuloten und in bindende Entscheidungen und Regulierungen zu überführen. „[P]olitics ultimately is about collective and authoritative decision making as well as the

implementation of political decisions“ (Strömbäck, 2008, S. 233). Um in die Position zu gelangen, Entscheidungsmacht zu besitzen und zu erhalten, sind politische Akteure und Organisationen darauf angewiesen, eine gute Beziehung zu Klientel und Wähler:innenschaft aufzubauen und deren Interessen zu berücksichtigen (Donges & Jarren, 2017, S. 191; Schröter, 2011, S. 56; Strömbäck et al., 2008, S. 11). Die Werte- und Interessenvertretung bestimmter Teile der Gesellschaft bzw. ihrer Klientel, also „actors who seek to influence outcomes or are concerned by the outcome of political processes, such as non-governmental organizations (NGOs), ministries, lobbyists, private companies, activists, public relations (PR) agencies or alternative media“ (Kalsnes & Larsson, 2022, S. 291), wird somit zum legitimierenden Anspruch. Dem steht der Anspruch der Interessen der Gesellschaft als Ganzer im Sinne des Gemeinwohls gegenüber. „[M]aking policies and elaborating bills that are supposed to eliminate or abate the consequences of the climate change" (Frandsen & Johansen, 2011, S. 515) sind klare politische Aufgaben im Sinne des Gemeinwohlinteresses, wie der Erhalt der Bewohnbarkeit des Planeten. Die Gemeinwohlinteressenslogik geht jedoch mit komplexen Wertesystemen einher, die mit den Werten und Interessen einzelner Bevölkerungsgruppen stark kollidieren können. Für politische Akteure und Organisationen tut sich entsprechend eine *Klientel-/Gemeinwohlinteressen-Inkonsistenz* auf.

In Nationen, in denen allgemein eine hohe Konsensbereitschaft herrscht, liegt die politische und kommunikative Herausforderung längst nicht mehr darin, die Bevölkerung von der Existenz der Klimakrise zu überzeugen, sondern eher darin, die Diskussion voranzubringen und Einigung über die richtigen Lösungen zu finden (Tschötschel et al., 2021, S. 3). Zu dieser Einigung gehört zum einen horizontal betrachtet die Aushandlung der Interessen der Partei- oder Koalitionspartner:innen (Donges & Jarren, 2017, S. 39), zum anderen können auch auf vertikaler Ebene Interessen zwischen internationalen Klimarichtlinien, staatlichen Regierungen und lokalen Landesregierungen konfligieren (Rootes et al., 2012, S. 677; Yi & Feiock, 2015, S. 378). Beim Versuch, komplexe, teils gegenläufige Interessen abzuholen, besteht zwangsläufig die Gefahr, nicht allen Interessen gleichermaßen gerecht werden zu können. Die Unterstützung der Wähler:innen und Klientele ist aber essenziell, um die legitime Machtposition zu erhalten. Auch in Hinblick auf klimapolitische Entscheidungen sind Machthabende entsprechend darauf angewiesen, dass ihre Wähler:innenschaft und Klientele eine grundlegende Bereitschaft für Klimaschutz- und Anpassungsmaßnahmen mitbringen (Tschötschel et al., 2021, S. 1). Der Schmale Grat zwischen Klientelinteressen und dem Gemeinwohlinteresse hinsichtlich der sozial-ökologischen Transformation wird zur Kernherausforderung für politische Akteure und Organisationen und führt auch hier zum Decoupling.

Das Policy-Practice-Decoupling drückt sich bei politischen Akteuren und Organisationen idealtypischerweise dadurch aus, dass sie in ihrer Kommunikation nach außen, beispielsweise in ihren Wahlkampfprogrammen, zwar im Gemeinwohlinteresse liegende Themen des Klimaschutzes und der Anpassung an die Klimakrise adressieren, diesen jedoch auf der Handlungsebene, in der realpolitischen Umsetzung, nicht oder nicht unmittelbar in ihrer Komplexität nachkommen können (Leviäkangas, 2021, S. 191) und zumindest kurzfristig weiterhin an der Vereinbarkeit mit Klientelinteressen und Werten, beispielsweise durch Beibehaltung des Gewohnten, festhalten (Kurz et al., 2010, S. 601). Auch lässt sich bei einer solchen zeremoniellen kampagnenartigen politischen Klimakommunikation eine zeitliche Entkopplung beobachten. Ähnlich dem Prinzip des „Aspirational talks" werden auch in der Politik zukünftige Ziele kommunikativ in Angriff genommen, deren Umsetzung und Implementierung aber erst in der Zukunft erfolgen und damit erst zu einem späteren Zeitpunkt überprüfbar werden (Christensen & Christensen, 2022, S. 41–42). Das Policy-Practice-Decoupling politischer Akteure, das einer realpolitischen Umsetzung entbehrt, kann zu Vorwürfen der Unglaubwürdigkeit und der Heuchelei führen. Entsprechend ist auch hier der Rechtfertigungsbedarf bzw. der Beweis auf der Handlungsebene hoch (Boltanski & Thévenot, 2006, S. 14–15; Haack et al., 2012b, S. 815). Bei der kommunikativen Glaubhaftmachung widersprüchlicher Werte kommen unterschiedliche Rechtfertigungsstrategien zum Einsatz, wobei ökologische Werte nicht selten mit anderen Werten zu vereinen versucht oder depriorisiert werden (Krämer, 2023, S. 259). Bei der Repräsentation nach außen werden klimabezogene Themen beispielsweise so präsentiert, dass sie wertebasiert und auf den wirtschaftlichen Vorteil fokussiert mit der Öffentlichkeit resonieren (McKasy & Zulli, 2021, S. 4956). Eine solche oberflächliche Adressierung ökologischer Werte und das Ausbleiben des ernsthaften Engagements auf der Handlungsebene lassen sich eher bei konservativen, der sozial-ökologischen Transformation gegenüber abgeneigten politischen Akteuren finden. Je konservativer ein Staat, desto weniger wahrscheinlich ist es, dass Klimaschutzpläne angenommen und umgesetzt werden (Yi & Feiock, 2015, S. 386).

Das Means-Ends-Decoupling schlägt sich bei politischen Akteuren und Organisationen idealtypischerweise insofern nieder, als jene Akteure, die den Klimaschutz als zentralen Teil ihres Programmes verstehen, entweder nicht genug Entscheidungsmacht aufweisen oder immer noch vom Wohlwollen und von der Unterstützung ihrer Klientele und Wähler:innen abhängig sind, um letztlich Mehrheiten für die vertretene Position bilden zu können. Ersteres trifft beispielsweise auf NGOs zu, Letzteres beispielsweise auf grüne Parteien, insbesondere wenn sie bereits in der Regierungsverantwortung sind. Im Falle der Grünen können nicht nur Maßnahmen in der Bevölkerung und in der Koalition, meist ob ihrer negativen ökonomischen Effekte (Birindelli & Chiappini, 2021, S. 831), auf Widerstand stoßen, sondern sie sind auch in der Finanzierung komplex und gehen zwangsläufig mit Kompromissen andernorts einher. Das in Bezug auf die Klimakrise erforderliche langfristige Engagement wird überdies durch den nationalen bzw. regionalen Wirkungsbereich sowie durch die zeitliche Begrenzung, die mit politischen Amtszyklen und Legislaturperioden einhergeht, eingeschränkt (Deese, 2019, S. 84; 107). Der Vorwurf der Ineffektivität dieses eingeschränkten konsensbildenden Engagements für den Klimaschutz und die Klimaanpassung lässt Zweifel an der tatsächlichen Handlungsfähigkeit für die sozial-ökologische Transformation aufkommen (Hammond, 2021, S. 52).

Aufmerksamkeits-/Aufklärungs-Inkonsistenz journalistischer Logiken
Im medialen bzw. journalistischen Spektrum lässt sich ebenfalls eine Funktions-/Transformations-Inkonsistenz beschreiben. Damit journalistische Akteure oder Organisationen angesichts der Funktionslogik als legitim gelten, ist es ihre Aufgabe, die Aufmerksamkeit des Publikums zu navigieren, beispielsweise durch Agenda-Setting (McCombs & Shaw, 1972), wovon sie in weiterer Folge selbst ökonomisch profitieren (Fengler, 2016, S. 235; Priest, 2022, S. 367). Insbesondere vor dem Hintergrund des immensen Informationsangebots in der digitalisierten Welt ist die Aufmerksamkeit ein knappes und umkämpftes Gut (Fengler, 2016, S. 237; Hilgartner & Bosk, 1988, S. 55). Nicht nur wird sie über die Erzählmechanismen gebunden, sondern inzwischen auch durch technische Hilfsmittel wie KI, Algorithmen oder Social Bots zusätzlich navigiert und gemanagt (siehe Abschnitt 3.1.1). Dabei geht der Druck der kurzfristigen Aufmerksamkeitsproduktion, insbesondere vor dem Hintergrund mangelnder journalistischer Ressourcen bzw. externer Zugzwänge, wie Zeitdruck, Personalkürzungen oder mangelnde Spezialisierung im Bereich Klima oder Umwelt (Parratt-Fernández et al., 2022, S. 505), nicht selten zu Lasten der journalistischen Qualität (Priest, 2022, S. 368). In Hinblick auf die journalistische Umwelt- und Klimakommunikation bedeutet das folglich, dass dramatischen Ereignissen wie Umweltkatastrophen oder Extremwetterereignissen deutlich mehr Raum gegeben wird als positiven Entwicklungen. Sie erregen gemäß den Nachrichtenfaktoren und dem Prinzip „only bad news being good news" (Weder et al., 2019, S. 370) schlichtweg mehr Aufmerksamkeit. Auf der Seite der Transformationslogik hingegen ist der normative Auftrag an journalistische Akteure zu verorten, wonach sie die Gesellschaft aufklären und ihr Bewusstsein nachhaltig bilden sollen, damit

sie in weiterer Folge ihr Verhalten anpassen kann, zumal die mediale Aufbereitung oft der einzige Zugang zur Thematik für nicht bereits von der Klimakrise Betroffene ist (Klinger & Metag, 2022, S. 31; Priest, 2022, S. 376). Als wesentliche kommunikative Schnittstelle zwischen Politik und Gesellschaft sieht sich der Journalismus in der Verantwortung, neutral und distanziert zu beobachten und zu berichten (Brüggemann, 2022, S. 178), damit Bürger:innen in der Lage sind, ihre Meinung zu bilden und ihr Verhalten entsprechend anzupassen (Priest, 2022, S. 376). Insbesondere in Bezug auf die Klimakrise wird hier das Potenzial journalistischer Kommunikation deutlich, zumal sie über mögliche Maßnahmen evidenzbasiert aufklären, Handlungsoptionen aufzeigen und das in einer verständlichen und ansprechenden Weise vermitteln kann, auch wenn es sich um ein unangenehmes Thema handelt. „[A]s ‚gatekeepers' of the news flow, they ultimately decide which topics, stakeholders, and perspectives are represented in the media" (Schäfer, 2015, S. 855). Zudem gelten klassische journalistische Formate weiterhin als Hauptinformationsquelle in Sachen Klimakrise (Schäfer, 2015, S. 853) – wenngleich ihre Kommunikation häufig kritisch und dramatisierend ist (Lester & Cottle, 2022, S. 148). Die Widersprüchlichkeit der beiden Prinzipien lässt sich als *Aufmerksamkeits-/Aufklärungs-Inkonsistenz* zusammenfassen.

Im Umgang mit dieser Inkonsistenz kann entsprechend auch bei journalistischen Akteuren und Organisationen ein Policy-Practice-Decoupling auftreten. Dieses lässt sich idealtypischerweise in der Form beschreiben, dass journalistische Akteure sich zwar in der Berichterstattung aktiv kommunikativ mit der Klimakrise befassen, dieses aber mit einem starken Fokus auf die Aufmerksamkeitsproduktion tun, indem sie auf negativistische Problem- und Krisenberichterstattung setzen (Aitamurto & Varma, 2018, S. 695; Galtung & Ruge, 1965, S. 69), wodurch sie sich selbst einen höheren Umsatz und Profit verschaffen. „[T]he economic interests of media corporations counteract the concept of sustainability; the short-term and news value orientation of the media antagonizes the long-term perspective of sustainable development" (Weder et al., 2021, S. 5). Diese Art der Kommunikation ist weniger nachhaltig, in dem Sinne, dass sie nicht auf langfristige Bewusstseinsbildung ausgelegt ist und stattdessen kurzfristig ein hohes Maß an Aufmerksamkeit erregt. Häufig kritisiert wird die einseitige, sensationsfokussierte und wenig kontextualisierende und handlungsorientierte Klimaberichterstattung (Neverla et al., 2019, S. 145). Ein solches ökologisch nicht nachhaltiges journalistisches Verhalten (Rank, 2022, S. 184) führt jedoch bei den Rezipient:innen eher zu Zukunftsangst, Frustration, einem mangelnden Selbstwirksamkeitsgefühl bis hin zur Abstumpfung und folglich nicht zu ernsthaftem persönlichen Engagement, sondern eher dazu, dass die Rezipient:innen sich von diesen Formaten abwenden (Aitamurto & Varma,

2018, S. 695; O'Neill & Nicholson-Cole, 2009, S. 355). Hierzu zählen eher auflagen- bzw. reichweitenstarke klassische journalistische Formate, darunter sowohl boulevardeske als auch Qualitätsformate. Journalistische Akteure und Organisationen können in dieser Hinsicht den Vorwurf ernten, eine forcierte dramatische Klimanotfall-Berichterstattung als Vehikel für die Verbesserung der eigenen industriellen prekären Verhältnisse zu benutzen. Mit solchen Verhältnissen können unter anderem „financial viability and the perceived trustworthiness of journalism as a profession in today's society" (Salles, 2021, S. 41) gemeint sein. Dies geht jedoch wiederum zu Lasten ihrer Legitimität in ihrer Rolle als öffentlichkeitsherstellende Instanz.

Das Means-Ends-Decoupling drückt sich bei journalistischen Akteuren und Organisationen hingegen idealtypischerweise darüber aus, dass deren Berichterstattung zwar einen konstruktiven Umgang mit der Klimakrise anstrebt, indem evidenzbasiert, verständlich und lösungsorientiert kommuniziert wird, „to help educate readers and make climate change interesting, relevant, and easy readable" (Parratt-Fernández et al., 2022, S. 505). Nicht klar ist dabei jedoch, inwiefern diese Art der Berichterstattung tatsächlich zu besserer Bewusstseinsbildung, geschweige denn zu einer Verhaltensveränderung oder Transformation in der Bevölkerung führen kann, zumal sie angesichts der Informationsflut und geltender Selektionslogiken weniger Aufmerksamkeit erregen kann. „(Y)ou don't get readers, views and likes with an inconvenient truth. The inconvenient truth about cost increases, redistribution and loss of welfare (at least according to the traditional operationalisations of ‚welfare') and the need for a change of the ‚1-world-lifestyle' (consumption, mobility behaviour) is hard to communicate" (Weder et al., 2021, S. 5). Zu diesen Formaten zählen typischerweise journalistische Akteure und Organisationen, die im Bereich des konstruktiven oder Solutions-Journalismus (Aitamurto & Varma, 2018, S. 695; Parratt-Fernández et al., 2022, S. 506; Thier & Lin, 2022, S. 1027) tätig sind und bemüht sind, über die Informationsverbreitung dem Anspruch der nachhaltigen Bewusstseinsbildung und Aufklärung hinsichtlich der sozial-ökologischen Transformation, ungeachtet der Spannungen, gerecht zu werden. Sie stellen im Vergleich zum Mainstream-Journalismus eher ein Nischenphänomen dar und sehen sich meist dem Vorwurf ausgesetzt, weniger glaubwürdig und professionell als traditioneller Journalismus zu sein (Willig et al., 2022, S. 520) und die journalistische Unparteilichkeit, die von journalistischen Qualitätsstandards gedeckt wird, zugunsten transformativer Klimaberichterstattung zu überschreiten (From & Nørgaard Kristensen, 2018, S. 718; Thier & Lin, 2022, S. 1039).

Rigorositäts-/Relevanz-Inkonsistenz akademischer Logiken
Im akademischen Spektrum gelten Akteure und Organisationen gemäß einer Funktionslogik dann als legitim, wenn sie nach rigorosen wissenschaftlichen Prinzipien Erkenntnisse und damit systematisch verlässliches Wissen produzieren (Bromley & Powell, 2012, S. 18; Roters et al., 2023, S. 47). Dabei gilt es, die Forschungsgegenstände in ihrer gesamten Komplexität zu beforschen und nach rigiden Prinzipien, regelgeleitet und intersubjektiv nachvollziehbar (Meyen et al., 2019, S. 40) vorzugehen, um belastbare Erkenntnisse erzeugen zu können. Der Anspruch an Präzision und Spezifizität sowie der hohe Grad an Systematik betreffend die Beschreibungen, die Erklärungen, die Vorhersagen, die Epistemologie, die Vollständigkeit und die Repräsentation (Hoyningen-Huene, 2008, S. 170) differenziert sie von anderen Formen des Wissens. Die so gewonnenen Erkenntnisse können anderen sozialen Akteuren bei der Gestaltung von evidenzbasiertem gesellschaftlichen Fortschritt dienen (Ameseder & Ettl-Huber, 2018, S. 358–359). Neben der Erkenntnisproduktion zählen zu den Hauptaufgaben wissenschaftlicher Akteure auch die Wissensvermittlung in der Lehre sowie an die Öffentlichkeit, was durch Wissenschaftskommunikation gelingen soll. Während für zahlreiche Wissenschaftler:innen die strategische Wissenschaftskommunikation und die Relevanzerzeugung der gewonnenen Erkenntnisse in der Öffentlichkeit als Add-on betrachtet werden, sind sie in Hinblick auf die Klimakrise zu immer zentraleren Aufgaben geworden, die auch ein gewisses Training erfordern (Dunwoody, 2022, S. 105). Mit dem schnellen Voranschreiten der Klimakrise und dem wachsenden Bedarf an Informationen seitens der Gesellschaft steigt auch die Nachfrage, nicht nur nach naturwissenschaftlichen Fakten, sondern auch nach klaren Handlungsanweisungen für Politik, Wirtschaft und Zivilbevölkerung (Schäfer & Bonfadelli, 2017, S. 315–316). Entsprechend sehen sich wissenschaftliche Akteure mit der Herausforderung konfrontiert, diesen Auftrag ernst zu nehmen, was meist im Kontrast mit den strengen Anforderungen und der ressourcenbindenden Erkenntnisproduktion steht. Erkenntnisproduktion und -vermittlung bewegen sich also zwischen einem freien humboldtschen (Paletschek, 2002, S. 184) Ideal und einem solchen, das bemüht ist, der Praktikabilitäts- und Anwendungsorientiertheit zu entsprechen (Dahinden, 2004, S. 172).

Für wissenschaftliche Akteure ergibt sich daraus eine *Rigorositäts-/Relevanz-Inkonsistenz* (Bartunek, 2011, S. 556; Flickinger et al., 2014, S. 99). Die organisierte strategische Wissenschaftskommunikation selbst ist ein junges Forschungs- und Praxisfeld, deren Ziel die Verbesserung der Aufklärungs- bzw. Bildungsarbeit in der Öffentlichkeit ist, indem sie beispielsweise über Risiken der Klimakrise aufklärt und die Relevanz mildernder Handlungen betont (Jun, 2011, S. 245). Insbesondere durch das Aufkommen des Internets hat sich das Potenzial der

Wissenschaftskommunikation erhöht, da nicht nur der klassische Weg über den Wissenschaftsjournalismus in die Öffentlichkeit gesucht werden kann, sondern Online-Öffentlichkeiten auch gezielt angesprochen werden können. Jedoch sind wissenschaftliche Akteure selbst nicht die großen Player in der öffentlichen Kommunikation um die Klimakrise (Schäfer, 2012, S. 527). Dem liegt mitunter ein hoher Performancedruck zugrunde, der mit der Finanzierung großer Forschungsprojekte verbunden ist und zu Lasten der Qualität und der Stringenz der Wissenschaftskommunikation geht (Koivumäki & Wilkinson, 2020, S. 207). Während die Anforderungen nach Offenheit und Interaktion erstarken, existiert weiterhin eine Kluft zwischen Wissenschaft und Gesellschaft (Koivumäki & Wilkinson, 2020, S. 209; Peters, 2013, S. 14102). Die Spannung zwischen einerseits der Anforderung der wissenschaftlichen Rigorosität und Neutralität in der strategischen organisationalen Ausrichtung und andererseits der Erwartung, Relevanz und Dringlichkeit für die Bewältigung der Klimakrise in der strategischen Wissenschaftskommunikation zu erzeugen (Raupp, 2017, S. 143), führt für wissenschaftliche Akteure zum Decoupling.

Das Policy-Practice-Decoupling drückt sich bei wissenschaftlichen Akteuren und Organisationen idealtypischerweise dadurch aus, dass Wissenschaftskommunikation zwar strategisch zum Erhalt der eigenen Legitimität betrieben wird, dies aber, sei es wegen des hohen Drucks, sich primär der Erkenntnisproduktion zu widmen, nicht im nötigen Umfang oder in der erforderlichen Qualität stattfinden kann, um gesellschaftliche Bewusstseinsbildung und Relevanz zu erzeugen. In der Gratwanderung zwischen wissenschaftlicher Rigorosität und gesellschaftlicher Relevanzerzeugung gewinnt auf der Handlungsebene das Prinzip der Rigorosität. Das hat zur Folge, dass der Fokus der Wissenschaftskommunikation eher darin liegt, die Beziehungen zu anderen Akteuren aus Journalismus, Politik und Zivilgesellschaft zu stärken (Koivumäki & Wilkinson, 2020, S. 207; Raupp, 2017, S. 153), und dass es an einer übergeordneten Kommunikationsstrategie mangelt (Raupp, 2017, S. 155). Entsprechend gelingt es nicht, sich am Agenda-Building zu beteiligen und öffentlich Definitionsmacht zu erlangen (Schäfer & Bonfadelli, 2017, S. 318). Stattdessen fällt die Kommunikation mit dem Anspruch wissenschaftlicher Genauigkeit nicht selten sehr komplex, abstrakt und schwer verständlich aus. Das trifft auch in Hinblick auf die Umwelt- und Klimakommunikation zu. Bei der Kommunikation von Krisen und Risiken sind wissenschaftliche Akteure meist auf die Übersetzungsleistung journalistischer Akteure angewiesen, damit die „unobtrusive issues" (Schäfer & Bonfadelli, 2017, S. 316), die zunächst unbedeutsam wirken und keinen Bezug zur Erfahrungswelt zivilgesellschaftlicher Individuen haben, entsprechend kommunikativ vermittelt und begreifbar gemacht werden können. Auch seitens der Politik sind wissenschaftliche Akteure darauf angewiesen, dass die von Forschungsergebnissen gestützten gesellschaftlichen Implikationen auch implementiert und in bindende Entscheidungen überführt werden. Wissenschaftliche Akteure und Organisationen, deren Fokus also primär auf der rigorosen Erkenntnisproduktion liegt, ernten im Zusammenhang mit dem Policy-Practice-Decoupling den Vorwurf, dass es ihnen nicht gelingt, ihren „elitären" Elfenbeinturm (Dahinden, 2004, S. 165–166) zu verlassen sowie ihre Erkenntnisse und deren Implikationen in Einklang mit der alltäglichen Lebensrealität der Zivilgesellschaft zu bringen und so zu kommunizieren, dass sie gesamtgesellschaftliche Relevanz erzeugen.

Das Means-Ends-Decoupling hingegen drückt sich bei wissenschaftlichen Akteuren und Organisationen idealtypischerweise dadurch aus, dass sie sich der Zivilbevölkerung öffnen und in ihrer Wissenschaftskommunikation das Ziel der Vermittlung bzw. Verständigung mit der Öffentlichkeit fokussieren, dabei aber riskieren, den Anspruch nach rigoroser Erkenntnisproduktion zu vernachlässigen. Auf die Frage hin, wie in der Öffentlichkeit mehr Relevanz für wissenschaftliche Erkenntnisse, wie beispielsweise Klimaevidenzen, erzeugt werden kann, galt dem Defizitmodell (Reincke et al., 2020, S. 1) entsprechend lange die Annahme, der Bevölkerung mangle es nur an umfassendem Faktenwissen. Spätestens nach einigen Jahrzehnten aufwendiger Evidenzkommunikation mit Zahlen, Daten und Modellierungen ist klar, dass dies nicht zwangsläufig auch zu mehr Bewusstseinsbildung und Handlungsbereitschaft in der Gesellschaft führt (Priest, 2019, S. 391). „We do not just want people to understand the carbon cycle or the impact of energy choices or ocean acidification or melting polar ice and rising sea levels. We want them to support policy action to address these things" (Priest, 2019, S. 391). Nicht die fehlenden Fakten sind also das Problem, sondern eher, wie diese mit der Lebensrealität der Bevölkerung kommunikativ verknüpft (Bennett, 2021, S. 56–58) und für die Politik implementierbar gemacht werden können (Bennett, 2021, S. 59–61). „[I]nformation about how human behavior contributes to climate change may not be effective if it is not understandable or does not connect with the needs, concerns, or perceptions of those receiving the messages" (Yusuf, J.-E [Wie] & St. John III, 2022, S. 205). Innerhalb der Wissenschaft und der Wissenschaftskommunikation gibt es entsprechend immer mehr Strömungen und Initiativen, die auf Dialog und Austausch mit der Zivilbevölkerung und sogar auf deren Partizipation in der Erkenntnisproduktion setzen, um für sie relevante Erkenntnisse zu gewinnen (Raupp, 2017, S. 148–149; Reincke et al., 2020, S. 1). Hierzu zählen Wissenschaftler:innen, wissenschaftliche Netzwerke oder Organisationen, die sich der Transformative-Science- oder Mode-2-Science-Bewegung zuordnen (Bartunek, 2011, S. 555; Nowotny, 2001, S. 25; Pleil et al., 2021, S. 259). Auch gibt es aktivistische Bewegungen in der Wissenschaft, beispielsweise *Scientists for Future*, die für die gewonnenen wissenschaftlichen Erkenntnisse auch in einem politischen Sinne einstehen und Haltung beziehen – „Academic Climate Advocacy and Activism" (Boykoff, 2019, S. 183). Wie politische Implikationen gewonnener Klima-Evidenzen an Politik und Zivilbevölkerung erfolgreich vermittelt werden, ist auch in Hinblick auf eine sozial-ökologische Transformation von entscheidender Bedeutung. Wissenschaftler:innen, wissenschaftliche Netzwerke und Organisationen, deren Kerngeschäft die rigorose Erkenntnisproduktion ist, können sich im Hinblick auf das Means-Ends-Decoupling jedenfalls dem Vorwurf ausgesetzt sehen, die soziale Legitimität der eigenen Forschung als zu selbstverständlich vorauszusetzen (Raupp, 2017, S. 144) und ihre Kernkompetenz der Erkenntnisproduktion zugunsten der Relevanzerzeugung nicht zuletzt im politischen Sinne (Luong et al., 2019, S. 505) zu überschreiten, womit folglich die Basis untergraben wird, auf die sich die Relevanzerzeugung stützt (Hessels & van Lente, 2008, S. 750–755; Mielke et al., 2016, S. 71).

Devianz-/Problemartikulations-Inkonsistenz aktivistischer Logiken
Im Spektrum der aktivistischen Logik streben Akteure und Organisationen grundsätzlich an, geltende Erwartungsstrukturen zu transformieren (Ciszek, 2017, S. 702), weshalb sie eine oppositionelle Haltung zu diesen einnehmen (Odziemkowska, 2021, S. 1). Gerade in Hinblick auf die Klimakrise kommt dem Bedürfnis nach Selbstwirksamkeit dabei eine starke Rolle zu, was Individuen dazu antreiben kann, sich in Netzwerken, Gruppierungen, Kollektiven oder Organisationen im Kampf gegen diese zu engagieren, um Handlungsfähigkeit zu erreichen (Fox & Frye, 2010, S. 434). Dabei geht es ihnen darum, „[to] give voice to their grievances and concerns about the rights, welfare, and well-being of themselves and others" (Snow et al., 2004, S. 3). Eine oppositionelle Haltung zu vertreten, ist in einer demokratischen Gesellschaft fruchtbar und notwendig und erfüllt im Sinne der Funktionslogik ihre Aufgabe durch die Herausforderung geltender Gesetze, Normen und Glaubenssätze und die Bereitstellung alternativer Deutungsangebote (Eisenegger & Udris, 2019, S. 12). Da es sich bei aktivistischen Akteuren jedoch meist um weniger formalisierte und ressourcenschwächere Akteure im Kampf um die öffentliche Aufmerksamkeit handelt, setzen sie oft auf deviantes, normbrechendes Verhalten, das sich in der gewählten Form des Protests ausdrückt, um die notwendige Aufmerksamkeit zu erreichen (Malczok, 2021, S. 283; 289). Die Devianz kann folglich Formen konfrontativer, radikaler und disruptiver Kommunikationsakte oder Protestaktionen annehmen, deren Ziel es ist, die öffentliche Debatte neu zu formen, den erwünschten sozialen Wandel herbeizuführen (Oliveira et al., 2023, S. 1; Tratschin, 2016, S. 72). Mit der

gewonnenen Aufmerksamkeit sollen dann zahlreiche Menschen für die vertretene Position mobilisiert werden, sodass Druck auf Entscheidungstragende ausgeübt werden kann und kollektive Ziele erreich werden können (Schade, 2018, S. 57; Scholl, 2009, S. 87). So haben sich beispielsweise im Zuge der voranschreitenden Klimakrise immer mehr Protestbewegungen herausgebildet, die sich für eine sozial-ökologische Transformation einsetzen und sich gegen ein vorherrschendes neoliberales bzw. kapitalistisches Gesellschaftssystem positionieren (Marquardt, 2020, S. 8; Sealey-Huggins, 2016, S. 696). Die Anpassung an eine medialisierte Kommunikationsumgebung in den Kommunikationsakten, „whether the protests fit into media news cycles" (Lee, 2016, S. 190), sowie das Abpassen politischer Gelegenheitsstrukturen (Bennett, 2021, S. 60; Lee, 2016, S. 190) können die Wahrscheinlichkeit für Sichtbarkeit und Resonanz erhöhen.

Um also über kurzfristige Aufmerksamkeitszyklen hinweg langfristig im politischen Sinne handlungsfähig zu werden, neue Normen und Werte zu etablieren (Malczok, 2021, S. 295) und „einen tief greifenden sozialen Wandel herbeizuführen" (Scholl, 2009, S. 85), kommt es für aktivistische ressourcenschwächere Akteure weiters darauf an, ihre Anliegen insbesondere gegenüber ressourcenstärkeren Akteuren, beispielsweise journalistischen für die Reichweite oder politischen für die Entscheidungsmacht, als legitime Positionen glaubhaft zu machen (Malczok, 2021, S. 291). Dabei ist es hilfreich, einen gewissen Grad an Organisationsstruktur, an gesellschaftlicher Legitimität und damit einhergehende (finanzielle) Ressourcen zu erreichen (Gherairi, 2015, S. 37). Im Sinne der sozial-ökologischen Transformation streben aktivistische Akteure also nicht nur danach, die Aufmerksamkeit der breiten Bevölkerung zu gewinnen, sondern auch auf institutioneller Ebene Handlungsorientierung zu spenden und die Bewegung langfristig zu legitimieren und zu erhalten (Fox & Frye, 2010, S. 425; Odziemkowska, 2021, S. 1). Aus Protestbewegungen gehen durch diese professionalisierte Interessensbündelung und -kommunikation sowie die organisationale Formalisierung nicht selten politische Parteien hervor (Toplišek & Thomassen, 2017, S. 1383). So haben sich beispielsweise auch die Grünen in Deutschland „in den 1980er-Jahren von einer oppositionellen Umweltbewegung in eine etablierte Partei" (Eisenegger & Udris, 2019, S. 12) entwickelt. Ebenso wurden aus kleineren Bewegungen größere nicht politische Organisationen oder Nichtregierungsorganisationen wie Greenpeace oder WWF. Eine solche Formalisierung geht meist zwangsläufig mit einer höheren Angepasstheit und Kompromissbereitschaft und folglich mit einer Einschränkung der Devianz einher, die sich jedoch als initiales Selbstverständnis aktivistischer Akteure begreifen lässt (Holtzhausen, 2007, S. 369).

Für aktivistische Akteure zeichnet sich entsprechend eine *Devianz-/Problemartikulations-Inkonsistenz* ab. Einerseits ist das deviante normbrechende Verhalten essenziell für ressourcenschwache, von der hegemonialen Öffentlichkeit exkludierte Protestakteure (Scholl, 2009, S. 89), um die nötige Aufmerksamkeit für die von ihnen identifizierten Problemlagen und damit verbundenen Anliegen zu erlangen, mit denen geltende Strukturen, Normen und Werte transformiert werden sollen. Andererseits gilt überschießendes deviantes Verhalten selbst als illegitim und entsprechend als legitimitätsbedrohend (Malczok, 2021, S. 302), was für die Akzeptanz der artikulierten Probleme in der Gesellschaft kontraproduktiv sein kann. Ebenso kontraproduktiv kann es für den Aufbau möglicher Kooperationen mit ressourcenstärkeren Akteuren abseits der Medien und ihrer Aufmerksamkeitslogik sein. Lee (2016, S. 199) betont hier beispielsweise „the importance of responding to government policies and actions“ und die Notwendigkeit „to proactively grasp the opportunities instead of waiting for the media to approach them“.

Das Policy-Practice-Decoupling drückt sich bei Akteuren des aktivistischen Spektrums idealtypischerweise dadurch aus, dass die Akteure alle vorhandenen Kräfte mobilisieren, um die öffentliche Aufmerksamkeit – von der sie trotz allem im hohen Maße anhängig sind (Tratschin, 2016, S. 232) – für die identifizierten Problemlagen zu gewinnen, und dabei aber auf maximale Devianz und radikale Maßnahmen zurückgreifen. Nimmt die Devianz eine dysfunktionale (Malczok, 2021, S. 283) überhandnehmende Form der Normabweichung an, „kann sie eine Gesellschaft auch durch Gewalt und Kriminalität zutiefst schädigen. Diese Fälle von dysfunktionaler Devianz haben eher soziale Desintegration der Akteur*innen und deren Anliegen zur Folge“ (Malczok, 2021, S. 295). Auch medial haben „[d]iese Handlungen […] das Potenzial, als normverletzend bis hin zu kriminell dargestellt und entsprechend von der Gesamtgesellschaft als ablehnungswürdig und illegitim klassifiziert zu werden“ (Malczok, 2021, S. 302). Die Bewegungen und ihr als extrem wahrgenommener Aktionismus geraten so selbst ins Fadenkreuz der öffentlichen Aufmerksamkeit, zumal sie als destruktiv und als Bedrohung eingestuft werden können. Bei dem Versuch, den Nachrichtenwert der Protestaktionen zu steigern, kann es dazu kommen, dass die Aufmerksamkeit „immer stärker auf Normverstöße, Konflikt oder Außergewöhnlichkeit abgestellt wird […], während die ihr zugestandene Zustimmungswürdigkeit“ sinkt (Tratschin, 2016, S. 233). „Die inhaltlich anspruchsvolleren Problemkonstruktionen sozialer Bewegungen, die einen Zusammenhang verschiedener Proteste stiften, können im Verhältnis dazu leicht in den Hintergrund treten“ (Tratschin, 2016, S. 233). Der Vorwurf der Radikalität oder des Extremismus hemmt an dieser

Stelle das Potenzial, in einen Diskurs um die gesellschaftlich relevanten Problemlagen zu kommen und in diesem Sinne darüber hinaus solide Beziehungen zu anderen Akteuren und zur Öffentlichkeit zu stärken (Sealey-Huggins, 2016, S. 695), um damit im Sinne von „'bottom up' solutions to global collective action problems" (Hale & Roger, 2014, S. 59) tatsächlich transformativ zu wirken.

Das Means-Ends-Decoupling hingegen drückt sich bei Akteuren des aktivistischen Spektrums idealtypischerweise dadurch aus, dass das Ziel, die relevanten Problemlagen und kollektiv vertretenen Anliegen im Sinne des substanziellen Wertewandels als legitime Forderungen zu positionieren (Malczok, 2021, S. 291), ob des dafür zur Verfügung stehenden Mittels der Aufmerksamkeitsproduktion durch Devianz verfehlt wird. Die Devianz kann in der Funktion der Normabweichung zwar auch eine produktive Rolle einnehmen, indem sie vorherrschende Normen sichtbar macht und aufbricht (Malczok, 2021, S. 295). Jedoch kann sich Devianz hier insofern kontraproduktiv auf die Problemartikulation auswirken, als dass die dadurch gewonnene Aufmerksamkeit immer noch auf normbrechendes Verhalten zurückgeht, was nicht unmittelbar zu einem anhaltenden Diskurs um die vertretenen Positionen führt (Malczok, 2021, S. 285). Um im Sinne einer sozial-ökologischen Transformationslogik aus aktivistischer Perspektive heraus Wirksamkeit entfalten zu können, sollte die gewählte Protestform bestenfalls nicht *nur* Aufmerksamkeit erregen, sondern auch und vorwiegend die vertretenen transformierenden Anliegen nachhaltig mitkommunizieren (Tratschin, 2016, S. 232). Das schließt nicht nur das kurzfristige aufmerksamkeitsorientierte, sondern vielmehr das langfristige Engagement mit ein, die Bewegung zu legitimieren und zu erhalten, weitere Menschen für die vertretenen Anliegen zu mobilisieren und damit eine klare Handlungsorientierung für die Politik zu liefern (Fox & Frye, 2010, S. 425). Gelingt es jedoch nicht, langfristig genügend öffentliche Sichtbarkeit durch die Thematisierung der kollektiv vertretenen Anliegen zu erreichen und diese als handlungsbedürftig zu artikulieren, sinkt die Wahrscheinlichkeit, zu einem Wandel die eigentlich identifizierten Problemlagen betreffend zu führen, und die Bemühungen bleiben ineffektiv.

3.2.2.4 Akteursübergreifende Decoupling-Dilemmata

Aus dem Decoupling-Modell ließen sich bisher Segment für Segment die Spannungsfelder, die Formen des Policy-Practice-Decouplings und des Means-Ends-Decouplings sowie daran anknüpfende mögliche Vorwürfe für unterschiedliche Akteure und Organisationen, auf die ökonomische, politische, journalistische, akademische oder aktivistische Logiken wirken können, systematisieren. Um nun eine akteursübergreifende Perspektive einnehmen zu können, wird ergänzend auf die beiden mittigen Ringe des Modells eingegangen.

Akteursübergreifendes Policy-Practice-Dilemma
Der innere der beiden mittig liegenden Ringe fasst über die verschiedenen Logiken hinweg zusammen, was der Kernvorwurf bzw. die Kernproblematik des Policy-Practice-Decouplings ist. Die Kommunikation orientiert sich zwar an der transformativen Erwartung, kann jedoch aufgrund der strukturellen und praktischen Bedingtheit durch die dominante Funktions- und Selbsterhaltungslogik nicht oder nur oberflächlich erfüllt werden.

Den *ökonomischen Logiken* entsprechend, zeichnet sich diese Policy-Practice-Problematik durch zeremonielle Nachhaltigkeitskommunikation aus, die nicht zu substanziellem Engagement auf der Handlungsebene für die sozial-ökologische Transformation führt, sondern eher noch eine Wachstumslogik stärkt; bei den *politischen* Logiken ist die Problematik durch die kampagnenartige Klimakommunikation geprägt, die den im Gemeinwohlinteresse liegenden Klimaschutz im für die Klientel- und Wäher:inneninteressen zuträglichen Maße kommunikativ adressiert, während die realpolitische Umsetzung einer Klimaagenda (noch) ausbleibt; bei den *journalistischen* Logiken ist die Problematik durch negativistische, dramatisierende Klimaberichterstattung gekennzeichnet, die zwar aufmerksamkeitserregend ist, jedoch nicht zu echter Bewusstseinsbildung und Verhaltensänderung bei Rezipient:innen führt; bei den *wissenschaftlichen* Logiken ist die Problematik durch komplexe, elitär anmutende Klima-Wissenschaftskommunikation charakterisiert, die es ob ihres hohen Rigorositätsanspruchs nicht vermag, die nötige Relevanz und Dringlichkeit gegenüber der Öffentlichkeit oder der Politik zu erzeugen; und bei den *aktivistischen* Logiken zeichnet sich die Policy-Practice-Problematik durch einen extremen Klima-Aktionismus aus, der den Modus der Problemartikulation gar nicht erst erreicht, da das dysfunktionale deviante Verhalten selbst so viel Aufmerksamkeit bindet, was zudem ein schlechtes Licht auf die Legitimität aktivistischer Aktionen werfen kann.

Zusammengenommen führt das Policy-Practice-Decoupling über die akteursspezifischen Logiken hinweg akteursübergreifend betrachtet zu einem zeremoniellen, kampagnenartigen, negativistischen, elitären und extremen, überschießenden Umgang mit der Klimakrise. In der Gesamtbetrachtung dient ein solcher Umgang eher der funktionalen Logik der unterschiedlichen Akteure und reproduziert diese, anstatt auf der Handlungsebene transformativ zu wirken und einen wesentlichen Beitrag zur sozial-ökologischen Transformation leisten zu können. Da diese Form des Decouplings weit verbreitet ist, liegt die Vermutung nahe, dass es auf dieser Ausgangslage aufbauend in der öffentlichen Kommunikation zu einem wechselseitigen Blame-Game kommt, das genau diese Hypokrisie resultierend aus der Kluft zwischen Kommunikation und Handeln zum Gegenstand nimmt und den Diskurs dahingehend maßgeblich prägt. Dies bleibt im empirischen Teil der Arbeit zu untersuchen (siehe Abschnitt 5.4.1).

Akteursübergreifendes Means-Ends-Dilemma
Der äußere der beiden mittig liegenden Ringe fasst über die verschiedenen Logiken hinweg zusammen, was der Kernvorwurf bzw. die Kernproblematik des Means-Ends-Decouplings ist. Die Kommunikation und die Handlungen werden hier zwar mit der Absicht der Erfüllung der Transformationserwartung unternommen, jedoch verlaufen diese ergriffenen Maßnahmen meist in der Ineffektivität, da sie in Teilen immer noch aus einer Funktionslogik heraus entstehen oder sich in einer funktionsfokussierten Umwelt kaum durchsetzen können.

Bei den *ökonomischen* Logiken zeichnet sich diese Means-Ends-Problematik durch eine an der Nachhaltigkeit orientierte unternehmerische Klimaagenda aus, deren Durchsetzung aber aufgrund der fortbestehenden Dominanz der funktionalen Wachstumslogik verhindert wird, weshalb sie ineffektiv bleibt; bei den *politischen* Logiken ist die Problematik durch eine im Gemeinwohlinteresse liegende Klimaschutzagenda geprägt, die jedoch auf die politische Konsens- und Kompromissbildung mit Klientel- und Wähler:inneninteressen angewiesen ist, um überhaupt wirkmächtig zu werden, was sie wiederum einschränkt; bei den *journalistischen* Logiken ist die Problematik durch einen an der fundierten Aufklärung und Bewusstseinsbildung orientierten konstruktiven Klimajournalismus gekennzeichnet, der jedoch im Verhältnis betrachtet wenig Aufmerksamkeit erzeugen kann und damit zu einem nischenartigen Produkt wird; bei den *wissenschaftlichen* Logiken zeichnet sich die Problematik durch die Öffnung wissenschaftlicher Arbeitsweisen und die Fürsprache für Klimaanliegen durch Wissenschaftler:innen im Sinne der öffentlichen Relevanzerzeugung aus, die jedoch einen politisierten Charakter annimmt und damit droht, die Kernkompetenzen und rigorosen Prinzipien zu überschreiten; und bei den *aktivistischen* Logiken ist die Means-Ends-Problematik in Klima-Protestaktionen erkennbar, die um eine legitime produktive Problemartikulation bemüht sind, deren Bemühungen jedoch aufgrund der zu starken Fokussierung der durch das deviante Verhalten hervorgerufenen medialen Aufmerksamkeit auf den Normbruch selbst ineffektiv werden.

Zusammengenommen führt das Means-Ends-Decoupling über die akteursspezifischen Logiken hinweg akteursübergreifend betrachtet zu einer ineffektiven und eingeschränkten unternehmerischen sowie politischen Klimaagenda, zu nischenartigem Klimajournalismus, zur politisierten, aber nicht mehr rigorosen Klima-Fürsprache und zu ineffektiven Klima-Protestaktionen im Umgang mit der Klimakrise. In der Gesamtbetrachtung bleibt ein solcher Umgang trotz des idealistischen transformativen Anspruchs aufgrund der Gebundenheit zur Funktionslogik oder der Dominanz der funktionalen Logik in den organisationalen Kontexten ineffektiv oder wirkt sich sogar kontraproduktiv in Hinblick auf die sozial-ökologische Transformationserwartung aus. Diese Form des Decouplings ist weniger verbreitet, kann aber ebenfalls zu einem öffentlichen Blame-Game führen, das die Kluft zwischen eingesetzten verfügbaren Mitteln der Kommunikation oder Handlung und dem beabsichtigten Ziel zum Gegenstand nimmt.

3.2.3 Neo-institutioneller Wandel und Change Agency

Die multiplen Akteure sind also einer spezifischen Inkonsistenzproblematik ausgesetzt, die es nicht nur im Sinne der eigenen Legitimität, sondern auch im Sinne eines institutionellen Wandels zu überwinden gilt. Dabei kommt es insbesondere auf das Bewusstsein um diese geteilte Inkonsistenzproblematik sowie auf die Bereitschaft an, einen Beitrag zu diesem Wandel zu leisten und in diesem Sinne Handlungsfähigkeit aufzubauen. Wie dies angesichts der erarbeiteten komplexen Inkonsistenzproblematik gelingen kann, ist Gegenstand dieses Abschnitts (TUF 4: Wie können die Akteure über diese unweigerlich auftretenden Inkonsistenzen hinweg Handlungsfähigkeit aufbauen und zu institutionellem Wandel beitragen?). Die Bereitschaft, das aus der Spannung komplexer institutioneller Logiken resultierende Blame-Game zu überwinden und sich ernsthaft an neue Logiken im Allgemeinen und an eine sozial-ökologische Transformationslogik im Speziellen anzupassen, um damit zu einem echten institutionellen Wandel beizutragen, ist unterschiedlich ausgeprägt, je nachdem, wo sich die Organisationen oder Akteure im Feld befinden, wie sie strukturiert sind und welcher Art die Besitzverhältnisse sind (Greenwood et al., 2015).

Greenwood, Jennings und Hinings (2015) beschreiben erstens, dass es bei der strukturellen *Position im Feld* darauf ankommt, wie sehr Organisationen in institutionelle Arrangements eingebettet sind, und erklären, dass die Bereitschaft, sich auf neue Ideen und Praktiken einzulassen, geringer ist, wenn die institutionelle Einbettung sehr hoch ist. Solche zentral verorteten Organisationen sind einer hohen kritischen Beobachtung ausgesetzt, beispielsweise durch die Medien, was dazu führen kann, dass sie innerhalb der Grenzen ihrer dominanten Logiken bleiben. Andererseits verfügen diese Organisationen meist über die besseren Ressourcen, solche Anpassungen umzusetzen. In Bezug auf die *organisationale Struktur* kommt es zweitens darauf an, dass sie die Repräsentation neuer Ideen, beispielsweise der sozial-ökologischen Transformation, ermöglicht, was stark von einzelnen Akteuren in Form von Repräsentant:innen dieser neuen

Logiken abhängt. Allerdings strahlen besonders Organisationen von hohem Status nach innen oft eine Art strukturelle Souveränität aus, die suggeriert, dass ihre Handlungen akzeptabel sind, was es neuen Logiken weniger leicht macht, verbreitet zu werden. Drittens wird bezüglich der *Besitzverhältnisse* zwischen inklusiv und hierarchisch geführten Entscheidungsprozessen unterschieden, wobei die Wahrscheinlichkeit bei inklusiven Formaten höher ist, neue Logiken wie die Transformationslogik anzunehmen. (Greenwood et al., 2015, S. 334–339)

Festhalten lässt sich jedenfalls, dass Organisationen und Akteure, um weiterhin als legitim gelten zu können, in Aushandlung mit neuen Erwartungen treten müssen. Durch die Aushandlung dieser multiplen komplexen institutionellen Logiken kommt es nicht selten vor, dass sie ihre eigene organisationale Identität transformieren. „The result can be oscillation among logics, or novel synthesis between them when outside perspectives enable a clearer view of the paradox“ (Jay, 2013, S. 137). Über die Transformation organisationaler Identitäten und die wechselseitige Sichtbarkeit im organisationalen Feld wird somit auch *institutioneller Wandel* ermöglicht.

Institutioneller Wandel kann als der Wandel an geltenden Erwartungsstrukturen beschrieben werden, anhand derer Organisationen und Akteure in einem bestimmten gesellschaftlichen System oder organisationalen Feld bemessen, was als legitimes Verhalten gilt. Dieser Wandel ereignet sich nicht von selbst, sondern wird durch das Verhalten einzelner oder kollektiver Akteure und Organisationen beeinflusst und vorangetrieben. „[O]rganizations have skills, knowledge and resources to take an active part in shaping and constructing their institutional environment“ (Fredriksson & Pallas, 2014, S. 144). Das Konzept des *institutional entrepreneurs* bezieht sich genau auf diese Annahme und beschreibt die Handlungen derjenigen Akteure, die Ressourcen mobilisieren, um neue Institutionen zu erschaffen (formation), bestehende zu erhalten (reproduction) oder aufzubrechen und zu transformieren (transformation) (DiMaggio, 1988, S. 14; Fredriksson & Pallas, 2014, S. 150; Friedland & Alford, 1991, S. 254–255; Hardy & Maguire, 2017, S. 261). Unterschiedliche *institutional entrepreneurs* nehmen an einem Konkurrenzkampf um die Fähigkeit, Ideen zu framen, teil, um sie im eigenen Interesse zu formen und zu institutionalisieren (Thornton et al., 2012, S. 8). Dies kann beispielsweise durch Manipulation kultureller Symbole und Praktiken durch Storytelling, durch rhetorische Strategien oder durch makrokulturelle Diskurse geschehen (siehe hierzu auch Lawrence & Phillips, 2004; Lounsbury & Glynn, 2001; Suddaby & Greenwood, 2005) (Thornton et al., 2012, S. 8).

Jedoch wird davor gewarnt, einzelnen Individualakteuren zu viel Handlungsfähigkeit zuzuschreiben und die eigentliche transformative Kraft eher im inkrementellen Wandel zu verorten, der sich durch kollektive institutionelle Entrepreneurs auf multiplen Ebenen mitsamt nicht intendierter Konsequenzen ereignet (Hardy & Maguire, 2017, S. 261). Der Begriff der Macht oder der Handlungsfähigkeit ist aus einer neo-institutionellen Perspektive umstritten, da die Akteure stets als in ihre institutionelle Umwelt eingebettet betrachtet werden – „the paradox of embedded agency“ (Hardy & Maguire, 2017, S. 261). Das Konzept der *embedded agency* geht von der zugrunde liegenden Annahme aus, dass institutionelle Logiken das Handeln von Akteuren sowohl ermöglichen als auch eingrenzen (Ocasio et al., 2017, S. 524). Akteure, für die es sich bislang bewährt hat, ihre Praktiken entlang geltender regulativer, normativer und kognitiv-kultureller Erwartungen zu orientieren, haben entsprechend wenig Interesse und Motivation, diese Erwartungsstrukturen zu transformieren (Hardy & Maguire, 2017, S. 262) – wenn es auch nicht ausgeschlossen ist (Hardy & Maguire, 2017, S. 264). Die Initiative für institutionellen Wandel ist tendenziell eher bei weniger dominanten Akteuren beheimatet, wobei sich eher die Frage stellt, wie sie andere Akteure dazu bringen können, die neuen Ideen zu übernehmen (Hardy & Maguire, 2017, S. 265). „The paradox of embedded agency recognizes that some form of struggle is likely between field members when some want change and others do not“ (Hardy & Maguire, 2017, S. 268).

Grundsätzlich begünstigt eine Krisensituation die allgemeine Motivation für institutionellen Wandel, da sie Unsicherheiten hervorbringt, die reduziert werden wollen, sowie Probleme, die einer Lösung bedürfen (Hardy & Maguire, 2017, S. 266). Auf Ebene der Handlungsfähigkeit kommt es für institutionelle Entrepreneurs dann darauf an, 1) ausreichend politische, finanzielle, organisationale, materielle, kulturelle oder diskursive Ressourcen zu mobilisieren (Hardy & Maguire, 2017, S. 270) sowie 2) glaubhafte Begründungen zu konstruieren und zu kommunizieren, damit die zu institutionalisierenden Ideen Unterstützung finden (Hardy & Maguire, 2017, S. 271). Dazu werden Probleme an existierenden Praktiken spezifiziert, neue Lösungen gerechtfertigt sowie Storys und Narrative strategisch verbreitet, wobei der Einsatz von *collective action frames* die Erfolgschancen auf institutionellen Wandel erhöhen kann (Hardy & Maguire, 2017, S. 271). Zudem sind 3) neue Inter-Akteurs-Beziehungen zu formen, die kollektives Handeln wie Kollaborationen, Koalitionen oder Allianzen ermöglichen (Buhr, 2012; Hardy & Maguire, 2017, S. 272). „Given that institutional entrepreneurship involves altering deeply embedded norms, values and practices, it is not surprising that it depends upon more than a single individual or organization“ (Hardy & Maguire, 2017, S. 272). Dies zeichnet einen idealtypischen Weg, der auch in einigen empirischen Untersuchungen so nachgezeichnet werden konnte (für eine Aufstellung der Studien hierzu siehe Hardy & Maguire, 2017,

S. 273). Allerdings baut die Mehrzahl dieser Studien auf eine akteur-zentrische Perspektive, die dazu tendiert, „to promote the view of a (rational) independent, omnipotent actor“ (Hardy & Maguire, 2017, S. 273). Dabei sind die Akteure nicht isoliert und unabhängig von geltenden regulativen, normativen und kulturell-kognitiven Institutionen und voneinander zu betrachten (vgl. Anspruch der Multi-Akteurs-Perspektive in dieser Arbeit). Gerade bei Erwartungsstrukturen wie jenen der Anpassung an die Klimakrise und der sozial-ökologischen Transformation handelt es sich um komplexe Aushandlungsprozesse, bei denen institutionelle Entrepreneurs mit ihren Deutungsangeboten in Konkurrenz zueinander stehen.

Sandhu (2022) stellt in diesem Sinne die Rolle der strategischen Kommunikation bei der Veränderung von Institutionen nochmals als zentral heraus. Für die Kreation neuer Institutionen sind neue institutionelle Strukturen erforderlich. Bezugnehmend auf die regulative Dimension können das politische Aktionen wie neue Regeln und Regulierungen zu definieren und Zugang zu Services und Infrastruktur zu haben sein. Hinsichtlich der normativen Dimension kann es sich um die Konstruktion neuer Identitäten und die Veränderung bestehender oder die Gründung neuer Beziehungsnetzwerke handeln. Bezüglich der kognitiven Dimension werden Institutionen über Imitation, Theoretisierung und Bildung geschaffen. (Sandhu, 2022, S. 157)

> The above examples readily show that communication is an essential dimension in creating institutions. For the regulative dimension, these include traditional persuasive concepts often found in campaigns. Changing normatively attitudes and values is one of the core assumptions of strategic communication. Finally, communication can be involved in the cognitive dimension by creating new categories and vocabularies. (Sandhu, 2022, S. 157)

Während die strategische Kommunikation nach der amerikanischen Tradition eher eine passive Diffusionsfunktion institutioneller Regeln übernimmt, liegt der Fokus der skandinavischen Tradition stärker auf der aktiven Rolle der Akteure, die in einem kollektiven und interaktiven Interpretations- und dynamischen Adoptionsprozess mit diesen Regeln interagieren (Frandsen & Johansen, 2011, S. 519) – kommunikativer Institutionalismus (Cornelissen et al., 2015, S. 10). In der skandinavischen Tradition findet außerdem das Konzept der Deinstitutionalisierung Erwähnung, das dafür sensibilisieren soll, dass institutionelle Regeln – mögen sie noch so bedeutungsvoll und permanent wirken – letztlich nur soziale Konstruktionen sind und wieder dekonstruiert werden können, „through a social process of reinterpretation“ (Røvik, 1996, S. 143).

Jedenfalls erlaubt diese Perspektive ein aktiveres Verständnis von Akteuren und Organisationen, anstatt sie als „passive victims of ongoing processes of institutionalization causing them to converge more and more“ (Frandsen & Johansen, 2011, S. 518) reduziert zu begreifen. „Throughout the history of social science, there has existed a tension between those theorists who emphasize structural and cultural constraints on action and those who emphasize the ability of individual actors to ‚make a difference‘ in the flow of events“ (Scott, 2014, S. 92). Die aktivere gestalterische Perspektive auf Akteure zeichnet eine mögliche positive Rolle, die Akteure und Organisationen im Kontext der sozial-ökologischen Transformationserwartung einnehmen und so zu „Transformation Agents“ (Otto et al., 2020, S. 1) bzw. zu echten (Climate) Change-Agents werden können (Buhr et al., 2023; Sandhu, 2022; Weder, 2021). Wie in Abschnitt 3.2.2 gezeigt werden konnte, gibt es aufgrund der komplexen institutionellen Logiken akteursspezifische und -übergreifende Decoupling-Dilemmata, die ein hohes Potenzial bergen, die Grundlage für ein wechselseitiges öffentliches Blame-Game zu bilden. Vor diesem Hintergrund wird die Frage nach der Handlungsfähigkeit der Akteure und Organisationen in Hinblick auf einen möglichen langfristigen institutionellen Wandel zentral. Scott (2014, S. 94) definiert die Handlungsfähigkeit eines Akteurs als die Fähigkeit, Einfluss auf die soziale Welt zu nehmen, indem Regeln, relationale Verbindungen oder die Verteilung von Ressourcen verändert werden. Dabei schreibt Scott (2014, S. 95) allen Akteuren einen gewissen Grad an Handlungsfähigkeit zu, wenngleich sie unterschiedlich stark ausgeprägt sein kann. Akteure und Organisationen mit starken Ressourcen und hoher Sichtbarkeit im organisationalen Feld haben entsprechend trotz ihrer ausgeprägten institutionellen Einbettung höheren Legitimationsdruck, verantwortungsbewusst mit dieser Erwartung umzugehen, während weniger ressourcenstarke Akteure und Organisationen dafür über die nötigen motivationalen Rechtfertigungen verfügen (Hardy & Maguire, 2017, S. 261). Entsprechend wird eine relationale Betrachtung von Handlungsfähigkeit als vielversprechend erachtet. In der Vernetzung unterschiedlicher Akteure und Organisationen liegt folglich großes Potenzial, Ressourcen und Expertise in der Rechtfertigung und der strategischen Kommunikation *für* eine gerechte sozial-ökologische Transformation zu teilen. Voraussetzungen dafür sind allerdings, dass „(1) key actors view their fates as being interconnected with respect to a problem issue, (2) these actors perceive their own behavior as contributing to the problem, and (3) they take collective action to address the problem“ (Ansari et al., 2013, S. 1014). Aus diesen Überlegungen heraus ergibt sich für diese Arbeit ein empirisches Desiderat, mit Hilfe der Claims-Making-Analyse (CMA) nachzuvollziehen, wie unter Berücksichtigung des wechselseitigen Blamings Handlungsfähigkeit kommunikativ aufgebaut werden kann und inwiefern dadurch so etwas wie *Climate Change Agency* – also kommunikative Handlungsfähigkeit, die *für* eine Institutionalisierung der sozial-ökologischen Transformationserwartung eingesetzt wird – entstehen kann.

3.3 Zwischenfazit II

Ziel der theoretischen Überlegungen in Kapitel 3 war es, den starken Fokus auf wirtschaftliche Akteure in der Forschung der Strategischen Kommunikationsforschung, der CSR-Kommunikationsforschung sowie der Organisationskommunikationsforschung zu erweitern und auch Akteure und Organisationen aus dem politischen, dem journalistischen, dem akademischen sowie dem aktivistischen Bereich miteinzubeziehen (Multi-Akteurs-Perspektive). Darüber hinaus war es das Ziel, die der Klima- und Nachhaltigkeitskommunikation innewohnende Inkonsistenzproblematik nachzuvollziehen (komplexe institutionelle Logiken und geteilter Legitimationsdruck), die sich auf alle diese unterschiedlichen Akteure und Organisationen gleichermaßen auswirkt. Diese Inkonsistenzproblematik drückt sich akteursspezifisch betrachtet zwar unterschiedlich aus, ist jedoch akteursübergreifend betrachtet ähnlich gelagert, was es schließlich zu systematisieren galt (Decoupling-Modell).

Ausgehend von der Annahme, dass Klima- und Nachhaltigkeitskommunikation nicht nur von ökonomischen Organisationen betrieben wird, sondern von unterschiedlichen Akteuren der Öffentlichkeit, wurde auf die Rolle der öffentlichen Kommunikation in dieser Hinsicht eingegangen. Je nach eingenommener Perspektive kann öffentlich kommunizierenden Akteuren eine mehr oder weniger gestalterische Rolle im Kontext sozialen Wandels zugeschrieben werden. Nach einer analytischen Perspektive haben die Akteure keinen aktiven gestalterischen Einfluss auf sozialen Wandel. Dieser wird in der öffentlichen Kommunikation lediglich beobachtbar. Den demokratietheoretischen Perspektiven – der deliberativen und der agonistischen Perspektive – hingegen entsprechend, kann den Akteuren eine gewisse, zumindest indirekte, gestalterische Rolle zugeschrieben werden. Dabei stellt sich in Hinblick auf die deliberative Perspektive die Frage der Inklusion, also welche Akteure über Zugang und die nötigen Ressourcen verfügen, sich am (institutionell geführten) öffentlichen Meinungsbildungsprozess zu beteiligen, sowie sich die Frage stellt, wie rational und ‚frei' von Strategie dieser Diskurs tatsächlich geführt werden kann, wenn es letztlich darum geht, Definitionsmacht aufzubauen. In Hinblick auf die agonistische Perspektive stellt sich die Frage, wie der Dissens und das bewusste Aufbrechen hegemonialer und vermachteter Diskurse produktiv für die sozial-ökologische Transformation eingesetzt werden kann.

In Hinblick auf die steigende sozial-ökologische Transformationserwartung ist folglich relevant, wie die unterschiedlichen öffentlichen Akteure, insbesondere jene mit hohem Aufmerksamkeitspotenzial, kommunikativ mit dieser Verantwortung umgehen. Verschiedene Arenenperspektiven, die diese Multi-Akteurs-Perspektive unterstützen, wurden herangezogen, um das Zusammenspiel von Kommunikationsumgebung (Arena), den verschiedenen öffentlichen Kommunikator:innen bzw. Claims-Makern (Akteure), den verhandelten sozial-ökologischen Problemlagen (Themen) und den diskursiven Bezugnahmen (Claims) in Relation zueinander beschreiben zu können. Mit dem ausgearbeiteten integrierten Verständnis arenenöffentlicher Kommunikation konnte die Grundlage für die empirische Untersuchung der Claims-Making-Analyse (CMA) geliefert werden. In der arenenöffentlichen Kommunikation zeigt sich, wie die multiplen Akteure aufeinander und auf die Klimakrise Bezug nehmen sowie welche Strategien, beispielsweise *collective action frames*, dabei zum Einsatz kommen. Somit versuchen die Akteure auf ihre Positionierung im Diskurs Einfluss zu nehmen und Sichtbarkeit für ihre Bedeutungskonstruktionen zu erlagen. Dabei sind die Akteure spezifischen Spannungen und damit einhergehendem Legitimationsdruck ausgesetzt, was den Anschluss an das nächste Desiderat, die Inkonsistenzproblematik, ermöglicht.

Mit Hilfe des Soziologischen Neo-Institutionalismus lässt sich erklären, dass in einer Gesellschaft, unabhängig davon, ob es sich um Individuen oder Organisationen handelt, bestimmte Erwartungshaltungen (Institutionen) auf diese wirken, die angemessenes Handeln vorgeben (Legitimität). Diese Institutionen können sich in Form von Gesetzen, Normen und Werten sowie unhinterfragten Glaubenssätzen manifestieren. Treten jedoch mehrere teils widersprüchliche institutionelle Logiken gleichzeitig auf, die alle gleichermaßen ihre Befolgung verlangen (institutionelle Komplexität), ist eine intensive Aushandlung im Umgang gefragt. Eine in Bezug auf die Klimakrise zu beobachtende Inkonsistenz, die auf die unterschiedlichen Akteure hinweg gleichermaßen wirkt, entsteht zum einen aus einer Erwartung nach Funktionserfüllung und zum anderen aus einer sozial-ökologischen Transformationserwartung, denen es beiden gerecht zu werden gilt, um sich weiterhin als legitimer Akteur behaupten zu können. Diese Funktions-/Transformations-Inkonsistenz schlägt sich auf das tägliche Entscheiden, Handeln und Kommunizieren der verschiedenen Akteure und Organisationen nieder. Durch ihr Verhalten tragen sie allenfalls als institutionelle Entrepreneurs langfristig betrachtet zur Formation, Reproduktion oder Transformation dieser geltenden institutionellen Logiken bei. Wie durchsetzungsfähig sie dabei sind, hängt von ihrer Handlungsfähigkeit im organisationalen Feld und in der Gesellschaft ab. Echte Climate Change Agents sind dementsprechend jene Akteure und Organisationen, die ihre Ressourcen bewusst *für* die sozial-ökologische Transformation einsetzen und sich durchsetzen können.

Bei der Aushandlung um die Funktions-/Transformations-Inkonsistenz und dem Versuch, den widersprüchlichen Erwartungen gleichermaßen gerecht zu werden, kommt es nicht selten zur Entkopplung von Kommunikation und Handeln oder zur Entkopplung von verfügbaren oder eingesetzten Mitteln und den eigentlich beabsichtigten Zielen. Um dieses Decoupling als Reaktion auf die Inkonsistenzproblematik für die verschiedenen wirtschaftlichen, journalistischen, politischen, akademischen und aktivistischen Akteure (Multi-Akteurs-Perspektive) zusammenzuführen und zu systematisieren, wurde das Decoupling-Modell erstellt. Auf Basis breit ausgewählter Literatur aus der Strategischen Kommunikationsforschung, der Organisationskommunikationsforschung, der Umwelt- und Nachhaltigkeitskommunikationsforschung sowie ergänzend aus interdisziplinärer Literatur der Journalismusforschung, der politischen Kommunikationsforschung, der Wissenschaftskommunikationsforschung sowie der Sozialen Bewegungs- und Protestkommunikationsforschung wurde zusammengetragen, wie sich die auf alle Akteure wirkende Funktions-/Transformations-Inkonsistenz akteursspezifisch betrachtet idealtypischerweise ausgestalten kann. Das erarbeitete Decoupling-Modell liefert weiters einen systematischen Überblick darüber, welche Konsequenzen oder Vorwürfe damit einhergehen und zu welchen akteursübergreifend betrachteten ähnlich gelagerten Policy-Practice- sowie Means-Ends-Dilemmata dies führen kann bzw. was dies letztlich für die Klima- und Nachhaltigkeitskommunikation der multiplen Akteure bereithält.

Mit Hilfe dieses Modells kann sichtbar gemacht werden, warum es für die verschiedenen in der Öffentlichkeit kommunizierenden Akteure so schwierig ist, zu echten Climate Change Agents zu werden. Das Risiko ist hoch, entweder dem Vorwurf der Heuchelei oder dem Vorwurf der Ineffektivität bzw. Inkompetenz ausgesetzt zu sein. Dieses Kommunikationsklima, das von einem wechselseitigen Blame-Game gezeichnet ist, erlaubt es jedenfalls nicht, zu einem konstruktiven Umgang mit der sozial-ökologischen Transformationserwartung zu gelangen. In Hinblick auf die strategische öffentliche Kommunikationspraxis wäre es in dieser Angelegenheit ratsam, die Inkonsistenzen bewusst zu adressieren, anstatt sie zu vermeiden, verantwortungsvoll mit ihnen umzugehen, anstatt sich am wechselseitigen Blaming zu beteiligen, und von der kompetitiven zu einer kooperativen Haltung in der Klima- und Nachhaltigkeitskommunikation zu kommen.

Aus den bis hierhin erarbeiteten theoretischen Erträgen leitet sich das empirische Interesse der Arbeit ab. Im Zentrum des empirischen Forschungsinteresses steht die Frage, wie genau die arenenöffentliche Klimakommunikation von verschiedenen Akteuren und Organisationen vor dem Hintergrund der Funktions-/Transformations-Inkonsistenz strategisch und politisch tatsächlich vonstattengeht und wie diese folglich zur Formation, Reproduktion oder Transformation der Funktions- bzw. der sozial-ökologischen Transformationslogik beitragen. Somit sollen die theoretisch erarbeiteten Perspektiven (Multi-Akteurs-Perspektive, Inkonsistenzproblematik/Decoupling-Modell) auch empirisch durch einen explorativen Zugang Berücksichtigung finden, der eine Momentaufnahme der strategischen öffentlichen *von-*, *über-* und *für-*Kommunikation der unterschiedlichen Akteursgruppen liefert. Um dieses Forschungsdesiderat empirisch adressieren zu können, wird eine CMA des österreichischen Klimadiskurses in Tageszeitungen und Presseaussendungen im Zeitraum der Weltklimakonferenz 2022 (COP27) durchgeführt. Im nachfolgenden Abschnitt (Kapitel 4) wird nun auf die empirische Vorgehensweise eingegangen.

4 Claims-Making im Klimadiskurs

In diesem Kapitel 4 soll nun die Vorgehensweise der empirischen Untersuchung genauer beschrieben werden. Um dem theoretisch eröffneten Forschungsdesiderat gerecht werden zu können, wird eine Claims-Making-Analyse (CMA) durchgeführt. Die CMA wurzelt sowohl in der Protest-Event-Analyse als auch in der Politischen Diskursanalyse (Koopmans & Statham, 1999, S. 203–204). Sie ist besonders gut für das eröffnete Vorhaben geeignet, da sie in ihren Grundlagen genau dafür entwickelt wurde, politisch relevante Diskurse in Hinblick auf kontextuelle Faktoren, organisationale Ressourcen und diskursive Ressourcen in Kombination miteinander zu beforschen (Koopmans & Statham, 1999, S. 203). „The public sphere is an important field where social problems are constructed and political alternatives become defined" (Koopmans & Statham, 1999, S. 203). Folglich ist die CMA als relationales und diskursives Tool zu verstehen, das die Flexibilität aufweist, sowohl präzise quantitative Aussagen über die Verhältnisse innerhalb des erhobenen Materials zu treffen als auch die qualitativen diskursiven Elemente mit der Tiefe einer Inhaltsanalyse zu untersuchen (Koopmans & Statham, 1999, S. 203).

Mit Hilfe der CMA lassen sich entsprechend 1) die kontextuellen strukturellen Gegebenheiten, die durch die Arenen vorgegeben werden, 2) die darin stattfindenden diskursiven Kämpfe um Aufmerksamkeit multipler Akteure (Multi-Akteurs-Perspektive), die strategisch (Strategische *von-*, *über-* und *für-*Klima- und Nachhaltigkeitskommunikation) und interessengeleitet (Inkonsistenzproblematik und Decoupling-Modell) vonstattengehen und geframt (*collective action frames*) sind, und 3) die sich darüber auf ein politisches Issue (Klimakrise) auswirkende De-/Institutionalisierung vorherrschender Logiken (neo-institutionelle Entrepreneurs und Climate Change Agency) in Relation zueinander beforschen.

Dabei ist es zum einen methodisch das Ziel, die arenenöffentliche Kommunikation in ihrer Komplexität über diesen Weg zunächst greifbar und untersuchbar

A. Krämer, *Climate Change Agency zwischen Blaming und Framing*, https://doi.org/10.1007/978-3-658-50041-2_4

zu machen und zum anderen inhaltliche Erkenntnisse daraus abzuleiten, wie es im erhobenen Zeitraum um die arenenöffentliche Klimakommunikation bestellt ist und wie diese im Kontext der theoretischen Vorarbeit einzuordnen ist. Insgesamt ist das Forschungsdesign als explorativ zu verstehen. Die CMA dient hierbei als methodische Basis, wobei zum einen Elemente der symbolischen Netzwerkforschung (Adam, 2008) für die strukturelle Untersuchung der kontextuellen Faktoren und kommunikativ geschaffenen Relationen sowie zum anderen qualitativ-inhaltsanalytische Elemente (Kuckartz & Rädiker, 2022) für die tiefere Untersuchung des strategischen Blamings und Framings zum Einsatz kommen.

Um das empirische Vorgehen zu strukturieren und die weitere Verschränkung mit den theoretischen Indikationen verknüpfen zu können, werden nun die empirischen Unterfragen (EUF) angeführt. Diese orientieren sich in ihrem Aufbau an der arenenöffentlichen Perspektive (Abschnitt 3.1.3) und haben zuerst die Arena selbst und die darin verhandelten Themen, dann die Akteure und danach die Kommunikation als Fokus, sind aber im Querschnitt durch diese Konzeption auch in Bezug auf die anderen erarbeiteten theoretischen Aspekte anschlussfähig. Dieser Aufbau folgt weiters in Anlehnung an den in Abschnitt 3.2.3 herangetragenen neo-institutionellen Impetus der Überwindung der Lücke zwischen institutionellen Logiken und Handlungsfähigkeit, eben einer solchen Logik, die Handlungsfähigkeit im Kontext der institutionellen und strukturellen Bedingungen zu untersuchen.

Entsprechend wird zunächst auf die Arenen als Zugangs- bzw. Beobachtungsmedium eingegangen, damit die kontextuellen Aspekte nachvollzogen werden können (EUF 1). Dann werden zentrale Diskursstränge identifiziert, um rekonstruieren zu können, welche Akteure welche Themen in der erhobenen Arenenöffentlichkeit maßgeblich debattiert haben (EUF 2). Danach wird genauer auf die Akteurskonstellationen, die durch die wechselseitige kommunikative Bezugnahme um diese Themen herum entstanden sind, eingegangen, um gemeinsame Interessen und ideologische Überschneidungen sowie antagonistische Beziehungen identifizieren zu können (EUF 3). Im Anschluss daran liegen die eingesetzten kommunikativen Strategien im Claims-Making der unterschiedlichen Akteursgruppen – das strategische Blaming und Framing – im Fokus der Untersuchung. Über das Blaming erfolgen Vorwürfe und Schuldzuweisungen, die zum einen auf die Fehlbarkeiten der unterschiedlichen Akteure abzielen und diese sichtbar machen sowie zum anderen die Koalitionen und Oppositionen festigen. Über das Framing gelingt es den unterschiedlichen Akteursgruppen, der Klimakrise und ihrem Umgang damit eine (akteursspezifische) Bedeutung beizumessen, Verantwortlichkeiten sowie Kompetenzen zu verschieben und die gesellschaftlichen Erwartungsstrukturen um die sozial-ökologische Transformation zu de-/stabilisieren (EUF 4). Abschließend soll in einem interpretativen Schritt eingeordnet und typologisiert werden, wie sich eine Climate Change Agency vor dem Hintergrund der sozial-ökologischen Transformationserwartung charakterisieren lässt (EUF 5).

EUF 1: Wie verteilen sich Claims-Maker, Themen und Adressat-/Themenwertungen auf die erhobenen Zugangsmedien (Arenen)?

EUF 2: Welche Diskursstränge lassen sich innerhalb dieser Arenenöffentlichkeit identifizieren und wie lassen sich diese beschreiben?

EUF 3: Welche Koalitionen und Oppositionen ergeben sich aus den Akteurs-/Themenkonstellationen?

EUF 4: Wie unterscheiden sich die Akteursgruppen hinsichtlich ihres strategischen Blamings und Framings?

EUF 5: Wie lassen sich die Erträge aus den EUF 1–4 in Hinblick auf eine mögliche Climate Change Agency interpretieren?

Um der Beantwortung dieser Fragen näherzukommen, wird in den folgenden Abschnitten (4.1 und 4.2) genauer auf die einzelnen Schritte der methodischen Vorgehensweise eingegangen. Dabei wird zunächst beschrieben, welches Untersuchungsmaterial herangezogen wurde (Abschnitt 4.1), und anschließend, wie dieses Material genau beforscht wurde (Abschnitt 4.2).

4.1 Sampling und Erhebung

Ziel des Forschungsdesigns ist es, nicht nur arenenöffentliche Kommunikation greifbar und systematisch analysierbar zu machen, sondern auch daraus Implikationen für die österreichische Diskurslage zur Klimakrise aus der Multi-Akteurs-Perspektive heraus zu gewinnen. In diesem Sinne gibt es bestimmte Rahmenbedingungen, die das Untersuchungsmaterial erfüllen muss, um für diese Ziele in Frage zu kommen. Arenenforschung zielt üblicherweise darauf ab, einem hohen Anspruch an Medien- und Akteursvielfalt gerecht zu werden (Schmidt, 2014, S. 46). Damit die Forschungsanlage aus forschungsökonomischen Aspekten heraus für eine Person mit den zur Verfügung stehenden Mitteln bewältigbar bleibt, wird der Fokus hier eher auf die Akteursvielfalt gelegt. Diese ist für fast alle empirischen Unterfragen von zentraler Bedeutung, während die Arenenvielfalt grundsätzlich wichtig ist, jedoch hier eher nachgereiht behandelt wird.

Das *Untersuchungsmaterial* sollte folglich Teil der österreichischen Arenenöffentlichkeit sein und eine maßgebliche Rolle in der Prägung der öffentlichen Diskurslandschaft spielen – also auch für eine breite Öffentlichkeit zugänglich sein. Darüber hinaus muss das Material einen direkten Bezug zur Klimakommunikation aufweisen. Des Weiteren zählt zu den Rahmenbedingungen, dass ein möglichst breites Spektrum an verschiedenen Akteursgruppen als Claims-Maker auftritt, damit auf die Forschungsfragen angemessen eingegangen werden kann.

Die Wahl für das erste Untersuchungsmaterial fällt auf klassische überregionale Tageszeitungen. Diese gewährleisten zum einen, dass sich unterschiedliche Akteursgruppen zu Wort melden, zum anderen, dass das hier praktizierte Claims-Making auch für eine breite Öffentlichkeit, die sich über die Klimakrise informieren möchte, zugänglich und sichtbar ist (Schäfer & Painter, 2021, S. 1). „News reporting assigns meaning to issues by providing a continuous record of public events and visibility to the claims of actors“ (Koopmans & Statham, 1999, S. 203). Tageszeitungen als Untersuchungsmaterial sind auf besondere Weise zu reflektieren. Sie nehmen eine Outside-in-Perspektive (Eisenegger, 2018, S. 19) auf die Claims-Maker, die die Thematik der Klimakrise verhandeln, ein. Des Weiteren unterliegen sie komplexen ökonomischen Zwängen, oft knappen Ressourcen, aber fungieren als Agenda-Setter und Gatekeeper, wodurch sie einen starken Einfluss auf die Bewusstseinsbildung um die Klimakrise beim Publikum haben (Schäfer, 2015, S. 858). Durch ihre reflektierende und kritisierende Rolle kann ob der eingeschriebenen Negativtendenz ein gewisser kritischer Spin im Framing des Gesamtdiskurses nicht ausgeschlossen werden, wenngleich die Claims innerhalb der Berichterstattung stets akteursgebunden erfasst werden. Außerdem sind Tageszeitungen als Arenen zugangsbeschränkt, indem sie als Gatekeeper bestimmen, wer eine sprechende Rolle als Claims-Maker einnehmen kann (Raupp, 2019, S. 3) – dies gilt es stets mitzudenken. Als reichweitenstärkste Tageszeitung gilt in Österreich die Kronen Zeitung (Statista, 2024b). Da es sich bei dieser Tageszeitung jedoch um ein Boulevardmedium handelt, wird zudem das nächstreichweitenstärkste Qualitätsmedium hinzugefügt – der Standard (Statista, 2024b).

Um dem journalistischen Bias entgegenzuwirken, werden ergänzend Presseaussendungen in das Sample aufgenommen. Diese sind als direkte strategische Kommunikationsmaßnahmen der absendenden Organisationen als Inside-out-Perspektive (Eisenegger, 2018, S. 19) auf die Verhandlung der Klimakrise zu verstehen. „[O]rganizations are more likely to make press releases and gain direct access and visibility for their claims on the public agenda“ (Koopmans & Statham, 1999, S. 205). Die Presseaussendungen unterliegen entsprechend keinem journalistischen Gatekeeping und sind deutlich weniger zugangsbeschränkt.

Jedoch sind Presseaussendungen insgesamt für die breite Öffentlichkeit zwar zugänglich, jedoch weniger sichtbar als Tageszeitungen. Allerdings besteht die Möglichkeit, dass Claims aus Presseaussendungen ihren Weg in die journalistische Berichterstattung finden, wenn sie dort von den Journalist:innen aufgegriffen werden. Claims können sich also zwischen den unterschiedlichen Medien bewegen. Presseaussendungen haben weiters einen gewissen Spin, da sie in erster Linie der Selbstbeschreibung der absendenden Organisation dienen und eine klare Positivtendenz eingeschrieben haben. Darüber hinaus verfügt nicht jeder Einzelakteur über die uneingeschränkte Möglichkeit, Presseaussendungen zu veröffentlichen. Das kann dazu führen, dass auch hier gewisse Zugangsbeschränkungen bestehen bleiben und die Akteursvielfalt nicht ganz so ausgeprägt ist wie in der Berichterstattung der Tageszeitungen.

Die Bestimmung der beiden Tageszeitungen Kronen Zeitung und Standard sowie der Presseaussendungen als Untersuchungsmaterial schafft eine sich ergänzende Grundlage und stellt gemeinsam sicher, dass es sich beim Material um solches aus der österreichischen Kommunikationsarena handelt, die für eine breite Öffentlichkeit zugänglich ist, sowie es die Akteursvielfalt sicherstellt. Um schließlich nach dem Gesichtspunkt der Zugangsbeschränkung auch jene Arenen zu berücksichtigen, die nicht zugangsbeschränkt sind, wurden Überlegungen angestellt, das Sample um Beiträge aus dem Social-Media-Bereich zu erweitern. Von diesem Schritt musste jedoch, ob der Vielfalt an Plattformen, Kanälen und der Kommunikationsdichte, aus pragmatischen Gründen abgesehen werden.

Um letztlich sicherzustellen, dass sich das Untersuchungsmaterial inhaltlich auf die Klimakommunikation bezieht, wurde der *Untersuchungszeitraum* so gewählt, dass davon ausgegangen werden kann, dass es zu zahlreichen Claims mit direktem Bezug zur Klimakrise und zum Umgang damit kommt. Der Zeitraum wurde in Anlehnung an ein bedeutendes Ereignis im Kontext der globalen Bewältigung der Klimakrise geknüpft, das auch auf nationaler Ebene viel öffentliche Aufmerksamkeit erregt – die internationale Klimakonferenz (COP) des dezidierten Sekretariats der United Nations (UNFCCC). Da die empirische Forschung für diese Arbeit Anfang 2023 konzipiert wurde, kam jene letztaktuelle Klimakonferenz, die im November 2022 in Ägypten ausgetragen wurde, für den Untersuchungszeitraum in Frage. Entsprechend fiel die Entscheidung darauf, den Untersuchungszeitraum mit der Konferenzdauer dieser 27. COP, also vom 06.11.2022 bis zum 18.11.2022, gleichzusetzen. Eine Ad-hoc-Recherche über die Austria Presse Agentur (APA) ergab weiters, dass die veröffentlichten Beiträge vor und nach der Konferenz erheblich abnahmen. Der Zugang über das eventbasierte Sampling und der damit verbundene gewählte Zeitraum erschienen eine angemessene Größe zu haben, um einerseits auf einen bewältigbaren

Materialumfang zu kommen und andererseits die Themenvielfalt innerhalb des Issues der Klimakrise sowie zusätzlich die Akteursvielfalt sicherzustellen, die für das angelegte explorative Forschungsdesign notwendig sind. Die COP27 sticht weiters aus thematischer Sicht hervor, da sie zum ersten Mal die Thematik der Loss- und Damage-Zahlungen auf die reguläre Agenda brachte. Die Themen- und Akteursvielfalt vor Ort sowie die existierenden Kontroversen um teilnehmende Akteure und die Konferenz selbst lösten auch national viel öffentliche Aufmerksamkeit aus. Erhoben wurden die Beiträge der Tageszeitungen und die Presseaussendungen über die Tools der APA. Als Erstes wird genauer auf die *Erhebung der Tageszeitungen* eingegangen, als Nächstes auf die *Erhebung der Presseaussendungen.*

Für den Zugriff auf das Sample der Tageszeitungen wurde das Portal der APA Onlinemanager Library (APA, 2024a) genutzt. Hier wurden die festgelegten Tageszeitungen Kronen Zeitung und Standard sowie der festgelegte Untersuchungszeitraum in die Suchmaske eingegeben. Um die bereitgestellten Zeitungsartikel weiters vorab einzugrenzen und den inhaltlichen Bezug zur Klimakrise herzustellen, wurde folgender Suchstring auf Basis einschlägiger Schlüsselwörter erstellt: *Klimakrise OR Klimawandel OR Klimakatastrophe.* Somit wurde jeder Zeitungsartikel der beiden ausgewählten Tageszeitungen im definierten Zeitraum ausgegeben, der mindestens eines der drei Wörter enthielt. Von einer Wortstammsuche mit Asterisk (z. B. Klima*) wurde abgesehen, da sich hier eine Vielzahl an Artikeln in das Sample gemischt hätte, die keinen Bezug zur Klimakrise hätten (z. B. Beziehungsklima, Organisationsklima, Raumklima etc.). Mit dieser Schlagwortsuche konnte ein grundsätzlicher Bezug zur Klimakrise hergestellt werden und es mussten nicht zu viele Artikel rückwirkend aussortiert werden. Die Suche ergab insgesamt 144 Beiträge – 79 aus der Kronen Zeitung, 65 aus dem Standard. Als Nächstes wurden die Resultate in Form eines PDF-Dokuments abgespeichert und waren zur Bearbeitung bereit.

Um auf das Sample der Presseaussendungen zu kommen, wurde das Portal der APA-OTS (APA, 2024b) herangezogen. Hier wurde ebenfalls der betreffende Zeitraum ausgewählt und derselbe Suchstring eingesetzt. Die Suche ergab insgesamt 154 Aussendungen. Um die Presseaussendungen auf ein bewältigbares Ausmaß zu reduzieren, wurde anschließend ein weiteres Selektionsverfahren angewandt. Dafür wurden Schlüsselakteure unter den Aussender:innen ermittelt. Um diese Schlüsselakteure identifizieren zu können, mussten erst Akteursgruppen gebildet werden. Die Erhebung der Presseaussendungen fand entsprechend nach der Codierung des Materials aus den Tageszeitungen statt. In Abschnitt 4.2 wird genauer auf das Codierungsverfahren eingegangen. Nachdem die Akteursgruppen aus dem journalistischen Sample feststanden, wurden zunächst alle aussendenden

Akteure in ein separates Excel-Sheet übertragen und den bei der Codierung des journalistischen Materials entstandenen Akteursgruppen zugeordnet. Ziel dieses Schritts war es, die jeweils wichtigsten Aussender gemessen an der Häufigkeit der Aussendungen je Akteursgruppe zu ermitteln. So wurde gewährleistet, dass jede Akteursgruppe für das Sample berücksichtigt wurde und somit jede Akteursgruppe möglichst gut repräsentiert war. Von den Akteursgruppen Protest und Zivilbevölkerung gab es jedoch keine zuordenbaren Presseaussendungen. Nach Auswahl aller Aussendungen der selektierten Akteure belief sich das Sample auf 59 Presseaussendungen. Diese wurden anschließend händisch heruntergeladen und zu einem PDF-Dokument zusammengefügt.

Nachdem die Samples aus den beiden Tageszeitungen und den Presseaussendungen bereit zur Bearbeitung waren, wurden sie noch bereinigt. Bei diesem Prozess wurden neben reinen Avisos all jene Dokumente aus dem Sample ausgeschlossen, bei denen es sich entweder um Dubletten handelte oder die inhaltlich doch nicht zum Thema passten. Das finale Sample für die Untersuchung umfasste 60 Beiträge der Kronen Zeitung (76 PDF-Seiten), 42 Beiträge des Standards (79 PDF-Seiten) und 54 Presseaussendungen (172 PDF-Seiten). Insgesamt dienten also 156 Beiträge (327 PDF-Seiten) aus Tageszeitungen und Presseaussendungen als Untersuchungsmaterial.

An dieser Stelle sei nochmals betont, dass dieses Material nur einen geringen Anteil aller möglichen untersuchbaren Arenen darstellt, weshalb das Sample in keiner Weise repräsentativ für die allgemeine Klimakommunikation in Tageszeitungen oder Presseaussendungen ist. Bei der Selektion mussten drastische Einschränkungen vorgenommen werden, da die weitere Auswertung, die eigentliche Claims-Making-Analyse, manuell und nicht automatisiert durchgeführt wurde. Um den Umfang zu vergrößern, könnte eine automatisierte Erhebung und Codierung für künftige Projekte eine nützliche Perspektive sein. Kommunikationsarenen bringen ein hohes Maß an Komplexität mit sich und die Kommunikationsflüsse nachzubauen, die darin ablaufen, ist entsprechend ebenso komplex – wenngleich dies vielversprechende Einblicke in die Kommunikationsstrukturen, das Verhalten der Akteure sowie die Aushandlung gesellschaftlich relevanter Themen gibt, die hier von besonderem Interesse sind.

Diese Arbeit hat es sich jedoch zur Aufgabe gemacht, genau diese Einblicke in Hinblick auf die Klimakommunikation zu gewinnen. Der Anspruch liegt hierbei nicht darauf, den Gesamtdiskurs zu vermessen, sondern trotz des eingeschränkten Samples explorativ einen methodischen Ansatz zu entwickeln, der das Potenzial der Claims-Making-Analyse für die Forschung zur arenenöffentlichen Kommunikation auszuschöpfen vermag. Das bietet auch die Möglichkeit für Anschlussforschung mit einem breiteren Sample oder mit einem anderen thematischen Fokus.

4.2 Aufbau und Darstellung der Claims-Making-Analyse

In diesem Abschnitt wird beschrieben, wie die CMA hier genau angewandt wurde. Die CMA erfasst systematisch diskursive Dimensionen von allen Akteuren, deren Claims relevant für das jeweilige Themenfeld sind (Koopmans & Statham, 1999, S. 204). Über diese Methodik wird somit auch empirisch sichergestellt, dass eine Vielfalt an Äußerungen unterschiedlicher Akteure (Multi-Akteurs-Perspektive) zu einer Thematik Berücksichtigung findet. Über die diskursiven Dimensionen lässt sich dann weiters erfassen, wie sich die Akteure zueinander und zu den verhandelten Themen verhalten und wie sie diesen unterschiedlich Bedeutung zuweisen und darüber schließlich dominante gesellschaftspolitische und kulturelle Normen verstetigen oder herausfordern (Koopmans & Statham, 1999, S. 204). Dieser Ansatz strebt folglich danach, diskursive Elemente und ihren institutionellen Kontext gesamthaft zu betrachten (Koopmans & Statham, 1999, S. 206) und die Lücke zwischen Struktur und Handlungsfähigkeit zu schließen (Koopmans, 2005, S. 19). Durch die Interaktionsprozesse zwischen den unterschiedlichen Akteuren entstehen komplexe Koalitionen, Unterstützungsnetzwerke und Konfliktlinien (Koopmans & Statham, 1999, S. 206), die folglich im Lichte der Arenenperspektive, der Inkonsistenzproblematik und der De-/Institutionalisierung geltender Logiken betrachtet werden können.

Als Untersuchungseinheit wurden entsprechend die von den unterschiedlichen Akteuren getätigten Claims herangezogen.

> A claim is defined as an instance of strategic action in the public sphere. It consists of the expression of a political opinion through some form of physical or verbal action, regardless of the form this expression takes (statement, violence, decision, demonstration, court ruling, etc.) and regardless of the nature of the actor (governments, social movements, NGOs, individuals, etc.). Statements by journalists may also be included if the journalist's opinion is provided in an explicit way in the news coverage. (Koopmans & Erbe, 2004, S. 98)

Ein Claim besteht gemäß Koopmans und Erbe (2004) aus den folgenden Komponenten. Zunächst gibt es den *Claims-Maker*, von dem die Claims ausgehen. Dieser kann beispielsweise Forderungen stellen, Kritik äußern oder Probleme definieren. Dann existiert meist ein *Adressat*, an den sich der Claims-Maker mit seiner Unterstützung, seiner Kritik, seiner Forderung, seiner Verantwortungszuschreibung oder Ähnlichem richtet. Des Weiteren gibt es das *Thema*, auf das sich der Claim bezieht. Auch können *Objekt-Akteure* erfasst werden, auf die sich der Claim konsekutiv positiv oder negativ auswirken kann. (Koopmans & Erbe, 2004, S. 103)

Aus den ersten Codierungen des Materials für diese Forschung zeigte sich bald, dass es auch zu Claims kommt, die beispielsweise keine Objekt-Akteure anführen. Sie wurden konsequent miterfasst, haben sich aber für diese Forschung als nicht sonderlich relevant herausgestellt. In Bezug auf die Adressaten war auffällig, dass es auch zu einigen Claims kam, in denen kein Akteur spezifisch adressiert wurde. Die Claims bezogen sich dann rein auf einen bestimmten Inhalt, konnten aber dennoch Kritik, Forderungen oder Vergleichbares enthalten. Sie wurden nicht zuletzt in Anbetracht ihrer Häufigkeit als relevant für die vorliegende Untersuchung erachtet und als ‚Content-Claims' miterfasst.

Diese diskursiven Basiskategorien des Claims-Makings – *Claims-Maker*, *Adressaten* und *Themen* – wurden für die Anwendung in diesem Forschungsdesign noch erweitert. Zum einen wurden strukturelle Kategorien miterfasst, um leichter mit den gewonnenen Daten arbeiten zu können. Dazu gehören die Angabe der *Quelle*, in welchem ‚Medium' der Claim aufgetreten ist, eine *Dokumenten-ID*, das *Erscheinungsdatum*, die *Seitenzahl* sowie eine eindeutige *Claim-ID*. Zum anderen wurden weitere theoriegeleitete Kategorien ergänzt. Zunächst wurden die *Wertungen*, die ein Bezug zu einem *Adressaten* oder *Thema* enthalten kann, aus Gründen der besseren Darstellbarkeit in der Auswertung zusätzlich separat erhoben. Auch wurde die *Art der Bezugnahme* separat erfasst, um sehen zu können, worum es sich handelt (z. B. Forderungen, Problemdefinitionen, Verantwortungszuschreibungen etc.). Bezugnehmend auf die in Abschnitt 3.2.2 erarbeitete Inkonsistenzproblematik wurde außerdem erhoben, inwiefern es diesbezüglich zu Vorwürfen kam. Das wurde mit der Kategorie *Blaming-Strategie* erfasst. Des Weiteren wurde entlang der in Abschnitt 3.1.3.4 erarbeiteten Perspektive der *collective action frames* die *Framing-Strategie* erfasst.

Ein ausführliches Codebuch wurde für die exakten Definitionen der Kategorien erstellt. Zu betonen ist an dieser Stelle, dass alle theoriegeleiteten Kategorien bis auf die Wertungen und die Framing-Strategie offen erhoben wurden. Es handelt sich also um eine Mischform aus deduktiv und induktiv gebildeten Kategorien. Die Wertungen bezüglich der Adressaten und Themen wurden als entweder *unterstützend/befürwortend*, *neutral*, *kontrovers* oder *kritisierend/bemängelnd* eingestuft. Die Framing-Strategien wurden zunächst als entweder *diagnostisch* oder *prognostisch* erhoben, wobei das *motivationale* Framing erst durch einen weiteren inhaltsanalytischen Schritt (siehe Ende dieses Abschnitts) aus den diagnostischen und prognostischen Framings heraus generiert wurde. Die Akteure (Claims-Maker, Adressaten, Betroffene), die Themen sowie die Art der Bezugnahme und die Blaming-Strategie wurden in Anlehnung an Koopmans und Statham (1999) offen codiert. „Actors, aims and frames were not coded with reference to pre-defined, ‚closed' category systems, but on the basis of ‚open' code lists that could be extended by the coders, each time a new actor, aim or frame, appeared" (Koopmans & Statham, 1999, S. 207).

In Bezug auf die Akteure und Themen bedeutet das, dass sie in einem ersten Schritt so nah am Text wie möglich festgehalten und erst nach Abschluss dieses Codierungsdurchlaufs zu Untergruppen und Gruppen zusammengefasst wurden. Dabei wurden zwei unterschiedliche Abstraktionsgrade gewählt. Zuerst wurden die Akteure zu einer Untergruppe auf Basis ihrer Organisation/Funktion zugeteilt und in einem zweiten Schritt nochmals zu größeren Gruppen auf gesellschaftssystemischer Ebene zusammengefasst. Somit wurde gewährleistet, dass alle relevanten Akteursgruppen einbezogen wurden. Diese Akteursgruppen repräsentieren sowohl die zentralen Akteursgruppen, die auch schon im theoretischen Teil als Schüsselakteure der öffentlichen Klimakommunikation identifiziert wurden (*Wirtschaft, Politik, Journalismus, Wissenschaft, Protest*), als auch weitere hybride Gruppen, die zwischen den eindeutig zuordenbaren Gruppen zu verorten waren (Hybride zwischen *Wirtschaft/Politik*, zwischen *Wissenschaft/Protest*, zwischen *Politik/Zivilbevölkerung*, zwischen *Wissenschaft/Politik*, zwischen *Wirtschaft/Protest*, zwischen *Wirtschaft/Zivilbevölkerung*), sowie nichthybride Gruppen, die noch nicht berücksichtigt waren (*Religion, Zivilbevölkerung*). An dieser Stelle sei erwähnt, dass die Akteursgruppen naturgemäß eine gewisse Binnenheterogenität aufwiesen. Auch wenn in den Formulierungen hier und in weiterer Folge beispielsweise von ‚wirtschaftlichen', ‚politischen' oder ‚wissenschaftlichen' Akteuren die Rede ist, wurde stets berücksichtigt, dass sich die Akteursgruppen aus verschiedenen Einzelakteuren zusammensetzen, die sich nicht zwangsläufig identisch zueinander verhalten müssen.

Bei den Themen wurden auf ähnliche Weise zuerst feinere Themengruppen gebildet und diese in einem weiteren Schritt nochmals zusammengefasst, sodass am Ende sieben Hauptthemengruppen gebildet wurden (in alphabetischer Reihenfolge: *Aktivismus, Gründe und klimaschädliches Verhalten, internationale Konferenzen und Kooperationen, Klimakrise/Klimawandel, Konsequenzen des Klimawandels, Maßnahmen, Transformation*). Auf der abstraktesten Ebene wurden allen Akteuren und Themen zugunsten der besseren Visualisierung Farbcodes zugewiesen.

Für die Art der Bezugnahme ließen sich nach der offenen Codierung folgende Varianten festhalten – in alphabetischer Reihenfolge: *Aufklärung/Information,*

Blame, Delegitimation, Errungenschaften, Forderung, Handlungsempfehlung, Imagination, Kompetenzzuschreibung, Legitimation, Maßnahmenbericht, Problemdefinition, Rechtfertigung, Selbstlegitimation, Sensibilisierung, Stellungnahmen, Verantwortungszuschreibung, Verlusterzählung/Resignation/Ohnmacht und *Warnungen.* Für die Blaming-Strategie ließen sich nach der offenen Codierung die Kategorien *Climate-Priority-Blame, Functional-Priority-Blame, Policy-Practice-Blame* und *Means-Ends-Blame* bilden.

Diese Offenheit half dabei sicherzustellen, dass alle relevanten Akteure, Themen oder Strategien berücksichtigt werden konnten und es nicht zu kategorischen blinden Flecken und Ausschlüssen, beispielsweise durch ein rein deduktives Vorgehen, kam. Im Gegensatz zu einer Inhaltsanalyse ist die CMA somit in der Lage, nicht nur Claims-Maker, Adressaten, Themen und Framing-Strategien in Relation zueinander zu erfassen, sondern darüber auch ein Kommunikationsnetzwerk in Hinblick auf die Beziehungen zwischen den kommunizierenden Akteuren und ihre Haltung zu den verhandelten Themen zu kartieren und diese somit in ihrer Komplexität interpretierbar zu machen. Die diskursiven strategischen Claims, die aus echter öffentlicher Kommunikation um die Klimakonferenz herum stammen, wurden mit einem offenen, detaillierten Kategoriensystem codiert, das so nah wie möglich am diskursiven Inhalt der Originalclaims gebaut ist. Dadurch wird es möglich, „to place individual discourses or frames in a representative context, as a basis for drawing grounded conclusions about the ‚dominance' of certain frames over others, and the ‚success' of some over others" (Koopmans & Statham, 1999, S. 216).

Das Codebuch wurde in weiterer Folge in eine äquivalente Excel-Datenmaske überführt. Der nächste Schritt bestand darin, Claims im Untersuchungsmaterial zu identifizieren und diese den erarbeiteten Kategorien entsprechend durchzucodieren. Dafür wurde zunächst mit einer kleinen Auswahl an ersten Zeitungsartikeln begonnen, um sicherzustellen, dass die Durchführung dieser Vorgehensweise zum erwünschten Ergebnis führt. Parallel dazu wurde das Verfahren auch an Twitter-Postings des Accounts *Fridays for Future* getestet. Ziel der Übung war es festzustellen, ob das entwickelte Codiersystem auch bei kurz gehaltenen Textformaten sowie in Social-Media-Umgebungen angewandt werden kann. Die ersten Codierungen fielen in den beiden unterschiedlichen Medientypen zufriedenstellend aus und das entwickelte Codiersystem konnte sowohl auf längere Beiträge in Tageszeitungen als auch auf kurze Twitter-Postings erfolgreich angewandt werden. Auch wurden erste Visualisierungen mit Sankey Flow Charts (Sankeymatic, 2024) erfolgreich unternommen. In weiterer Folge wurde nur mit den Tageszeitungen und den Presseaussendungen weitergearbeitet. Jedoch zeigte dieser

Zwischenschritt, dass das entwickelte Codiersystem bei unterschiedlichen Medienarten angewandt werden kann, solange sich Claims mit mindestens einem Claims-Maker und einer Aussage zu einem Thema finden lassen. Das ist auch für weitere Arenenforschung von Bedeutung, zumal sich die Arenenkommunikation idealerweise aus einem möglichst diversen Mix an Medientypen speist. Weiters bietet die CMA grundsätzlich auch die Möglichkeit, die Textebene zu verlassen (Koopmans & Statham, 1999, S. 203) und mit Bildern, Bewegtbild oder physischen Aktionen zu arbeiten. Hierfür wäre jedoch eine Verschränkung mit anderen Methoden vonnöten.

Nach Abschluss der ersten Codierungen wurden die heruntergeladenen PDF-Dokumente des gesamten restlichen Untersuchungsmaterials gesichtet und alle relevanten Claims, Claims-Maker, Adressaten und Betroffene im Text hervorgehoben. Dann wurden die so identifizierten Claims in die Excel-Datenmaske eingetragen und den Kategorien entsprechend durchcodiert. Insgesamt wurden auf diesem Wege im definierten Sample 706 eindeutige Claims identifiziert und codiert. Um die Reliabilität der Codierungen gewährleisten zu können, wurden bereits codierte Abschnitte nach einer zeitlichen Lücke von mindestens zwei Wochen nochmals codiert. Hierfür wurden jeweils vier Beiträge des vorherigen Codierabschnitts zufällig ausgewählt und nochmals neu codiert. Diese Intracoderreliabilitätstests wurden auf das gesamte Sample gesehen insgesamt sechsmal durchgeführt – je zweimal für jedes ‚Medium'. Von einem Intercoderreliabilitätstest wurde aus forschungsökonomischen Gründen abgesehen, da die Codierung des Materials ohnehin in Einzelarbeit erfolgte.

Nachdem die Codierung des Materials vollständig abgeschlossen war, ging es darum, die Daten aufzubereiten und zu interpretieren. Hierfür wurde zum einen mit Microsoft-Excel-Pivot-Tabellen und -Grafiken sowie mit weiteren Visualisierungstools wie Gephi (Bastian et al., 2009) und Sankey Flow Charts (Sankeymatic, 2024) gearbeitet, um einen Überblick über die Strukturen der Kommunikationsflüsse zu erhalten. Zum anderen wurde der qualitative inhaltsanalytische Ansatz nach Kuckartz (Kuckartz & Rädiker, 2022, S. 157) genutzt, um die Claims insbesondere in Hinblick auf die Framing-Strategien in der Tiefe inhaltlich strukturieren und interpretieren zu können und um die gewonnenen Erkenntnisse gesamthaft zu einer Typenbildung führen zu können.

Für die Auswertung mit den Visualisierungstools musste der in Excel aufbereitete Datensatz nochmals umcodiert werden. Die Sankey Flows sollen die Claims selbst als Kommunikationsflüsse darstellen und charakterisieren. In diesem Sinne wird zunächst visualisiert, wie die Claims vom Claims-Maker ausgehend die Adressaten erreichen, dann, auf welches Thema sich dieser Claims bezieht, und danach, wie dieser Claim geframt ist. Um die Darstellung mit dem Sankey Flow

Chart zu ermöglichen, mussten zwei verschiedene Listen angelegt werden. Eine Liste, die die Nodes, also hier die Akteurs- und Themengruppen sowie Strategien definiert, und eine Liste, die die Beziehungen zwischen diesen Nodes herstellt.

Für die Node-Liste mussten die Akteure, Themen und Strategien so umcodiert werden, dass sie mit einem Doppelpunkt beginnen und den jeweiligen Farbcode enthalten, beispielsweise ‚:Wissenschaft (CM) #FF9966'. Hierbei sei außerdem ergänzend angemerkt, dass für die Akteure, die sich in der Rolle der Claims-Maker befinden, ein ‚(CM)' hinzugefügt wurde, um sie von jenen in der Adressatenrolle zu unterscheiden. Würde diese Unterscheidung nicht erfolgen, würde das Programm beispielsweise wissenschaftliche Claims-Maker und wissenschaftliche Adressaten einfach zusammenfassen. Der Farbcode für die Claims-Maker und die Framing-Strategien wurde im Vorfeld festgelegt.

Für die Flows-Liste werden die Verbindungen zwischen den Nodes nach folgendem Prinzip hergestellt: ‚Medien (CM) [1] Politik'. Die Definition ‚[1]' stellt hier also die Verbindung zwischen Claims-Maker und Adressat her. Mit der Ziffer innerhalb der Klammer kann die Stärke bzw. Häufigkeit dieser Verbindung angegeben werden und eine Gewichtung erfolgen. Davon wurde hier jedoch abgesehen. Die Flows-Liste umfasst entsprechend alle eindeutigen Verbindungen zwischen Claims-Makern und Adressaten, zwischen Adressaten und Themen sowie zwischen Themen und Framing-Strategien. Bei solchen Claims, die keinen Adressat enthielten, wurde statt des Adressaten mit einer Behelfskonstruktion gearbeitet, indem anstelle des Adressaten ‚Content-Claims' eingefügt wurde. Damit können rein thematische Claims ebenfalls im Chart berücksichtigt werden.

Die Stärke des Sankey Flow Charts liegt darin, dass es in der Lage ist, alle Claims auf einen Blick und dabei die Verbindungen zwischen Claims-Makern, Adressaten, Themen und Framing-Strategien in Relation zueinander darzustellen. Der Nachteil besteht darin, dass bei der Menge an Claims, Akteuren, Themen und Strategien das abstrakteste Niveau der Akteurs- und Themengruppen verwendet werden muss, damit das Chart noch les- und interpretierbar bleibt. Entsprechend gehen einige Informationen, die vor allem für die tiefere Interpretation der Diskursstränge und der Akteurskonstellationen von Bedeutung sind, verloren.

Für die komplexere Darstellung auf der Ebene der ‚Untergruppen' wurden die Claims als Nächstes mit dem Netzwerkvisualisierungsprogramm Gephi dargestellt. Auch hierfür musste der Datensatz erneut umcodiert werden. Damit Gephi die Daten auslesen und in ein symbolisches Netzwerk transferieren kann, müssen, ähnlich wie beim Flow Chart, Node- und Edge-Listen erstellt werden. Die Nodes entsprechen dabei den Akteuren (Claims-Maker und Adressaten) und Themen, die Edges den kommunikativen Bezugnahmen. Die Node-Liste enthält die

Variablen ‚ID', ‚Label' und ‚color', wobei die ID händisch definiert wurde, das Label den aus dem ersten Abstraktionsschritt der Codierung entstandenen ‚Untergruppen' der Akteure und Themen entspricht und ‚color' dem zugewiesenen Farbcode entspricht, der für alle übergeordneten abstraktesten Akteurs- und Themengruppen identisch ist. Die Edge-Liste enthält die Variablen ‚Source', ‚Target', ‚Type' und ‚Wertung'. Die Variablen ‚Source' und ‚Target' definieren die Beziehung zwischen einem Quell-Node, den Claims-Makern, und einem Ziel-Node, den Adressaten oder Themen. Entsprechend wurden hier die vorab definierten IDs jener Nodes eingetragen, zwischen denen eine kommunikative Bezugnahme erfolgt ist; genauer gesagt, zuerst jene Beziehung zwischen allen Claims-Makern (Source) und Themen (Target) aus jenen Claims ohne Adressat, dann alle Beziehungen zwischen allen Claims-Makern (Source) und Adressaten (Target) und danach alle Beziehungen zwischen allen Claims-Makern (Source) und Themen (Target) aus jenen Claims mit Adressat. Die Variable ‚Type' definiert, ob es sich um eine gerichtete oder um eine ungerichtete Bezugnahme handelt. Im vorliegenden Fall sind alle Bezüge gerichtet. Die Variable ‚Wertung' entspricht der erhobenen Variable derselben Bezeichnung. Nach Einspeisung der beiden Listen in das Programm wurden mehrfache identische Bezugnahmen addiert und die dargestellten Edges wurden entsprechend dicker dargestellt. Die Farbe der Edges bezieht sich auf die Variable der Wertung, die hier einem Mittelwert aller Bezüge zwischen zwei Nodes entspricht.

Im Programm wurde zu Visualisierungszwecken der Algorithmus ‚Force Atlas 2' angewandt, der dem Netzwerk die typische Form verleiht. Die Node-Größe wurde auf min. 15 und auf max. 60 eingestellt und definiert sich nach dem gewichteten Degree, also der Häufigkeit, wie oft ein Akteur Claims von sich gibt oder wie oft ein Akteur oder Thema adressiert wurde. Größere Nodes bedeuten also eine prominentere Position im Netzwerk, während kleinere Nodes eine weniger prominente Rolle einnehmen. Die Dicke der Edges definiert sich nach der Intensität der Bezugnahme und die Farben entsprechen der durchschnittlichen Wertung ebendieser eindeutigen Bezugnahmen – nach dem Schema durchschnittlich kritisierend/bemängelnd = Rot, durchschnittlich neutral = Grau, durchschnittlich befürwortend/unterstützend = Grün.

Der Vorteil der Visualisierung mit Gephi ist, neben der detaillierteren Darstellung der Nodes auf Ebene der ‚Untergruppe', die Möglichkeit, die Nodes und Edges frei zu bewegen, neue Farbcodes zu vergeben und sie händisch frei umzustrukturieren. Letzteres ist insbesondere für die Visualisierung der Akteurs- und Themenkonstellationen von Bedeutung. Das Besondere im Vergleich zu den Sankey Flows ist außerdem, dass die Verbindungen zwischen den Claims-Makern und den Adressaten sowie die Verbindungen zwischen Claims-Makern und Themen separiert wurden. Aus dem Netzwerk lässt sich entsprechend, und zwar auf einem detaillierteren Niveau, herauslesen, welche Claims-Maker welche Akteure und welche Claims-Maker welche Themen adressiert haben, jedoch nicht mehr, welche Akteure in Relation zu welchen Themen genau adressiert wurden. Auch die Framing-Strategie konnte hier nicht abgebildet werden. Diese Information kann jedoch durch die weitere Auseinandersetzung, beispielsweise mit Hilfe des Sankey Flow Charts, der Excel-Pivot-Tabellen und der Tiefeninterpretation ergänzt werden. Insgesamt sei nochmals betont, dass es sich mit diesem erhobenen Datenmaterial im Hintergrund um ein symbolisches Netzwerk handelt, mit dem keine Aussagen über die gesamte Klimakommunikation getroffen werden können. Ziel ist es, grundlegende Mechanismen der arenenöffentlichen Kommunikation in Hinblick auf die Formation oder Transformation bestimmter gesellschaftlicher Erwartungsstrukturen zu untersuchen.

Für die tiefere qualitative Untersuchung der Blaming- und Framing-Strategien wurde die inhaltlich strukturierende bzw. weiters die typenbildende qualitative Inhaltsanalyse nach Kuckartz (Kuckartz & Rädiker, 2022, S. 157) angewandt. Diese arbeitet nach dem Grundprinzip der Untersuchung unterschiedlicher Fälle und Kategorien (Kuckartz & Rädiker, 2022, S. 108). Dabei stellen die Kategorien im Codebuch die Grundlage für die Inhaltsanalyse dar und sind, wie bereits erläutert, eine Mischform aus deduktiv und induktiv gebildeten Kategorien. Die Kategorien im Codebuch sind grundsätzlich deduktiv gebildete Kategorien, die „dann direkt am Material präzisiert, modifiziert und differenziert" (Kuckartz & Rädiker, 2022, S. 102) wurden. Beispielsweise wurde die Kategorie der *Claims-Maker* deduktiv gebildet, jedoch offen und so nah am Text wir möglich erhoben. Die anschließende Erstellung der Akteursuntergruppen und -gruppen stellt in diesem Sinne eine induktive Bildung dar. Auch die Kategorie der Framing-Strategie ist eine deduktiv gebildete Kategorie, die erfasst, ob ein Claim diagnostisch oder prognostisch geframt ist. Werden nun die gebildeten Akteursgruppen als Fälle und die unterschiedlichen Ausprägungen der Framing-Strategien als Kategorien begriffen, lassen sich die akteursspezifischen Framing-Strategien – also das diagnostische, das prognostische sowie das motivationale Framing im Zusammenhang – anhand der jeweiligen Fall- und Kategorienzusammenfassungen in der Tiefe inhaltsanalytisch charakterisieren. Abschließend münden die Erkenntnisse aus den empirischen Unterfragen gesamthaft in die Bildung von Climate-Change-Agency-Typen (Kuckartz & Rädiker, 2022, S. 180).

5 Auswertung und Resultate

Im Folgenden werden nun die Auswertung und die Resultate genauer beschrieben. In Anlehnung an die Logik der arenentheoretischen Überlegungen werden hierfür die folgenden Auswertungsschritte ausgeführt (siehe Abb. 5.1).

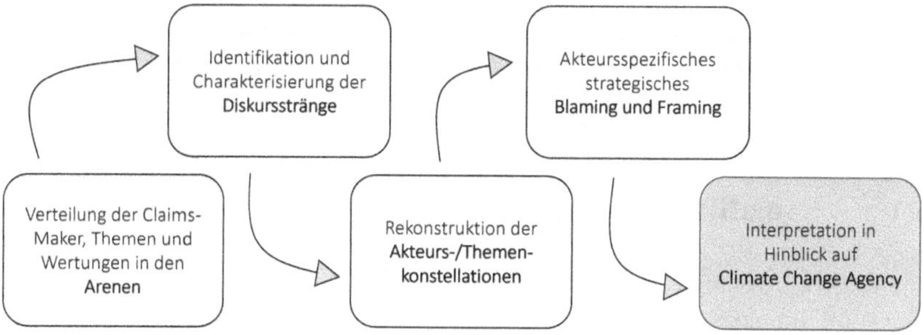

Abbildung 5.1 Aufbau der Auswertungsschritte. (Eigene Darstellung)

Zunächst wird auf die Arenen der untersuchten Arenenöffentlichkeit (Abschnitt 5.1) sowie folglich auf die Diskursstränge innerhalb der Arenen (Abschnitt 5.2) eingegangen. Innerhalb dieser beziehen die Claims-Maker unterschiedliche Positionen und entwickeln darüber ein unterstützendes oder

---

Ergänzende Information Die elektronische Version dieses Kapitels enthält Zusatzmaterial, auf das über folgenden Link zugegriffen werden kann https://doi.org/10.1007/978-3-658-50041-2_5. Das Material umfasst alle in diesem Kapitel enthaltenen Abbildungen und Tabellen nochmals gesondert zugunsten der Lesbarkeit.

A. Krämer, *Climate Change Agency zwischen Blaming und Framing*,
https://doi.org/10.1007/978-3-658-50041-2_5

kritisierendes Verhältnis zueinander, das im Ringen um die arenenöffentlichen Diskursräume entscheidend sein kann. Daraus ergeben sich bestimmte Akteurs- und Themenkonstellationen, die sich in Hinblick auf Koalitionen und Oppositionen untersuchen lassen (Abschnitt 5.3). Dann gilt es zu analysieren, welche Blaming-Strategien von den unterschiedlichen Akteursgruppen zum Einsatz kommen und die Akteurskonstellationen festigen sowie welche Framing-Strategien die Akteursgruppen bedienen, um letztlich Einschätzungen darüber treffen zu können, wie sie die arenenöffentliche Klimakommunikation tatsächlich prägen. Abschließend folgt die Interpretation dieser Erkenntnisse in der Gesamtschau in Hinblick auf die Climate Change Agency (Abschnitt 5.4). Dieser Aufbau folgt weiters einer Logik beginnend auf der strukturellen Ebene der arenenöffentlichen Klimakommunikation bis hin zur Ebene der kommunikativen Handlungsfähigkeit der einzelnen Akteursgruppen. Somit soll die Analyse des Claims-Makings, also der diskursiven Teilfragmente, multipler Akteursgruppen unterschiedlicher Kommunikationstypen in ihrem größeren diskursiven Kontext (Arenenkommunikation), die durch ihr unterschiedliches Framing insgesamt zur De-/Institutionalisierung einer Transformationslogik beitragen können, beleuchtet und in Zusammenhang mit ihrem transformativen Potenzial der strategischen öffentlichen Klimakommunikation gebracht werden.

5.1 Spezifika der untersuchten Zugangsmedien

Mit diesem Abschnitt soll zunächst auf die Quellmedien der hier erhobenen Arenenöffentlichkeit eingegangen werden (EUF 1: Wie verteilen sich Claims-Maker, Themen und Adressat-/Themenwertungen auf die erhobenen Zugangsmedien (Arenen)?). Wie bei der Argumentation des Samplings bereits erläutert (Abschnitt 4.1) wurden die Tageszeitungen Kronen Zeitung und Standard sowie ausgewählte Presseaussendungen als Untersuchungsmaterial herangezogen. Aus diesem Material wurden insgesamt 706 eindeutige Claims identifiziert. Diese Claims stammen zu 29 % aus der Kronen Zeitung (n = 208), zu 38 % aus dem Standard (n = 267) und zu 33 % aus den Presseaussendungen (n = 231). Die Claims entfallen also zu annähernd gleichen Teilen auf die drei untersuchten Quellmedien. Im Vergleich zu den Tageszeitungen nehmen die Presseaussendungen mit einem Drittel den kleineren Anteil ein. An dieser Stelle sei erwähnt, dass die erhobene Diskursarena einem Selektions-Bias unterliegt, indem es sich auf die Gesamtbilanz der tatsächlich auftretenden Akteure, auf die Intensität der Thematisierungen sowie auf die Wertungen stark auswirken kann, dass der erhobene Gesamtdiskurs zu 67 % aus Tageszeitungen stammt und nur zu 33 % aus Presseaussendungen.

Wie aus den theoretischen Überlegungen zur Arenenöffentlichkeit (Abschnitt 3.1.3) hervorging, ist an das jeweilige Quellmedium stets eine gewisse Zugangsbeschränkung für die Akteure, die darin möglicherweise als Claims-Maker auftreten können, geknüpft. Entsprechend gibt es bestimmte Barrieren, hier überhaupt zum Claims-Maker werden zu können, sowie aufmerksamkeitsökonomische Beweggründe, warum manchen Themen mehr Raum zugestanden wird als anderen, weshalb als Gegenpol dazu auch Presseaussendungen herangezogen wurden. Im Falle der Presseaussendungen benötigen die Claims-Maker beispielsweise ‚nur' die nötigen Ressourcen und das Know-how, solche eigenständig zu veröffentlichen. Im Falle der Tageszeitungen hingegen können die Claims-Maker (außer den Journalist:innen selbst) nur als solche auftreten, wenn sie von Journalist:innen entlang gängiger Relevanzkriterien in die Berichterstattung aufgenommen werden. Diese redaktionelle Selektionsmacht ist jedenfalls für die gesamte Auswertung mitzudenken. Für die erhobenen Claims verteilen sich die Claims-Maker (hier gruppiert nach ihrer zugehörigen Akteursgruppe) auf die Quellmedien wie folgt (siehe Abb. 5.2).

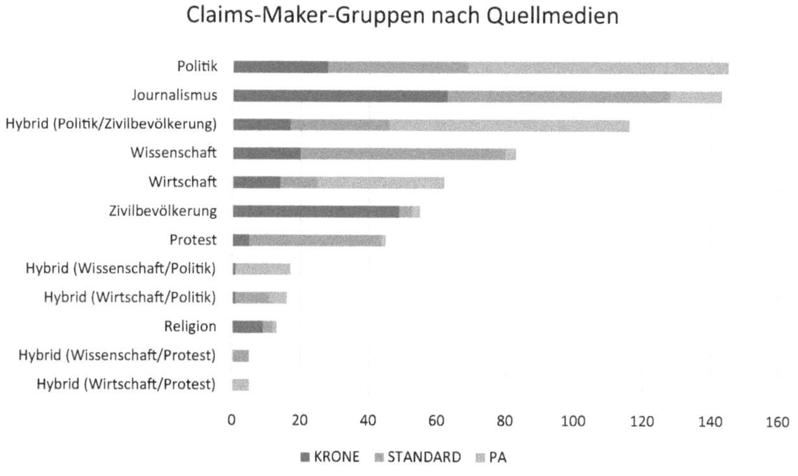

Abbildung 5.2 Verteilung der Claims-Maker-Gruppen nach Quellmedien. (Eigene Darstellung)

Nicht nur lassen sich aus dieser Grafik direkt die stärksten Claims-Maker ablesen, sondern es ist auch zu erkennen, in welchen Quellmedien sie als solche aufgetreten sind. Politische Claims-Maker sind beispielsweise die stärksten

Claims-Maker und positionieren ihre Claims überwiegend in Presseaussendungen (n = 76), wobei sie auch in den Tageszeitungen stark repräsentiert sind (n = 69 – Kronen Zeitung n = 28; Standard n = 41). Bei wissenschaftlichen Akteuren fällt darüber hinaus auf, dass sie kaum in Presseaussendungen auftreten, sondern die Tagezeitungen das zentrale Medium zu sein scheinen. Weniger stark vertreten sind insgesamt mitunter hybride Akteure zwischen Wirtschaft und Zivilgesellschaft, zwischen Wissenschaft und Protest sowie beispielsweise religiöse Akteure. Sie verfügen im Vergleich zu den anderen Akteursgruppen im erhobenen Zeitraum über weniger Durchsetzungsfähigkeit. Ergänzend wird nun ein Überblick über die Themengruppen gegeben (siehe Abb. 5.3).

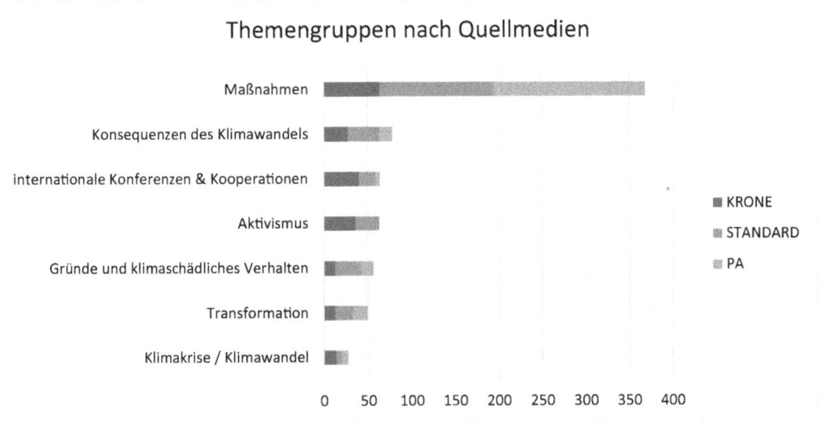

Abbildung 5.3 Themengruppen nach Quellmedien. (Eigene Darstellung)

Aus dieser Grafik geht hervor, dass der erhobene Klimadiskurs im erhobenen Sample stark von der Diskussion um Maßnahmen dominiert ist. Diese werden überwiegend in den Tageszeitungen (n = 195 – Kronen Zeitung n = 64; Standard n = 131) verhandelt, zu einem ähnlich großen Teil jedoch auch in Presseaussendungen (n = 174). Weiters ist auffällig, dass die Themengruppen ‚internationale Konferenzen und Kooperationen' sowie ‚Aktivismus' fast ausschließlich in den Tageszeitungen debattiert werden, kaum jedoch in den Presseaussendungen. Diese sind entsprechend dem medialen Bias als ‚medienwirksame Themen' zu verstehen, da sie im erhobenen Zeitraum eine starke Relevanz in Hinblick auf die Nachrichtenwerte erzeugt haben. Abschließend wird ein Blick auf die grundsätzliche Bewertung der Adressaten und der Themen geworfen (siehe Abb. 5.4).

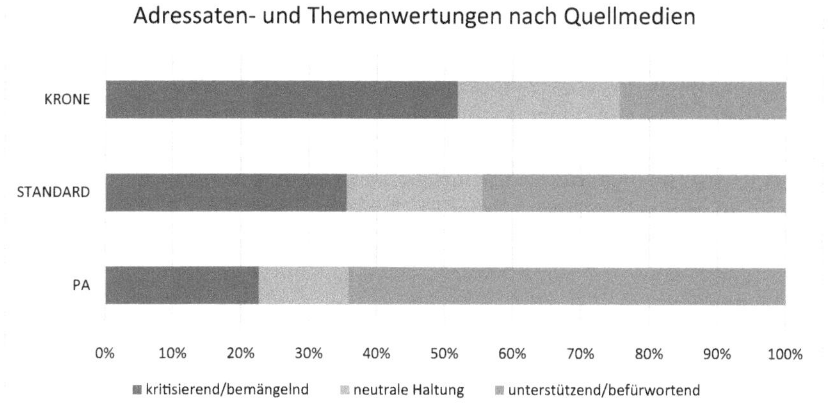

Abbildung 5.4 Adressaten- und Themenwertungen nach Quellmedien. (Eigene Darstellung)

Diese Grafik macht ebenfalls den medialen Bias nochmals sichtbar. Grundsätzlich finden sich in den Tageszeitungen deutlich mehr negative Wertungen als in den Presseaussendungen. Dabei gilt es zu beachten, dass nicht in erster Linie die Tonalität der Berichterstattung erfasst wurde, sondern die Wertung der Adressaten und Themen seitens der unterschiedlichen Claims-Maker, die in den Medien eine sprechende Rolle erlangt haben. Hierbei ist jedoch zu beobachten, dass beispielsweise kritisierenden und bemängelnden Wertungen in der Berichterstattung der Tageszeitungen grundsätzlich mehr Raum gegeben wird – in der Kronen Zeitung sogar noch mehr als im Standard. In den Pressaussendungen finden sich mit deutlichem Überhang positiv konnotierte Claims, also solche, die andere Akteure unterstützen oder Themen befürworten. Das ist grundsätzlich nicht verwunderlich, sei aber zur Verdeutlichung der medialen Grundcharakteristika explizit angeführt. Dies wird bei der weiteren Interpretation des Datenmaterials mitgedacht.

5.2 Überblick über den Gesamtdiskurs

Mit diesem Abschnitt soll ein Überblick über den erhobenen Gesamtdiskurs gewonnen werden, also darüber, wie die Klimakommunikation im Zeitraum vom 06.11.2022 bis zum 18.11.2022 in den Tageszeitungen die Kronen Zeitung und

Der Standard sowie in Presseaussendungen abgelaufen ist (EUF 2: Welche Diskursstränge lassen sich innerhalb dieser Arenenöffentlichkeit identifizieren und wie lassen sich diese beschreiben?). Dieser Gesamtdiskurs setzt sich aus allen erhobenen Claims zusammen und bildet dadurch eine symbolische Diskursarena (Adam, 2008). Analog zur theoretisch aufgearbeiteten Arenenperspektive (Abschnitt 3.1.3) wird für die Untersuchung als Nächstes die Diskursarena selbst genauer in den Blick genommen, bevor in den folgenden Abschnitten vertieft auf die Akteurskonstellationen (Abschnitt 5.3) und die strategischen kommunikativen Bezüge aus dem Claims-Making (Abschnitt 5.4) eingegangen wird. Zunächst werden alle erhobenen kommunikativen Bezüge mit Hilfe des Netzwerkvisualisierungsprogramms Gephi dargestellt (siehe Abb. 5.5).

Das ergibt eine komplexe, jedoch zunächst undurchsichtige Darstellung der kommunikativen Bezüge auf einen Blick. Um die tiefere und strukturiertere Beschreibung und Interpretation des Kommunikationsnetzwerkes zu ermöglichen, wird der Gesamtdiskurs in kleinere Subdiskurse zerlegt. Die vielleicht naheliegendste Systematisierung wäre jene, nach Häufigkeiten vorzugehen und die jeweils dominantesten Akteure oder Themen herauszugreifen. Um jedoch nicht Gefahr zu laufen, Akteure und Themen vom ‚Rand' der Diskursarena für die Analyse zu verlieren, wurden Subdiskursstränge aus dem Gesamtdiskurs identifiziert. Mit Unterstützung des Netzwerkprogramms Gephi wurde dafür ein spezielles Verfahren zur Clusterbildung angewandt. Hierfür wird nach Eingabe aller Bezugnahmen eine Modularity-Berechnung für das Netzwerk durchgeführt. Dieses Verfahren basiert auf einem Algorithmus, der das erstellte Netzwerk in Subeinheiten aufsplittet, in sogenannte „communities, which are sets of highly interconnected nodes" (Blondel et al., 2008, S. 2). Zu einer Community werden also, unter Berücksichtigung der Gewichtung der Bezugnahmen, all jene Nodes zusammengefasst, die eng miteinander in Beziehung stehen.

> Assume that we start with a weighted network of *N* nodes. First, we assign a different community to each node of the network. So, in this initial partition there are as many communities as there are nodes. Then, for each node *i* we consider the neighbours *j* of *i* and we evaluate the gain of modularity that would take place by removing *i* from its community and by placing it in the community of *j*. The node *i* is then placed in the community for which this gain is maximum (in the case of a tie we use a breaking rule), but only if this gain is positive. If no positive gain is possible, *i* stays in its original community. This process is applied repeatedly and sequentially for all nodes until no further improvement can be achieved. (Blondel et al., 2008, S. 3–4, H. i. O.)

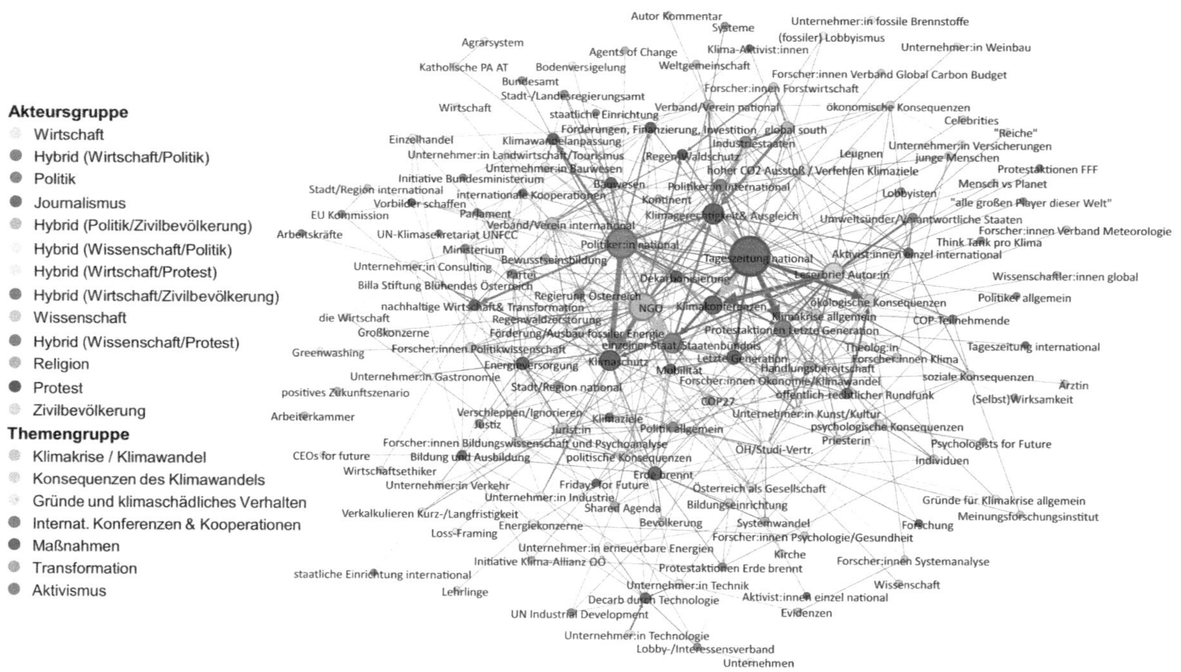

Abbildung 5.5 Netzwerkdarstellung Gesamtdiskurs nach Akteurs-/Themengruppen. (Eigene Darstellung). (Node-Größe nach Weighted Degree, Node-Farbe nach zugewiesener Akteurs-/Themengruppe, Edge-Dicke nach Edge-Weight, Edge-Farbe nach durchschnittlicher Wertung des jeweiligen Adressaten/Themas (Grün = positiv; Rot = negativ; Hellgrau = neutral; Dunkelgrau = kontrovers))

Dieses Verfahren kann auf kleine und große Netzwerke gleichermaßen angewandt werden. Je größer das Netzwerk ist, desto höher ist nur der rechnerische Aufwand, wodurch der Algorithmus verlangsamt werden kann (Blondel et al., 2008, S. 3). Das vorliegende Netzwerk besteht jedoch nur aus 150 Nodes und 465 Edges, was ein vergleichsweise sehr kleines Netzwerk darstellt, sodass kein großer rechnerischer Aufwand für den Algorithmus besteht. Der Vorteil der Clusterbildung nach diesem Verfahren ist, dass dadurch Communitys, also in diesem Fall Subdiskursstränge, sichtbar werden, die a priori nicht sichtbar gewesen wären. Der Nachteil dieser Vorgehensweise ist, dass manch relevante Beziehung zwischen Nodes durch die Aufsplittung verloren gehen kann, weil die Intensität anderer Verbindungen stärker ist. Diesem Nachteil kann jedoch bei der genaueren Interpretation der relevantesten Bezugnahmen zwischen den Akteuren und Themen (Abschnitt 5.3) entgegengewirkt werden. Wird dieses Verfahren auf das vorliegende Gesamtdiskursnetzwerk angewandt, so ergeben sich daraus sechs voneinander abgrenzbare Subdiskursstränge, die in der folgenden Tabelle auf der x-Achse mit fortlaufenden Nummern von 0 bis 7 bezeichnet werden und deren Größe anhand der Menge der dazugehörigen Nodes auf der y-Achse abzulesen ist (siehe Abb. 5.6).

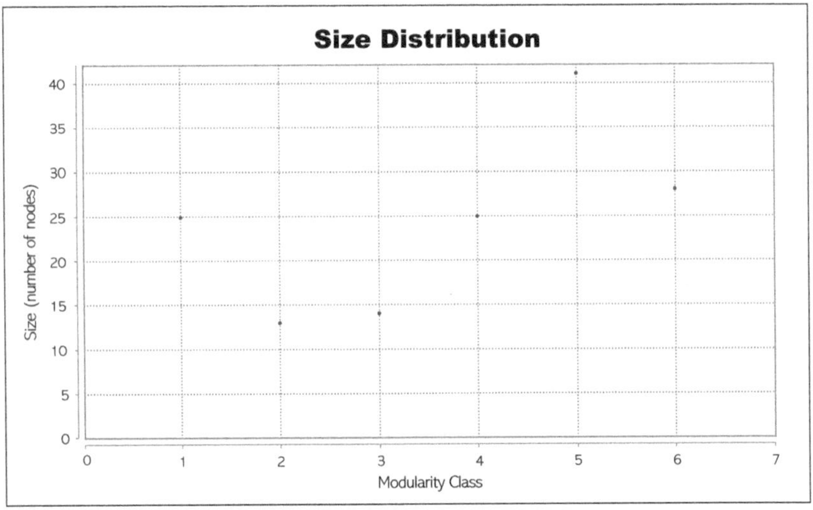

Abbildung 5.6 Statistische Clusterbildung (Subdiskursstränge). (Eigene Darstellung)

Das Programm ermöglicht ebenfalls eine Visualisierung der Subdiskursstränge im Gesamtdiskurs durch eine farbliche Unterscheidung der Cluster (siehe Abb. 5.7).

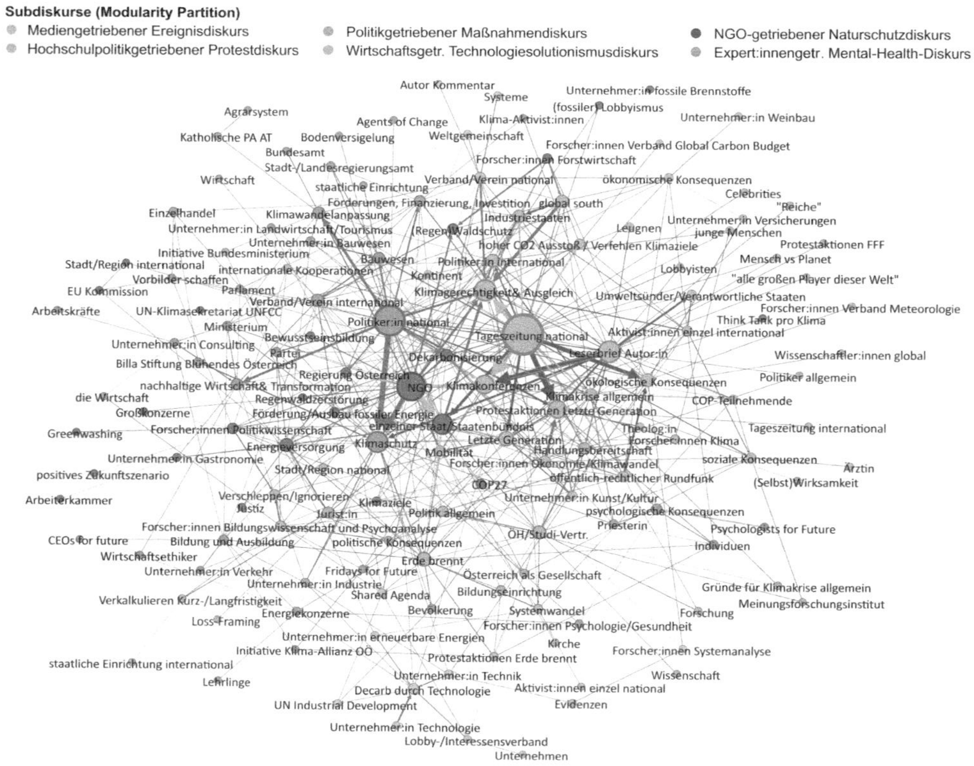

Abbildung 5.7 Netzwerkdarstellung Gesamtdiskurs nach Subdiskursen. (Eigene Darstellung). (Node-Größe nach Weighted Degree, Node-Farbe nach Modularity Partition = Cluster, Edge-Dicke nach Edge-Weight, Edge-Farbe nach durchschnittlicher Wertung des jeweiligen Adressaten/Themas (Grün = positiv; Rot = negativ; Hellgrau = neutral; Dunkelgrau = kontrovers))

Auf den folgenden Seiten werden diese Subdiskurse nun genauer beschrieben und eingeordnet. Des Weiteren wurden Labels für die Subdiskurse vergeben, die fortan zum leichteren Verständnis verwendet werden (siehe Tab. 5.1). Weiters gibt das Programm Gephi aus, wie viel Raum ebendiese einzelnen Subdiskursstränge im Verhältnis zum Gesamtdiskurs einnehmen (hier in Prozent).

Tabelle 5.1 Label und Verhältnis der Subdiskurse im Gesamtdiskurs. (Eigene Darstellung)

■	5	‚Mediengetriebener Ereignisdiskurs'	28,08 %
■	6	‚Politikgetriebener Maßnahmendiskurs'	19,18 %
■	1	‚NGO-getriebener Naturschutzdiskurs'	17,12 %
■	4	‚Hochschulpolitikgetriebener Protestdiskurs'	17,12 %
■	3	‚Wirtschaftsgetriebener Technologiesolutionismusdiskurs'	9,59 %
■	2	‚Expert:innengetriebener Mental-Health-Diskurs'	8,90 %

5.2.1 Subdiskurs ‚Mediengetriebener Ereignisdiskurs'

Der erste Subdiskurs, der nun genauer betrachtet werden soll, ist jener, dem das Label ‚Mediengetriebener Ereignisdiskurs' zugewiesen wurde (siehe Abb. 5.8). Dieser nimmt im Vergleich zu den anderen Subdiskursen am meisten Raum ein (28,08 %) und bezieht 41 Nodes mit ein. Diese Nodes bestehen zum einen aus Claims-Makern, beispielsweise *Tageszeitung national* (Journalismus), *Leserbrief Autor:innen* (Zivilbevölkerung), *Global South* (Hybrid Politik/Zivilbevölkerung), *Forscher:innen Ökonomie/Klimawandel* (Wissenschaft), *Politiker:in international* (Politik), *öffentlich-rechtlicher Rundfunk* (Journalismus), *Aktivist:innen international* (Protest), *Letzte Generation* (Protest) oder *Unternehmer:in Kunst/Kultur* (Wirtschaft). Zum anderen bestehen die Nodes mitunter aus den Adressaten *Industriestaaten* (Hybrid Wirtschaft/Politik), *Letzte Generation* (Protest) oder *Umweltsünder/verantwortliche Staaten* (Politik). Die relevantesten Themen, die in diesem Diskursstrang verhandelt werden, sind beispielsweise die *Klimakonferenz* (internationale Konferenzen und Kooperationen), die *Protestaktionen der Letzten Generation* (Aktivismus), *Klimagerechtigkeit und Ausgleich* (Maßnahmen) oder auch *ökologische Konsequenzen* (Konsequenzen des Klimawandels).

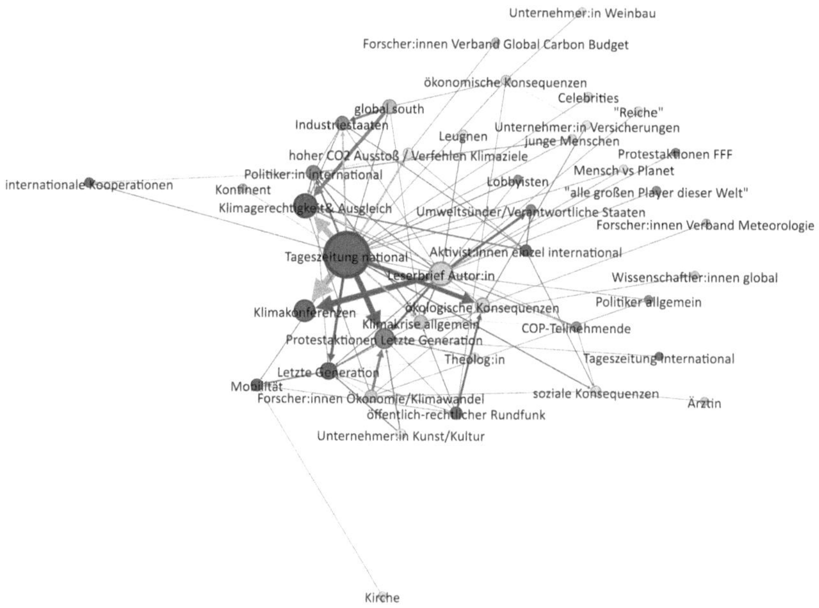

Abbildung 5.8 Subdiskurs ‚Mediengetriebener Ereignisdiskurs'. (Eigene Darstellung). (Netzwerkeigenschaften und Farbcodierungen wie in Abb. 5.5)

Der Diskursstrang ‚Mediengetriebener Ereignisdiskurs' spielt sich überwiegend in den Tageszeitungen ab. 131 Bezüge in diesem Diskurs stammen aus der Kronen Zeitung (47 %), 133 Bezüge aus dem Standard (47 %) und nur 18 Bezüge aus Presseaussendungen (6 %). Die mit Abstand dominantesten Claims-Maker sind in diesem Subdiskurs die Tageszeitungen selbst (Kronen Zeitung n = 62; Standard n = 65). Darüber hinaus sind in der Kronen Zeitung besonders stark Leserbriefautor:innen vertreten (n = 45). Aus den Presseaussendungen stammen die am nächststärksten vertretenen Bezüge des öffentlich-rechtlichen Rundfunks (ORF n = 15). Sie nehmen bereits deutlich weniger Raum ein als die Tageszeitungen und die Leserbriefautor:innen. Des Weiteren ist auffällig, dass die Letzte Generation als Claims-Maker nur im Standard vertreten ist (n = 13), nicht aber in der Kronen Zeitung und nicht in den Presseaussendungen. Ebenso ist zu beobachten, dass der globale Süden im Standard als Claims-Maker deutlich stärker vertreten ist (n = 11) als in der Kronen Zeitung (n = 2) oder in den Presseaussendungen (n = 0). Aktivistische Akteure erhalten in der Kronen Zeitung keinen

Raum, im Standard hingegen einen nicht unwesentlichen (Letzte Generation = 13; Aktivist:innen einzel international = 9).

Somit sind journalistische Akteure die deutlich dominanteste Akteursgruppe in diesem Subdiskurs (51 %). Die zweitdominanteste Gruppe ist die Gruppe der Zivilbevölkerung (16 %), die sich als Autor:innen der Leserbriefe äußern. Aktivistische Akteure sind am nächststärksten repräsentiert (8 %) gefolgt von den nächsten klassischen Akteursgruppen der Wissenschaft (7 %) und der Politik (5 %). Danach kommt die hybride Akteursgruppe zwischen Politik und Zivilbevölkerung (5 %), vor der Wirtschaft mit 4 %. Den Abschluss bilden die hybride Akteursgruppe zwischen Wirtschaft und Politik (3 %) und die religiösen Akteure mit 1 %.

Die kommunikativen Bezugnahmen sind weiters überwiegend kritisierend (50 %) und zu etwa gleichen Teilen unterstützend (24 %) und neutral (26 %). Kritik wird in diesem Diskursstrang vor allem gegen die Protestaktionen der Letzten Generation laut, und zwar maßgeblich seitens der Tagezeitungen. Unterstützung finden die Aktionen von Forscher:innen aus Ökonomie und Klimawandel. Des Weiteren gibt es Kritik gegen die Klimakonferenz vor allem von den Leserbriefautor:innen ausgehend und gegen die mit der Klimakrise einhergehenden negativen ökologischen Konsequenzen, die vor allem von Tageszeitungen und dem öffentlich-rechtlichen Rundfunk kritisiert werden. Zuspruch findet das Thema Klimagerechtigkeit und Ausgleich für bereits entstandene Klimaschäden am stärksten vom globalen Süden.

Aus der Beobachtung, dass journalistische Claims-Maker (die Kronen Zeitung, der Standard und der öffentlich-rechtliche Rundfunk) zusammengenommen die mit Abstand dominantesten Claims-Maker sind, leitet sich auch das Label ‚Mediengetriebener Ereignisdiskurs' ab. Zudem lässt sich feststellen, dass der Standard internationalen Claims-Makern mehr Raum gibt, als es die Kronen Zeitung tut. Hinzu kommt, dass die Themen überwiegend mit einer kritischen Perspektive diskutiert werden und dass vor allem jene Themen im Zentrum stehen, die ob ihres Nachrichtenwerts besonders viel Aufmerksamkeit binden. Die Klimakonferenz beispielsweise aus aktuellem Anlass, ökologische Auswirkungen zur Dramatisierung oder die Protestaktionen der Letzten Generation wegen ihres Empörungspotenzials.

5.2.2 Subdiskurs ‚Politikgetriebener Maßnahmendiskurs'

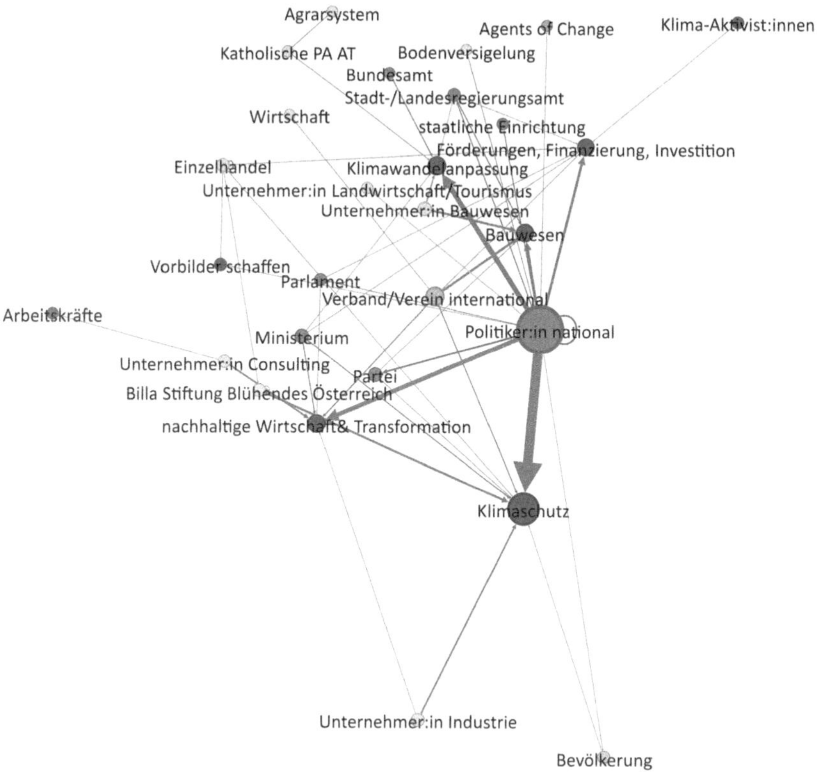

Abbildung 5.9 Subdiskurs ‚Politikgetriebener Maßnahmendiskurs'. (Eigene Darstellung). (Netzwerkeigenschaften und Farbcodierungen wie in Abb. 5.5)

Der zweite Subdiskurs, der nun genauer betrachtet wird, ist der ‚politische Diskurs' (siehe Abb. 5.9). Dieser ist der zweitstärkste Diskursstrang im Gesamtdiskurs (19,18 %) und bezieht 28 Nodes mit ein. Die Nodes bestehen aus Claims-Makern wie *Politiker:in national* (Politik), *Verband/Verein international* (Hybrid Politik/Zivilbevölkerung), *Ministerien* (Politik) sowie einzelnen *Unternehmer:innen* aus dem Bereich *Bauwesen* oder aus der *Industrie* (Wirtschaft). Die Bezüge haben einen starken Fokus auf Themen, es werden kaum Adressaten miteinbezogen. Zu jenen, die dennoch marginal adressiert wurden, zählen

Politiker:in national (Politik), ausschließlich als Selbstbezug, *Parteien* (Politik) oder ein einzelnes *Stadt- bzw. Landesregierungsamt* (Politik). Die relevantesten Themen, die in diesem Diskursstrang behandelt werden, sind *Klimaschutz*, *Klimawandelanpassung*, *Bauwesen* sowie *nachhaltige Wirtschaft und Transformation*, die allesamt zur Gruppe der Maßnahmen zählen.

Der Diskursstrang ‚politischer Diskurs' spielt sich überwiegend in den Presseaussendungen (PA) ab (n = 107; 65 %). 37 Bezüge stammen aus der Kronen Zeitung (22 %) und 22 aus dem Standard (13 %). Die mit Abstand dominantesten Claims-Maker in allen drei Quellen sind nationale Politiker:innen (PA n = 52; Kronen Zeitung n = 23; Standard n = 12). Der nächstgrößere Claims-Maker sind internationale Verbände bzw. Vereine (PA n = 15; Kronen Zeitung n = 6; Standard n = 6). Insgesamt sind Claims-Maker aus der Politik am stärksten vertreten (65 %), gefolgt von Hybriden aus Politik und Zivilbevölkerung (16 %), dann von der Wirtschaft (14 %) und danach zu kleinen Teilen von hybriden Akteuren aus Wirtschaft und Protest (2 %) sowie von der Zivilbevölkerung (1 %), von Protestakteuren (1 %) und der Religion (1 %).

Die kommunikativen Bezüge sind überwiegend befürwortend und unterstützend (68 %). Große Unterstützung erhalten beispielsweise die Maßnahmen zum Klimaschutz, zur Klimawandelanpassung, zum Bauwesen oder zur nachhaltigen Transformation der Wirtschaft, insbesondere seitens der nationalen Politiker:innen, aber auch von anderen Akteuren, beispielsweise internationalen Vereinen, Unternehmer:innen und Stiftungen. Kritik findet in diesem Diskursstrang zu 19 % statt. Sie spielt sich überwiegend in der wechselseitigen Kritik der nationalen Politiker:innen untereinander sowie gegen die Parteien ab. Thematisch wird beispielsweise die Bodenversiegelung von einzelnen nationalen Politiker:innen kritisiert.

Auf diesen Beobachtungen aufbauend, wurde für diesen Subdiskurs das Label ‚Politikgetriebener Maßnahmendiskurs' vergeben. Zum einen sind nationale Politiker:innen hier die dominantesten Claims-Maker, aber auch darüber hinaus spielt sich das Claims-Making in diesem Diskursstrang eher zwischen Politik und Wirtschaft ab. Politiker:innen stehen bei der Aushandlung um die Maßnahmen, die sie insgesamt unterstützen, untereinander in Konflikt. Auch ist beobachtbar, dass sich einzelne Unternehmen zu den spezifischen Maßnahmen äußern und diese nicht zuletzt auch im eigenen Interesse befürworten und deren Vorteile betonen. Vereinzelt gelingt es wirtschaftlichen Claims-Makern, sich aktiv ins Gespräch bzw. auf die Agenda zu bringen. Insgesamt ist eine stark interessengeleitete Kommunikation in diesem Diskursstrang zu verorten, die stark auf einer positiven Maßnahmenkommunikation liegt.

5.2.3 Subdiskurs ‚NGO-getriebener Naturschutzdiskurs'

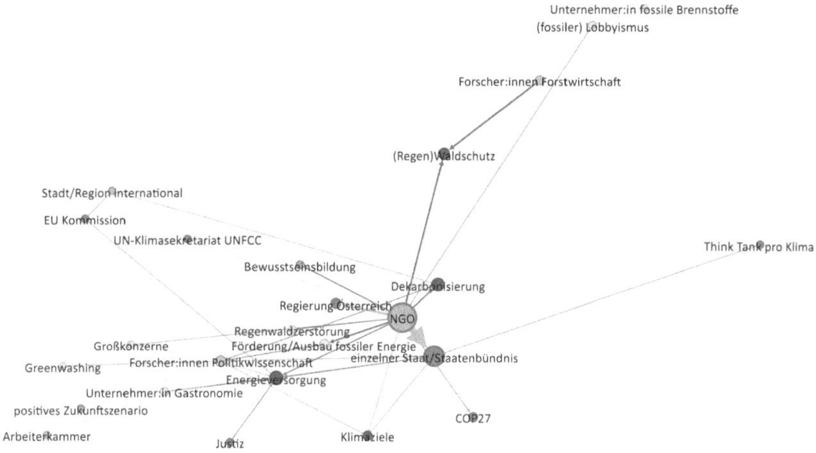

Abbildung 5.10 Subdiskurs ‚NGO-getriebener Naturschutzdiskurs'. (Eigene Darstellung). (Netzwerkeigenschaften und Farbcodierungen wie in Abb. 5.5)

Als Nächstes soll der NGO-getriebene Naturschutzdiskurs beschrieben werden (siehe Abb. 5.10). Dieser umfasst 25 Nodes und nimmt 17,12 % des Gesamtdiskurses ein. Die Nodes bestehen zum einen mitunter aus den Claims-Makern *NGO* (Hybrid Politik/Zivilbevölkerung), *Forscher:innen Politikwissenschaft* (Wissenschaft), *Unternehmer:in Gastronomie* (Wirtschaft), *Forscher:innen Forstwirtschaft* (Wissenschaft), *einzelner Staat/Staatenbündnis* (Politik) oder der *Justiz* (Politik). Zum anderen kommen in der Rolle als Adressaten beispielsweise *einzelner Staat/ Staatenbündnis* (Politik), die *Regierung Österreich* (Politik) oder die *COP27* (Hybrid Wirtschaft/Politik) vor. Die relevantesten Themen in diesem Diskursstrang sind der *(Regen-)-Waldschutz* (Maßnahmen), die *Energieversorgung* (Maßnahmen), die *Dekarbonisierung* (Maßnahmen) sowie *Förderung/Ausbau fossiler Energie* (Gründe und klimaschädliches Verhalten).

Der Subdiskurs des NGO-getriebenen Naturschutzdiskurses spielt sich zu gleichen Teilen in den Presseaussendungen (n = 51; 45 %) und dem Standard (n = 51; 45 %) ab. Nur 10 % dieses Subdiskurses stammen aus der Kronen Zeitung (n = 12). Die bei Weitem dominantesten Claims-Maker sind NGOs (PA n = 50; Standard n = 8; Kronen Zeitung n = 8). Die nächststärkeren Claims-Maker kommen aus dem Standard, einmal Forscher:innen aus der Politikwissenschaft (n = 15), einzelne Staaten/Staatenbündnisse (n = 11) sowie Forscher:innen aus

der Forstwirtschaft (n = 8). Claims-Maker der Akteursgruppen Hybrid zwischen Politik und Zivilbevölkerung und der Politik sind in allen drei Medien vertreten. In den Presseaussendungen sind es ausschließlich die beiden. In der Kronen Zeitung kommen noch drei Bezüge aus der Wirtschaft hinzu. Der Standard liefert wieder die größere Diversität bei den Akteursgruppen. Hier kommen noch die Akteursgruppen der Wissenschaft, der Wirtschaft sowie der hybriden Gruppe aus Wirtschaft und Politik hinzu.
Im Subdiskurs ‚NGO-getriebener Naturschutzdiskurs' ist die hybride Gruppe zwischen Politik und Zivilbevölkerung insgesamt betrachtet am stärksten vertreten (63 %). Die Wissenschaft schließt mit 20 % als nächstgrößere Gruppe auf, dicht gefolgt von der Politik (16 %). Den kleineren Teil des Diskursraumes nehmen die Wirtschaft (4 %) und die hybride Gruppe zwischen Wirtschaft und Politik (1 %) ein. Die Claims-Maker sind in ihren kommunikativen Bezugnahmen zum größten Teil unterstützend (49 %), aber auch verhältnismäßig stark kritisierend (28 %); 23 % der Bezüge sind neutral. Unterstützung gibt es in diesem Diskursstrang grundsätzlich für eine solide Energieversorgung und eine gelingende Energiewende von diversen Akteuren – von Unternehmer:innen aus der Gastronomie (Wirtschaft), von Forscher:innen aus der Politikwissenschaft (Wissenschaft), von der EU-Kommission (Politik), von einzelnen Staaten/Staatenbündnissen (Politik) und auch von NGOs (Hybrid Politik/Zivilbevölkerung). Besonders NGOs und Forscher:innen aus der Politikwissenschaft setzen sich weiters für das Thema der Dekarbonisierung ein. Scharf kritisiert werden von denselben Akteuren die Förderung und der Ausbau von Infrastruktur fossiler Energie, der international weiterhin betrieben wird. Ein weiteres Schwerpunktthema der NGOs ist der Regenwaldschutz, den sie zusammen mit Forscher:innen aus dem Bereich Forstwirtschaft stark unterstützen. Über den NGO-getriebenen Naturschutzdiskurs hinaus gibt es allgemeine Bezüge zu den Themen Klimaschutz, Klimakonferenz und zur Klimagerechtigkeit. NGOs äußern ihre Unterstützung für Klimaschutzmaßnahmen und diskutieren die Klimakonferenz kontrovers. Einzelne Staaten/Staatenbündnisse äußern ihre Unterstützung für die Maßnahmen zur Klimagerechtigkeit und die Ausgleichszahlungen für durch die Klimakrise bereits entstandene Schäden.

Der NGO-getriebene Naturschutzdiskurs hat sein Label ebenfalls auf Basis der Erkenntnis, dass NGOs die deutlich dominantesten Claims-Maker in diesem Diskursstrang sind. Des Weiteren ist dieser Diskursstrang dem politischen Diskurs ähnlich. Auch hier werden Maßnahmen zentral diskutiert, vor allem die Dekarbonisierung, die Energiewende und der Regenwaldschutz. Der Wissenschaft kommt hierbei im Vergleich ein deutlich größerer Diskursraum als im politischen Diskurs zu. NGOs und Wissenschaftler:innen (hier aus den Bereichen Politikwissenschaft und Forstwirtschaft) ziehen an einem Strang. Der Subdiskurs ‚NGO-getriebener Naturschutzdiskurs' ist ein überwiegend evidenzbasierter Diskurs, der inhaltlich ähnlich zum politischen Diskurs abläuft, die politische Akteursgruppe jedoch scharf kritisiert.

5.2.4 Subdiskurs ‚Hochschulpolitikgetriebener Protestdiskurs'

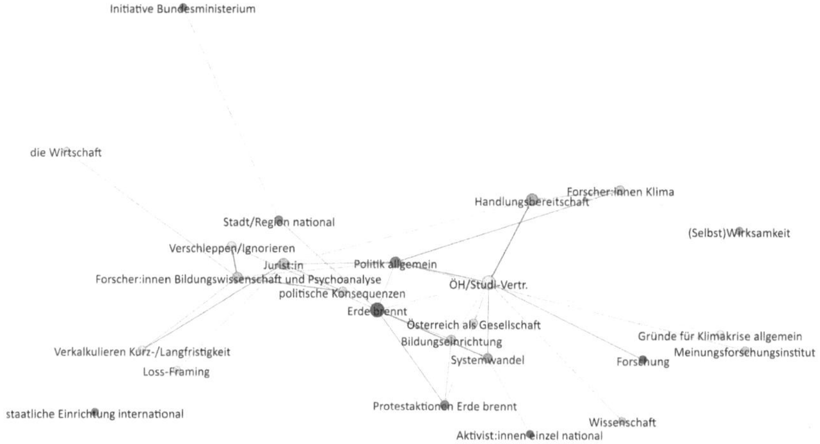

Abbildung 5.11 Subdiskurs ‚Hochschulpolitikgetriebener Protestdiskurs'. (Eigene Darstellung). (Netzwerkeigenschaften und Farbcodierungen wie in Abb. 5.5)

Der dritte Subdiskurs, der als Nächstes genauer betrachtet wird, ist jener mit dem Label ‚Hochschulpolitikgetriebener Protestdiskurs' (siehe Abb. 5.11). Er nimmt mit seinen 25 Nodes 17,12 % des Gesamtdiskurses ein. Die Nodes bestehen beispielsweise aus den Claims-Makern *ÖH/Studi-Vertretung* (Hybrid aus Wissenschaft/Politik), der Protestbewegung *Erde brennt* (Protest) sowie *Jurist:innen* (Wissenschaft). Zum anderen weisen die Nodes mitunter die Adressaten *Politik allgemein* (Politik), *Bildungseinrichtung* (Wissenschaft) oder *Erde brennt* (Protest) auf. Zentrale Themen, die von diesen Claims-Makern in diesem Diskursstrang verhandelt werden, sind unter anderem *Handlungsbereitschaft* (Transformation), *Systemwandel* (Transformation), *Protestaktionen Erde brennt* (Aktivismus), *Verschleppen/Ignorieren* (Gründe und klimaschädliches Verhalten) oder *Verkalkulieren Langfristigkeit* (Gründe und klimaschädliches Verhalten). Außerdem nehmen sie auf Themen aus anderen Strängen Bezug, die vor allem später zum Vergleich nützlich sein können. Dazu zählen am prominentesten die Themen *Klimaschutz* (Maßnahmen), *Energieversorgung* (Maßnahmen) sowie die *Protestaktionen der Letzten Genreration* (Aktivismus).

Der Diskursstrang ‚Hochschulpolitikgetriebener Protestdiskurs' findet überwiegend im Standard statt (n = 42; 56 %). Aus Presseaussendungen stammen 18 Bezüge (24 %) und aus der Kronen Zeitung 15 (20 %). Die stärksten Claims-Maker ist zum einen die Österreichische Hochschülerinnen- und Hochschülerschaft (ÖH/Studi-Vertretung), die vor allem in den Presseaussendungen zu Wort kommt (n = 16). Weiters sind insbesondere Jurist:innen (n = 15), die Protestbewegung *Erde Brennt* (n = 14) sowie Forscher:innen aus den Bereichen Bildungswissenschaft und Psychoanalyse (n = 10) die nächststärksten Claims-Maker, die (bis auf *Erde brennt*) nur im Standard auftreten. *Erde brennt* ist sowohl in der Kronen Zeitung (n = 5) als auch im Standard (n = 14) und in den Presseaussendungen vertreten (n = 1). Vor allem der Standard scheint sich also für diesen Diskursstrang zu interessieren. Da *Erde brennt* kaum in Presseaussendungen vertreten ist, liegt die Vermutung nahe, dass dieser Akteur seine Relevanz durch Protestaktionen erzeugt.

Insgesamt sind Claims-Maker aus der Wissenschaft in diesem Diskursstrang am dominantesten (46 %). Die nächststärkste Akteursgruppe ist jene des Protests mit 28 %, gefolgt von der ÖH als hybridem Akteur zwischen Wissenschaft und Politik mit 23 %. Den kleinsten Anteil machen in diesem Subdiskurs Claims-Maker der Politik aus (3 %). Zusammen sind ihre kommunikativen Bezugnahmen überwiegend unterstützend (48 %). Jedoch ist auch ein vergleichsweise hoher Teil des Diskurses kritisierend (33 %). Unterstützung finden vor allem die Themen Handlungsbereitschaft, Systemwandel und die Protestaktionen von *Erde brennt*. Das Thema Handlungsbereitschaft wird vor allem seitens der ÖH, aber auch von Klimaforscher:innen sowie Jurist:innen unterstützt. Den Systemwandel befürworten die ÖH, *Erde brennt* sowie einzelne nationale Aktivist:innen. Die Protestaktionen von *Erde brennt* finden vor allem Unterstützung bei der Protestaktion *Erde brennt* selbst sowie einer Bildungseinrichtung. Außerdem gibt es Unterstützung für Klimaschutzmaßnahmen seitens *Erde brennt*, der Klimaforscher:innen, Jurist:innen sowie der ÖH. Kritisiert wird von Klimaforscher:innen sowie Forscher:innen aus Bildungswissenschaft und Psychoanalyse vor allem das Verhalten, das auf eine Fehlkalkulation zwischen kurzfristigen und langfristigen Zielen bzw. Absichten zurückzuführen ist. Auch kritisieren *Erde brennt* und ebenfalls Forscher:innen aus den Bereichen Bildungswissenschaft und Psychoanalyse das bewusste Verschleppen oder Ignorieren dringender klimarelevanter Probleme.

Interessant ist darüber hinaus, dass *Erde brennt* als Protestaktion sich selbst von den Protestaktionen der Letzten Generation distanziert und diese ebenfalls kritisiert.

Der Diskursstrang ‚Hochschulpolitikgetriebener Protestdiskurs' hat somit sein Label aufgrund dieser Beobachtungen bekommen. Es handelt sich um einen Subdiskurs, der sich überwiegend im Standard niederschlägt und als eher kontrovers geführt zu charakterisieren ist. Die ÖH als hybrider Akteur zwischen Wissenschaft und Politik macht sich hier zusammen mit der Protestbewegung im Zuge ihrer Protestaktionen für den Klimawandel stark. Die Forderungen zielen auf mehr Handlungsbereitschaft und einen radikalen Systemwandel ab, wobei ein verschleppendes und ignorierendes Verhalten, das allgemein der Politik zugeschrieben wird, nicht länger toleriert werden soll. Die Hochschulen tolerieren die Protestaktion von *Erde brennt* und die Protestbewegung *Erde brennt* grenzt sich überdies von den Aktionen der Letzten Generation ab.

5.2.5 Subdiskurs ‚Wirtschaftsgetriebener Technologiesolutionismusdiskurs'

Der fünftgrößte Diskursstrang im Gesamtdiskurs ist der hier als ‚Wirtschaftsgetriebener Technologiesolutionismusdiskurs' bezeichnete Subdiskurs (siehe Abb. 5.12). Dieser nimmt 9,59 % des gesamten Diskursraums ein und umfasst 14 Nodes. Die Nodes bestehen unter anderem aus den Claims-Makern *Unternehmer:in Technologie* (Wirtschaft), *Verband/Verein national* (Hybrid Politik/Zivilbevölkerung), *Unternehmer:in Technik* (Wirtschaft) oder *Lobby-/Interessensverband* (Hybrid Wirtschaft/Politik). Die relevantesten Adressaten sind *Unternehmen* (Wirtschaft) im Allgemeinen oder *Unternehmer:innen Technik* sowie jene aus dem Bereich *Technologie* (Wirtschaft). Die zentralsten Themen in diesem Subdiskurs sind die Dekarbonisierung durch Technologie (Maßnahmen) und das Thema Shared Agenda (Transformation).

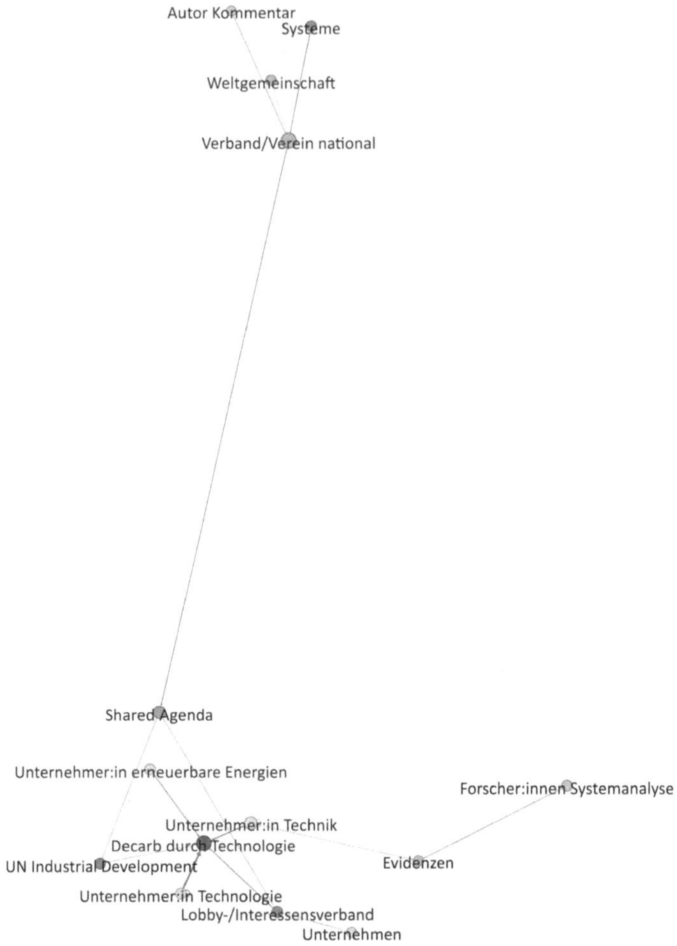

Abbildung 5.12 Subdiskurs ‚Wirtschaftsgetriebener Technologiesolutionismusdiskurs'. (Eigene Darstellung). (Netzwerkeigenschaften und Farbcodierungen wie in Abb. 5.5)

Dieser Diskursstrang findet zum größten Teil in den Presseaussendungen statt. Insgesamt 35 Bezüge lassen sich hier verorten (69 %). Im Standard sind 10 Bezüge zu identifizieren (19 %), in der Kronen Zeitung sind es 6 (12 %). Die dominantesten Claims-Maker sind zum einen nationale Vereine und Verbände

(PA n = 15; Standard n = 6; Kronen Zeitung n = 6) zum anderen Unternehmen aus dem Bereich Technologie (n = 7) und aus dem Bereich der Technik (n = 6). Letztere platzieren ihre Claims nur in Pressaussendungen. Der Technologiesolutionismusdiskurs spielt sich maßgeblich zwischen Claims-Makern aus der hybriden Gruppe zwischen Politik und Zivilbevölkerung (n = 27) sowie der Wirtschaft (n = 17) ab. Einzig im Standard sind Bezüge aus der Wissenschaft zu finden (n = 2).

Im diesem Subdiskurs sind also insgesamt hybride Claims-Maker zwischen Politik und Zivilbevölkerung am stärksten vertreten (53 %), gefolgt von wirtschaftlichen Claims-Makern (33 %). Den kleineren Teil machen dann hybride Claims-Maker zwischen Wirtschaft und Politik (10 %) sowie wissenschaftliche Claims-Maker (4 %) aus. Diese Akteure kommunizieren zum größten Teil unterstützend (74 %). Neutrale (13 %) und kritische (13 %) Bezüge bekommen im Verhältnis weniger Raum. Das zentrale Thema, das in diesem Diskursstrang verhandelt wird und von allen genannten Claims-Makern Unterstützung erfährt, ist jenes der Dekarbonisierung durch Technologie. Die Unterstützung kommt am stärksten von den Unternehmer:innen aus Technik und Technologie. Das Thema der Shared Agenda wird vor allem von den hybriden Akteuren zwischen Wirtschaft und Politik sowie zwischen Politik und Zivilbevölkerung unterstützt und es wird betont, dass dringend eine bessere und vor allem systemübergreifende Zusammenarbeit erforderlich ist, um der Klimakrise begegnen zu können.

Dieser ‚Wirtschaftsgetriebene Technologiesolutionismusdiskurs' hat seinen Namen dem thematischen Fokus zu verdanken. Im Zentrum dieses Subdiskurses steht das Thema der Dekarbonisierung durch Technologie. Einzelne Tech-Unternehmen haben sich hier zusammengeschlossen und sprechen sich gemeinsam mit Vereinen und Verbänden für einen stärkeren Einsatz von Technik und Technologie zur Bewältigung der Klimakrise aus. Es wird außerdem für eine stärkere Zusammenarbeit zwischen Politik und Wirtschaft beispielsweise plädiert und positive Synergieeffekte werden in Aussicht gestellt. Durch die erfolgreiche Zusammenarbeit und die starke Unterstützung durch Technologie sei das zu schaffen.

5.2.6 Subdiskurs ‚Expert:innengetriebener Mental-Health-Diskurs'

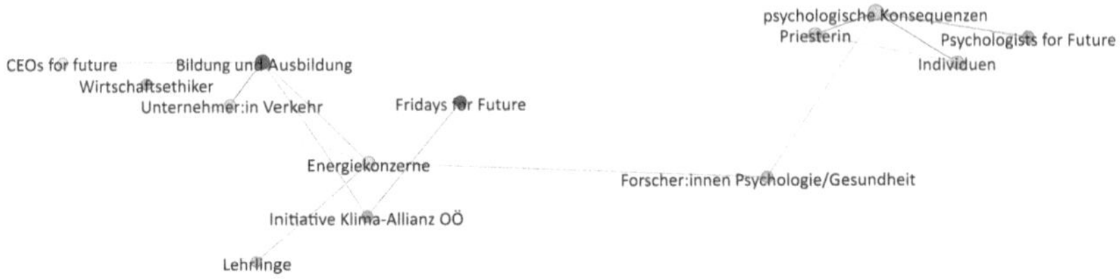

Abbildung 5.13 Subdiskurs ‚Expert:innengetriebener Mental-Health-Diskurs'. (Eigene Darstellung). (Netzwerkeigenschaften und Farbcodierungen wie in Abb. 5.5)

Der nächste Diskursstrang, der genauer beschrieben werden soll, ist jener mit dem Label ‚Expert:innengetriebener Mental-Health-Diskurs' (siehe Abb. 5.13). Er umfasst 13 Nodes und nimmt damit 8,90 % des Gesamtdiskurses ein. Darunter kommen unter anderen die Claims-Maker *Psychologists for Future* (Hybrid Wissenschaft/Protest), eine *Priesterin* (Releigion), *Forscher:innen Psychologie/Gesundheit* (Wissenschaft) oder *Individuen* (Zivilbevölkerung) vor. Die relevantesten Adressaten sind dabei die *Individuen* (Zivilbevölkerung), *Fridays for Future* (Protest), *Lehrlinge* (Zivilbevölkerung) und *Energiekonzerne* (Wirtschaft). Die bedeutendsten Themen, die hierin verhandelt werden, sind zum einen *psychologische Konsequenzen* (Konsequenzen des Klimawandels) und zum anderen die auf den Klimawandel eingestellte *Bildung und Ausbildung* (Maßnahmen).

Der Subdiskurs ‚Expert:innengetriebener Mental-Health-Diskurs' findet zum größten Teil in den Tageszeitungen statt und verteilt sich auf diese annähernd gleichmäßig (Kronen Zeitung n = 12; 40 %; Standard n = 11; 37 %). Hingegen finden sich 7 Bezüge in Presseaussendungen (23 %). In der Kronen Zeitung sind es überwiegend eine Priesterin (n = 8) und vereinzelt Individuen (n = 2), die sich zu den Themen äußern. Im Standard handelt es sich überwiegend um Psycholog:innen, entweder als Sprecher:innen der Protestbewegung Psychologists for Future (n = 5) oder in ihrer wissenschaftlichen Rolle (n = 2). Auch hier kommen Individuen zu Wort (n = 4). In den Presseaussendungen äußern sich vor allem Akteure aus der Wirtschaft (n = 5) oder hybride wirtschaftliche Akteure wie CEOs for Future (Hybrid Wirtschaft/Protest n = 1).

Insgesamt sind die Akteursgruppen relativ heterogen. Die größte Gruppe stellt die Religion dar (27 %), gefolgt von der Zivilbevölkerung (20 %). Die nächstgrößeren Gruppen sind die Wirtschaft mit 17 % und die hybride Gruppe zwischen

Wissenschaft und Protest, ebenfalls mit 17 %. Dieser folgt die Wissenschaft mit 13 %. Abschließend bilden die hybriden Claims-Maker zwischen Wirtschaft und Protest (3 %) sowie zwischen Politik und Zivilbevölkerung (3 %) das Schlusslicht. Die kommunikativen Bezugnahmen sind dabei eher kritisch (38 %) und zu 24 % neutral sowie zu 14 % unterstützend. Kritik wird in diesem Diskursstrang um das Thema der psychologischen Konsequenzen des Klimawandels vor allem seitens der Individuen laut. Neutrale Einordnungen kommen zu diesem Thema seitens Psychologists for Future. Zunächst getrennt von diesem Teil des Subdiskurses finden sich unterstützende Bezüge für eine bessere und gesündere Bildung und Ausbildung vor allem im Kontext der Klimakrise. Diese Unterstützung kommt maßgeblich aus dem wirtschaftlichen Bereich.

Dieser Subdiskurs hat das Label ‚Mental-Health' bekommen, da die psychologische Gesundheit im Umgang mit der Klimakrise hier im Zentrum steht. Parallel dazu betonen wirtschaftliche Akteure die Relevanz guter Bildung und Ausbildung vor allem im Hinblick auf die Bewältigung der Klimakrise und auch zur Unterstützung junger Menschen. Die Verbindung zwischen den zunächst scheinbar parallellaufenden Teilen des Subdiskurses sind die betroffenen jungen Menschen. Jedoch werden auch gerade wirtschaftliche Akteure (hier maßgeblich Energiekonzerne) als mitverantwortlich für das Ohnmachtsgefühl der jungen Menschen adressiert. Wirtschaftliche Akteure sind in den Tageszeitungen also als Teil des Problems der psychologischen Konsequenzen des Klimawandels für junge Menschen dargestellt, inszenieren sich in den Presseaussendungen jedoch als Teil der Lösung, indem sie für bessere Ausbildungen sorgen wollen, ohne jedoch tiefer auf das Problem einzugehen.

5.2.7 Erkenntnisse für die erhobene Diskursarena

Ziel der bisherigen Abschnitte 5.1 und 5.2 war es, zum einen die strukturierenden Aspekte der erhobenen Arenenöffentlichkeit zu beschreiben (EUF 1) und anschließend zentrale Diskursstränge, die darin zu Tage getreten sind, zu identifizieren und in einer ersten Übersicht zusammenzustellen (EUF 2). Bezugnehmend auf die EUF 1 wurde der mediale Bias, der mit dem Sampling einhergeht, thematisiert. Dieser drückt sich im Material vor allem über die kritisierende Perspektive aus. In den Tageszeitungen wird kritisierenden Claims mehr Raum gegeben als unterstützenden. Insgesamt kamen alle theoretisch als zentral identifizierten Akteursgruppen und noch weitere als Claims-Maker vor. Gerade die Akteursgruppe Hybrid Politik/Zivilbevölkerung hat sich als bedeutende Claims-Maker-Gruppe erwiesen, ebenso wie die Zivilbevölkerung.

Der mediale Bias wurde in weiterer Folge auch bei der Untersuchung der Diskursstränge berücksichtigt.

In Hinblick auf die EUF 2 war es zentral, einen ersten Eindruck über den Gesamtdiskurs zu gewinnen und damit darüber, wie viel Resonanz die Akteure mit bestimmten Themen erreichen konnten. Durch die Aufsplittung des hier erhobenen Gesamtdiskurses in mehrere Subdiskurse war es möglich, diesen untersuchbar zu machen und aus den zahlreichen kommunikativen Bezugnahmen einerseits einen ersten Überblick über die relevanten Akteure und Themen und deren Position in der Diskursarena zu gewinnen sowie andererseits die Rolle der Medien dabei zu reflektieren. Weiters wurde über diese Annäherungsweise sichergestellt, dass alle Nodes berücksichtigt wurden und keine relevanten Akteure oder Themen vom ‚Diskursrand' durch die Eingrenzung verloren gehen. Die Beschreibung der Subdiskurse hat bereits erste Beobachtungen hervorgebracht, die auch für die weitere Untersuchung bedeutend sind.

Bezugnehmend auf die Spezifika der erhobenen Arenenöffentlichkeit werden bei den Diskurssträngen ebenfalls leichte Unterschiede deutlich. Insbesondere bei den beiden Tageszeitungen zeichnen sich Differenzen ab. Beispielsweise gibt der Standard aktivistischen und wissenschaftlichen Claims-Makern tendenziell mehr Raum als die Kronen Zeitung; Letztere hingegen gewährt wirtschaftlichen Akteuren oft verhältnismäßig mehr Raum als der Standard. Darüber hinaus zeichnet sich bei der Kronen Zeitung eine Präferenz ab, nationalen Akteuren Raum zu geben. Der Standard lässt hingegen häufiger internationale Claims-Maker zu Wort kommen und bietet allgemein ein breiteres Spektrum an Akteursgruppen in der sprechenden Position. Thematisch wurde insbesondere im Subdiskurs ‚Mediengetriebener Ereignisdiskurs' deutlich, dass vonseiten der Haupt-Claims-Maker, der beiden nationalen Tageszeitungen und der Leserbriefautor:innen, insbesondere aktuelle Themen (Klimakonferenz; Klimagerechtigkeit und Ausgleich) sowie Themen mit besonders hohem Konfliktpotenzial (Protestaktionen der Letzten Generation) im Fokus standen, was auf die Bedienung der Nachrichtenwerte zurückgeführt werden kann.

An dieser Stelle sei nochmals explizit unterschieden zwischen journalistischen Medien als Quellmedien, also in ihrer Rolle als Zugangsmedien zur Arenenöffentlichkeit, und journalistischen Medien als Claims-Makern. Beide Rollen wurden im ersten untersuchten Subdiskurs ‚Mediengetriebener Ereignisdiskurs' sichtbar. Der zweitstärkste Subdiskurs, der ‚Politikgetriebene Maßnahmendiskurs', ist beispielsweise in den beiden Tageszeitungen wenig kritisierend und insgesamt sehr positiv. Auch das verdeutlicht die Notwendigkeit, zwischen Claims-Makern und der hier maßgeblich journalistisch geprägten Infrastruktur zu unterscheiden. Politische Claims-Maker treten in einem journalistisch kontrollierten Medium als Sprecher:innen auf, die Claims sind entsprechend dennoch genuin politische Claims und werden als solche von den Journalist:innen in ihren Artikeln wiedergegeben. Lediglich die Tatsache, ob dem Claim (und damit in der Gesamtschau auch *welchen* Claims) Raum gegeben wird, ermöglicht dem Journalismus redaktionelle Einflussnahme auf den Gesamtdiskurs.

Der Gesamtdiskurs konnte statistisch und inhaltlich passend in sechs Subdiskurse aufgeteilt werden. Diese Subdiskurse haben jeweils unterschiedlich viel Raum im Gesamtdiskurs eingenommen, gemessen an den Nodes (also den eindeutigen Claims-Makern, Adressaten und Themen), die einem Subdiskurs zugeordnet wurden, im Verhältnis zur Gesamtanzahl der Nodes. Der meiste Diskursraum wurde vom ‚*Mediengetriebenen Ereignisdiskurs*' eingenommen (28,08 %). Hier dominieren vor allem die Tageszeitungen und Leserbriefautor:innen den Subdiskurs und verhandeln die Klimakonferenz, die Protestaktionen der Letzten Generation sowie Klimagerechtigkeit und Ausgleich, aber auch eine Vielzahl an anderen Themen unter Bezugnahme auf zahlreiche Adressaten. Der globale Süden und die Letzte Generation versuchen sich ebenfalls als Claims-Maker, fallen im Verhältnis aber nicht stark ins Gewicht.

Der zweitgrößte Anteil des Gesamtdiskurses wurde vom ‚*Politikgetriebenen Maßnahmendiskurs*' abgedeckt (19,18 %). Hier sind nationale Politiker:innen die dominierenden Claims-Maker und melden sich zum größten Teil konstruktiv zu zahlreichen Maßnahmen zu Wort, während sie sich untereinander in den Diskussionen kritisieren. Auch Vereine und Verbände sowie Akteure aus der Wirtschaft mischen sich mit ein und betonen Vorteile und Synergien. Mit dem ‚Mediengetriebenen Ereignisdiskurs' zusammengenommen, nehmen die beiden Subdiskurse knapp die Hälfte des Gesamtdiskurses ein.

Der ‚*NGO-getriebene Naturschutzdiskurs*' nimmt 17,12 % des Gesamtdiskurses ein. Er baut auf evidenzbasierte Kommunikation und taucht oft im Zusammenhang mit Akteuren der Wissenschaft auf. NGOs positionieren sich gegen wirtschaftliche und politische Akteure sowie gegen Hybride aus Wirtschaft und Politik und für den Regenwaldschutz, die Dekarbonisierung und den Ausstieg aus fossiler Energie.

Der gleichrangige ‚*Hochschulpolitikgetriebener Protestdiskurs*' ist ein Subdiskurs, der ebenfalls 17,12 % des Gesamtdiskurses einnimmt. Hier verbünden sich die ÖH und die Protestbewegung *Erde brennt* in der Tradition der vergangenen universitären Protestaktion ‚Uni brennt', um auf die Klimakrise aufmerksam zu machen. Dabei wird die Notwendigkeit der Handlungsbereitschaft in der Bevölkerung und eines Systemwandels betont. Die Politik wird scharf kritisiert, das Problem zu verschleppen und zu ignorieren. Die protestierenden Akteure nehmen in diesem Zuge auch Bezug auf kontroverse Themen aus anderen Diskurssträngen (z. B. Protestaktionen Letzte Generation).

Der ‚*Wirtschaftsgetriebene Technologiesolutionismusdiskurs*' hat weniger Raum eingenommen (9,59 %). Dieser ist auch der erste der Subdiskurse, der keinen klaren dominierenden Claims-Maker mehr hat, sondern mehrere verschiedene, die sich zu einer geringeren Anzahl an Themen äußern. In diesem Fall ist das zentrale Thema in diesem Strang die Dekarbonisierung durch Technologie. Einzelne Unternehmen aus Technologie und Technik strukturieren diesen Subdiskurs zusammen mit Vereinen maßgeblich und diskutieren die Vorteile, die Technologie und Technik beim Fortschritt in dieser Thematik für die Welt haben können. Dieser Diskurs läuft relativ isoliert von den anderen ab, es erfolgen kaum Querbezüge zu anderen Themen außerhalb des Subdiskurses und dieser wird seinerseits auch kaum aufgegriffen.

Der letzte Subdiskurs ist der ‚*Expert:innengetriebene Mental-Health-Diskurs*', der nur noch 8,9 % des Gesamtdiskurses einnimmt. Auch dieser Subdiskurs ist ein thematisch zentrierter Diskursstrang, in dem sich einerseits Claims-Maker aus der Wissenschaft (Psychologie), aus der Religion und der Zivilbevölkerung versammeln und die psychologische Belastung, die mit der Klimakrise besonders für junge Menschen einhergeht, thematisieren. Andererseits finden sich auch wirtschaftliche Akteure zusammen, die wiederum Synergieeffekte betonen und einerseits den Bedarf neuer Expertise für den Klimawandel sehen und andererseits betonen, wie sie junge Menschen durch bessere Bildung stärken können.

Aus den arenatheoretischen Überlegungen in Abschnitt 3.1.3 geht hervor, dass Arenenkommunikation stets ein Kampf um die knappe Ressource Aufmerksamkeit ist und dass Diskursarenen deshalb auch eine „carrying capacity" (Gerhards & Neidhardt, 1990, S. 27; 44; Hilgartner & Bosk, 1988, S. 58) haben, also dass der Diskursraum entsprechend begrenzt ist. Wer am meisten Raum in der Diskursarena einnimmt, bestimmt auch, wie das Publikum dieser Arena den Diskurs wahrnehmen kann. Für den hier erforschten Gesamtdiskurs hat sich gezeigt, dass dieser vor allem vom ‚Mediengetriebenen Ereignisdiskurs' und vom ‚Politikgetriebenen Maßnahmendiskurs' dominiert ist. Der mediale Diskurs ist ein überwiegend kritischer, der sich auf Konfliktthemen wie die Protestaktionen der Letzten Generation bezieht; der politische Diskursstrang ist ein überwiegend positiver, jedoch insgesamt strittiger, der auf Maßnahmen fokussiert ist. Die gesamthaft betrachtet größeren der beschriebenen Subdiskurse (‚Mediengetriebener Ereignisdiskurs', ‚Politikgetriebener Maßnahmendiskurs', ‚Hochschulpolitikgetriebener Protestdiskurs' und ‚NGO-getriebener Naturschutzdiskurs') sind solche, die über wenige, dafür aber dominante Claims-Maker verfügen, die auf zahlreiche Themen und andere Akteure Bezug nehmen. Die kleineren Subdiskurse (‚Wirtschaftsgetriebener Technologiesolutionismusdiskurs' und ‚Expert:innengetriebener Mental-Health-Diskurs') strukturieren sich eher um spezielle Themen herum, auf die dann einige wenige heterogene Claims-Maker Bezug nehmen. Diese laufen entsprechend eher am Rande der erhobenen Arenenkommunikation ab und es gibt wenige Querbezüge zu den zentral debattierten Themen.

Zusammenfassend lässt sich also zwischen dominanten, moderat dominanten und nicht dominanten Akteuren unterscheiden. Zu den eher dominanten Akteuren gehören jene, denen es gelingt, in starken Diskurssträngen viel Diskursraum einzunehmen. Dies trifft im erhobenen Sample beispielsweise auf journalistische Akteure, politische Akteure, hybride Akteure zwischen Politik und Zivilbevölkerung, wissenschaftliche und aktivistische Akteure zu. Sie sind die zentralen Claims-Maker in jenen Subdiskursen, die am stärksten vertreten waren. Zu den moderat dominanten Akteuren gehören jene Akteure, denen in den Subdiskursen ebenfalls eine relevante, wenn auch weniger starke Rolle als Claims-Makern zukommt oder die bedeutende Claims-Maker bei den themenzentrierten Subdiskursen sind. Zu diesen zählen für das erhobene Sample wirtschaftliche Akteure, religiöse Akteure, zivilgesellschaftliche Akteure sowie hybride Akteure zwischen Wissenschaft und Politik. Die restlichen Akteure im hier erhobenen Arenendiskurs lassen sich den nicht dominanten Akteuren zurechnen. Ihnen gelingt es in keinem Diskursstrang, eine dominante oder moderat dominante Rolle als Claims-Maker einzunehmen. Zu diesen Akteuren gehören hier Hybrid Wirtschaft/Politik, Hybrid Wirtschaft/Protest, Hybrid Wirtschaft/Zivilbevölkerung und Hybrid Wissenschaft/Protest.

5.3 Akteurs-/Themenkonstellation

Wie bereits aus Abschnitt 3.1.3 zu den arenentheoretischen Überlegungen hervorgegangen ist, sind Diskursarenen schwer von den darin kommunizierenden Akteuren zu trennen. Die folgenden Überlegungen sind entsprechend als Vertiefung zu den Überlegungen des Gesamtdiskurses (Abschnitt 5.2) zu verstehen. In diesem Abschnitt liegt der Fokus jedoch auf den Akteuren und deren Relationen zueinander bzw. zu den Themen, auf die sie sich beziehen. Aus den wechselseitigen kommunikativen Bezugnahmen um bestimmte Themen herum ergeben sich bestimmte Konstellationen, die sich in wechselseitiger Unterstützung und Koalitions- bzw. Allianzbildung und in Oppositionen ausdrücken können. Diese Konstellationen können in der Arenenöffentlichkeit auch darüber bestimmen, welchen Claims-Makern es gelingt, Deutungshoheit über bestimmte Themen zu erwirken – was es in diesem Abschnitt nachzuzeichnen gilt (EUF 3: Welche Koalitionen und Oppositionen ergeben sich aus den Akteurs-/ Themenkonstellationen?).

5.3.1 Resonanz der Arenenakteure

In Abschnitt 5.2 lag die Aufmerksamkeit auf den Subdiskursen sowie den darin dominanten, moderat dominanten oder nicht dominanten Akteuren in ihrer Rolle als Claims-Maker. In diesem Abschnitt geht es nun darum, die verschiedenen Rollen, die Akteure einnehmen können, genauer zu differenzieren. Denn sie können nicht nur als Claims-Maker auftreten, sondern auch in die Rolle der Adressaten schlüpfen. Im Gesamtdiskurs kann es aus arenentheoretischer Perspektive einerseits zentral sein, wie viel Diskursraum ein Claims-Maker selbst für sich und seine Themen beanspruchen kann, andererseits aber auch, wie prominent selbige von anderen Claims-Makern adressiert werden und vor allem auf welche Weise. Aus dieser Überlegung heraus können sich in der arenenöffentlichen Kommunikation Koalitionen und Konfliktlinien um bestimmte Themen herum sowie Koalitionen und Oppositionen zwischen Akteuren konstituieren.

Zunächst sollen die unterschiedlichen Akteursrollen in ein Verhältnis gebracht werden. Hierzu wurde ein Netzdiagramm erstellt, das abbildet, wie häufig die unterschiedlichen Akteursgruppen in der Rolle der Claims-Maker (Lila) und in der Rolle der Adressaten (Türkis) vorgekommen sind (siehe Abb. 5.14).

Aus dieser Gegenüberstellung lässt sich für jede Akteursgruppe einschätzen, in welchem Verhältnis sie zu ihrer Claims-Maker-Rolle adressiert wird. Übernimmt man die im vorherigen Abschnitt 5.2 erarbeiteten Dominanzgruppen der Claims-Maker (nicht dominant, moderat dominant, dominant) und setzt die jeweilige Häufigkeit, wie oft diese Gruppen als Adressaten vorkommen, ins Verhältnis, zeichnet sich folgendes Bild.

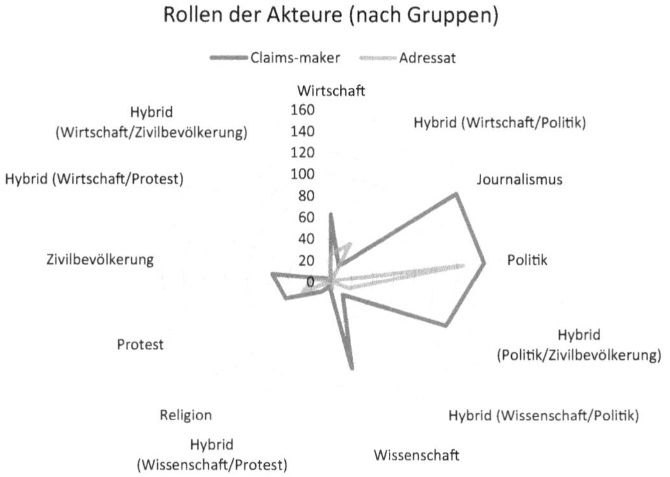

Abbildung 5.14 Häufigkeit der Rollen der Akteursgruppen. (Eigene Darstellung)

Unter jenen Claims-Makern, die als nicht dominant identifiziert wurden, gibt es solche, die wenig bis gar nicht adressiert werden (Hybrid Wirtschaft/ Zivilbevölkerung, Hybrid Wissenschaft/Protest). Dann sind solche zu finden, die mittelmäßig oft adressiert werden (Hybrid Wirtschaft/Protest). Akteure wie Arbeitskräfte, Stiftungen, CEOs for Future oder Psychologists for Future spielen im Gesamtdiskurs also weder als Claims-Maker eine bedeutende Rolle, noch werden sie von anderen Akteuren wesentlich ins Gespräch gebracht. Des Weiteren gibt es noch jene Akteure unter den nicht dominanten Claims-Makern, die hingegen in ihrer Adressatenrolle häufig adressiert werden. Zu dieser Gruppe zählen hybride Akteure zwischen Wirtschaft und Politik. Akteure wie Industriestaaten, Lobbyverbände oder Think Tanks werden außerordentlich stark adressiert und erlangen so durchaus eine hohe Resonanz im Gesamtdiskurs, wobei sie häufig Gegenstand von Kritik sind.

Unter jenen Claims-Makern, die als moderat dominant eingestuft wurden, gibt es ebenfalls solche, die wenig bis gar nicht adressiert werden (Hybrid Wissenschaft/Politik; Religion), sowie solche, die mittelmäßig oft adressiert werden (Wirtschaft; Zivilbevölkerung). Das bedeutet, dass auch hier, Akteure wie die ÖH oder religiöse Akteure insgesamt kaum Resonanz erreichen. Wirtschaftliche und zivilgesellschaftliche Akteure hingegen erlangen mittelmäßige Resonanz, da sie als moderat dominante Claims-Maker auch mittelmäßig oft adressiert werden.

Unter den als dominante Claims-Maker eingestuften Akteuren sind auch unterschiedliche Grade feststellbar, wie häufig selbige adressiert wurden. Journalistische, wissenschaftliche sowie Hybridakteure zwischen Politik und Zivilbevölkerung werden wenig bis gar nicht adressiert. Diese Akteure haben allerdings eine hohe Dominanz als Claims-Maker bewiesen. Dies lässt darauf schließen, dass sie als starke Claims-Maker tonangebend sein können und gleichzeitig selbst kaum Gegenstand von Lob oder Kritik sind. Sie haben entsprechend hohes Potenzial, eine moderierende Funktion einzunehmen. Aktivistische Akteure wurden mittelmäßig stark adressiert. Sie erlangen folglich eine relativ hohe Resonanz. Politische Akteure wurden am meisten adressiert – fast so häufig, wie sie selbst Claims platzieren konnten. Sie erlangen im erhobenen Arenendiskurs also am meisten Resonanz, wenn auch nicht nur positive.

5.3.2 Definitionsmacht der Arenenakteure

Weiters gilt es, das aus der Relation zwischen den Häufigkeiten, wie oft Akteure als Claims-Maker oder Adressat auftreten, entstandene Resonanzbild um eine qualitative Komponente zu ergänzen. Entsprechend soll ein Blick darauf geworfen werden, *wie* diese Akteure adressiert werden. Im Folgenden wird deshalb am Beispiel der mittelmäßig bis häufig adressierten Akteursgruppen (Hybrid Wirtschaft/Politik, Politik, Protest, Wirtschaft, Zivilbevölkerung) gesondert nachvollzogen, wie diese von den Claims-Makern bewertet wurden bzw. ob sie eher unterstützt oder kritisiert werden. Die nachfolgende Tabelle 5.2 zeigt die Claims-Maker nach ihren Akteursgruppen, die überhaupt auf die entsprechenden Adressatengruppen Bezug nehmen, und fasst die jeweils durchschnittliche Bezugnahme zusammen.

Tabelle 5.2 Bewertung häufig adressierter Akteure. (Eigene Darstellung)

Claims-Maker bewerten Adressaten →	Hybrid Wirtschaft/Politik	Politik	Protest	Wirtschaft	Zivilbevölkerung
Journalismus →	O	–	–	O	–
Politik →	–	–	–	+	+
Hybrid Politik/ Zivilbevölkerung →	O	O	–	–	+
Wissenschaft →	–	–	+	–	–
Protest →	–	O			–
Wirtschaft →	+	O	–	+	+
Religion →			O	–	O
Zivilbevölkerung →	–	–	–	–	
Hybrid Wissenschaft/Politik →	O	–	+		O

Linke Spalte = Claims-Maker nach Akteursgruppen; dominant = grau hinterlegte Zeilen; moderat dominant = weiß hinterlegte Zeilen; , + ‘ = durchschnittlich unterstützende Bezugnahmen; ‚O‘ = durchschnittlich neutrale Bezugnahmen; ‚–‘ = durchschnittlich kritisierende Bezugnahmen; leer = keine Bezugnahme

Aus dieser Tabelle ist nun entnehmbar, wie jene Adressatengruppen, die häufig adressiert werden, von den Claims-Makern adressiert werden. Dabei ist jedoch zu berücksichtigen, ob es sich bei den Claims-Makern um eher dominante Akteursgruppen handelt oder eher um moderat dominante. Die Akteursgruppe Protest wird beispielsweise von den dominanten Gruppen Journalismus und Politik sowie von der hybriden Gruppe zwischen Politik und Zivilbevölkerung durchschnittlich kritisiert. Von der Religion werden die Protestakteure durchschnittlich neutral bewertet. Protestakteure werden also vielerseits kritisiert, erhalten aber Unterstützung seitens wissenschaftlicher und hybrider Akteure zwischen Wissenschaft und Politik. Politische Akteure werden durchschnittlich kritisiert und erfahren wenig Unterstützung. Hybridakteure zwischen Wirtschaft und Politik ernten Kritik von Politik, Wissenschaft und Protest sowie der Zivilbevölkerung, finden jedoch Unterstützung bei wirtschaftlichen Akteuren. Wirtschaftliche Akteure unterstützen sich auch selbst bzw. gegenseitig, während sie viel Kritik seitens hybrider Akteure zwischen Politik und Zivilbevölkerung sowie wissenschaftlicher, religiöser und zivilgesellschaftlicher Akteure erfahren. Die Zivilbevölkerung steht insgesamt noch in einem etwas besseren, wenn auch nicht gänzlich positiven Licht da.

Zusammengefasst kann aus den angestellten Beobachtungen folglich nicht nur unterschieden werden, wie viel Raum Akteure in ihrer Rolle als Claims-Maker in einem Arenendiskurs einnehmen, sondern auch, wie prominent und vor allem auf welche Weise diese adressiert werden (siehe Tab. 5.3). Daraus ergibt sich die Annahme, dass Akteuren, je dominanter sie Diskursraum einnehmen und je prominenter und positiver sie von anderen Akteuren dargestellt werden, auch entsprechend eine hohe Definitionsmacht zukommt. Diese Definitionsmacht können sie dann mittels ihres Claims-Makings strategisch nutzen.

Tabelle 5.3 Ausmaß der Definitionsmacht nach Resonanz und Bewertung. (Eigene Darstellung)

Ausmaß Definitionsmacht	in Adressatenrolle	nie bis selten		mittelmäßig bis häufig		
	Wertung				a) kritisiert	b) unterstützt
in Claims-Maker-Rolle	nicht dominant	①	gering	③	gering	mittel
	(moderat) dominant	②	sehr hoch	④	mittel bis hoch	sehr hoch

Sechs unterschiedliche Kombinationsmöglichkeiten ließen sich daraus ableiten. 1) Akteure können beispielsweise keine starken Claims-Maker sein und auch kaum adressiert werden. In diesem Fall kommt ihnen keine große Definitionsmacht zu. Dieser Kategorie können die Akteure Hybrid Wirtschaft/Zivilbevölkerung und Hybrid Wissenschaft/Protest zugeordnet werden. 2) Akteure können aber auch starke Claims-Maker sein und ebenfalls selten bis gar nicht adressiert werden. In diesem Fall kommt ihnen eine sehr hohe Definitionsmacht zu, da sie relativ viel Raum im Gesamtdiskurs einnehmen, ihre Positionen aber kaum von anderen Akteuren herausgefordert werden. Zu diesen Akteursgruppen zählen hier Journalismus, Hybrid Politik/Zivilbevölkerung, Wissenschaft, Religion und Hybrid Wissenschaft/Politik.

Bei den Kombinationsmöglichkeiten 3) und 4) handelt es sich um jene Akteure, die mittelmäßig bis häufig adressiert werden. Hier lässt sich nun weiter unterscheiden, ob diese Akteure a) kritisiert oder b) unterstützt werden. Beispielsweise gibt es 3a) Akteure, die keine starken Claims-Maker sind und gleichzeitig stark kritisiert werden. Das ist hier für die Akteursgruppe Hybrid Wirtschaft/Politik der Fall. Ihnen kommt im Arenendiskurs eine geringe Definitionsmacht zu. Dann gibt es 3b) Akteure, die keine starken Claims-Maker sind, die jedoch in ihrer Adressierung unterstützt werden. Das trifft auf die Akteursgruppe Hybrid Wirtschaft/Protest zu. Sie haben keine besonders hohe Resonanz, wenn sie aber adressiert werden, dann in einem positiven Licht. Ihnen kann entsprechend mittelmäßige Definitionsmacht zugeschrieben werden. Des Weiteren lassen sich noch 4a) Akteure identifizieren, die den dominanteren Claims-Makern zuzuordnen sind, die gleichzeitig aber kritisiert oder kontrovers behandelt werden. Zu dieser Kategorie gehören beispielsweise politische, aktivistische, wirtschaftliche oder zivilgesellschaftliche Akteure. Ihnen kommt hier eine mittelmäßige bis tendenziell dennoch hohe Definitionsmacht zu. Die letzte Kategorie ergibt sich für 4b) Akteure, die starke Claims-Maker sind und gleichzeitig unterstützend adressiert werden. Ihnen würde eine sehr hohe Definitionsmacht zukommen. Das trifft im erhobenen Sample jedoch auf keine Akteursgruppe zu.

Abschließend lässt sich an dieser Stelle festhalten, dass zu den Akteuren mit geringer Definitionsmacht jene Gruppen aus Hybrid Wirtschaft/Politik, Hybrid Wirtschaft/Zivilbevölkerung und Hybrid Wissenschaft/Protest zählen. Jenen mit mittelmäßiger Definitionsmacht lassen sich Akteure aus Hybrid Wirtschaft/Protest zuordnen. Eine mittelmäßige bis sogar hohe Definitionsmacht kommt politischen, aktivistischen, wirtschaftlichen und zivilgesellschaftlichen Akteuren zu. Sehr hohe Definitionsmacht genießen die Akteursgruppen Journalismus, Hybrid Politik/Zivilbevölkerung, Wissenschaft, Religion und Hybrid Wissenschaft/Politik.

5.3.3 Koalitionen, Oppositionen und Konfliktlinien

Als Nächstes soll untersucht werden, inwiefern sich die Akteursgruppen gegenseitig unterstützen oder kritisieren bzw. inwiefern die Themen dabei umstritten sind. Um einen Überblick über die Akteurs- bzw. Themenkoalitionen und Oppositionen zu gewinnen, wird für das Gesamtdiskursnetzwerk im Programm Gephi einzeln nach den eindeutig zugewiesenen Farben gefiltert, die die Akteurs- bzw. Themengruppen repräsentieren. Anschließend werden alle Nodes, die zu einer Gruppe gehören, händisch zusammengezogen und somit visuell gebündelt. Die Bezüge zwischen den Akteuren und Themen bleiben so bestehen, wie sie codiert wurden. Das Programm lässt es zu, die Edges, die in diesem Fall entweder eine unterstützende (= Grün) oder eine kritisierende (= Rot) Bezugnahme repräsentieren, separat abzubilden (Edges-Partition nach Wertung). Daraus ergeben sich ein Unterstützungsnetzwerk (siehe Abb. 5.15) und ein Kritiknetzwerk (siehe Abb. 5.16).

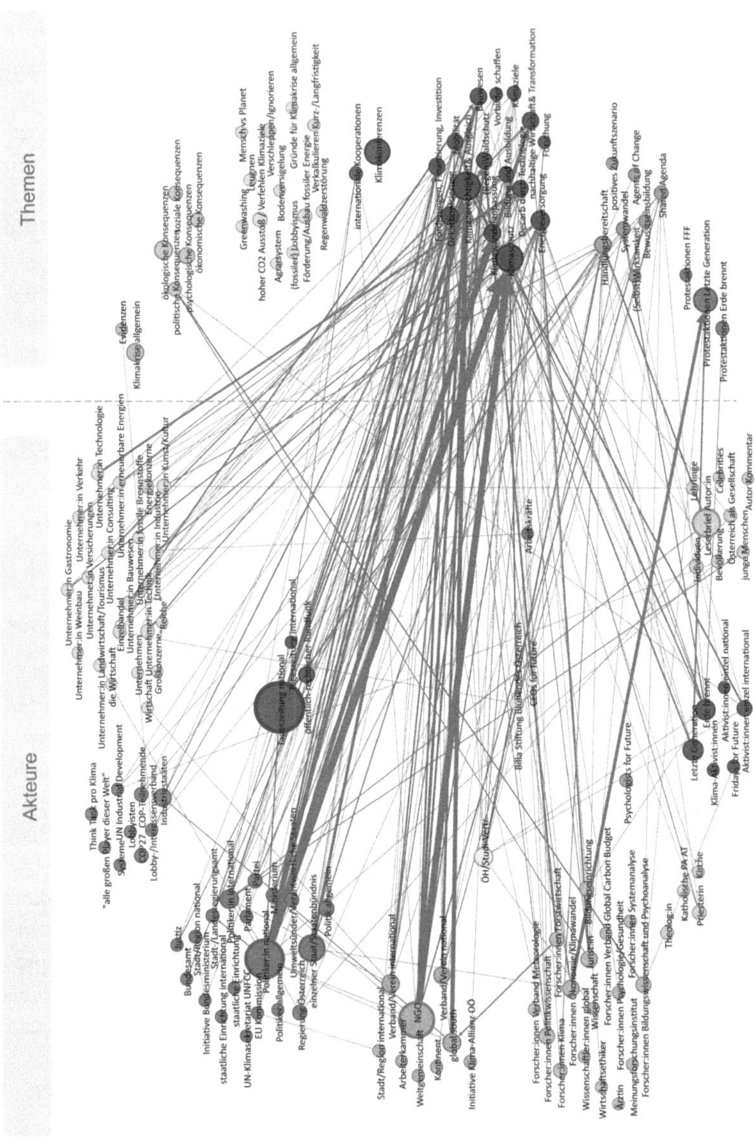

Abbildung 5.15 Unterstützungsnetzwerk. (Eigene Darstellung). (Node-Größe nach Weighted Degree, Node-Farbe nach zugewiesener Akteurs-/Themengruppe (siehe Abb. 5.5), Edge-Dicke nach Edge-Weight, Edge-Farbe nach unterstützender/befürwortender Wertung (= Grün) des jeweiligen Adressaten/Themas)

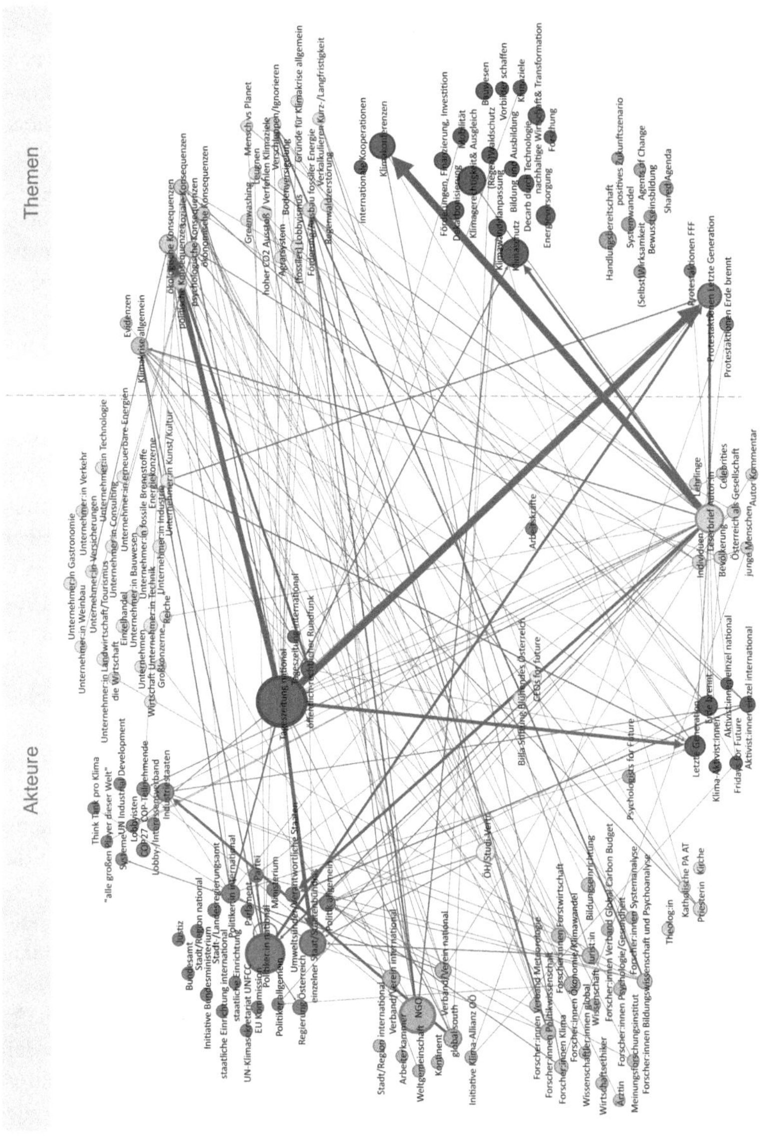

Abbildung 5.16 Kritiknetzwerk. (Eigene Darstellung). (Node-Größe nach Weighted Degree, Node-Farbe nach zugewiesener Akteurs-/Themengruppe (siehe Abb. 5.5), Edge-Dicke nach Edge-Weight, Edge-Farbe nach kritisierender/bemängelnder Wertung (= Rot) des jeweiligen Adressaten/Themas)

Mit Hilfe dieser Darstellung kann ermittelt werden, welcher Natur die Beziehungen jeweils zwischen den Akteuren – den Claims-Makern und Adressaten – sowie zwischen den Claims-Makern und den Themen ist. Diese Beziehungen lassen sich im Programm isoliert highlighten. Um also herauszufinden, wie sich die unterschiedlichen Akteursgruppen zu den jeweiligen Akteurs- und Themengruppen verhalten, wurde jede Kombinationsmöglichkeit gehighlightet und dabei wurde festgehalten, ob zwischen den Gruppen Unterstützung oder Kritik vorkommen. Ergänzend wurden diese gehighlighteten Relationen im Hintergrund in einer Tabelle nochmals gesondert festgehalten, um sie vergleichbar zu machen. Auf diesem Weg konnte nachvollzogen werden, wie jede Akteurs- und Themengruppe von den Claims-Makern bewertet wurde und welche Koalitionen bzw. Oppositionen sich daraus ableiten lassen.

Vorwegzunehmen ist, dass die hybriden Akteursgruppen zwischen Wissenschaft und Protest, zwischen Wirtschaft und Protest sowie zwischen Wirtschaft und Zivilbevölkerung keine besonders relevanten Bezüge bzw. Koalitionen gebildet haben. Deshalb werden sie für die weiteren Beschreibungen außen vor gelassen. Als Nächstes werden die Themengruppen nacheinander betrachtet. Auf die Themengruppe ‚Klimakrise allgemein' (Orange) nehmen fast alle Akteursgruppen Bezug und es wird nahezu einstimmig Kritik geäußert. Es ist also unter allen Akteursgruppen Common Sense, dass die Klimakrise als kritisch einzustufen ist. Die ‚Konsequenzen des Klimawandels' (Pink) als nächste Themengruppe werden ebenfalls einstimmig kritisiert. Unterstützende Aussagen hinsichtlich politischer Konsequenzen erscheinen seitens wissenschaftlicher und aktivistischer Akteure. Wissenschaft und Protest vertreten hier beispielsweise schon ähnliche Ansichten. Die Themengruppe ‚Gründe und klimaschädliches Verhalten' (Gelb) wird von den Akteursgruppen Journalismus, Politik, Hybrid Politik/Zivilbevölkerung, Wissenschaft, Religion, Zivilbevölkerung und Protest einstimmig kritisiert. Auffällig ist an dieser Stelle, dass keine Kritik seitens wirtschaftlicher sowie seitens hybrider Akteure zwischen Wirtschaft und Politik geäußert wird. Von Unternehmen, Konzernen, Industriestaaten oder Lobbyverbänden kommt im erhobenen Sample keine Kritik an klimaschädlichem Verhalten. Kontroverser wird weiters die Themengruppe ‚Klimakonferenzen und int. Kooperationen' (Dunkelblau) gehandhabt. Unterstützend zeigen sich die Akteursgruppen Journalismus, Politik, Hybrid Politik/Zivilbevölkerung und Wissenschaft. Kritik erscheint seitens der Zivilbevölkerung, des Aktivismus und ebenfalls der Wissenschaft. Innerhalb der Wissenschaft kommt es zu unterschiedlichen Positionierungen. Politikwissenschaftler:innen haben überwiegend eine unterstützende Haltung, während Kritik seitens der Klimawissenschaftler:innen geäußert wird. Wissenschaftler:innen haben hier also eine Art Sonderrolle inne, da sie als

Expert:innen in beiden Positionen vorkommen. Auch können sie als Bindeglied zwischen den beiden Diskurskoalitionen verstanden werden. Die nächste Themengruppe, die Gruppe der ‚Maßnahmen' (Dunkelgrün), wird einstimmig von allen Akteursgruppen unterstützt. Kritik wird seitens der Akteursgruppen Journalismus, Hybrid Politik/Zivilbevölkerung, Religion und Zivilbevölkerung laut. Die Themengruppe ‚Transformation' (Hellgrün) wird von allen Akteursgruppen durchweg unterstützt. Bei der letzten Themengruppe ‚Aktivismus' (Mittelgrün) herrscht wieder Uneinigkeit. Kritik kommt von Akteuren der Gruppen Wirtschaft, Journalismus, Politik, Zivilbevölkerung und Protest selbst. Letztere Gruppe wurzelt in der Kritik der Protestgruppe *Erde brennt* an der Protestbewegung Letzte Generation. Unterstützung findet die Themengruppe ‚Aktivismus' jedoch von den Akteursgruppen Wissenschaft und Protest.

Die Relationen unter den Akteursgruppen sind nochmals komplexer. Über die zusammengetragenen Koalitionskombinationen kristallisiert sich vor allem eine enge Verbindung zwischen der wissenschaftlichen und der aktivistischen bzw. auch ergänzend um die hybride Akteursgruppe zwischen Wissenschaft und Politik heraus. Sie treten in der gemeinsamen Kritik politischer Akteure sowie der Zivilbevölkerung und der hybriden Akteursgruppe zwischen Wirtschaft und Politik auf. Unterstützung übt diese Koalition ihrerseits für die Akteursgruppen Wissenschaft und Protest. Die anderen Akteursgruppen Wirtschaft, Journalismus, Politik, Hybrid Politik/Zivilbevölkerung, Religion und Zivilbevölkerung erscheinen in unterschiedlichen Kombinationen. Dabei tritt die hybride Akteursgruppe Politik/Zivilbevölkerung häufig in unterschiedlichen Kombinationen auf. Sie nimmt in diesem Sinne, ähnlich wie die wissenschaftlichen Akteure, eine Art Schnittstellenrolle ein. Wird diese für die gesamthafte Betrachtung außen vor gelassen, zeigt sich eine Koalitionen zwischen Journalismus und Politik, beispielsweise in der kontroversen Anschauung der Politik selbst sowie in der Kritik der Zivilbevölkerung. Weiters ergibt sich eine Koalition zwischen Wirtschaft und Politik, beispielsweise in der Unterstützung wirtschaftlicher Akteure sowie der Zivilbevölkerung. Einig sind sich Politik, Wirtschaft und Journalismus in der Kritik der Protestgruppe. Zudem herrscht Einigkeit in Bezug auf die – mit Ausnahme der wirtschaftlichen Akteursgruppe – gemeinschaftlich kritische Haltung gegenüber der Akteursgruppe Hybrid Wirtschaft/Politik.

Tabelle 5.4 Übersicht Koalitionen und Allianzen. (Eigene Darstellung)

Koalitionen/ Allianzen	Mitglieder	Beziehung zu weiteren Akteursgruppen	Themenbezug
Hegemoniale Allianz	Journalismus & Politik ↔ Politik & Wirtschaft	oppositionelle Haltung zu Politik & Protest	geeinte Kritik an Aktivismus
Schnittstellenakteure	Hybrid Politik/ Zivilbevölkerung; Wissenschaft	Bindegliedfunktion zwischen hegemonialer und Klimaallianz	diverse
Klimaallianz	Wissenschaft & Protest & Hybrid Wissenschaft/ Politik	oppositionelle Haltung zu Politik, Hybrid Wirtschaft/ Politik & Zivilbevölkerung	geeinte Kritik an Klimakrise/ Klimawandel, Konsequenzen des Klimawandels & hinsichtlich Gründen und klimaschädlichem Verhalten
Empörungskoalition	Journalismus & Zivilbevölkerung	oppositionelle Haltung zu Politik & Protest	geeinte Kritik an Konsequenzen des Klimawandels, internationale Konferenzen & Kooperationen & Aktivismus
Stille Koalition	Wirtschaft & Hybrid Wirtschaft/ Politik	keine Kritik aneinander trotz heftiger Kritik von anderen Akteursgruppen	geeintes Schweigen bspw. zu Gründen und klimaschädlichem Verhalten

Zusammengefasst lässt sich mit Tabelle 5.4 erkennen, dass es ein Koalitionsdreieck aus den Akteursgruppen Journalismus, Politik und Wirtschaft gibt (*hegemoniale Allianz*). Diese sind sich vor allem in der Kritik der Protestgruppe einig. Des Weiteren gibt es *Schnittstellenakteursgruppen*, wie wissenschaftliche oder hybride Akteure zwischen Politik und Zivilbevölkerung, die unterschiedliche Positionen einnehmen können und meist in Kombination mit politischen oder journalistischen Akteuren erscheinen. Auch treten sie häufig in Kombination mit der Protestakteursgruppe auf. Insbesondere die Kombination aus Wissenschaft, Protest und ergänzend aus Hybrid Wissenschaft/Politik hat sich als *Klimaallianz* herauskristallisiert. Hier herrscht vor allem Einigkeit in Hinblick auf die Kritik der Akteursgruppen Politik, Zivilbevölkerung und Hybrid Wirtschaft/Politik sowie die wechselseitige Unterstützung der Akteursgruppen Wissenschaft und Protest. Zudem ähnelt sich unter anderem ihre Sichtweise auf die Themengruppen ‚Konsequenzen des Klimawandels' oder ‚Klimakonferenzen und int. Kooperationen', insbesondere im Vergleich zur Sichtweise der anderen Gruppen. Weiters konnten zivilgesellschaftliche Akteure und journalistische Akteure als die am stärksten kritisierenden Akteure identifiziert werden, die selbst insgesamt wenig Kritik ausgesetzt sind (*Empörungskoalition*). Abschließend kann eine weitere *‚stille' Koalition* zwischen den Akteursgruppen der Wirtschaft und der hybriden Gruppe zwischen Wirtschaft und Politik identifiziert werden. Nicht nur schweigen sie gemeinsam zu den gleichen Themen, während die anderen Akteursgruppen scharfe Kritik äußern (‚Gründe und klimaschädliches Verhalten'), sondern es hat sich auch gezeigt, dass die hybride Akteursgruppe zwischen Wirtschaft und Politik von den meisten Akteursgruppen einstimmig Kritik erfährt, nicht aber von wirtschaftlichen Akteuren.

5.3.4 Erkenntnisse für die Arenenakteure und -themen

Ziel des Abschnitts 5.3 war es, herauszufinden, wie die Akteure durch die wechselseitige Bezugnahme aufeinander und auf die Themen ihre diskursive Position in der Arena festlegen und welche Akteurskonstellationen sich daraus für das erhobene Sample ergeben. Aus den Überlegungen zur Positionierung der Akteure in der Diskursarena ging hervor, dass sie nicht nur unterschiedlich dominante oder prominente Rollen als Claims-Maker einnehmen können, sondern auch jeweils von anderen Claims-Makern adressiert werden. Die Rolle als Adressat wirkt sich ebenfalls auf die Definitionsmacht eines Akteurs aus. Die erhobenen Akteursgruppen ließen sich kategorisieren in Akteursgruppen mit hoher, mittlerer und niedriger Definitionsmacht. Abschließend wurden noch Beobachtungen hinsichtlich der Koalitionsbildung zwischen den Akteursgruppen und in Bezugnahme auf die unterschiedlichen Themengruppen angestellt. Diese Beobachtungen dienen als Ergänzung für die Erkenntnisse hinsichtlich der Definitionsmacht einer Akteursgruppe, um ein tieferes Verständnis der komplexen Relationen zwischen den Akteuren und Themen zu gewinnen.

Mit diesen drei Schritten konnte ermittelt werden, welche Diskursposition die Arenenakteure innehaben, wie viel Definitionsmacht ihnen zugeschrieben werden kann und in welcher Beziehung sie zueinander und zu den aufgekommenen Themen stehen. Dabei hat sich gezeigt, dass es ein definitionsmächtiges Koalitionsdreieck zwischen Journalismus, Politik und Wirtschaft gibt, mit einem gemeinsamen kommunikativen ‚Opponenten' – den Protestbewegungen. Alle drei Akteursgruppen genießen eine hohe bis sehr hohe Definitionsmacht. Durch die Koalition mit Journalismus und Wirtschaft und durch oft auftauchende Kombinationen mit den definitionsmächtigen Akteursgruppen der Wissenschaft und des Hybrids Politik/Zivilbevölkerung werden sie zu den inhaltlich tonangebenden Kräften. Diese Beobachtung deckt sich mit dem arenatheoretischen Modell sozialen Wandels nach Imhof (2011), in dem Politik, Wirtschaft und Journalismus gleichsam zu den zentralen Akteuren in der Aushandlung gesellschaftlicher Leitbilder werden. Auch die Wissenschaft wird ihrer Expertenrolle als Schnittstellenakteur gerecht. Sie legitimiert sowohl politische als auch aktivistische Bezugnahmen.

Einzig die Akteursgruppe der Zivilbevölkerung sowie die hybriden Akteursgruppen finden in Imhofs Modell (2011) keine Berücksichtigung. Sie sind jedoch wesentlich am Arenendiskurs beteiligt. Beispielsweise konnte der hybriden Akteursgruppe zwischen Politik und Zivilbevölkerung eine hohe Definitionsmacht zugeschrieben werden. Auch sie koaliert einmal mit politischen, ein andermal mit wissenschaftlichen Akteursgruppen in ihren Sichtweisen. Die übrigen hybriden Akteursgruppen werden kommunikativ relativ an den Rand gedrängt und können keine Definitionsmacht aufbauen. Aus den Beobachtungen zu den Koalitionen hat sich diesbezüglich herausgestellt, dass sich die hybride Akteursgruppe zwischen Wissenschaft und Politik wiederholt an wissenschaftliche und aktivistische Akteure hängt, sowie es eine indirekte Koalition zwischen Wirtschaft und dem Hybrid aus Wirtschaft und Politik zu geben scheint, die sich insgesamt im arenenöffentlichen Kampf um Aufmerksamkeit und Definitionsmacht gegenseitig unterstützen.

Mit den Auswertungsschritten in den Abschnitten 5.1 bis 5.3 konnte der erhobene Arenendiskurs unter Berücksichtigung der Multi-Akteurs-Perspektive zunächst methodisch greifbar gemacht werden. Nicht nur konnte über diesen Weg nachskizziert werden, wie sich innerhalb dieses Arenendiskurses verschiedene Subdiskurse abzeichnen, sondern auch, welche Arenenakteure wie viel Diskursraum einnehmen und sich über diesen eingenommenen Raum gegenüber anderen Akteuren und Themen positionieren sowie sich durch wechselseitige Bewertung und Koalitionsbildung Diskursvorteile sichern.

Zusammenfassend lässt sich an dieser Stelle festhalten, dass bei den Subdiskursen ein Unterschied aufgefallen ist zwischen solchen, die eher von Akteuren dominiert wurden, die sich zu mehreren Themen und Akteuren äußerten, oder solchen, die eher einen thematischen Schwerpunkt hatten, um den herum sich wenige Akteursgruppen versammeln und darauf Bezug nehmen. Hierbei ist zu unterscheiden, ob es sich bei den Claims-Makern um Akteursgruppen wie den Journalismus handelt, deren Hauptaufgabe darin besteht, auf viele verschiedene Themen Bezug zu nehmen und diese einzuordnen, oder ob es sich um Akteursgruppen wie die Wirtschaft handelt, die, ganz nach dem Issues-Management-Prinzip, auf Themen Bezug nimmt, die inhaltlich für sie von Relevanz sind, damit sie sich ins Gespräch bringen und ihre Sichtweise platzieren können. Des Weiteren hat sich gezeigt, dass der ‚Politikgetriebene Maßnahmendiskurs', der ‚NGO-getriebene Naturschutzdiskurs' sowie der ‚Wirtschaftsgetriebene Technologiesolutionismusdiskurs' zum größeren Teil in Presseaussendungen stattfanden und überwiegend von unterstützenden Bezügen geprägt waren. Die Subdiskurse ‚Mediengetriebener Ereignisdiskurs', ‚Hochschulpolitikgetriebener Protestdiskurs' und ‚Expert:innengetriebener Mental-Health-Diskurs' wurden überwiegend in den Tageszeitungen ausgetragen und wurden dort unterschiedlich behandelt. Innerhalb der Subdiskurse konnten die Akteursgruppen in dominante, prominente und nicht dominante Akteursgruppen eingeteilt werden. Angesichts der Gegenüberstellung der Akteursgruppen in ihrer Claims-Maker- bzw. Adressatenrolle hat sich gezeigt, dass diese ebenfalls unterschiedlich adressiert und dabei entweder kritisiert, kontrovers verhandelt oder unterstützt werden können. In Kombination mit der vorherigen Zuteilung, wie dominant die Akteure waren, ergab sich ein Bild über definitionsmächtige Akteure.

Um also einen Arenenakteur in Relation zu den anderen Arenenakteuren zu charakterisieren und dessen Definitionsmacht zu ermitteln, können folgende Parameter entscheidend sein: 1) *Zugang* zur Arena (Quellmedium), 2) *Dominanz* in der Diskursarena (Intensität der Bezugnahmen auf andere Akteure und Themen) in Relation zu den anderen Arenenakteuren, 3) *Popularität* unter den anderen Arenenakteuren (Adressatenrolle), 4) *Definitionsmacht* aufgrund der

Dominanz und Popularität sowie 5) *Koalitionen*, die auch bei einer niedrigen Definitionsmacht einen Diskursvorteil bieten können.

Diese Punkte zusammengenommen entscheiden darüber, inwiefern sich ein Akteur diskursiv durchsetzen kann. Das theoretisch skizzierte kommunikative Verhalten in der Arenenöffentlichkeit konnte hier nachgezeichnet werden. Akteure beteiligen sich an unterschiedlichen Diskursen, mischen sich zu Themen ein und versuchen Diskursmacht zu gewinnen, indem sie viel Diskursraum einnehmen. Außerdem versuchen sie, sich Diskursvorteile zu verschaffen, indem sie durch das Abwerten anderer Akteure und das Unterstützen, Kritisieren oder Schweigen in Bezug auf dieselben Themen stabile Koalitionen aufbauen. Diese Strategien beschreiben den Kampf um die Aufmerksamkeit des Publikums in die Tiefe und machen die unterschiedlichen Voraussetzungen nochmals deutlich. Gelingt es den Akteuren, Definitionsmacht und unterstützende Relationen aufzubauen, obliegt ihnen auch eine große Verantwortung. Durch ihre Definitionsmacht tragen sie dazu bei, dass sich bestimmte Haltungen zu anderen Akteuren und Themen verdichten und zu übergeordneten Diskursen durchsetzen, die eine Wirkung jenseits des Vermögens der Einzelakteure entfalten. Solche übergeordneten Diskurse bestimmen dann beispielsweise, wie gesamtgesellschaftlich über die Klimakrise gesprochen wird und inwiefern Bereitschaft besteht, entsprechend zu handeln. Im folgenden Abschnitt wird der Fokus genau auf diesen strategischen Framings liegen, die von definitionsmächtigen bzw. nicht definitionsmächtigen Akteursgruppen ausgehen. Dabei geht es vor allem darum, wie diese unterschiedlichen (nicht) definitionsmächtigen Akteursgruppen strategische Klimakommunikation betreiben und damit wesentlich zu einer Institutionalisierung der sozial-ökologischen Transformationslogik beitragen.

5.4 Strategisch geframtes Claims-Making

Im Fokus dieses Abschnitts steht die Frage, wie die Akteursgruppen im Zuge ihres Claims-Makings zu unterschiedlichen Themen die Klimakrise und ihren Umgang damit strategisch framen und sich dafür gegenseitig blamen. Abbildung 5.17 macht alle erhobenen Claims nochmals vereinfacht auf einen Blick sichtbar. Die von links nach rechts gelesene erste Säule bildet die Claims-Maker ab. Die zweite Säule zeigt die Adressat-Akteure bzw. die Platzhalterkategorie für die rein thematischen Claims. Die dritte Säule enthält die adressierten Themen und die vierte Säule die dabei eingesetzten Strategien. Die einzelnen Flows bilden zusammengefasst ab, was in den vorangegangenen Abschnitten (5.2 und 5.3) bereits beschrieben wurde. Sie zeigen beispielsweise, von welchem Claims-Maker viele Claims ausgehen, welche Akteursgruppen stark thematisiert werden und welche Themen dabei im Zentrum stehen – und das alles in Relation zueinander. Beispielsweise lässt sich ablesen, dass Protestakteure, die durchschnittlich kritisiert werden, von vielen verschiedenen Akteursgruppen adressiert und für ihren Aktivismus geblamt werden; politische Akteure werden ebenfalls durchschnittlich von verschiedenen Akteuren kritisiert und dabei geht es überwiegend um Maßnahmen bzw. werden Probleme daran, Verantwortungslagen oder auch Errungenschaften besprochen.

Die Flows verdeutlichen darüber hinaus in der letzten Säule, zu welchen Teilen die Claims einem diagnostischen (Hellblau) oder einem prognostischen (Rosa) Framing zuzuordnen waren. Ergänzend gibt es eine neutrale Kategorie für Claims, die weder dem einen noch dem anderen Framing zugeordnet werden konnten. Die im diagnostischen Framing verorteten Claims waren überwiegend Blames und Problemdefinitionen. Die im prognostischen Framing angesiedelten Claims waren zum größten Teil Forderungen, gefolgt von geplanten Maßnahmen und Kompetenzzuschreibungen. In den folgenden Abschnitten wird genauer auf die akteursspezifischen Blaming-Strategien eingegangen (Abschnitt 5.4.1) und darauf aufbauend ein vertiefender Blick auf die jeweiligen Framing-Strategien (Abschnitt 5.4.2) geworfen (EUF 4: Wie unterscheiden sich die Akteursgruppen hinsichtlich ihres strategischen Blamings und Framings?). Abschließend soll mit Abschnitt 5.4.3 durch die gemeinsame Interpretation der Blaming- und Framing-Strategien vor dem Hintergrund der bisherigen Erkenntnisse eine Typologisierung des diskursiven Claims-Makings sowie der Climate Change Agency erfolgen (EUF 5: Wie lassen sich die Erträge aus den EUF 1–4 in Hinblick auf eine mögliche Climate Change Agency interpretieren?).

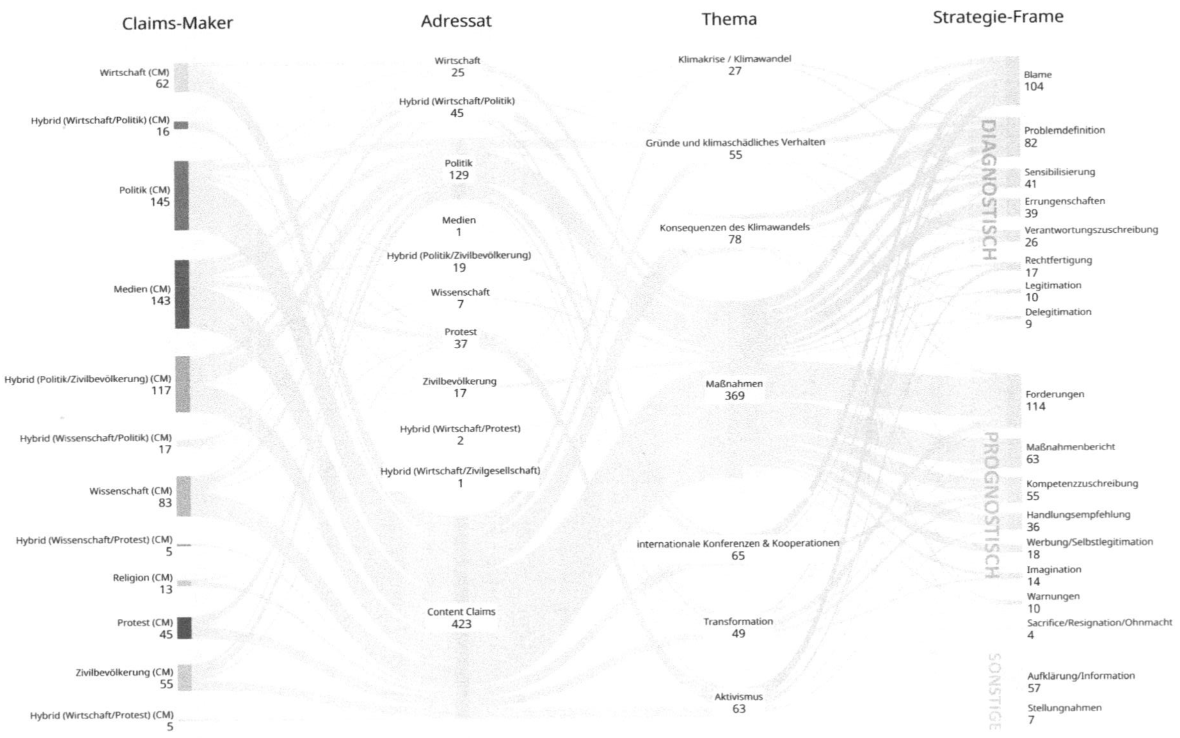

Abbildung 5.17 Claims-Making-Flows. (Eigene Darstellung). (Die Farben der Flows zwischen Claims-Maker und Adressaten und zwischen Adressaten und Themen haben keine Bedeutung. Die Farben der Flows zwischen Themen und Strategie-Frame zeigen an, ob die Claims diagnostisch (= Blau), prognostisch (=Rosa) oder neutral (= Grau) geframt sind)

5.4.1 Akteursspezifische Blaming-Strategie

In diesem Abschnitt geht es darum, das Blaming als kommunikative Strategie gesondert zu betrachten. Wie in Abschnitt 3.3 thematisiert, handelt es sich dabei um eine effektive diskursive Strategie, um Adressat-Akteure in einem schlechteren Licht dastehen zu lassen und sich als Claims-Maker, nicht zuletzt aus moralischer Sicht, über den Adressaten zu stellen. Das Blaming offenbart darüber hinaus, wo genau die Schwachstellen der Adressaten liegen. Folglich macht es Inkonsistenzen und Fehlpriorisierungen sichtbar bzw. verdeutlicht, inwiefern diese zu einem negativ konnotierten oder sogar blockierten Diskurs führen. Ziel dieses Abschnitts ist es also nachzuvollziehen, welche Claims-Maker welche Adressaten blamen, was Gegenstand der Vorwürfe ist und wie genau sie dabei vorgehen (Blaming-Modus). Als Grundannahme dient das in Abschnitt 3.2.2 erarbeitete Decoupling-Modell, das die Inkonsistenzen zwischen effizienzgebundenen funktionalen und gemeinwohlorientierten transformativen Anforderungen akteursspezifisch aufgezeigt hat.

Zur Übersicht wurden hierfür die folgenden Abbildungen (siehe Abb. 5.18 bis Abb. 5.22 sowie Tab. 5.5) erstellt. Diese bieten zunächst einen Überblick über die eingenommenen Rollen als Blamer oder Geblamte (Abb. 5.18). Als Nächstes zeigt Abbildung 5.19, welche Blamer welche Adressaten im Vergleich zueinander genau blamen. Die darauffolgende Grafik führt weiters auf, wer wofür geblamt wurde und worauf die Vorwürfe der Blamer genau abzielten (Abb. 5.20). Diese knüpfen, dem Decoupling-Modell entsprechend, beispielsweise an das Policy-Practice-Decoupling in Form von Hypokrisie-Blames, also dem Vorwurf der Täuschung, oder an das Means-Ends-Decoupling in Form von Ineffektivitäts-Blames, also dem Vorwurf des Verfehlens der Zwecke an. Hierbei fiel in der Untersuchung auf, dass es Blames gab, die gar nicht erst auf die Inkonsistenzen selbst abzielten, sondern vielmehr die Vorstufe, nämlich die eindeutige Priorisierung der einen und das gleichzeitige Ignorieren der anderen Logik, zum Gegenstand nahmen. Dies wurde daraufhin in den weiteren Codierungen berücksichtigt.

Wurde beispielsweise politischen Akteuren eine vermeintlich fälschliche Priorisierung der sozial-ökologischen Transformationslogik und das gleichzeitige Ignorieren funktionaler Ansprüche zum Vorwurf gemacht, so wurde das als ‚Functional-Priority-Blame‘ kategorisiert. Dieser Vorwurf trat beispielsweise bei

Aushandlungen darüber auf, wer für die Finanzierung klimaspezifischer Maßnahmen aufkommen solle. Die finanzielle Last solcher Maßnahmen sei zu groß für die Steuerzahler:innen (KR_29, 11.11.22, S. 42[1]) und sei das falsche Mittel, der Klimakrise zu begegnen. Wurde umgekehrt beispielsweise wirtschaftlichen Akteuren die Priorisierung der Funktionslogik und entsprechend das Ignorieren oder bewusste Sabotieren der sozial-ökologischen Transformationslogik zum Vorwurf gemacht (ST_35, 09.11.22, S. 31), so wurde das als ‚Climate-Priority-Blame' kategorisiert. Abschließend werden die Schlüsselblames noch aus der Perspektive der geblamten Akteure zusammengefasst (Tab. 5.5), bevor diese in eine Modellierung des Blame-Games übertragen werden (Abb. 5.21 und 5.22).

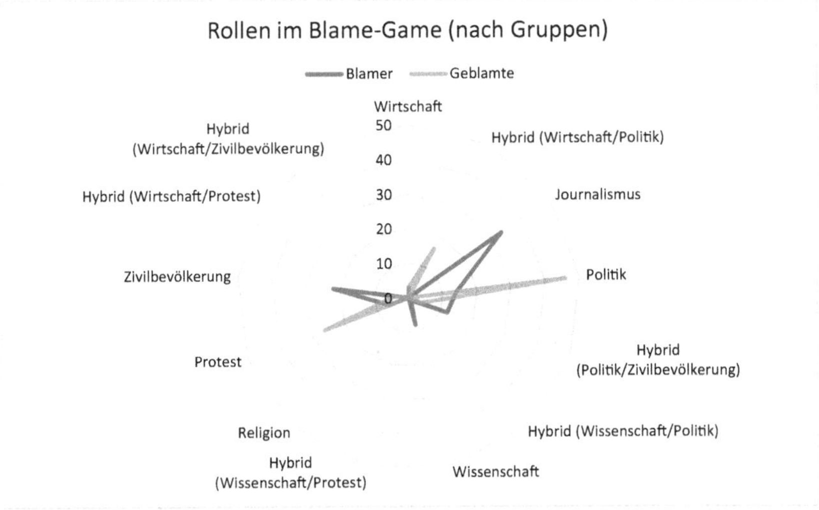

Abbildung 5.18 Rollen im Blame-Game (nach Gruppen). (Eigene Darstellung)

[1] Aus dem Untersuchungsmaterial wurde mit zugewiesenen IDs zitiert (KR = Kronen Zeitung; ST = der Standard; OTS = Presseaussendung). Eine genaue Auflistung der Beiträge nach IDs befindet sich im Verzeichnis des Untersuchungsmaterials.

Zunächst wird ein Überblick über die Rollenverteilung aus Blamern und Geblamten gegeben. Abbildung 5.18 zeigt jeweils die Häufigkeit mit der Claims-Maker in der Rolle als Blamer (Lila) oder in der Rolle als Geblamte (Türkis) auftraten. Bei der Beachtung der Spitzen fällt auf, dass es Akteursgruppen gibt, die starke Blamer sind, und solche, die stark geblamt werden. Die starken Blamer werden gleichzeitig selbst kaum oder nicht geblamt und jene Akteursgruppen, die stark geblamt werden, zählen selbst nicht zu den starken Blamern. Das Blame-Game wird also maßgeblich zwischen den starken Blamer-Gruppen Journalismus, Hybrid Politik/Zivilbevölkerung, Wissenschaft und Zivilbevölkerung sowie den stark geblamten Gruppen Hybrid Wirtschaft/Politik, Politik sowie Protest ausgetragen. Als Nächstes sollen die Abbildungen 5.19 und 5.20 Aufschluss darüber geben, welche Blamer welche Akteursgruppen wofür genau blamen.

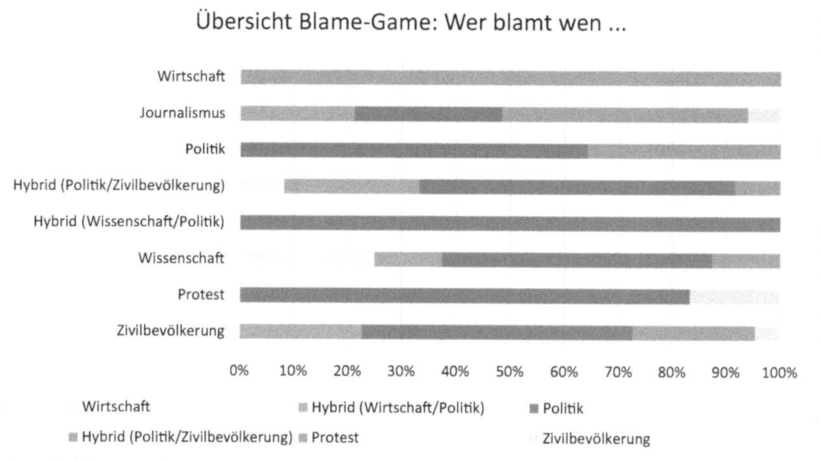

Abbildung 5.19 Blame-Game: Wer blamt wen?. (Eigene Darstellung)

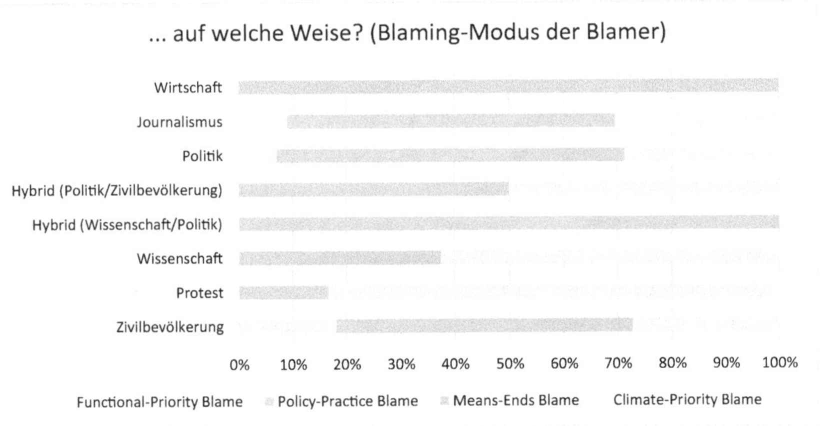

Abbildung 5.20 Blaming-Modus der Blamer. (Eigene Darstellung)

Aus den Daten geht hervor, dass wirtschaftliche Akteure beispielsweise ihre Vorwürfe ausschließlich auf Protestakteure beziehen (siehe Abb. 5.19). Dabei zielen die Blames insofern auf das Means-Ends-Decoupling (siehe Abb. 5.20), als behauptet wird, dass mit derlei Protestaktionen – gemeint sind jene der Letzten Generation, bei denen in Museen Suppe an Gemälde geschüttet wurde – keine Mehrheiten für Klimaschutz gewonnen werden könnten und das vom eigentlichen Thema ablenke (ST_20, 12.11.22, S. 34).

Journalistische Akteure sind unter den Claims-Makern die stärksten Blamer, was jedoch nicht weiter überraschend ist. Sie blamen vorwiegend Protestakteure, aber auch hybride Akteure zwischen Wirtschaft und Politik, politische Akteure, hybride Akteure zwischen Politik und Zivilbevölkerung und die Zivilbevölkerung selbst (siehe Abb. 5.19). Dabei kommen alle Modi zum Einsatz, am stärksten sind jedoch Policy-Practice-Blames und Climate-Priority-Blames vertreten (siehe Abb. 5.20). An die Protestaktionen der Letzten Generation richten sich wie bei den wirtschaftlichen Akteuren Policy-Practice-Blames. Der ORF schreibt hierzu: „Die neue Radikalität. In den vergangenen Wochen verging kaum ein Tag, an dem Klimaaktivistinnen und -aktivisten nicht Kunstwerke bewarfen oder sich in Museen oder auf Straßen anklebten“ (OTS_20221107_OTS0117, 07.11.22, o. S.). An hybride Akteure zwischen Wirtschaft und Politik richten sich zum einen Climate-Priority-Blames. „[D]ie großen Industrieländer leisten weiter Widerstand. Und die fossile Lobby hat Hunderte Delegierte geschickt“ (KR_40,

14.11.22, S. 5). Zum anderen kommen auch Policy-Practice-Blamings zum Einsatz, indem der Vorwurf laut wird, die Akteure der Klimakonferenzen sichern Zahlungen beispielsweise für den Green Climate Fund zu, die dann rückwirkend betrachtet nicht erfolgt sind (ST_43, 07.11.22, S. 9). An politische Akteure werden hauptsächlich Climate-Priority-Blames gerichtet. Zum einen kommt der Vorwurf auf, Verhandlungen bewusst zu blockieren (KR_50, 17.11.22, S. 8). Zum anderen werden irreführende bzw. kontraproduktive Maßnahmen und Kommunikation zum Gegenstand des Means-Ends-Vorwurfs. „Die Fahrt mit dem Auto wird auch politisch mit Subventionen wie Pendlerpauschale und Dieselprivileg gefördert. Gleichzeitig werden Tempolimits, wie 100 auf der Autobahn, abgelehnt und die erst vor kurzem eingeführten CO_2-Abgaben emotional diskutiert" (OTS_20221109_OTS0080, 09.11.22, o. S.). In Richtung der hybriden Akteure zwischen Politik und Zivilbevölkerung – adressiert sind hier jene, die sich für die Schadens- und Verlustzahlungen an den globalen Süden starkmachen – kommt es zu Functional-Priority-Blames, die diese Zahlungen als problematisch für die globale Klimapolitik in der Zukunft sehen (ST_34, 09.11.22, S. 32). Auch an die Zivilbevölkerung werden Blames gerichtet, hier in Form von Climate-Priority-Blames. Beispielsweise macht es die Kronen Zeitung bekannten Persönlichkeiten zum Vorwurf, ihren luxuriösen Lifestyle in diesen Zeiten zur Schau zu stellen (KR_31, 11.11.22, S. 80).

Politische Claims-Maker fokussieren ihre Blames fast zur Gänze auf andere politische Akteure. Die weiteren Blames erreichen Protestakteure und hybride Akteure zwischen Politik und Zivilbevölkerung (siehe Abb. 5.19). Dabei kommt es ebenfalls zu allen vier Blaming-Modi-, zu Functional-Priority-, zu Policy-Practice-, zu Means-Ends- und zu Climate-Priority-Blames (siehe Abb. 5.20). Beispielsweise wird seitens der NEOS der Climate-Priority-Blame geäußert, man würde in Bezug auf die Klimakrise verschleppen und verzögern, was dieser nicht gerecht würde. „Die Klimakrise schläft nicht, die Bundesregierung schon" (OTS_20221118_OTS0201, 18.11.22, o. S.). Seitens der GRÜNEN kommt weiters der Climate-Priority-Blame an die FPÖ, man wäre nur auf Stimmenfang und hätte deshalb „ausschließlich Interesse daran, zu lügen und zu hetzen" und „Klimawandel-Leugnung" zu betreiben (OTS_20221115_OTS0204, 15.11.22, o. S.). Das Policy-Practice-Blaming an andere politische Akteure drückt sich weiters über die Kritik an leeren Versprechungen aus. So kritisieren die NEOS beispielsweise die Regierung folgendermaßen: „Hinter der ‚großen Überschrift' des gesetzten Ziels, bis 2040 Klimaneutralität zu erreichen, ‚kommt nichts'" (OTS_20221118_OTS0201, 18.11.22, o. S.). Auch kommt es zu einem Means-Ends-Vorwurf seitens der NEOS an die GRÜNEN, die zwar angemessenerweise das

Klimaschutzgesetz einfordern, zugleich aber bei den Maßnahmen sparen würden, was für die Umsetzung des Gesetzes zu kurz greife, sodass sie „nichts auf die Beine“ bringen würden (OTS_20221118_OTS0201, 18.11.22, o. S.). Hybride Akteure zwischen Politik und Zivilbevölkerung werden für ihr Policy-Practice-Decoupling geblamt, dass sie selbst in Bezug auf den Klimaschutz zu viel reden und zu wenig handeln würden (KR_29, 11.11.22, S. 42). Auch Protestbewegungen ernten politische Blames. Hierbei kommt es zum einen zu Functional-Priority-Blames, in Bezug darauf, dass Protestaktionen einfach nur als ‚nervig‘ und störend empfunden werden (KR_39, 14.11.22, S. 2), und zum anderen zu Policy-Practice-Blaming, bei dem die Bewegung der Letzte Generation mit der linken Terrorgruppe RAF verglichen wird, wobei ihre Methoden wohl zwar radikal erschienen, ihre Forderungen sich jedoch kaum extrem lesen würden (ST_41, 08.11.22, S. 8).

Hybride Akteure zwischen Politik und Zivilbevölkerung richten ihre Vorwürfe fast gänzlich an wirtschaftliche, politische und hybride Akteure zwischen Wirtschaft und Politik. Zu einem kleinen Teil ernten auch Protestakteure Vorwürfe (siehe Abb. 5.19). Sie setzen Policy-Practice-, Means-Ends- und Climate-Priority-Blames ein (siehe Abb. 5.20). Als Beispiel für Policy-Practice-Blaming an wirtschaftliche Akteure kann der Vorwurf seitens des WWF an Coca Cola angeführt werden. Einerseits trete Coca Cola als Hauptsponsor der COP auf, andererseits aber sei die Organisation „der größte Plastikverschmutzer der Welt, dessen Produkte in Verbindung gebracht werden mit Fettleibigkeit, schlechter Zahngesundheit und nicht übertragbaren Krankheiten wie Krebs und Diabetes“ (ST_18, 14.11.22, S. 10). Die anderen Akteursgruppen ernten überwiegend Climate-Priority-Blames und Policy-Practice-Blames. Climate-Priority-Blames richten sich dabei beispielsweise an hybride Akteure zwischen Wirtschaft und Politik, dass diese sich zu wenig ernsthaft für Klimaschutz, Anpassung und klimagerechten Ausgleich engagieren (ST_37, 09.11.22, S. 2). Auch an politische Akteure werden ähnliche Climate-Priority-Blames gerichtet, sie würden sich unzureichend engagieren, verzögern oder gar blockieren (ST_18, 14.11.22, S. 10; KR_40, 14.11.22, S. 5). Weiters gab es an Protestakteure gerichtete Means-Ends-Blames: „Fridays For Future demonstriert seit 2019 auf den Straßen. Aber was hat sich verändert? Nichts, der CO_2-Ausstoß ist sogar noch gestiegen“ (KR_54, 18.11.22, S. 32).

Hybride Akteure zwischen Wissenschaft und Politik blamen ausschließlich das Policy-Practice-Decoupling politischer Akteure (siehe Abb. 5.19 und 5.20): „Zwar rühmt man sich hierzulande gerne damit ‚Vorreiterin im Klimaschutz‘ zu sein, in der Realität fehlt es aber häufig am Willen zur Umsetzung ambitionierter

Maßnahmen, gerade auf Gesetzesebene" (OTS_20221110_OTS0014, 10.11.22, o. S.).

Wissenschaftliche Akteure richten ihre Blames genau wie hybride Akteure zwischen Politik und Zivilbevölkerung an wirtschaftliche, politische und hybride Akteure zwischen Wirtschaft und Politik sowie an Protestakteure (siehe Abb. 5.19). Das Blaming gegen wirtschaftliche Akteure drückt sich hier überwiegend zum einen in Form von Climate-Priority-Blaming, zum anderen in Form von Policy-Practice- sowie Means-Ends-Blaming aus (siehe Abb. 5.20). Der Climate-Priority-Blame kommt hier beispielsweise von einem Bildungswissenschaftler, der Verantwortlichen aus der Wirtschaft vorwirft, sie würden noch nicht einmal die Coronapandemie oder den russischen Angriffskrieg auf die Ukraine als Gelegenheit nutzen, in Hinblick auf die Klimakrise zu anderen Formen des Wirtschaftens und Konsumierens zu kommen (ST_35, 09.11.22, S. 31). Das Policy-Practice-Blaming wird beispielsweise von einer Politikwissenschaftlerin adressiert. „Zumindest in ihren Inszenierungen wollen die Konzerne Teil der Lösung sein" (ST_12, 16.11.22, S. 10). Beim Means-Ends-Blaming wird hier die starke technologiesolutionistische Einstellung hinterfragt. Zwar seien Technologien ein wichtiger Bestandteil des Lösungsweges hinsichtlich der Klimakrise, jedoch kein ausschließliches Heilmittel, als das Konzerne diese – und sich als jene, die sie bereitstellen, gleich mit dazu – gern inszenieren (ST_12, 16.11.22, S. 10). An die Politik und hybride Akteure zwischen Wirtschaft und Politik richten sich sowohl Climate-Priority- als auch Means-Ends-Blames. Die Climate-Priority-Blames drücken sich hierbei ebenfalls in Vorwürfen der mutwilligen Verzögerung (KR_15, 09.11.22, S. 8; KR_17, 09.11.22, S. 24) sowie der Ignoranz hinsichtlich der eigenen Verantwortlichkeit dabei aus (ST_35, 09.11.22, S. 31). Auch kommt es zu Means-Ends-Blaming in Richtung der Politik. Die GRÜNEN würden, selbst in ihrer Rolle als Regierungspartei, „als bisher in Umweltfragen ernsthaft Engagierte in koalitionären Sachzwängen untergehen" (ST_35, 09.11.22, S. 31). Die Blames an Protestakteure treten hier in Form von Means-Ends-Blames auf. Sie richten sich an die Protestaktionen von *Erde brennt* und werfen ihnen vor, sie würden der jungen Generation durch die Hörsaalbesetzung eher schaden (KR_54, 18.11.22, S. 32).

Protestakteure richten ihre Blames hier fast ausschließlich auf politische Akteure und zu einem kleinen Teil auf zivilgesellschaftliche Akteure (siehe Abb. 5.19). Dabei kommen überwiegend Climate-Priority-Blames, aber auch Policy-Practice-Blames zum Einsatz (siehe Abb. 5.20). Im Climate-Priority-Blaming an politische Akteure wird beispielsweise vorgeworfen, dass diese die Klimakrise noch nicht als systemisches Problem anerkennen würden (ST_4, 18.11.22, S. 7). Im Policy-Practice-Blaming geht es, wie auch zuvor bei den anderen Claims-Makern, ebenfalls um „hinhaltende, halbherzige Pseudoklimamaßnahmen“, verursacht durch den weiterhin verfolgten „fossilen Kurs der österreichischen Bundesregierung“ (ST_8, 16.11.22, S. 35). An die Zivilbevölkerung richtet die Protestgruppe *Erde brennt* den Climate-Priority-Vorwurf, dass es immer einen Grund gebe, sich über Proteste zu beschweren, dass dies aber als Vorwand genutzt werde, sich weiterhin nicht mit der Thematik der Klimakrise auseinanderzusetzen (ST_4, 18.11.22, S. 7).

Zivilgesellschaftliche Akteure fokussieren ihre Blames größtenteils auf politische Akteure, weiters jedoch auch auf aktivistische, hybride Akteure zwischen Wirtschaft und Politik sowie auf sich selbst (siehe Abb. 5.19). Dabei kommen alle vier Modi des Blamings zum Einsatz (siehe Abb. 5.20). Beispielsweise werden Functional-Priority-Blames an politische Akteure gerichtet, da diese mit Klimaschutzmaßnahmen nur die Steuerzahler:innen belasten würden (KR_29, 11.11.22, S. 42). Climate-Priority-Blames werden an politische und hybride Akteure zwischen Wirtschaft und Politik gerichtet. Beide Akteursgruppen ernten Vorwürfe dafür, die großen Probleme wie „Minimieren der Flugzeuge (was nicht geht, weil, wie man sieht, die Herrschaften mit teils teuren Privatjets anreisen), Minimieren der Schifffahrt, kein Abholzen der Regenwälder, nicht Grünflächen mit Photovoltaik-Anlagen zubetonieren usw.“ schlichtweg nicht anzugehen (KR_11, 08.11.22, S. 40) und „sogar konträre, umweltschädigende Politik [zu] verfolgen“ (KR_9, 08.11.22, S. 40). Policy-Practice-Blames haben ebenfalls politische und hybride Akteure zwischen Wirtschaft und Politik zum Ziel. Die Blames fokussieren hierbei im Kontext der COP auf die Teilnahme der Akteure selbst, die wenig zur Lösung der Klimakrise beitrage und gleichzeitig durch deren Anreise einen hohen Schaden für das Weltklima verursache (KR_10, 08.11.22, S. 40; KR_47, 16.11.22, S. 36). Das Means-Ends-Blaming schließlich richtet sich hier an politische sowie aktivistische Akteure. Dabei wird die österreichische Regierung beispielsweise für die strengen Klimaschutzmaßnahmen kritisiert, „obwohl das kleine Österreich im großen Weltenverband so gut wie nichts bewirken kann“ (KR_7, 08.11.22, S. 40). Die Means-Ends-Blames gegen Protestakteure kritisieren wieder die gewählte Form des Protests der Letzten Generation. „Wo ist der Konnex zu den Hauptverursachern der Klimakrise? Versteht niemand. Was soll das bringen? Die mediale Aufmerksamkeit erlischt bald, der Grant von 95 % der Bevölkerung bleibt. Nichts wurde gewonnen. Im Gegenteil: Durch Kunstvandalismus spielt man jenen in die Hände, die den Klimaschutz unterwandern wollen“ (KR_5, 07.11.22, S. 30). Ein Climate-Priority-Blame richtet sich an die Zivilbevölkerung selbst. Ein Individuum kritisiert die Tatenlosigkeit der Allgemeinheit: „Wir müssten so viel tun, und wir tun es nicht“ (KR_38, 13.11.22, S. 47).

Tabelle 5.5 Schlüsselblames nach Geblamten. (Eigene Darstellung)

Geblamte	Functional-Priority-Blames	Policy-Practice-Blames	Means-Ends-Blames	Climate-Priority-Blames	Haupt-Blamer
Wirtschaft		Retter-Inszenierung, aber Greenwashing	Grenzen des Technologiesolutionismus	Verweigerung von Alternativen des Wirtschaftens und Konsumierens	Hybrid Politik/ Zivilbevölkerung, Wissenschaft
Hybrid Wirtschaft/Politik		Engagement zum Schein		bewusster Widerstand im Eigeninteresse	Journalismus, Hybrid Politik/Zivilbevölkerung, Wissenschaft, Zivilbevölkerung
Politik	Belastung der Steuerzahler:innen	Ruhm der Vorreiterschaft, aber Nichteinhaltung von Versprechungen	Unvermögen, Klimaschutzmaßnahmen umzusetzen	Verschleppen/ Leugnen im Sinne kurzfristiger Ziele	alle Blamer
Hybrid Politik/Zivilbevölkerung	Loss- und Damage-Forderungen zu belastend für globale Klimapolitik	Reden zu viel, handeln zu wenig			Journalismus, Politik
Protest	Protestaktionen stören	Unverhältnismäßigkeit zwischen Aktionen und Forderungen (Extremismus)	Protestaktionen, die inhaltlichen Diskurs verhindern		Wirtschaft, Journalismus, Politik, Hybrid Politik/Zivilbevölkerung, Wissenschaft, Zivilbevölkerung
Zivilbevölkerung				klimaschädlicher Lifestyle, Ausreden für eigene Inaktivität	Journalismus, Protest

Gesamthaft betrachtet lassen sich die Vorwürfe gegen die einzelnen Akteursgruppen folgendermaßen zusammenfassen (siehe Tab. 5.5). Wirtschaftliche Akteure werden überwiegend seitens wissenschaftlicher und hybrider Akteure zwischen Politik und Zivilbevölkerung zum Gegenstand des Blamings. Dies geht auf ihre mangelnde Priorisierung der sozial-ökologischen Transformationslogik (Climate-Priority-Blame), das Policy-Practice-Decoupling und das Means-Ends-Decoupling zurück. Trotz multipler Krisen und Gründe über die Klimakrise hinaus scheinen sich kluge wirtschaftliche Expert:innen schlichtweg zu weigern, neue Wege des Wirtschaftens und Konsumierens einzuschlagen (ST_35, 09.11.22, S. 31) (Climate-Priority-Blame). Stattdessen begünstige man immer noch Greenwashing-anmutende Manöver (ST_18, 14.11.22, S. 10) und inszeniere sich dabei gleichzeitig als Teil der Lösung (ST_12, 16.11.22, S. 10) (Policy-Practice-Blame). Selbst die für den Weg aus der Klimakrise nützlichen technologischen Maßnahmen würden als Heilmittel überstilisiert (ST_12, 16.11.22, S. 10) (Means-Ends-Blame).

Hybride Akteure zwischen Wirtschaft und Politik treten selbst nicht als Blamer auf, sind jedoch Gegenstand von Blames seitens des Journalismus, der Zivilbevölkerung, der Wissenschaft sowie seitens hybrider Akteure zwischen Politik und Zivilbevölkerung. Die Vorwürfe haben die mangelnde Priorisierung der sozial-ökologischen Transformationslogik (Climate-Priority-Blame) und das Policy-Practice-Decoupling zum Gegenstand. Ähnlich wie reine politische Akteure würden sie Widerstand leisten und im eigenen Interesse lobbyieren (KR_40, 14.11.22, S. 5), sich nicht ernsthaft für langfristige klimaschützende Maßnahmen engagieren (KR_11, 08.11.22, S. 40; ST_37, 09.11.22, S. 2) und sogar umweltschädigende Politiken (KR_9, 08.11.22, S. 40) sowie den Tod von Menschen im globalen Süden in Kauf nehmen (ST_35, 09.11.22, S. 31) (Climate-Priority-Blame). Überwiegend an die teilnehmenden Instanzen der Klimakonferenz richtet sich weiters der Vorwurf, man würde sich nur zum Schein auf Gespräche einlassen und freiwillig Zahlungen zusichern, während diese eigentlich versprochenen Zahlungen dann nicht erfolgen (ST_43, 07.11.22, S. 9) (Policy-Practice-Blame).

Politische Akteure werden mit Ausnahme von wirtschaftlichen Akteuren von allen blamenden Akteursgruppen adressiert (Journalismus, Politik, Wissenschaft, Protest, Zivilbevölkerung, Hybrid Politik/Zivilbevölkerung, Hybrid Wissenschaft/Politik). Am meisten ernten sie Climate-Priority-Blames, gefolgt von Means-Ends-Blames, dann von Policy-Practice-Blames und einem Functional-Priority-Blame. Politische Akteure würden bewusst Verhandlungen blockieren und verschleppen (OTS_20221118_OTS0201, 18.11.22, o. S.), kurzfristige Ziele priorisieren (OTS_20221109_OTS0080, 09.11.22, o. S.) und die Klimakrise nicht als langfristiges systemisches Problem anerkennen (ST_4, 18.11.22, S. 7) (Climate-Priority-Blame). Stattdessen rühme man sich damit, eine internationale Vorbildrolle in Sachen Klimaschutz einnehmen zu wollen (OTS_20221110_OTS0014, 10.11.22, o. S.), während man eigentlich auf Stimmenfang sei (OTS_20221115_OTS0204, 15.11.22, o. S.) und es an ernsthaftem Engagement vor allem auf Gesetzesebene weiterhin fehle (OTS_20221110_OTS0014, 10.11.22, o. S.; ST_8, 16.11.22, S. 35) (Policy-Practice-Blame). Selbst jene Politiker:innen, die engagiert wären, seien an parlamentarische Koalitionszwänge gebunden (ST_35, 09.11.22, S. 31) und würden „nichts auf die Beine‘ bringen“ (OTS_20221118_OTS0201, 18.11.22, o. S.) (Means-Ends-Blame). Des Weiteren werden bereits getroffene sowie verhandelte klimarelevante Maßnahmen als politisches

Missmanagement dargestellt und als Belastung für die Steuerzahler:innen geframt (KR_29, 11.11.22, S. 42) (Functional-Priority-Blame).

Hybride Akteure zwischen Politik und Zivilbevölkerung ernten ebenfalls Functional-Priority-Blames seitens des Journalismus, ihre Forderungen auf Schadensersatzzahlung würden einer funktionierenden globalen Klimapolitik schaden (ST_34, 09.11.22, S. 32) (Functional-Priority-Blame). Einen Policy-Practice-Blame erhalten sie von der Politik, indem sie auch zu viel reden und zu wenig handeln würden (KR_29, 11.11.22, S. 42).

Protestakteure hingegen ernten Functional-Priority-, Policy-Practice- sowie Means-Ends-Blames. Die Vorwürfe kommen zu einem geringen Teil vonseiten der Wissenschaft und der hybriden Akteure zwischen Politik und Zivilbevölkerung, werden zum größten Teil jedoch von der Zivilbevölkerung, der Politik, vom Journalismus und von der Wirtschaft geäußert. Die Vorwürfe drücken sich zum einen in der Feststellung aus, dass die Protestaktionen stören und den Alltag behindern (KR_39, 14.11.22, S. 2) (Functional-Priority-Blame). Weiters seien die Protestaktionen zu radikal, zu extrem und terroristisch und stünden in keinem Verhältnis zu den Forderungen (OTS_20221107_OTS0117, 07.11.22, o. S.; ST_41, 08.11.22, S. 8) (Policy-Practice-Blame). Außerdem seien die gewählten Methoden nicht nur ineffektiv (KR_54, 18.11.22, S. 32), sondern verschöben den Diskurs sogar weg vom eigentlichen Thema der Klimakrise und seien darüber sogar kontraproduktiv, da sie den ideologischen Gegner:innen damit in die Hände spielten (KR_5, 07.11.22, S. 30) (Means-Ends-Blame).

Zivilgesellschaftliche Akteure ernten selbst Climate-Priority-Blames dafür, sich nicht wirklich mit der Klimakrise auseinandersetzen zu wollen bzw. sich mangelhaft zu engagieren und im Gegenteil einen verschwenderischen Lebensstil zu glorifizieren (ST_25, 11.11.22, S. 10–11; KR_31, 11.11.22, S. 80) (Climate-Priority-Blame). Journalistische, wissenschaftliche, religiöse sowie hybride Akteure zwischen Wissenschaft und Politik, zwischen Wissenschaft und Protest sowie jene zwischen Wirtschaft und Protest werden selbst nicht geblamt.

Ziel des Abschnitts 5.4.1 war es, die verschiedenen Blaming-Modi der unterschiedlichen Akteursgruppen sichtbar zu machen. Die stärksten Blamer waren journalistische und politische Akteure, hybride Akteure zwischen Politik und Zivilbevölkerung, wissenschaftliche sowie zivilgesellschaftliche Akteure.

Insgesamt ließ sich beobachten, dass das Blaming sich im Allgemeinen an wirtschaftliche, politische, aktivistische und zivilgesellschaftliche Akteure sowie an hybride Akteure zwischen Wirtschaft und Politik und hybride Akteure zwischen Politik und Zivilbevölkerung richtete. Journalistischen und wissenschaftlichen Akteuren wurde keine Kritik zuteil. Möglicherweise ist dies auf das kleine Sample und den kurzen Erhebungszeitraum zurückzuführen. Es könnte auch ein Indiz für eine gewisse Deutungshoheit, wie sie in Abschnitt 5.3.2 thematisiert wurde, sein.

In einem nächsten Schritt sollen nun die Akteursgruppen nochmals zusammengeführt werden. Bei der Systematisierung der Ergebnisse fiel auf, dass es im Kommunikationsverhalten der unterschiedlichen Akteursgruppen Entsprechungen zu den im theoretischen Abschnitt 2.3 erarbeiteten Perspektiven der strategischen Klima- und Nachhaltigkeitskommunikation, der *von-*, *über-* oder *für-*Kommunikation (Weder et al., 2021, S. 3; Weder & Voci, 2021, S. 166), gab. Nach der weiteren Verdichtung bzw. Abgrenzung der Akteursgruppen fiel jedoch weiters auf, dass sich nicht alle Gruppen genau diesen drei Fallgruppierungen zuordnen ließen. Betreffende Akteursgruppen bedienten eine Mischung dieser Kommunikationsformen. Aus diesem Grund wurden die Mischformen aus *von-* und *über-*Kommunikation, aus *über-* und *für-*Kommunikation sowie aus *für-* und *von-*Kommunikation gebildet. Hier ließen sich die übrigen Akteursgruppen gut einordnen. Der *von-*Kommunikation wurden die Akteursgruppe Wirtschaft sowie die hybride Gruppe zwischen Wirtschaft und Politik zugeteilt. In der *von-/über-*Kommunikation ließen sich politische Akteure verorten. Der *über-*Kommunikation wurden journalistische sowie zivilgesellschaftliche Akteure zugeteilt. In der *über-/für-*Kommunikation wurden die Akteursgruppen Wissenschaft, Hybrid zwischen Politik und Zivilbevölkerung, Hybrid zwischen Wissenschaft und Protest sowie Religion verortet. Der *für-*Kommunikation ließen sich Protestakteure sowie hybride Akteure zwischen Wissenschaft und Politik zuweisen. Abschließend wurde die *für-/von-*Kommunikation bei hybriden Akteuren zwischen Wirtschaft und Protest identifiziert. Diese Systematisierung wird auch in weiterer Folge aufgegriffen (Abschnitte 5.4.2 und 5.4.3). Für diese neuen Typen der strategischen Klimakommunikation wurden die bisher gewonnenen Erkenntnisse zu den Blaming-Strategien verdichtet und zusammengeführt. In Anlehnung an das Decoupling-Modell (Abschnitt 3.2.2) wurde auch hierfür ein kreisförmiges Modell erstellt (siehe Abb. 5.21).

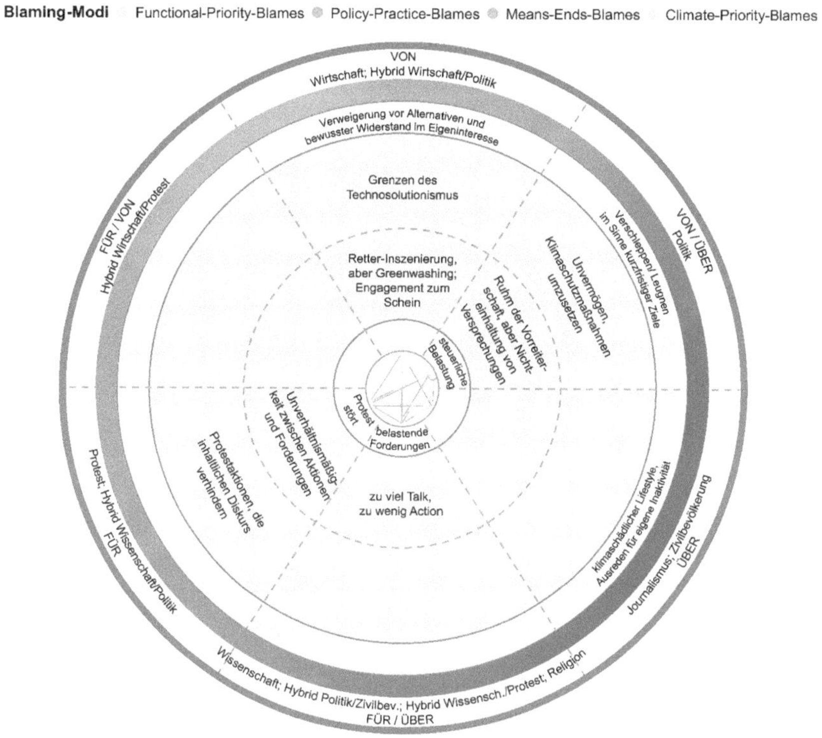

Abbildung 5.21 Schlüsselblames der Klimakommunikation. (Eigene Darstellung)

Abbildung 5.21 greift die in Tabelle 5.5 erarbeiteten Schlüsselblames nach geblamter Akteursgruppe nochmals auf und systematisiert sie nach den neuen Kommunikationstypen. Auch das Blame-Game, das sich aus den Abbildungen 5.19 und 5.20 ergibt, lässt sich in einem solchen Modell visualisieren (siehe Abb. 5.22).

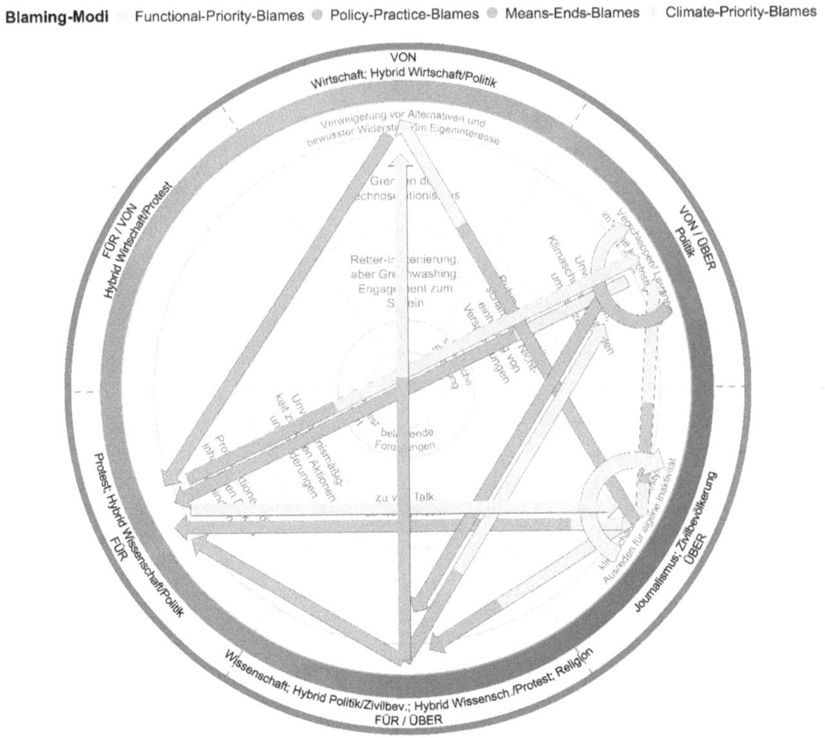

Abbildung 5.22 Blame-Game der Klimakommunikation. (Eigene Darstellung)

Am stärksten vertreten waren insgesamt Climate-Priority-Blames, gefolgt von Policy-Practice-Blames. Functional-Priority-Blames traten am seltensten auf und richteten sich gegen politische Akteure und gegen Akteure des *über-/für-* sowie des *für*-Kommunikationstyps. Means-Ends-Blames waren nur gegenüber wirtschaftlichen, politischen und aktivistischen Akteuren zu beobachten. Hier wird die Ambition, tatsächlich etwas zu bewirken, gewürdigt, jedoch werden die eingesetzten Mittel zur Zielerreichung als ineffektiv erachtet und somit zum Gegenstand der Kritik. Akteure der *von*-Kommunikationsperspektive, also wirtschaftliche und hybride Akteure zwischen Wirtschaft und Politik, wurden überwiegend mit einer Kombination aus Climate-Priority-Blames und Policy-Practice-Blames konfrontiert. Hierbei wurden vor allem das destruktive Verhalten der radikalen Priorisierung der Funktionslogik und das als heuchlerisch beschriebene scheinbare Engagement fundamental abgemahnt. Am stärksten waren politische Akteure entlang aller vier Blaming-Modi mit Vorwürfen konfrontiert, wobei auch hier Climate-Priority-Blames den zentralen Stellenwert einnahmen. Aktivistische Akteure hingegen wurden vor allem mit Policy-Practice- und Means-Ends-Blames konfrontiert, da ihre kommunikativen und aktionistischen Methoden als zu radikal oder nicht zielführend im Sinne des Dialogs kritisiert wurden.

Wird nun das Blaming-Verhalten der Akteure gesamthaft hinsichtlich der verschiedenen Modi betrachtet, lassen sich gewisse Unterschiedlichkeiten feststellen. Nicht nur unterscheiden sich die Akteure, wie eingangs vermutet, in Bezug darauf, welche Inkonsistenz geblamt wird – Policy-Practice oder Means-Ends – sondern auch in Bezug auf ihre zugrunde liegende Priorisierung (Functional-Priority oder Climate-Priority). Daraus lässt sich ableiten, dass das Blaming sich allgemein nicht nur auf die Inkonsistenzen in der Ausverhandlung der verschiedenen Logiken (Inkonsistenz-Blames), sondern auch auf die grundsätzliche Priorisierung der einen oder anderen Logik (Prioritäten-Blames) richten kann. Inkonsistenz-Blames beziehen sich dabei eher auf das Fehlverhalten bzw. das mangelnde Vermögen, mit den widersprüchlichen Logiken umzugehen (Aushandlungskonflikt), während Prioritäten-Blames eher vorgelagert stattfinden und sich an die zugrunde liegende Priorisierung der Adressatakteure richten, was zu einer grundsätzlichen Diskussion über deren Wertorientierung führt (Wertekonflikt). Hierbei stehen sich die beiden Lager der Functional-Prioiry und der Climate-Priority diametral gegenüber.

Durch die Gesamtschau der Blaming-Modi wird sichtbar, dass die Functional-Priority-Blames zu einem geringeren Teil an politische Akteure des *von-/über-*Kommunikationstyps, zu einem größeren Teil jedoch an Akteure des *für-* und des *für-/über-*Kommunikationstyps, hier also an die Akteursgruppen Protest und Hybrid Politik/Zivilbevölkerung, gerichtet werden. Ein Functional-Blame ergeht seitens der Politik an Protestakteure, die übrigen Functional-Blames werden hier von Akteuren des *über-*Kommunikationstyps, also journalistischen und zivilgesellschaftlichen Akteuren, vorangetrieben. Climate-Priority-Blames hingegen richten sich zu einem kleinen Teil an zivilgesellschaftliche Akteure aus der *über-*Perspektive. Zum größten Anteil jedoch bezieht sich dieser Blaming-Modus auf Akteure des *von-* sowie des *von-/über-*Kommunikationstyps, also an die Akteursgruppen Wirtschaft, Hybrid Wirtschaft/Politik und Politik. Dabei geht dieser Blaming-Modus ebenfalls stark von Akteuren des *über-*Kommunikationstyps aus. Am häufigsten kommen Climate-Priority-Blames jedoch von Akteuren des *für-/über-* und des *für-*Kommunikationstyps. Von Akteuren des *für-/über-* und des *für-*Kommunikationstyps gehen keine Functional-Priority-Blames aus, ebenso wenig wie von Akteuren des *von-* und des *von-/über-*Kommunikationstyps Climate-Priority-Blames ausgehen. Dem Functional-Priority-Lager lassen sich folglich die

Akteursgruppen Wirtschaft, Hybrid Wirtschaft/Politik und Politik zuordnen, dem das Climate-Priority-Lager mit den aktiv blamenden Akteursgruppen Protest und Hybrid Politik/Zivilbevölkerung sowie den passiven Mitgliedern dieser Kommunikationstypen Hybrid Wissenschaft/Politik, Wissenschaft, Hybrid Wissenschaft/Protest und Religion gegenübersteht. Akteure der *über*-Perspektive blamen beide Lager jeweils für ihre Fehlpriorisierungen, Akteure der *für-/von*-Perspektive halten sich gänzlich aus dem Blame-Game heraus.

5.4.2 Akteursspezifische Framing-Strategie

Schwerpunkt dieses Abschnitts ist nun das strategische Framing der jeweiligen Akteursgruppen. Dafür wurden alle erfassten Claims entsprechend den Claims-Makern gruppiert und separat betrachtet, um qualitativ inhaltlich zu strukturieren, wie sich das diagnostische, das prognostische oder das motivationale Framing der unterschiedlichen Akteursgruppen charakterisieren lassen (Kuckartz & Rädiker, 2022, S. 157). In einem ersten interpretativen Schritt wurden dabei Claims des diagnostischen und des prognostischen Framings je Akteursgruppe kondensiert und in einem zweiten interpretativen Schritt wurde daraus das motivationale Framing charakterisiert. Bei der Interpretation wurde die Perspektive der Öffentlichkeit eingenommen, um nachzuvollziehen, inwiefern das Framing-Vokabular der Drastik, der Dringlichkeit, der Wirksamkeit oder des Anstands bedient wird und darüber aktivierend und motivierend bzw. deaktivierend und demotivierend wirkt (Benford & Snow, 2000, S. 617). An dieser Stelle sei weiters hervorgehoben, dass das Framing der Akteursgruppen unabhängig von den Themen, auf die sich die Akteure gerade beziehen, immer eher in Hinblick auf die Klimakrise und den Umgang mit dieser untersucht wurde.

Zunächst soll eine Übersicht der Verdeutlichung dienen, wie häufig sich die Akteursgruppen des diagnostischen bzw. prognostischen Framings bedienten (siehe Abb. 5.23). Daran anschließend wird ein Überblick über die Schlüsselframes nach Akteursgruppe gegeben, der bereits das querliegende motivationale Framing veranschaulicht (siehe Tab. 5.6). In den darauffolgenden Abschnitten 5.4.2.1 bis 5.4.2.12 wird auf die akteursspezifischen Framing-Strategien eingegangen. In einer abschließenden Zusammenschau wird der Fokus der Interpretation nochmals auf das motivationale Framing gelegt, bevor die akteursspezifischen Framing-Strategien entlang der erarbeiteten Kommunikationstypen der *von*-Kommunikation, der *von-/über*-Kommunikation, der *über*-Kommunikation, der *über-/für*-Kommunikation, der *für*-Kommunikation sowie der *für-/von*-Kommunikation in einem weiteren Modell zusammengeführt und verdichtet werden (Abschnitt 5.4.2.13).

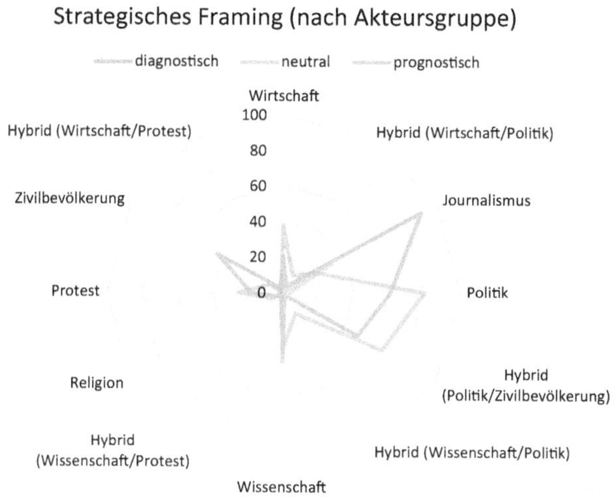

Abbildung 5.23 Häufigkeit strategisches Framing nach Akteursgruppe. (Eigene Darstellung)

Aus dieser Grafik geht hervor, inwiefern die unterschiedlichen Akteursgruppen dazu neigen, diagnostisches (Hellblau) oder prognostisches (Rosa) Framing zu bedienen. Journalistische, wissenschaftliche, zivilgesellschaftliche und hybride Akteure zwischen Wirtschaft und Protest machen stärker vom diagnostischen Framing Gebrauch, während wirtschaftliche, politische, religiöse, aktivistische sowie hybride Akteure zwischen Wirtschaft und Politik, zwischen Politik und Zivilbevölkerung, zwischen Wissenschaft und Politik sowie zwischen Wissenschaft und Protest stärker auf prognostisches Framing zurückgreifen. Um genauer nachvollziehen zu können, wie sich die *collective action frames* der verschiedenen Akteursgruppen im Gesamtbild charakterisieren lassen, diente eine tiefere qualitative Untersuchung. Dafür wurden nur jene Akteursgruppen herangezogen, die auch als Claims-Maker aufgetreten sind. Zum einen wurden hierfür die deduktiv vorcodierten konsensmobilisierenden diagnostischen und prognostischen Frames in der Tiefe analysiert sowie diese zum anderen in Hinblick auf das handlungsmobilisierende motivationale Framing untersucht wurden. In der folgenden Übersicht (Tab. 5.6) sind alle erarbeiteten akteursgruppenspezifischen Framing-Charakterisierungen zusammengefasst. Im Anschluss an die Tabelle wird separat auf jede der Akteursgruppen eingegangen.

Tabelle 5.6 Akteursspezifische Collective-Action-Frames. (Eigene Darstellung)

Akteursgruppen	Diagnostisches Framing *Konsensmobilisierung*	Diagnostisch-motivationales Framing *Handlungsmobilisierung*	Prognostisches Framing *Konsensmobilisierung*	Prognostisch-motivationales Framing *Handlungsmobilisierung*
Wirtschaft	Spürbare Konsequenzen des Klimawandels wirken sich auf unternehmerischen Erfolg (Profit, Arbeitsplätze) negativ aus	Wirtschaft als Betroffene des Klimawandels; bedrohlich für alle, deren Lebensgrundlage direkt oder indirekt von ökonomischem Erfolg abhängt **Schweregrad** (Angst, Hilflosigkeit)	Inszenierung als Lösungslieferant; Betonung laufender und geplanter Maßnahmen; Technologie-Versprechen: Ressourcen im Produktionskreislauf zu halten und gleichzeitig den CO_2-Fußabdruck zu reduzieren; Vision: Net-zero bis 2050	Handlungsaufruf: Wir haben alles, was wir brauchen, wir müssen es nur tun + Produktplatzierung; starke Unterstützung für Ausbildung/Green Jobs **Dringlichkeit** (Innovation), **Wirksamkeit** (Beruhigung), **Anstand** (Unterstützung)
Journalismus	Dramatische Veranschaulichung des hohen CO_2-Ausstoßes und der drohenden Überschreitung des 1,5-Grad-Ziels	Betonung der Dramatik der Situation; Schock um Zustand, Machtlosigkeit im Kampf gegen die Windmühlen, schürt Angst und Betroffenheit. **Schweregrad** (Angst, Hilflosigkeit, Aussichtslosigkeit, Schock)	Auch wenn die Lage noch so drastisch ist, gibt es Hoffnung auf Veränderung; Aufklärung über Maßnahmen und Berichte von Hoffnungsträger:innen und inspirierenden Vorbildern	Von positiven Beispielen lernen und inspirieren lassen, Zuversicht nicht verlieren, in kleinen Schritten vorangehen **Wirksamkeit** (Hoffnung)
Politik	Klimaschutz ist dringlich, aber es gibt keinen verbindlichen Pfad, wie das gelingen soll; Parteien blockieren sich teilweise gegenseitig; Maßnahmen teils in Kraft, teils heftig debattiert	Uneindeutigkeiten durch gegenläufige Haltungen; zwischen ‚es wird was getan' und ‚es passiert zu spät, zu wenig'; Zweifel um hohe Kosten für die Einzelnen **Wirksamkeit** (Beruhigung), **Dringlichkeit** (Sicherheit), **Schweregrad** (Angst, Unsicherheit), **Wirksamkeit** (Zweifel)	Kurs auf Net-zero bis 2030; Technologie soll kräftig unterstützen, um wettbewerbsfähig zu bleiben	Chance, die Welt mit dem Thema Klimaschutz zu einen; Ansporn, sich durch Innovation im Wettbewerb durchzusetzen. **Dringlichkeit** (Innovation), **Wirksamkeit** (Beruhigung), **Anstand** (Verbündung).
Wissenschaft	Politik in der Verantwortung, aber auch überfordert und verschleppt Probleme; Verzögerung verschärft Problem und macht Lösungen teurer/unmöglich; fossile Industrie setzt auf Verunsicherung	Appell zur Klima-Priorisierung; Entlarvung des Technologieframes als Inszenierung und Hebel der politischen Einflussnahme; Verschleppen als strukturelle Gewalt **Wirksamkeit** (Frustration)	Aufklärung über effektive Maßnahmen; es braucht stärkeres Commitment; sozialen Aspekt bei ökologischer Transformation mitdenken; internationale Zusammenarbeit für globales Problem hat schon einmal funktioniert (Ozonloch)	Appell zur Klima-Priorisierung, künftige Generationen und sozial Benachteiligte schützen, Individuen/ganze Gesellschaft empowern **Anstand** (Verantwortungsbewusstsein, Ermächtigung, Solidarisierung)
Protest	Protest soll auf Dringlichkeit der Klimakrise aufmerksam machen; Politik ist nach wie vor zu zögerlich in Sachen Klimaschutz und fossile Energie wird weiterhin unterstützt	Klimakrise ist ein Notfallzustand, hoher Zeit- und Handlungsdruck; das rechtfertige auch extreme Mittel **Schweregrad** (Verzweiflung), **Dringlichkeit** (Angst), **Wirksamkeit** (Selbstwirksamkeit), **Anstand** (Verantwortungsbewusstsein, Selbstermächtigung)	Forderungen und Aufzeigen von Chancen; es braucht radikalen Systemwandel	Wir haben jetzt die Chance, einen radikalen Systemwandel herbeizuführen und unser Überleben zu sichern (z. B. durch Ausstieg aus fossiler Energie u. v. m.) **Wirksamkeit** (Offenheit), **Anstand** (Verantwortungsbewusstsein)

Fortsetzung auf der folgenden Seite

(Fortsetzung)

Tabelle 5.6 (Fortsetzung)

Akteursgruppen	Diagnostisches Framing *Konsensmobilisierung*	Diagnostisch-motivationales Framing *Handlungsmobilisierung*	Prognostisches Framing *Konsensmobilisierung*	Prognostisch-motivationales Framing *Handlungsmobilisierung*
Hybrid Politik/ Zivilbevölkerung	Industriestaaten hinken mit Versprechungen hinterher, aber aus historischer Verantwortung folgt Finanzierungspflicht; Regenwald als wichtiger Kipppunkt; auch Österreich ist massiv betroffen	Moralische Sanktionierung, dass Verluste augenscheinlich in Kauf genommen werden; Betroffenheit und internationale und nationale Lähmung **Schweregrad** (Angst), **Wirksamkeit** (Zweifel), **Anstand** (Frustration)	Handlungsaufruf der globalen Jugend an Regierungen der Welt; Forderungen, Maßnahmen umzusetzen und an einem Strang zu ziehen	Notwendigkeit, als Wertegemeinschaft zu agieren (Shared Agenda); Großkonzerne in die Pflicht, Lösung vom Freiwilligkeitsprinzip; Österreich als Vorbildrolle **Wirksamkeit** (Selbstwirksamkeit), **Anstand** (Verantwortungsbewusstsein, Verbündung)
Hybrid Wissenschaft/Politik	Evidenzlage ist eindeutig; multiple Krisen nicht isoliert betrachten – Klimakrise oberste Priorität. Wissenschaft und Kunst haben Lösungen parat, während es Politik an Willen und Ambition mangelt	Prioritäten richtig setzen, auf richtige Akteure hören **Schweregrad** (Hilflosigkeit, Verzweiflung), **Wirksamkeit** (Frustration)	Zukunft junger Menschen ist bedroht; Geld allein reicht nicht, es braucht wirksame Gesetze und Commitment, um Transformation zu erreichen	Bedrohung der Jugend; Forderung wirksamer Maßnahmen für Systemwandel **Schweregrad** (Zukunftsangst), **Wirksamkeit** (Offenheit), **Anstand** (Verantwortungsbewusstsein)
Hybrid Wirtschaft/Politik	Versuch der Einflussnahme und Interesse an Sicherung der Machtlegitimation; Selbstlegitimation als unverzichtbar im Kampf gegen die Klimakrise	/	Wettbewerbsfähigkeit erhalten durch Technologie und Innovation	Technologie und Innovation als Hoffnungsträger, Vereinbarkeit von Erhalt der Wettbewerbsfähigkeit und Bewältigung der Klimakrise **Wirksamkeit** (Hoffnung, Beruhigung)
Religion	Protestaktionen in der Sache legitim, auch Radikalität ist nicht neu; angesichts der dramatischen Konsequenzen, die der Klimawandel jetzt schon mit sich bringt, moralisch legitim	Der Klimawandel bringt schon jetzt dramatische Konsequenzen mit sich; auch Protest ist daher moralisch legitim **Schweregrad** (Hilflosigkeit, Angst), **Anstand** (Verantwortungsbewusstsein, Solidarisierung)	Handlungsaufruf; Verständnis für die empfundene Last der Verantwortung, aber Wichtigkeit der Einzelnen; nicht lähmen lassen von dieser Last und in kleinen Schritten vorangehen	Dankbarkeit für Gottes Schöpfung, moralischer Apell, sie zu bewahren **Wirksamkeit** (Hoffnung, Selbstwirksamkeit, Verständnis), **Anstand** (Verantwortungsbewusstsein, Solidarisierung)
Zivilbevölkerung	Anerkennung der Klimakrise. Mangel an Information; Belastung für die Steuerzahler:innen gesehen; Vorschriften als Qual; Wahrgenommene Unwirksamkeit	Betonung von Ohnmacht und Frustration; schürt Wut auf Politik, COP und senkt Vertrauen **Wirksamkeit** (Zweifel, Frustration), **Schweregrad** (Hilflosigkeit, Angst, Unsicherheit)	Schwierigkeit, die Zuversicht zu bewahren; Kluft zwischen der Mammutaufgabe und dem Impact als ‚kleiner' Akteur im großen Ganzen	Anerkennung der Relevanz der Krise für Überleben der Menschheit mit unmittelbarem Handlungsbedarf **Dringlichkeit** (Angst), **Anstand** (Verantwortungsbewusstsein)
Hybrid Wissenschaft/Protest	Psychologische Auswirkungen der Klimakrise auf Individuen; Wut birgt Kraft für Veränderung; Hoffnungslosigkeit schränkt die Wahrnehmung von Optionen ein	Verständnis für psychischen Druck auf Individuen; Stärkung durch Anerkennung **Wirksamkeit** (Verständnis)	Bewusstes Wahrnehmen, wenn auch schmerzlich, eröffnet Handlungsmöglichkeiten und neue Sichtweisen; gute soziale Kontakte pflegen; niemand muss allein die ganze Verantwortung tragen	Beruhigung, man ist nicht allein, Aufzeigen von Handlungsmöglichkeiten **Wirksamkeit** (Selbstwirksamkeit, Beruhigung), **Anstand** (Verantwortungsübernahme)
Hybrid Wirtschaft/Protest	Klimakrise als Bedrohung vulnerabler Ökosysteme; Finanzierung eines Revitalisierungsprojekts als Erfolg	Ökonomische Ressourcen für ökologische Bewahrung und gleichzeitige Erfolgspräsentation **Schweregrad** (Angst), **Wirksamkeit** (Hoffnung, Selbstwirksamkeit)	Ausbildungen auf Zukunftsthemen wie Nachhaltigkeit auslegen.	Unterstützung und Zukunftsvorbereitung junger Menschen schon bei der Ausbildung **Anstand** (Ermächtigung)

5.4.2.1 Wirtschaftliches Framing der Klimakrise

Zu den im Zeitraum erfassten wirtschaftlichen Akteuren zählen unter anderem einzelne Unternehmer:innen aus den Bereichen Landwirtschaft und Tourismus, Gastronomie, Versicherungen, Consulting oder Technologie. Sie melden sich neben den ökologischen Konsequenzen des Klimawandels am meisten zum Themenkomplex der Maßnahmen gegen den Klimawandel zu Wort.

Im diagnostischen Framing stehen vor allem die schon spürbaren Konsequenzen des Klimawandels und wie sie sich auf den unternehmerischen Erfolg auswirken im Fokus. Beispielsweise berichtet ein Weinbauer von Problemen, die durch die Klimakrise verursacht sind. „Zu trocken, zu warm. Die Weinlese begann heuer 15 Tage früher als normal [...]. Die Qualität ist gut, aber die Quantität ist in diesem Jahr 30 % geringer“ (KR_3, 06.11.22, S. 56). Nicht nur ist der Profit in der Landwirtschaft beeinträchtigt. Auch allgemein leidet die Arbeitswelt unter den Konsequenzen der Klimakrise. Deloitte schreibt in einer Presseaussendung: „Vor allem die Bereiche Landwirtschaft, Energie und Bergbau, Schwerindustrie und verarbeitendes Gewerbe, Transport sowie Bauwesen sind laut unserer Analyse angesichts der immer größer werdenden Klimakatastrophe besonders fragil“ (OTS_20221109_OTS0021, 09.11.22, o. S.). Auch Versicherungen warnen vor den ökologischen Konsequenzen. Die sich intensivierenden Extremwetterereignisse führen zu immer mehr Umweltschäden, von denen auch Österreich zunehmend betroffen ist. Die Uniqua rechnet „mit stark weiter ansteigenden Schadensersatzzahlungen“ (ST_1, 18.11.22, S. 22).

Das diagnostische Framing wirtschaftlicher Akteure lässt sich kondensiert vor dem Hintergrund der Konsensmobilisierung (Benford & Snow, 2000, S. 615; Snow & Benford, 1988, S. 199), die die Kernaufgabe des diagnostischen und prognostischen Framings ist, so beschreiben, dass es – zumindest im hier erfassten Zeitraum – einen Konsens darüber gibt, dass die Klimakrise existiert und dass sie erheblichen Schaden anrichtet. Gegenläufige Claims wurden hier nicht getätigt. Dieser Schaden wird zudem nicht nur als auf ökologische Konsequenzen beschränkt begriffen, sondern auf ökonomische Konsequenzen übertragen. Arbeitsplätze und ganze Branchen werden als gefährdet dargestellt, indem die Klimakrise Einbußen beim Profit verursacht und sich negativ auf die gesamte Arbeitswelt auswirkt. Wird dieses diagnostische Framing vor dem Hintergrund der Handlungsmobilisierung (Benford & Snow, 2000, S. 615; Snow & Benford, 1988, S. 199), die über das motivationale Framing erreicht wird, interpretiert, stellt sich heraus, dass wirtschaftliche Akteure vor allem die Drastik der Auswirkungen des Klimawandels betonen und darauf hinweisen, welche ökonomischen Bedrohungen daraus für Unternehmer:innen oder auch für Arbeitnehmer:innen unmittelbar resultieren. Die Wirtschaft – und damit ein breites Spektrum an Individuen, deren Lebensgrundlage direkt oder indirekt davon abhängt – wird somit hier als Betroffene des Klimawandels inszeniert.

Im prognostischen Framing der wirtschaftlichen Akteure steht vor allem im Fokus, welche Maßnahmen bereits ergriffen werden und welche noch beabsichtig sind, um der Klimakrise zu begegnen. Dabei kommen beispielsweise nicht nur Finanzierungen für Klimaschutzprojekte zur Sprache (OTS_20221108_OTS0063, 08.11.22, o. S.), sondern auch geplante Maßnahmen zur Entwicklung neuer emissionsfreier Produktionstechniken (OTS_20221117_OTS0199, 17.11.22, o. S.), zur Generierung und Nutzung von grünem Strom sowie zur nachhaltigeren Ausbildung junger Menschen (OTS_20221115_OTS0077. 15.11.22, o. S.), bis hin zum Einsatz von künstlicher Intelligenz, um Ressourcen effizienter einsetzen zu können (OTS_20221117_OTS0172, 17.11.22, o. S.). Neben der Auflistung einzelner Maßnahmen kristallisiert sich immer wieder eine Erzählung der gleichzeitigen Vereinbarkeit von Unternehmenszweck und Klimaschutz heraus: „[…] Ressourcen im Produktionskreislauf neuer Produkte zu halten und gleichzeitig den Kohlenstoff-Fußabdruck zu reduzieren“ (OTS_20221117_OTS0199, 17.11.22, o. S.); „Um 30 Prozent konnten die CO_2-Emissionen reduziert werden – bei gleichzeitiger Umsatzsteigerung“ (KR_48, 16.11.22, o. S.); „[…] beweist jeden Tag, dass Mobilität und Nachhaltigkeit in keinem Widerspruch zueinander stehen“ (OTS_20221115_OTS0077, 15.11.22, o. S.). Diese Vereinbarkeit gelingt Unternehmen am besten, deren Unternehmenszweck per se nachhaltig gedacht ist. Hierfür kommen Beispiele aus dem Mobilitätssektor, dem Schienenverkehr oder auch aus dem Bauwesen, dem Holzbau vor. Andere Unternehmen geraten jedoch stärker in Erklärungsnot beim Versuch, ihren Unternehmenszweck gleichzeitig als nachhaltig zu framen. Was sich weiters durchsetzt, ist eine Erzählung der Technologie als Heilsversprechen: „Als weltweit führender Anbieter von ICT-Infrastruktur und Smart Devices sind wir davon überzeugt, dass diese eine Schlüsselrolle bei der Erreichung der UN-Nachhaltigkeitsziele (SDGs) spielen werden“ (OTS_20221107_OTS0082, 07.11.22, o. S.); „Diese einzigartige Technologie wird zu unserem Ziel beitragen, im Jahr 2050 einen vollständig nachhaltigen Reifen herzustellen, der zu 100 % aus recycelten oder erneuerbaren biologischen Materialien besteht und gleichzeitig einen Beitrag zu unserem Fahrplan hin zur Kohlenstoffneutralität leistet“ (OTS_20221117_OTS0199, 17.11.22, o. S.). Neben dem Prinzip der gleichzeitigen Vereinbarkeit und des technologiesolutionistischen Versprechens setzt sich ein Akteur auch direkt als Teil der Lösung in Szene: „Als eines der größten Klimaschutzunternehmen Österreichs sind wir Teil der Lösung im Kampf gegen die Klimakrise. Wir setzen auf 100 % erneuerbare Energie. Hier nutzen wir die Natur und produzieren nachhaltigen Grünstrom aus Wasserkraft, Solarenergie und seit neustem aus Windkraft“ (OTS_20221115_OTS0077, 15.11.22, o. S.).

Aus der Perspektive des motivationalen Framings suggeriert das prognostische Framing wirtschaftlicher Akteure, dass sie eine Fülle an Lösungen bieten oder sogar selbst Teil der Lösung sind und dass Innovation und Technologie einen maßgeblichen Beitrag zur Bekämpfung der Klimakrise leisten können. Junge Menschen sollen bei der Ausbildung (OTS_20221115_OTS0077, 15.11.22, o. S.) und Fachkräfte bei der Umschulung (OTS_20221109_OTS0021, 09.11.22, o. S.) zu grünerer und nachhaltigerer Arbeit unterstützt werden. Des Weiteren kommt es zu konkreten Handlungsaufforderungen an die Gesellschaft als Ganzes: „Wir müssen jetzt entschlossen handeln. Policies haben wir genug, das Tun ist der entscheidende Punkt“ (KR_48, 16.11.22, S. 18). Meist wird an dieser Stelle jedoch nicht davor zurückgeschreckt, im gleichen Atemzug die eigenen Produkte als Teil der Lösung zu erwähnen.

Zusammengefasst inszenieren sich wirtschaftliche Akteure im hier erhobenen Zeitraum aus diagnostischer Perspektive einerseits als Betroffene der Klimakrise, da diese den Profit und Arbeitsplätze und damit die Lebensgrundlage vieler bedrohe. Andererseits inszenieren sie sich aus prognostischer Perspektive auch als jene, die die Lösungen – meist in Form von Technologie – parat haben oder selbst Teil der Lösung sind, beispielsweise weil sie nachhaltige Infrastrukturen bieten. Aus motivationaler Perspektive wird die globale ökologische Bedrohung auf eine ökonomische Bedrohung heruntergebrochen, der mit ökonomischen Mitteln entsprechend auch leichter begegnet werden kann, beispielsweise durch die Förderung junger Menschen oder die Umschulung bestehender Arbeitskräfte.

5.4.2.2 Journalistisches Framing der Klimakrise

Zu den journalistischen Akteuren, die hier in der Rolle der Claims-Maker auftreten, zählen nationale Tageszeitungen wie die Kronen Zeitung oder der Standard sowie der ORF als Stellvertreter für den öffentlich-rechtlichen Rundfunk. Die Themen, auf die jene Claims-Maker überwiegend Bezug nahmen, waren zum einen die Klimakonferenz sowie zum anderen die dort schwerpunktmäßig geführte Diskussion um Schadensersatzzahlungen für durch die Klimakrise verursachte Schäden und Verluste, vor allem für den globalen Süden. Weiters wurden die Protestaktionen der Letzten Generation zentral verhandelt.

Im diagnostischen Framing der journalistischen Akteure werden neben ökologischen Konsequenzen wie „Überflutungen, Stürme, Dürre und Hitzewellen“ (OTS_20221108_OTS0088, 08.11.22, o. S.) auch menschliche Opfer beklagt:

„Extreme Temperaturen fordern Tausende Tote“ (KR_14, 09.11.22, S. 8). Doch weiterhin „steuert die Welt auf einen Temperaturanstieg von 2,4 Grad zu“ (OTS_20221109_OTS0080, 09.11.22, o. S.). „Man muss kein Klimaforscher und auch kein Pessimist sein, um zu erkennen, dass das mit dem 1,5-Grad-Ziel knapp wird“ (ST_25, 11.11.22, S. 10–11). Als Grund für diese Entwicklungen wird der massive CO_2-Ausstoß als evident beschreiben (KR_14, 09.11.22, S. 8). Dieser beschleunigt die globale Klimaerwärmung und jene Staaten, die maßgeblich an den hohen Treibhausgasemissionen beteiligt sind, haben kein Interesse daran, diese zu reduzieren und bauen stattdessen eher noch fossile Infrastrukturen aus (KR_14, 09.11.22, S. 8; ST_25, 11.11.22, S. 10–11; KR_50, 17.11.22, S. 8). Dieser Befund wird auch im Kontext der Klimakonferenz stark kritisiert. Weiters wird sogar ein Ungleichgewicht an Repräsentant:innen für die fossile Industrie und Repräsentant:innen für von der Klimakrise jetzt schon stark Betroffene des globalen Südens konstatiert: „Damit ist die fossile Lobby stärker auf der Klimakonferenz vertreten als die zehn am meisten vom Klimawandel betroffenen Staaten zusammen“ (ST_18, 14.11.22, S. 10). Hinzu kommt der Vorwurf, dass relevante Verhandlungspartner:innen nicht an der Konferenz teilnehmen oder bewusst die Verhandlungen blockieren (KR_50, 17.11.22, S. 8). Auf der 27. Klimakonferenz stand in diesem Jahr auch erstmalig das Thema ‚Loss and Damage‘, also Schadensersatzzahlungen für vom Klimawandel stark betroffene Regionen, die selbst historisch bedingt keine Ressourcen für Wiederaufbau und Reparaturen haben, auf der Tagesordnung. Das Konzept wird positiv diskutiert, jedoch wird die Umsetzung bemängelt (KR_33, 12.11.22, S. 5) und die Priorisierung im Vergleich zum Klimaschutz und zur Klimaanpassung in Frage gestellt (ST_34, 09.11.22, S. 32). Das durch die Klimakrise ausgelöste anhaltende Ohnmachtsgefühl führt vielerorts zu verzweifelten Aktionen und kanalisiert sich in Protesten. Gerade die Protestaktionen der Letzten Generation werden heiß diskutiert und ernten viel Kritik, ob der gewählten Form des Protests und der damit verbundenen Effekte (ST_8, 16.11.22, S. 35). Die Motivation dahinter sei zwar nachvollziehbar, wird jedoch vergleichsweise kaum thematisiert.

Im diagnostischen Framing journalistischer Akteure herrscht Konsens darüber, dass die Klimakrise eine starke Bedrohung für die gesamte Menschheit ist. Im Vordergrund steht die Debatte um die Verantwortungsübernahme sowohl für Klimaschutz- und Klimaanpassungsmaßnahmen als auch für klimagerechte Ausgleichszahlungen für den globalen Süden. Insgesamt wird ein düsteres Bild gezeichnet, dass die Ursachen der Klimakrise, trotz aller Dringlichkeit und Drastik, weiterhin von den Verantwortlichen nicht bekämpft, sondern sogar eher noch befeuert werden. Aus Perspektive des motivationalen Framings wird die Dramatik der Situation spürbar. Es wird mit Schockelementen wie dramatischen

Zahlen gearbeitet – „15.000 Tote" (KR_14, 09.11.22, S. 8) – ebenso wie auch die Betonung der Verzweiflung und Machtlosigkeit des globalen Südens oder der Aktivist:innen einem Kampf gegen Windmühlen gleicht, was Angst und Betroffenheit bei Leser:innen auslösen kann.

Im prognostischen Framing der journalistischen Akteure steht trotz aller Drastik der Lage dennoch die Hoffnung im Zentrum. Neben Berichten zur Aufklärung über zahlreiche Maßnahmen und Pläne wird auch betont, dass es noch mehr Investition in selbige sowie verbindliches Engagement braucht: „In Zukunft muss deshalb nicht nur mehr Geld in Klimaschutz, sondern auch in Anpassungsmaßnahmen gesteckt werden. Gegen die rasant steigenden Temperaturen in Städten helfen mehr Bäume, robustere Sorten könnten Wassermangel in der Landwirtschaft teilweise ausgleichen" (ST_38, 09.11.22, S. 2). Die Initiative von einzelnen Akteuren, Regionen oder auch der jungen Generation wird gelobt und als Vorbild hervorgehoben (ST_29, 11.11.22, S. 16) – „diese Generation also steht wenigstens auf [...]. Sie tun etwas mit diesem milden Terror der Bilderstürmerei. Wenigstens etwas" (KR_37, 13.11.22, S. 34). Betont wird auch, dass es voneinander zu lernen gilt (ST_29, 11.11.22, S. 16). Trotz multipler Krisen, wie der Pandemie, des russischen Angriffskriegs auf die Ukraine und eben der Angst vor der Klimakatastrophe (KR_35, 13.11.22, S. 38), wird klar ermutigt: „Auch viele kleine Schritte können zu Veränderungen mit großer Wirkung führen" (ST_13, 16.11.22, S. 9) und „es gibt Wege, um wieder stark zu werden" (KR_35, 13.11.22, S. 38).

Im prognostischen Framing journalistischer Akteure liegt also der Fokus darauf, die Hoffnung und die Zuversicht trotz der teils aussichtslos wirkenden Lage nicht zu verlieren. Man könne von positiven Beispielen lernen, sich von anderen Akteuren inspirieren lassen und mit kleinen Schritten vorangehen. Aus Sicht des motivationalen Framings werden Individuen zu klimafreundlichem Verhalten ermuntert, auch wenn es so wirkt, als sei schon alles zu spät.

Zusammengefasst stehen im Framing journalistischer Akteure im erhobenen Zeitraum aus diagnostischer Perspektive einerseits die Dramatik der Klimakrise und die Machtlosigkeit im Kampf dagegen im Fokus. Aus prognostischer Perspektive jedoch liegt der Schwerpunkt andererseits auf der Hoffnung und der Inspiration, von positiven Beispielen zu lernen, nicht aufzugeben, zuversichtlich zu sein und immer weiter voranzugehen.

5.4.2.3 Politisches Framing der Klimakrise

Zu den politischen Akteuren, die im hier erhobenen Zeitraum als Claims-Maker hervortreten zählen größtenteils nationale Politiker:innen oder auch Ämter und Ministerien. Am stärksten äußerten sie sich zu bereits in Kraft getretenen und geplanten Maßnahmen sowie allgemein zur Klimakrise und Konsequenzen, die mit ihr einhergehen. Weiters nahmen sie auch Bezug auf die Protestaktionen der Letzten Generation.

Im diagnostischen Framing der politischen Akteure werden vor allem Klimaschutzmaßnahmen diskutiert. „Mit langfristigen Klimamaßnahmen wurden bereits zahlreiche Plätze und Straßen Wiens entsiegelt, begrünt und gekühlt" (OTS_20221108_OTS0165, 08.11.22, o. S.). Außerdem wird auf Bodenentsiegelung, Gebäudebegrünung, Fotovoltaik und Dekarbonisierung (OTS_20221111_ OTS0022, 11.11.22, o. S.) sowie auf „Bioökonomie" (OTS_20221108_ OTS0151, 08.11.22, o. S.) gesetzt, um Synergieeffekte zwischen Land- und Forstwirtschaft und dem Kampf gegen die Klimakrise zu erreichen. Jedoch geht vor allem aus der wechselseitigen Kritik der Politiker:innen unterschiedlicher Parteien auch hervor, was noch nicht gut läuft. Bemängelt wird beispielsweise, dass es „keinen verbindlichen Pfad zur Einsparung der Treibhausgase" (OTS_20221118_ OTS0201, 18.11.22, o. S.), also kein Klimaschutzgesetz, gibt und dass bereits ganze Sektoren wie die Landwirtschaft oder der Wintertourismus darunter leiden (OTS_20221118_OTS0201, 18.11.22, o. S.; OTS_20221116_OTS0225, 16.11.22, o. S.). Jedenfalls „werde mit Hochdruck daran gearbeitet, Rahmenbedingungen zur Bewältigung dieser Klimakrise zu schaffen" (OTS_20221116_OTS0225, 16.11.22, o. S.), „aber im Einklang mit Wirtschaft und Gesellschaft" (OTS_ 20221118_OTS0201, 18.11.22, o. S.).

Im diagnostischen Framing der politischen Akteure liegt der Fokus auf bereits wirkenden Klimaschutz- und -anpassungsmaßnahmen. Zwischen den Parteien kommt es zu viel wechselseitiger Kritik und unterschiedlichen oder gar gegenläufigen Haltungen. Aus Sicht des motivationalen Framings kann dieser Kampf zwischen den verschiedenen Positionen zu Uneindeutigkeiten führen. Beispielsweise wird beim Thema der Schadensersatzzahlungen für den globalen Süden auch Angst um hohe Kosten für Individuen geschürt (OTS_20221118_OTS0201, 18.11.22, o. S.). Gleichzeitig wird seitens der Regierungsparteien beruhigend versichert, man arbeite dran, die Krise zu bewältigen.

Im prognostischen Framing der politischen Akteure stehen vor allem Forderungen im Vordergrund: Forderungen um ein neues Klimaschutz- und Energieeffizienzgesetz (OTS_20221115_ OTS0204, 15.11.22, o. S.; OTS_ 20221118_OTS0201, 18.11.22, o. S.) oder darum, neues Denken und Handeln zu implementieren, um zukunftsfähig zu sein (OTS_20221116_OTS0234, 16.11.22, o. S.). Hier wird ebenfalls versprochen, dass man auf Kurs sei, „die Emissionen bis 2030 um mindestens 55 Prozent zu senken" (KR_40, 14.11.22, S. 5). Neben den Forderungen und Zielen geht es stark um die Budgetierung der verschiedenen Maßnahmen: „Das Budget für die Wirtschaftsförderung für klimagerechte Transformation soll 2023 um 40 Mio. € steigen"

(OTS_20221108_OTS0193, 08.11.22, o. S.) oder „Gemeinden [werden] in den Jahren 2023 bis 2025 zusätzlich zu den bereits im Gesetzentwurf verankerten 500 Mio. € für klimafitte Investitionen weitere Investitionszuschüsse in der Höhe von 500 Mio. € erhalten“ (OTS_20221115_OTS0204 15.11.22, o. S.). Die „Öko-Gesamtleistung Österreichs [betrage] laut Finanzminister Brunner: 1,5 Milliarden Euro bis 2026!“ (KR_33 12.11.22, S. 5). Um auch international wettbewerbsfähig zu bleiben (OTS_20221116_OTS0225, 16.11.22, o. S.), wird im Sinne einer ökologischen Transformation an dieser Stelle auf Innovation und Technologie gesetzt (OTS_20221108_OTS0193, 08.11.22, o. S.). Wasserstoff und Weltraumtechnologien sollen insbesondere bei der Energiewende vonnutzen sein (OTS_20221107_OTS0164, 07.11.22, o. S.; OTS_20221116_OTS0225, 16.11.22, o. S.). Die Umweltministerin Leonore Gewessler spricht im Zuge der Klimakonferenz davon, „die ganze Welt hinter dem Ziel des Klimaschutzes zu vereinen“ (ST_19, 14.11.22, S. 19).

Im prognostischen Framing politischer Akteure stehen also Forderungen der Parteien an die Regierung, Ziel und Visionsformulierungen sowie Zusicherungen von regionalen, nationalen und auch internationalen Budgets für Klimaschutz- und -anpassungsmaßnahmen im Vordergrund. Aus der Perspektive des motivationalen Framings wird wieder der Eindruck vermittelt, man arbeite stetig an der Bewältigung der Klimakrise und mobilisiere dafür auch alle verfügbaren Kräfte. Wie beim wirtschaftlichen Framing tritt auch hier das technologiesolutionistische Versprechen in Erscheinung. Aus Sicht des motivationalen Framings kann sich also der Eindruck einstellen, dass schon genug getan werde.

Zusammenfassend steht im diagnostischen Framing politischer Akteure der Versuch der Beruhigung durch die Vermittlung, viele Maßnahmen seien schon in Kraft, den interparteilichen Konflikten gegenüber, die nicht zuletzt aus motivationaler Sicht Unsicherheiten und Zweifel an der Notwendigkeit oder Wirksamkeit der diskutierten Maßnahmen schüren können. Im prognostischen Framing mischt sich die beruhigende Haltung der politischen Akteure mit dem technologiesolutionistischen Versprechen.

5.4.2.4 Wissenschaftliches Framing der Klimakrise

Zu den hier erfassten wissenschaftlichen Akteuren zählen unter anderem Forscher:innen aus den Bereichen Klimawissenschaft, Ökonomie, Meteorologie, Politikwissenschaft, Systemwissenschaft oder Bildungswissenschaft. Thematisch stehen bei diesen Akteuren ebenfalls die Maßnahmen sowie die Klimakrise allgemein und deren Konsequenzen im Mittelpunkt. Die Protestaktionen der Letzten Generation werden auch hier stark thematisiert.

Dem diagnostischen Framing wissenschaftlicher Akteure entsprechend, obliegt die Verantwortung, sich an die Agenda 2030 zu halten und Entscheidungen in diesem Sinne für die Bevölkerung zu treffen, der Politik (ST_30, 10.11.22, S. 27). Doch die Politik erntet scharfe Kritik seitens der Wissenschaft, die Bewältigung der Probleme zu verzögern und diese dadurch nur zu verschärfen oder gar deren Lösung zu verunmöglichen – „Die Politik scheint überfordert" (KR_15, 09.11.22, S. 8). Die Ursache dafür wird in der politischen Strukturiertheit selbst gesehen: „Ein Denken, das nicht auf den unmittelbaren Vorteil, sondern auf langfristiges Wohlergehen abzielt, hat in einer von Legislaturperioden geprägten Regierungspolitik oft keine Priorität" (ST_11, 16.11.22, S. 14). Des Weiteren wird festgehalten, dass sich mitverursachende Konzerne gleichzeitig als Teil der Lösung verstehen, beispielsweise durch die Entwicklung und Bereitstellung von Technologie (ST_12, 16.11.22, S. 10), und andernorts Umweltauflagen wieder politisch ausspielen, indem sie sie als Hürden framen, nicht etwa als verantwortungsvollere Gesetze (ST_30, 10.11.22, S. 27). Auch kritisiert wird die fossile Industrie dafür, dass sie ebenfalls Verunsicherung ausnutze und Pipelinenetze und fossile Infrastrukturen weiter ausbaue und mit derlei Projekten Fördermittel über Jahrzehnte binde – die aber wieder von der Regierung genehmigt werden: „Angesichts der Klimaziele ist das vorsätzliches Versagen" (ST_12, 16.11.22, S. 10). Auch im globalen Süden entzögen sich reiche Mitverursachende der Verantwortung, wenn es um Klimaschäden geht, und seien nicht daran interessiert, die Prinzipien globalen kapitalistischen Wirtschaftens zu hinterfragen (ST_35, 09.11.22, S. 31). Stattdessen würden Opfer in Kauf genommen, was als strukturelle Gewalt einzustufen sei (ST_35, 09.11.22, S. 31). Mit Waldschutz und Wiederaufforstung sei es nicht getan, auch nicht mit viel Geld allein (ST_14, 16.11.22, S. 9–10). Evident ist, dass der CO_2-Ausstoß zu groß ist und radikal eingespart werden muss, denn „[e]s geht um die Zukunft unserer Kinder und Enkel" (KR_17, 09.11.22, S. 24). „Der derzeitige europäische Politkurs ist eine verpasste Gelegenheit, sich für eine echte Transformationsagenda mit Fokus auf die rechtlich notwendigen Regulierungen anstatt von Deregulierungen zulasten von Natur und Menschen einzusetzen" (ST_30, 10.11.22, S. 27).

Dem diagnostischen Framing wissenschaftlicher Akteure entsprechend werden klar die Gründe der Klimakrise sowie Verantwortlichkeiten thematisiert. Darüber hinaus werden argumentative Verstrickungen zwischen Politik und Industrie national und global hervorgekehrt und als problematisch eingeordnet, da sie zum Verschleppen und zu Fehlwahrnehmungen der Problematik führen. Häufig gebrachte Argumente wie jenes des Kostenfaktors der Klimaschutz- und -anpassungsmaßnahmen sowie technologiesolutionistische Frames sind Teil der politischen Einflussnahme und dienen der Legitimierung einzelner wirtschaftlicher Positionen. Aus Perspektive des motivationalen Framings wird hier der Versuch unternommen, die Zusammenhänge zu beschreiben, zu erklären und zu kontextualisieren. Dabei argumentieren die wissenschaftlichen Claims-Maker ungewöhnlich politisch und entkräften das wirtschaftliche und politische Framing in Teilen. Zwischen dem politischen und wirtschaftlichen Framing einerseits und dem wissenschaftlichen Framing andererseits entsteht entsprechend eine Kluft, die wiederum für Unsicherheit und Zweifel sorgen kann.

Im prognostischen Framing wissenschaftlicher Akteure werden Maßnahmen hervorgehoben, die dringend erforderlich sind, beispielsweise massive Investitionen in den Umbau ganzer Sektoren, die Senkung administrativer Hindernisse bei Genehmigungsverfahren und allen voran die Einstellung von Neubauten fossiler Infrastrukturen (ST_12, 16.11.22, S. 10). Weiters braucht es ein noch stärkeres verbindliches Engagement unter Einbezug der Bevölkerung. So entfalten politische Entscheidungen bzw. Maßnahmen ihre Wirksamkeit am besten: „Entscheidungen müssen nicht nur rechtzeitig, faktenbasiert und verhältnismäßig sein, sondern auch partizipativ und nachvollziehbar gestaltet werden, damit sie ihre volle Wirksamkeit entfalten" (ST_30, 10.11.2022, S. 27). Weiters wird festgehalten, dass die Gesellschaft in der moralischen Verpflichtung steht, „nicht auf Kosten der kommenden Generationen [zu] wirtschaften" (ST_11, 16.11.22, S. 14). Auch werden neue Ideen zur Diskussion gebracht, beispielsweise ein „Ökozid-Gesetz. Unternehmen könnten so für Umweltverbrechen verfolgt werden. […] Und es würde den normalen Menschen helfen zu erkennen: Ja, ich habe zu all dem beigetragen, aber meine Vergehen sind winzig im Vergleich zu diesen Unternehmen und ihren Verantwortlichen" (KR_38, 13.11.22, S. 47). Darüber hinaus wird dafür appelliert, den sozialen Aspekt bei einer ökologischen Transformation unbedingt mitzudenken (ST_27, 11.11.22, S. 18). Außerdem wird die ‚Macht' der Zivilbevölkerung betont. Von ihren Wahl- und Konsumentscheidungen hängen die großen Akteure ab. „[J]unge Menschen [können], wenn sie zahlreich zur Wahl gehen, als Zünglein an der Waage Einfluss haben" (KR_45, 16.11.22, S. 14,16,18,20,24). Auch wird gezeigt, dass eine internationale Zusammenarbeit für die Lösung eines globalgesellschaftlichen Problems schon einmal funktioniert hat. Als Beispiel wird hierfür der Umgang mit dem Ozonloch angeführt (ST_25, 11.11.22, S. 10–11).

Das prognostische Framing der wissenschaftlichen Akteure zeigt, dass es eine klare Evidenzlage gibt, an der sich politische Akteure und auch Individuen orientieren können. Aus Sicht des motivationalen Framings werden soziale Aspekte gegenüber ökonomischen Aspekten deutlich hervorgehoben. Entsprechend ist Unterstützung für sozial schlechtergestellte Individuen groß und auch die Macht der Einzelnen wird betont. Die Vorführung des Beispiels, dass ein Vorhaben in solch großem Stil bereits gelungen ist, wirkt ebenfalls bestärkend. Das motivationale Framing kann in diesem Sinne mit an Individuen gerichteter Ermächtigung und Ermutigung punkten.

Zusammengefasst wird im Zuge des diagnostischen Framings wissenschaftlicher Akteure Kritik an verschleppenden und verzögernden Handlungen politischer und wirtschaftlicher Akteure geübt und diese werden als vorsätzlich abgestraft. Das prognostische Framing ist hingegen gezeichnet von Appellen zur Priorisierung und Beschleunigung der klimarettenden Maßnahmen sowie vom Schutz sozial benachteiligter Gruppen, künftiger Generationen sowie allgemein davon, Individuen in der Gesellschaft zu ermächtigen.

5.4.2.5 Aktivistisches Framing der Klimakrise

Zu den hier erfassten aktivistischen Akteuren zählen unter anderem einzelne Claims-Maker der Letzten Generation, von *Erde brennt* oder auch internationale Aktivist:innen. Sie meldeten sich im thematischen Kontext der Klimakrise allgemein, zu klimaschädlichem Verhalten sowie zu Maßnahmen und einzelnen Transformationsargumenten zu Wort.

Aus dem diagnostischen Framing aktivistischer Akteure geht hervor, dass der Protest in erster Linie auf die Klimakrise und vor allem auf ihre Dringlichkeit und damit einhergehende soziale Ungerechtigkeiten aufmerksam machen soll (KR_56, 18.11.22, S. 30). „[D]ie Klimakrise [ist] inzwischen ‚ein absoluter Notfall', und der verlange eben nach extremen Mitteln. [...] Demonstrieren zu gehen, Petitionen zu unterschreiben, mit politisch Verantwortlichen zu sprechen, all das habe bisher nicht gefruchtet“ (ST_41, 08.11.22, S. 8). Die Politik sei nach wie vor zu zögerlich in Sachen Klimaschutz und fossile Energie werde weiterhin unterstützt (ST_23, 12.11.22, S. 16), weshalb es das erklärte Ziel sei, „Druck auf die Politik auszuüben“ (ST_4, 18.11.22, S. 7).

Wird das diagnostische Framing der Protestbewegungen aus Sicht des motivationalen Framings betrachtet, so wird deutlich, dass über die Dringlichkeit Zeit- und Handlungsdruck aufgebaut wird. Des Weiteren wird durch die Erläuterung, dass bisherige mildere Aktionen zu keiner Verbesserung der Lage geführt haben, und durch die darauf aufbauende Benennung des absoluten Notfalls die Alarmiertheit deutlich, die die rechtfertigende Grundlage für die extremen Mittel darstellt. Protestbewegungen machen also aufmerksam, rechtfertigen ihre Mittel und verursachen darüber Reflexion und Handlungsdruck.

Im prognostischen Framing aktivistischer Akteure kommen internationale Aktivist:innen zu Wort, die ihre Chance und ihr Recht auf Veränderung einfordern: „Ich weiß, dass wir etwas verändern können und damit in Zukunft die

Leben vieler Menschen retten können“ (ST_28, 11.11.22, S. 17). Nationale Aktivist:innen fordern eine „Überlebenspolitik anstelle der fortgesetzten Zerstörung unserer Lebensgrundlagen“ (ST_26, 11.11.22, S. 8). Weiters sind eine tiefere Wissensvermittlung in Bezug auf die Klimakrise und darauf, was Individuen konkret tun können (ST_4, 18.11.22, S. 7) – Tempo 100 und dass die Regierung keine neuen Gas- und Ölprojekte mehr in Auftrag gibt (ST_41, 08.11.22, S. 8) sowie eine Steuer auf Vermögen und Übergewinne (ST_7, 17.11.22, S. 8) –, gefordert. Insgesamt brauche es einen radikalen Systemwandel (ST_7, 17.11.22, S. 8).

Das prognostische Framing der aktivistischen Akteure richtet sich aus Perspektive des motivationalen Framings an die Ermächtigung Einzelner und ist zum einem stark moralisch geprägt, da es um das Retten von Menschenleben geht und weiter um das eigene Überleben. Zusammengefasst wird im diagnostischen Framing ein Notfallzustand skizziert, den es, wie aus dem prognostischen Framing hervorgeht, mit vereinten Kräften zu überwinden gilt, indem ein Systemwandel herbeigeführt wird, der nicht weniger als das Überleben der Menschheit sichern soll.

5.4.2.6 Politisch-Zivilgesellschaftliches Framing der Klimakrise

Zu den hierfür erfassten hybriden Claims-Makern zwischen Politik und Zivilbevölkerung zählen unter anderem maßgeblich NGOs, aber auch Vereine und Verbände sowie vereinzelt Stimmen des globalen Südens. Thematisch beziehen sich die Claims auf klimaschädliches Verhalten, die Klimakonferenz sowie die Diskussion um die Maßnahmen.

Im diagnostischen Framing der politisch-zivilgesellschaftlichen Akteure wird festgehalten, dass sich das hohe Niveau der Treibhausgasemissionen in Österreich seit 30 Jahren kaum verändert habe (OTS_20221114_OTS0067, 14.11.22, o. S.). Global gesehen wird die Verantwortlichkeit dafür an den Industriestaaten festgemacht, welche mit ihren versprochenen Klimaschutz- und -anpassungszahlungen schon lange hinterherhinken und Klimaausgleichszahlungen schon seit Jahren debattiert würden (ST_37, 09.11.22, S. 2). Aktuell stehe es noch immer schlecht um die internationalen Klimaschutzpläne. „Trotz der Versprechungen bei der COP26 ist die verheerende Zerstörung des Amazonas-Regenwaldes in der ersten Jahreshälfte 2022 weiter dramatisch angestiegen“ (OTS_20221110_OTS0005, 10.11.22, o. S.). „Der Regenwald ist zudem einer der wichtigsten CO_2-Speicher der Welt [...]. Bei der Entwaldung wird über Jahrhunderte gebundener Kohlenstoff zusätzlich freigesetzt“ (OTS_20221110_OTS0005, 10.11.22, o. S.), was einen kritischen Kipppunkt im fragilen globalen Klimasystem darstelle (OTS_20221110_OTS0005, 10.11.22, o. S.). Aus der historischen Verantwortung der Industriestaaten folgt eine Finanzierungspflicht, das bedeute Schuldenerlass, finanzielle Mittel bereitzustellen und Voraussetzungen für Klimaschutz in den betroffenen Ländern zu schaffen (OTS_20221115_OTS0218, 15.11.22, o. S.). Gerade sozial benachteiligte Gruppen wären häufig am stärksten betroffen und hätten keine Mittel, sich zu schützen, geschweige denn für einen Neuanfang (ST_6, 17.11.22, S. 31). Auch „Österreich und die EU dürfen nicht weiter die Augen vor ihrer historischen Verantwortung verschließen und müssen die Finanzierung zusichern“ (ST_43, 07.11.22, S. 9). Dabei sei vor allem klargestellt, dass es nicht um Schuld und Sühne gehe, sondern darum, Leben zu retten (ST_6, 17.11.22, S. 31). Gelobt wird Österreich für den guten Wert in den erneuerbaren Energien (30 %) im Klimaschutzranking und auch das Klimaticket wird lobend erwähnt (OTS_20221114_OTS0067, 14.11.22, o. S.). Jedoch fehlen weiterhin wichtige Klimaschutzmaßnahmen (OTS_20221114_OTS0067, 14.11.22, o. S.). Ein Energieeffizienzgesetz oder Klimaschutzgesetz sind noch ausständig (OTS_20221113_OTS0006, 13.11.22, o. S.). Die Risikolage in den Alpen habe sich massiv verändert und die Gefahr von Felsabbrüchen, die durch Trockenheit und hohe Temperaturen begünstigt wird, sei gestiegen (KR_25, 10.11.22, S. 34). Weiters scheint der Klimawandel angesichts multipler Krisen gesellschaftlich an Bedeutung zu verlieren (OTS_20221116_OTS0036, 16.11.22, o. S.).

Dem diagnostischen Framing politisch-zivilgesellschaftlicher Akteure entsprechend gelten Industriestaaten als Hauptverursachende der Klimakrise und folglich auch als Hauptverantwortliche für deren Bewältigung. Angeklagt wird nicht nur das Ausbleiben von Maßnahmen, sondern auch das Machen leerer Versprechungen und das augenscheinliche In-Kauf-Nehmen von Verlusten. Aus der Perspektive des motivationalen Framings wird Betroffenheit für internationale und nationale sozial schwächergestellte Gruppen ausgelöst und die Industriestaaten werden als rücksichtslose Übermacht inszeniert.

Das prognostische Framing politisch-zivilgesellschaftlicher Akteure drückt sich mitunter in einem klaren Handlungsaufruf der Jugend an die Regierungen der Welt aus, die CO_2-Neutralität unmittelbar umzusetzen (OTS_20221114_OTS0174, 14.11.22, o. S.). Außerdem soll der Klimaschutz zu einer Verpflichtung werden. „Die Politik kann nicht länger auf freiwillige Beiträge der Unternehmen zum Klimaschutz hoffen, sondern muss Klimaschutz aktiv einfordern“ (OTS_20221107_OTS0040, 07.11.22, o. S.). Weiters hat es die „österreichische Regierung [...] in der Hand, die Verkehrs- und Energiewende voranzutreiben, damit auch die kommenden Generationen einen lebenswerten Planeten vorfinden“ (OTS_20221114_OTS0067, 14.11.22, o. S.). In Österreich werden ein klares Ende von fossilen Subventionen und ein österreichweites Fracking-Verbot gefordert (OTS_20221113_OTS0006, 13.11.22, o. S.). Auch im internationalen Vergleich bezüglich des thematisierten Klimaschutzrankings bleibt Österreich

„mit Platz 32 abgeschlagen im Mittelfeld hinter Staaten wie Dänemark, Schweden, aber auch Deutschland zurück“ (OTS_20221114_OTS0079, 14.11.22, o. S.). In Vorarlberg gibt es hingegen Bestrebungen, die CO_2-Neztralität schon 2030 zu erreichen und zur Vorbild-Modellregion zu werden (KR_48, 16.11.22, S. 18). Dabei wird betont, dass Bevölkerung, Wirtschaft und Politik an einem Strang ziehen müssten (KR_48, 16.11.22, S. 18) und dass die „Natur […] unsere beste Verbündete im Kampf gegen die Klimakrise [ist]“ (OTS_20221110_OTS0005, 10.11.22, o. S.).

Das prognostische Framing politisch-zivilgesellschaftlicher Akteure appelliert an die Weltgemeinschaft, vom Wissen um die Lage in die Umsetzung zu kommen und vor allem verantwortliche Staaten und Konzerne in die Pflicht zu nehmen und nicht länger auf das Prinzip der Freiwilligkeit zu hoffen. In Bezug auf die angestrebte internationale Vorreiterrolle Österreichs gibt es noch Verbesserungspotenzial, wenngleich lobenswerte Bemühungen einzelner Regionen in dieser Richtung bestehen. Aus Perspektive des motivationalen Framings werden hier vor allem Politiker:innen und Organisationen angesprochen und motiviert. Auch wird ein größerer Zusammenhang der regionalen, bzw. nationalen und globalen Verstrickungen hergestellt.

Zusammengefasst nimmt das politisch-zivilgesellschaftliche diagnostische Framing vor allem Industriestaaten moralisch in die Verantwortung, aber auch den Staat Österreich, die Versprechungen und Vorhaben ernst zu nehmen. Das prognostische Framing betont die Relevanz, in die Umsetzung der zahlreichen Pläne zu kommen und vor allem nicht länger auf das Prinzip der Freiwilligkeit zu bauen, sondern die Ziele verpflichtend zu machen.

5.4.2.7 Wissenschaftlich-politisches Framing der Klimakrise

Zur Gruppe der hybriden Claims-Maker zwischen Wissenschaft und Politik zählt ausschließlich die ÖH. Sie schneiden alle thematischen Kontexte an, sprechen jedoch am meisten über Maßnahmen und eine grundsätzliche Handlungsbereitschaft.

Im diagnostischen Framing des wissenschaftlich-politischen Akteurs ist die Evidenzlage eindeutig. „Die Wissenschaft zeigt ganz klar auf, welche Gefahr mit der Klimakrise droht und welche Faktoren dafür verantwortlich sind“ (OTS_20221110_OTS0014, 10.11.22, o. S.). Die Klimakrise ist Teil einer multiplen Krisenlage, wird jedoch als Spitze all dieser Probleme priorisiert (OTS_20221116_OTS0177, 16.11.22, o. S.). Gerade auf politischer Ebene mangle es jedoch an Ambitionen, dieser Krise angemessen zu begegnen. „Zwar rühmt man sich hierzulande gerne damit ‚Vorreiterin im Klimaschutz‘ zu sein, in der Realität fehlt es aber häufig am Willen zur Umsetzung ambitionierter Maßnahmen, gerade auf Gesetzesebene“ (OTS_20221110_ OTS0014, 10.11.22, o. S.). Obwohl sowohl wirtschaftliche als auch politische Akteure betonen, wie bedeutsam die Förderung und Unterstützung junger Menschen sei, beklagen selbige, dass diese kein politisches Mitspracherecht beispielsweise auf der Klimakonferenz hätten (OTS_20221110_OTS0014, 10.11.22, o. S.).

Das diagnostische Framing des wissenschaftlich-politischen Akteurs betont, dass die Prioritäten nicht richtig gesetzt werden. Aus Sicht des motivationalen Framings richtet sich diese Position an politische Akteure, denen es an Ambition mangle und die nicht auf die richtigen Akteure hören würden.

Im prognostischen Framing des wissenschaftlich-politischen Akteurs wird der Wissenschaft und der Kunst die Kompetenz zugeschrieben, Lösungen und Antworten zu haben. Für die notwendige sozial-ökologische Transformation brauche es außerdem „besser gestern als heute ein wirksames Klimaschutz- und Energieeffizienzgesetz“ (OTS_20221110_OTS0014, 10.11.22, o. S.). Die Zukunft der Studierenden sei bedroht und es „reicht schon lange nicht mehr, an einzelnen Schrauben zu drehen, was wir brauchen, ist ein echter Systemwandel, der ein gutes Leben für alle ermöglicht! Nur so können wir aktuelle und zukünftige Krisen wirksam bekämpfen“ (OTS_20221116_OTS0177, 16.11.22, o. S.).

Das prognostische Framing des wissenschaftlich-politischen Akteurs stellt die Bedrohung der Zukunft junger Menschen ins Zentrum. Das kann aus Sicht des motivationalen Framings Angst bei selbigen schüren oder auch Betroffenheit bei älteren Generationen, mag es sich um deren Kinder handeln. Zusammengefasst ähnelt das wissenschaftlich-politische Framing jenem aktivistischer Akteure. Um die Zukunft, hier vor allem junger Menschen, zu sichern, braucht es einen Systemwandel und das nötige verbindliche Engagement, diesen umzusetzen.

5.4.2.8 Wirtschaftlich-politisches Framing der Klimakrise

Zu den hier erhobenen Claims-Makern zwischen Wirtschaft und Politik zählen unter anderem Lobby- und Interessenverbände, Repräsentant:innen der COP27 oder auch Pro-Klima-Think-Tanks. Die Claims spielen sich hierbei hauptsächlich zwischen der Klimakonferenz und den Maßnahmen ab.

Im diagnostischen Framing wirtschaftlich-politischer Akteure kann zunächst zwischen globalen und nationalen Akteuren unterschieden werden. Auf globaler Ebene gibt es kaum direkte Claims von Akteuren zwischen Wirtschaft und Politik. Eine Position, die jedoch hervorzuheben ist, ist ein Claim des ägyptischen Sonderbeauftragten der COP27. Dieser bezieht Stellung zum Vorwurf, es seien zu viele Lobbyist:innen auf der Konferenz, und er rechtfertigt ihre Anwesenheit: „Sie müssen Teil des Gesprächs sein, aber in einem Rechenschaftsmodus, nicht in einem Schaut-wie-toll-wir-sind-Modus“ (ST_18, 14.11.22, S. 10). Auf nationaler Ebene bringt sich vor allem der Fachverband der Holzindustrie Österreichs ins Gespräch. Einerseits betont dieser die Unverzichtbarkeit der Holzindustrie als Schlüsselsektor der österreichischen Wirtschaft (OTS_20221116_OTS0047, 16.11.22, o. S.) und andererseits wird die Unterstützung der Bundesinitiative „Aktionsplan Bioökonomie" (OTS_20221108_OTS0173, 08.11.22, o. S.) gelobt und hervorgehoben, dass das „die richtigen Schwerpunkte [setze], um Wirtschaft sowie Klima- und Umweltschutz zu stärken" (OTS_20221108_OTS0173, 08.11.22, o. S.).

Im diagnostischen Framing von Claims-Makern zwischen Wirtschaft und Politik werden kaum Claims deutlich, die sich direkt auf die Klimakrise beziehen. Zwar wird betont, dass es den Klimaschutz zu stärken gelte, jedoch wird der Fokus eher auf die Selbstlegitimierung der Position dieser Akteure als unverzichtbarer Teil der Wirtschaft und gleichzeitig als Teil der Lösung für die Klimakrise gelegt. Aus Sicht des motivationalen Framings kann hier keine Handlungsmobilisierung herausgearbeitet werden.

Das prognostische Framing der Claims-Maker zwischen Wirtschaft und Politik reiht neben Warnungen von COP-Teilnehmenden (ST_18, 14.11.22, S. 10) auch wieder technologiesolutionistische Hoffnungen kombiniert mit einem Aufruf zur internationalen Zusammenarbeit. „Gerade IKT-Technologien haben eine Schlüsselrolle im gemeinsamen Kampf um den Schutz der Natur. Eine nachhaltige Zukunft erfordert die kontinuierliche Unterstützung und gemeinsame Anstrengungen der gesamten internationalen Gemeinschaft" (OTS_20221107_OTS0082, 07.11.22, o. S.). Auf nationaler Ebene wird für eine starke Wirtschaft, die Innovation ermöglicht, und vor allem für die Machbarkeit von Klimaschutzmaßnahmen plädiert, die die Wettbewerbsfähigkeit nicht gefährden (OTS_20221116_OTS0047, 16.11.22, o. S.).

Im prognostischen Framing der Akteure zwischen Wirtschaft und Politik wird, ähnlich wie beim Framing der politischen Akteure, auf Technologiesolutionismus gesetzt und stärker noch auf Kooperation gepocht, sowohl international als auch national. Aus Sicht des motivationalen Framings suggeriert diese Offenheit für Zusammenarbeit die Möglichkeit, neue Koalitionen zu bilden und gemeinsam den Kampf gegen die Klimakrise anzutreten, und das in einem höchst kompetitiven Umfeld. Uneindeutig bleibt jedoch, welchen Rang das Ziel, die Klimakrise zu bekämpfen, in der Priorisierung bei diesen Akteuren einnimmt.

Zusammengefasst ist das Framing der Claims-Maker zwischen Wirtschaft und Politik davon geprägt, die eigene Positionierung zu legitimieren und die Zusammenarbeit zwischen Wirtschaft und Politik sowie auf internationaler Ebene zu betonen. Der Klimakrise als solcher kommt im Framing insgesamt eher ein nachgereihter Stellenwert zu.

5.4.2.9 Religiöses Framing der Klimakrise

Zu den hier erfassten religiösen Claims-Makern zählt vor allem eine Priesterin. Nicht nur sprechen die religiösen Akteure über die Klimakrise allgemein, sondern auch über Konsequenzen, die damit einhergehen, sowie über die Protestaktionen der Letzten Generation.

Im diagnostischen Framing religiöser Akteure werden Individuen und ihr Leid ins Zentrum der Aufmerksamkeit gerückt. „82 Millionen Menschen hungern in Ostafrika, 30 Millionen mehr als im Vorjahr. Ostafrika erlebt die schlimmste Dürre seit 40 Jahren. Hunderttausende Ziegen und Schafe sind verendet, die Ernten sind verdorrt. [...] 33 Millionen Menschen versinken in den Fluten. Die Monsun-Regenfälle in Pakistan sind die heftigsten seit mehr als drei Jahrzehnten. [...] Wenn Hanna solche Nachrichten über die Folgen der Klimakrise liest, wird sie von Angst, Überforderung und Schuldgefühlen überwältigt“ (KR_38, 13.11.22, S. 47). Auch nehmen sie Bezug auf die Protestkationen der Letzten Generation und legen ihren Fokus dabei nicht auf die Diskussion der eigentlichen Aktionen, sondern auf die moralische Bewertung der Beweggründe: „Die Klimaaktivistinnen und Klimaaktivisten der Letzten Generation sehen sich mit dem Vorwurf konfrontiert, ihre Aktionen seien radikal, fanatisch und kontraproduktiv. Dabei war alles schon da. [...] Die Protesthandlungen der Letzten Generation sind vorrangig als moralische Appelle und prophetische Ausdruckshandlungen zu verstehen. Detaillierte strategische Überlegungen und ein Spitzenplatz in der Beliebtheitsskala spielen eine sekundäre Rolle. Man mag dies kritisieren, legitim ist es allemal“ (ST_9, 16.11.22, S. 35).

Das diagnostische Framing der religiösen Akteure ist entsprechend auf die Unterstützung von Individuen und auf die moralische Legitimierung der Beweggründe der Letzten Generation für ihre Protestaktionen fokussiert. Aus Sicht des motivationalen Framings wird ein Gefühl der Gemeinschaft und Solidarität erzeugt. Durch ihre hohe symbolische Wirkung werden derlei Claims religiöser Akteure besonders wirkmächtig.

Im prognostischen Framing religiöser Akteure kommt es zu klaren Handlungsaufrufen. Es wird Verständnis für die empfundene Last der Verantwortung der Einzelnen geäußert, aber die Wichtigkeit, angesichts dieser Verantwortung nicht aufzugeben, wird besonders hervorgehoben. „Nicht die ganze Verantwortung liegt auf den Schultern der Einzelnen. Und trotzdem tragen wir als Einzelne Verantwortung. Es geht darum, meinen Teil beizutragen, nicht mehr und nicht weniger. Wenn wir denken, dass wir als Einzelne ohnedies nichts ausrichten können, lähmen wir uns gegenseitig. Besser, kleine Schritte gehen als sich gar nicht bewegen“ (KR_38, 13.11.22, S. 47).

Gerade dieses prognostische Framing wird aus Perspektive des motivationalen Framings wirkmächtig. Nicht nur wird nämlich zu einer klimafreundlichen

Verhaltensanpassung von Individuen in kleinen Schritten aufgerufen, sondern diese wird sogar explizit mit einem religiösen Bezug gestützt. „Ein Blick auf die Schönheit der Natur, auf Gottes gute Schöpfung motiviert uns loszugehen" (KR_38, 13.11.22, S. 47). Zusammengefasst richtet sich das diagnostische und das prognostische Framing religiöser Akteure an Individuen. Es legitimiert klimafreundliches Handeln und motiviert dazu, sich auch mit kleinen Schritten für das Klima einzusetzen.

5.4.2.10 Zivilgesellschaftliches Framing der Klimakrise

Zu den hier erfassten Claims-Makern aus der Zivilbevölkerung zählen Leserbriefautor:innen, oder auch Individuen. Thematisch spielen sich die Claims unter anderem zwischen der Klimakonferenz, dem Klimaschutz, der Klimagerechtigkeit und den Ausgleichszahlungen sowie den Protestaktionen der Letzten Generation ab.

Im diagnostischen Framing zeigt sich deutlich, dass es grundsätzlich eine Anerkennung der Klimakrise und auch eine große Unterstützung für klimafreundliche Maßnahmen gibt (OTS_20221117_OTS0077, 17.11.22, o. S.). Dennoch fühlen sich viele nicht angemessen über österreichische Klimaschutzmaßnahmen bzw. darüber, welche finanziellen Konsequenzen auch durch die Beteiligung an internationalen Klimaschutzmaßnahmen auf das Individuum zurückfallen, informiert. Beispielsweise werden die Klimaausgleichszahlungen als Belastung für die Steuerzahler:innen angesehen. „Es ist wirklich traurig, wie in Zeiten, in denen immer mehr Österreicher massive Probleme mit ihren unbezahlten Rechnungen haben, leichtfertig mit Steuergeld umgegangen wird" (KR_29, 11.11.22, S. 42). Weiters werden mögliche Gesetze für den Klimaschutz schon im Vorfeld als Qual empfunden, da Österreich ob der Kleinstaatlichkeit ohnehin so gut wie nichts bewirken könne (KR_7, 08.11.22, S. 40). Die internationalen Konferenzen, auf denen die eigentlichen Verantwortlichen zusammenkommen, blieben weiterhin ergebnislos (KR_29, 11.11.22, S. 42), weil relevante Akteure sich nicht an den Verhandlungen beteiligen oder die Maßnahmen, auf die man sich verständigt hätte, ignorieren und eine „sogar konträre, umweltschädigende Politik verfolgen" (KR_9, 08.11.22, S. 40). „Allerdings zweifeln mehr als zwei Drittel der Menschen daran, dass die Politik noch rechtzeitig die notwendigen Schritte setzen wird, um die Klimakatastrophe zu stoppen" (OTS_20221117_OTS0077, 17.11.22, o. S.). Auch Protestaktionen werden so wahrgenommen, dass sie entweder nach jahrelangen Bemühungen im Sand verlaufen, was beispielsweise Fridays for Future zugeschrieben wird (KR_18, 09.11.22, S. 38), oder gar so, dass sie deplatziert wären und nur zu Wut und Ablenkung vom eigentlichen Thema führen würden (KR_5, 07.11.22, S. 30; ST_41, 08.11.22, S. 8).

Das diagnostische Framing zivilgesellschaftlicher Akteure ist gezeichnet von Unsicherheit ob der Klimakrise selbst, der Maßnahmen und der Kosten, die auf sie als Steuerzahler:innen zurückfallen. Weiters gibt es Unsicherheit bezüglich der Wirksamkeit der Maßnahmen, was aus Sicht des motivationalen Framings zu Hilflosigkeit, Frustration und Resignation führt. Außerdem lässt sich ein niedriges Vertrauen in verantwortliche Politiker:innen und Staaten verzeichnen.

Das prognostische Framing der zivilgesellschaftlichen Akteure ist ebenso von Unsicherheit geprägt. Vor allem Gefühle wie ein schlechtes Gewissen, verbunden mit der Hilflosigkeit, was man als Einzelne schon bewirken könne, werden thematisiert (KR_38, 13.11.22, S. 47). Der Glaube daran, dass die Klimakrise aufgehalten werden kann, geht zurück (KR_55, 18.11.22, S. 46). Trotz dieser düsteren Perspektive wird hervorgehoben, dass „[n]ichts […] für das Fortbestehen der menschlichen Zivilisation auf einem lebenswerten Planeten wichtiger [ist] als der entschlossene Einsatz gegen die Klimakrise. Ich betone: Nichts!" (KR_5, 07.11.22, S. 30).

Das prognostische Framing ist an dieser Stelle stark von Gefühlen bestimmt, die mit der Vorstellung der Zukunft verbunden sind. Aus der Perspektive des motivationalen Framings sind das überwiegend negativ konnotierte Gefühle wie Hilflosigkeit und Scham, jedoch in Verbindung mit dem Bewusstsein um die eigentliche Dringlichkeit, aktiv zu werden, da es um nichts Geringeres als um das Überleben geht. Entsprechend ist ein starker Druck abzulesen, der hier auf zivilgesellschaftlichen Akteuren lastet und möglicherweise eher lähmt als aktiviert.

Zusammengefasst ist das Framing von zivilgesellschaftlichen Claims-Makern eher gefühlsbetont, was die Relevanz der Emotionen in diesem Diskurs nochmals verdeutlicht. Sowohl in Hinblick auf die Diagnose als auch auf die Prognose dominiert die Hilflosigkeit, die eine Aktivierung hin zur Handlung hemmt.

5.4.2.11 Wissenschaftlich-aktivistisches Framing der Klimakrise

Zu den im Zeitraum erfassten hybriden Akteuren zwischen Wissenschaft und Aktivismus zählt die Bewegung Psychologists for Future. Sie befassten sich schwerpunktmäßig mit den psychologischen Konsequenzen der Klimakrise.

Aus dem diagnostischen Framing der Claims-Maker geht hier hervor, dass die Klimakrise und die damit verbundenen Umstände psychologische Auswirkungen auf Individuen haben. Unter anderem könne sie viel Wut erzeugen, die jedoch wiederum konstruktiv genutzt werden kann, da sie Kraft birgt, auch Veränderungen anzustoßen. Angst und Hoffnungslosigkeit hingegen schränken die

Wahrnehmung ein und hemmen dadurch das Vermögen, bereits laufende positive Entwicklungen zu übersehen. (ST_10, 16.11.22, S. 15)

Das diagnostische Framing konzentriert sich hier auf die Auseinandersetzung mit den Gefühlen, die aus der Konfrontation mit der Klimakrise einhergehen, bzw. auf deren Einordnung. Aus Sicht des motivationalen Framings wird durch die Einordnung vermittelt, dass diese Gefühle legitim sind. Auch werden Wege aufgezeigt, damit umzugehen, was ermutigend wirken kann, da es der Hilflosigkeit entgegentritt.

Im prognostischen Framing der Akteure zwischen Wissenschaft und Aktivismus wird genauer auf Umgangsstrategien eingegangen. Dabei seien Gespräche wesentlich, um zu erfahren, dass sich der politische Klimadiskurs durch weltweite Demonstrationen bereits verschoben habe, und um neue Perspektiven und Handlungsmöglichkeiten erkennen zu können (ST_10, 16.11.22, S. 15). Auch sollen gute soziale Kontakte gepflegt werden. Weiters wird es als unerreichbares Ziel deklariert, das Klima hundertprozentig schützen zu wollen, was den Verantwortungsdruck reduzieren soll. „Niemand trägt die alleinige Verantwortung für den Klimawandel" (ST_10, 16.11.22, S. 15). Aus Sicht des motivationalen Framings wird die Relevanz von Verständnis, Solidarität und Offenheit für Handlungsmöglichkeiten deutlich.

Zusammenfassend framen Akteure zwischen Wissenschaft und Aktivismus, wie auch Akteure aus der Wissenschaft oder hybride Akteure zwischen Politik und Zivilbevölkerung, die Klimakrise bzw. deren Eindämmung als eine Herausforderung, die es kollektiv zu bewältigen gilt. Der Verantwortungsdruck lastet schwer auf Einzelnen. Dafür wird Verständnis geäußert und es werden Wege aufgezeigt, als Individuum konstruktiv damit umzugehen. Das kann die Selbstwirksamkeit stärken und Individuen zum Handeln aktivieren.

5.4.2.12 Wirtschaftlich-aktivistisches Framing

Zu den im Zeitraum erfassten hybriden Akteuren zwischen Wirtschaft und Aktivismus zählen zum einen die Billa Stiftung Blühendes Österreich sowie die Bewegung CEOs for Future. Sie befassten sich schwerpunktmäßig mit den Themen Klimaschutz sowie bessere Bildung und Ausbildung in Sachen Klimakrise und Nachhaltigkeit.

Im diagnostischen Framing der Claims-Maker geht es um den Schutz von Ökosystemen und der Biodiversität. Die Stiftung unterstützt ein Revitalisierungsprojekt in den Alpen, das auch als großer Erfolg verzeichnet wird. Außerdem geht es den Akteuren um eine „ökologisch nachhaltige Landwirtschaft" (OTS_20221108_OTS0063, 08.11.22, o. S.). Der Umwelt- und Biodiversitätsschutz wird hier zentral hervorgehoben sowie die Brücke zur Landwirtschaft geschlagen wird.

Aus Sicht des motivationalen Framings zeigt man sich als wirtschaftlicher Akteur aktivistisch und gewillt, sich für die Umwelt einzusetzen. Das Projekt wird als Erfolg tituliert, was den Eindruck eines tatsächlichen positiven Impacts erweckt.

Im prognostischen Framing der hybriden Akteure zwischen Wirtschaft und Aktivismus wird vor allem wieder auf die junge Generation gesetzt. Bessere Bildung und Ausbildung in Sachen Klimaschutz und Nachhaltigkeit wird für junge Menschen gefordert, damit sie für die Zukunft gewappnet sind. „Nachhaltigkeit ist ein wichtiges Thema" (OTS_20221115_OTS0077, 15.11.22, o. S.). Aus Sicht des motivationalen Framings besteht ein Einsatz für junge Menschen. Sie seien zu unterstützen, um die Zukunft zu sichern.

Zusammenfassend ähneln hybride Akteure zwischen Wirtschaft und Aktivismus in ihrer Kommunikation jener der wirtschaftlichen Akteure. Jedoch legen sie die Betonung stärker auf ihre Tatkräftigkeit und priorisieren die Nachhaltigkeit in ihrer Kommunikation. Von der Vereinbarkeit aus ökonomischen und ökologischen Ansprüchen ist nicht die Rede. Diese Priorisierung macht auch das ‚Aktivistische' an der Kommunikation aus.

5.4.2.13 Zusammenfassung strategisches Framing

Ziel der Abschnitte 5.4.2.1 bis 5.4.2.12 war es, qualitativ zu evaluieren, inwiefern sich das akteursspezifische Framing der Klimakrise charakterisieren lässt. Dabei galt es, insbesondere das motivationale Framing als jene Form der *collective action frames*, die in der Lage ist, Rezipient:innen zur Handlung zu motivieren bzw. zu aktivieren (Benford & Snow, 2000, S. 617), genauer zu charakterisieren. Da die *collective action frames* eigentlich aus der Protestforschung stammen und dort auch überwiegend Anwendung finden, war es von Interesse, wie sich das motivationale Framing bei unterschiedlichen Akteuren ausdrücken kann. Festzuhalten ist, dass alle als Claims-Maker auftretenden Akteure sowohl diagnostisches als auch prognostisches und motivationales Framing betreiben. Dabei hat sich gezeigt, dass es nicht nur auf das explizite „call to arms" (Benford & Snow, 2000, S. 617) ankommt, sondern auch auf implizite motivationale Frames als Teil des diagnostischen oder prognostischen Framings. Bis auf eine Ausnahme (diagnostisches Framing der Claims-Maker zwischen Wirtschaft und Politik) konnten alle akteursgruppenspezifischen diagnostischen sowie prognostischen Framings auch motivationales Framing enthalten. Folglich lässt sich zusammenfassen, dass es sowohl diagnostisches und prognostisches als auch diagnostisch-motivationales und prognostisch-motivationales Framing gibt. Die letzteren beiden werden nun noch genauer definiert und die akteursspezifische Anwendung wird nochmals zusammengefasst. In der Auswertung hat sich gezeigt, dass die vier Aspekte, wie durch motivationales Framing Handlungsmobilisierung adressiert werden kann – der *Schweregrad*, die *Dringlichkeit*, die *Wirksamkeit* sowie der *Anstand*

(Benford & Snow, 2000, S. 617) – über die Akteursgruppen und über das diagnostische bzw. prognostische Framing hinweg identifiziert werden konnten.

Der *Schweregrad* der Klimakrise wurde beispielsweise durch die Betonung der Bedrohlichkeit ökologischer Konsequenzen adressiert. Erschwerend kommt die Verfahrenheit der Situation hinzu, da die Verstrickungen und Interdependenzen zwischen Wirtschaft und Politik und das fortbestehende Interesse an fossilen Rohstoffen unumkehrbar scheinen. Multiple Krisen erschweren die Priorisierung der Klimakrise zusätzlich. Im Zusammenhang mit dem Schweregrad der Klimakrise wurden Hilflosigkeit, Angst, Verzweiflung, Schock und Unsicherheit mitkommuniziert.

Die *Dringlichkeit* der Klimakrise wurde durch die Thematisierung des Zeitdrucks und des unmittelbaren Handlungsbedarfs adressiert sowie durch den Hinweis, dass man jetzt die Chance auf Veränderung und Verhaltensanpassung habe. Auch die Wettbewerbsfähigkeit verkörpert den zeitlichen Druck, um den internationalen Anschluss und die Chance auf die Vorreiterrolle nicht zu verlieren. Im Zusammenhang mit der Dringlichkeit wurde überwiegend Angst mitkommuniziert, die jedoch auch das Potenzial für konstruktive Aktivierung in Richtung Offenheit zur Innovation oder zur Transformation barg. Auch wurde Sicherheit vermittelt, was eine kontroverse Rolle einnimmt. Denn als positiv konnotiertes Gefühl mildert es die Dringlichkeit zwar oberflächlich, wird aber nicht dem zugrunde liegenden Auslöser der Dringlichkeit gerecht.

Die *Wirksamkeit* der Maßnahmen gegen die Klimakrise wurde oft kritisiert, da es an einem konkreten Fahrplan mangle und die Maßnahmen zu spät erfolgen würden, zu unwirksam und zu teuer seien. In diesem Zusammenhang wurden vornehmlich Zweifel laut. Auch wurde Kritik an fortwährendem Unterstützen fossiler Rohstoffe, an strategischem Verschleppen, an mangelnder Ernsthaftigkeit, leeren Versprechungen sowie allgemein an nicht zielführenden Maßnahmen laut. Ebenso wurde bemängelt, dass wesentliche Akteure nicht im Diskurs beteiligt sind. Hierbei wurde Frustration mitkommuniziert. Auf eine positive Weise wurde die Wirksamkeit hingegen durch verbündende Argumente des Zusammenhalts und des verpflichtenden Engagements für einen Systemwandel adressiert. Dabei ginge es darum, als Gemeinschaft Verantwortung zu übernehmen und in kleinen Schritten vom Wissen in die Umsetzung zu kommen. In diesem Zusammenhang wurden Hoffnung, Selbstwirksamkeit, Beruhigung und Verständnis mitkommuniziert.

Der *Anstand* als moralische Komponente wurde oft in Form von Selbstkritik adressiert. In diesem Zusammenhang wurden Wut und Scham mitkommuniziert. Im positiven Sinne wurde der Anstand darüber angesprochen, dass es geboten sei, sich für den Kampf gegen den Klimawandel vereint einzusetzen und sozial benachteiligte Gruppen dabei zu schützen, um letztlich das Überleben der Menschheit zu sichern. In diesem Zusammenhang wurden vor allem Verantwortungsbewusstsein, Verbündung, (Selbst-)Ermächtigung, Zuversicht und Solidarisierung mitkommuniziert.

Insgesamt ist folglich auffällig, dass Gefühle eine zentrale Rolle bei der Adressierung der Handlungsfähigkeit über das motivationale Framing spielen. Sie werden von allen Akteursgruppen mitkommuniziert und adressiert. Entsprechend ist zu vermuten, dass die Art des motivationalen Framings, also ob eher positive oder negative Gefühle mitkommuniziert werden, einen Einfluss auf die Aktivierung oder Lähmung der wahrgenommenen Handlungsfähigkeit haben kann.

Wirtschaftliche Akteure nehmen eine ambivalente Rolle ein. Als Akteursgruppe, deren CO_2-Ausstoß mit am größten ist, inszenieren sie sich weiters zum einen als Betroffene der Klimakrise sowie gleichzeitig als wesentlicher Teil der Lösung. In ihrem diagnostischen Framing bedienen sie negatives Vokabular des Schweregrads (Angst, Hilflosigkeit) und im prognostischen Framing nutzen sie positives Vokabular der Dringlichkeit (Innovation), der Wirksamkeit (Beruhigung) und des Anstands (Unterstützung).

Journalistische Akteure zeichnen sich zum einen durch einen dramatisierenden Stil und zum anderen durch die Betonung der Zuversicht aus. In ihrem diagnostischen Framing bedienen sie negatives Vokabular des Schweregrads (Angst, Hilflosigkeit, Aussichtslosigkeit, Schock) und im prognostischen Framing nutzen sie positives Vokabular der Wirksamkeit (Hoffnung).

Politische Akteure tragen innerpolitische Kämpfe aus und greifen dabei im diagnostischen Framing auf kontroverses Vokabular zurück. Zum einen wird positives Vokabular der Wirksamkeit (Beruhigung) und der Dringlichkeit (Sicherheit) bedient. Zum anderen wird, ebenfalls im diagnostischen Framing, negatives Vokabular des Schweregrads (Angst, Unsicherheit) und der Wirksamkeit (Zweifel) genutzt. Im prognostischen Framing betonen sie, alles unter Kontrolle zu haben, und greifen auf positives Vokabular der Dringlichkeit (Innovation), der Wirksamkeit (Beruhigung) sowie des Anstands (Verbündung) zurück.

Wissenschaftliche Akteure kommunizieren nicht neutral, sondern ergreifen Position für das Klima. Im diagnostischen Framing verwenden sie negatives Vokabular der Wirksamkeit (Frustration). Im prognostischen Framing appellieren sie an die Verantwortung und bedienen ebenfalls Vokabular des Anstands (Verantwortungsbewusstsein, Ermächtigung, Solidarisierung), jedoch im positiven Sinne.

Aktivistische Akteure nehmen eine klassische radikale Positionierung ein. In ihrem diagnostischen Framing nutzen sie im negativen Sinne das Vokabular des Schweregrads (Verzweiflung) sowie das Vokabular der Dringlichkeit

(Angst) und im positiven Sinne Vokabular der Wirksamkeit (Selbstwirksamkeit) sowie des Anstands (Verantwortungsbewusstsein, Selbstermächtigung). In ihrem prognostischen Framing greifen sie im Sinne eines gelingenden Systemwandels auf positives Vokabular der Wirksamkeit (Offenheit) sowie des Anstands (Verantwortungsbewusstsein) zurück.

Hybride Akteure zwischen Politik und Zivilbevölkerung bedienen in ihrem diagnostischen Framing im negativen Sinne das Vokabular des Schweregrads (Angst) sowie der Wirksamkeit (Zweifel) und des Anstands (Frustration). Im prognostischen Framing nutzen sie positives Vokabular der Wirksamkeit (Selbstwirksamkeit) und des Anstands (Verantwortungsbewusstsein, Verbündung).

Hybride Akteure zwischen Wissenschaft und Politik nehmen kommunikativ eine ähnliche Rolle wie aktivistische Akteure ein. In ihrem diagnostischen Framing verwenden sie im negativen Sinne das Vokabular des Schweregrads (Hilflosigkeit, Verzweiflung) sowie der Wirksamkeit (Frustration). Im prognostischen Framing bedienen sie einerseits negatives Vokabular des Schweregrads (Zukunftsangst), andererseits aber auch positives Vokabular der Wirksamkeit (Offenheit) sowie des Anstands (Verantwortungsbewusstsein).

Hybride Akteure zwischen Wirtschaft und Politik bedienen kein diagnostisch-motivationales Framing. Der Fokus liegt hier auf der Lösungsorientiertheit. Im prognostischen Framing greifen sie entsprechend auf positives Vokabular der Wirksamkeit (Hoffnung, Beruhigung) zurück.

Religiöse Akteure kommunizieren grundsätzlich moralisch und legitimierend. In ihrem diagnostischen Framing bedienen sie im negativen Sinne das Vokabular des Schweregrads (Hilflosigkeit, Angst) sowie im positiven Sinne das des Anstands (Verantwortungsbewusstsein, Solidarisierung). Im prognostischen Framing nutzen sie positives Vokabular der Wirksamkeit (Hoffnung, Selbstwirksamkeit, Verständnis) sowie ebenfalls des Anstands (Verantwortungsbewusstsein, Solidarisierung).

Zivilgesellschaftliche Akteure spiegeln die Kommunikation der anderen Akteure direkt wider. Hier zeigen sich entsprechend einige Emotionen. Im diagnostischen Framing bedienen sie im negativen Sinne das Vokabular der Wirksamkeit (Zweifel, Frustration) und des Schweregrads (Hilflosigkeit, Angst, Unsicherheit). Im prognostischen Framing greifen sie auf negatives Vokabular der Dringlichkeit (Hilflosigkeit, Scham) sowie auf positives Vokabular des Anstands (Verantwortungsbewusstsein) zurück.

Hybride Akteure zwischen Wissenschaft und Protest ähneln wissenschaftlichen Akteuren in ihrer Kommunikation. Sie setzen sich für das Verständnis von Individuen in dieser Krise ein. In ihrem diagnostischen Framing bedienen sie im positiven Sinne das Vokabular der Wirksamkeit (Verständnis) und im prognostischen Framing positives Vokabular der Wirksamkeit (Selbstwirksamkeit, Beruhigung) und des Anstands (Verantwortungsübernahme).

Hybride Akteure zwischen Wirtschaft und Protest ähneln wirtschaftlichen Akteuren in ihrer Kommunikation. Sie erwähnen wirtschaftsnahe Interessen wie die Förderung von Landwirtschaft und betonen Erfolge ihrer eigens unterstützten Projekte. Jedoch unterscheiden sie sich in ihrer Priorisierung der Aspekte des Klimaschutzes und der Nachhaltigkeit. In ihrem diagnostischen Framing bedienen sie Vokabular des Schweregrades, indem sie die Bedrohlichkeit der Klimakrise für die Ökosysteme und die Biodiversität betonen (Angst). Weiters folgt Vokabular der Wirksamkeit, indem die geförderten Maßnahmen als erfolgreich (Hoffnung) und wirksam (Selbstwirksamkeit) eingeordnet werden. Hybride Akteure zwischen Wirtschaft und Protest inszenieren sich somit auch als Retter. Im prognostischen Framing kommt Vokabular des Anstands zum Einsatz, indem sie sich als verantwortungsbewusst geben und die Unterstützung junger Menschen durch bessere Bildung in Sachen Nachhaltigkeit fordern (Ermächtigung).

Abschließend lassen sich die gewonnenen Erkenntnisse der akteursspezifischen Framing-Strategien ähnlich wie im Abschnitt zu den Blaming-Strategien (Abschnitt 5.4.1) in einem kreisförmigen Modell entlang der erarbeiteten strategischen Klimakommunikationstypen zusammenführen (siehe Abb. 5.24). Analog zu den Kommunikationstypen ließen sich hier nun inklusive der Mischformen auch die erarbeiteten Zugänge *konsistenzwahrend*, *inkonsistenzfokussiert* und *transformativ* (siehe Abschnitt 2.3) auftragen. In der *von*-Kommunikation wird meist eine konsistenzwahrende strategische Kommunikationsform bedient. In der *von-/über*-Kommunikation sind sowohl eine konsistenzwahrende Kommunikationsform als auch eine inkonsistenzfokussierte Kommunikationsform zu finden. In der *über*-Kommunikation tritt typischerweise eine inkonsistenzfokussierte Kommunikation zu Tage. In der *über-/für*-Kommunikation kommt es sowohl zu inkonsistenzfokussierten als auch zu transformativen Kommunikationsformen. In der *für*-Kommunikation tritt transformative Kommunikation in Erscheinung und letztlich zeichnet sich die *für-/von*-Kommunikation durch transformative Kommunikation zum einen sowie durch konsistenzwahrende Kommunikation zum anderen gleichermaßen aus.

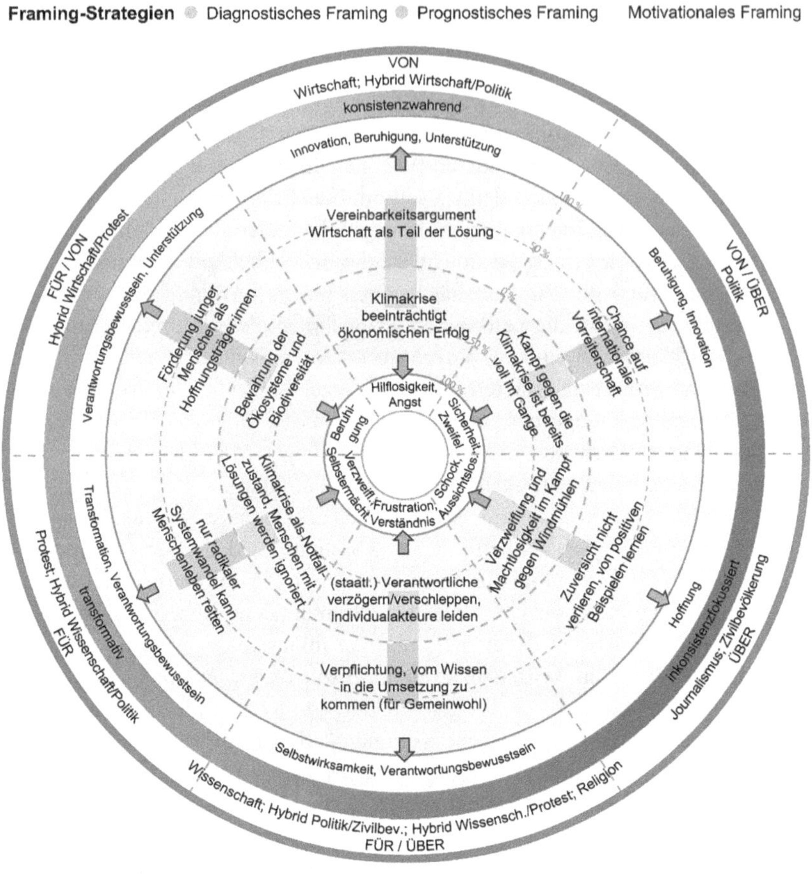

Abbildung 5.24 Schlüsselframes der Klimakommunikation. (Eigene Darstellung)

In Abbildung 5.24 sind zum einen die gebildeten Kommunikationstypen in den Sekanten aufgeführt und zum anderen ist zu erkennen, welche Framing-Strategie darin jeweils Anwendung fand (innere Ringe). Dabei repräsentiert der blaue Ring das diagnostische Framing und der rosafarbene Ring das prognostische Framing. Die gelben Ringe bezeichnen das motivationale Framing, das hier sichtbar macht, welche Emotionen über das im jeweils diagnostischen bzw. prognostischen Framing bediente Vokabular adressiert wurden. Des Weiteren sind beim diagnostischen und beim prognostischen Framing Balken hinterlegt, die in

Prozentwerten darstellen, wie hoch der Anteil des jeweiligen Framings im gesamten Framing der unterschiedlichen Kommunikationstypen war. Die gestrichelte Linie, die den blauen und den rosafarbenen Ring trennt, ist die Nullprozentlinie, die durchgezogenen Linien, die einmal den blauen Ring vom inneren gelben sowie einmal den rosafarbenen Ring vom äußeren gelben Ring trennen, stellen die 100 %-Marke dar.

In diesem kondensierten Modell ließ sich beobachten, dass die unterschiedlichen Akteure in der Arenenöffentlichkeit sich hinsichtlich ihrer strategischen Kommunikationsform und ihres Gesamt-Framings der Klimakrise unterscheiden. Für die erarbeiteten Kommunikationstypen hat sich gezeigt, dass mit dem diagnostischen Framing meist negativ konnotierte Gefühlsadressierungen einhergingen, während mit dem prognostischen Framing überwiegend positiv konnotierte Gefühle adressiert wurden. Ein überwiegend diagnostisches Framing, in dem negative Gefühle stark adressiert werden, kann als eher destruktiv eingestuft werden, da diese eher lähmend wirken (O'Neill & Nicholson-Cole, 2009, S. 355). Aus dem Material lassen sich, gemessen an diesen Kriterien und mit Blick auf die sozial-ökologische Transformationserwartung, zahlreiche Beispiele für destruktive Klimakommunikation finden. Beispielsweise fällt die hier überwiegend dramatisierende Kommunikation seitens journalistischer Claims-Maker in diese Kategorie, die mehrheitlich diagnostisch geframt ist und negative Gefühle stark adressiert.

Eine zu starke Adressierung positiver Gefühle, wie es beim prognostischen Framing meist zu Tage tritt, scheint ebenfalls nicht besonders konstruktiv zu sein, da dies Gefahr laufen kann, Rezipierende zu sehr in Sicherheit zu wiegen, was die Handlungsbereitschaft wieder senkt (Bilandzic et al., 2017, S. 482–483). Hierzu zählt beispielsweise die überwiegend prognostisch geframte und positive Gefühle adressierende Kommunikation wirtschaftlicher Akteure. Sie spielt die Drastik der Klimakrise leicht herunter und legt den Fokus auf einen (technologischen) Lösungsdiskurs. Das wirkt zwar zunächst beruhigend, jedoch handelt es sich um eine Scheinberuhigung, da es um Lösungen geht, die erst entwickelt werden müssen und auch nur einen Teil der Gesamtlösung ausmachen können.

Dies deutet darauf hin, dass eine ausgewogene Kombination aus diagnostischen und prognostischen Frames (Spence & Pidgeon, 2010, S. 664), beispielsweise durch das Anerkennen negativer Gefühle und das Adressieren positiver Gefühle, die zur Handlung motivieren, am ehesten als konstruktiv erachtet werden kann. Als Beispiel für konstruktive Klimakommunikation können religiöse Akteure angeführt werden. Ihnen ist es gelungen, sowohl die negativen Gefühle, die mit ihrem diagnostischen Framing einhergehen, anzuerkennen als auch positive Gefühle mit einem bestimmten prognostischen Framing abzuholen, die passend zum *über-/für*-Typus in eine verantwortungsbewusste Gesamterzählung münden. Die Klimakrise wird dabei in ihrer Drastik anerkannt, man äußert Verständnis für Individuen und legitimiert das Protestieren gegen den Ist-Stand, appelliert weiters an jede:n Einzelne:n, da auch kleine Schritte helfen würden, und verknüpft dies mit im Glauben verankerten Werten. „Ein Blick auf die Schönheit der Natur, auf Gottes gute Schöpfung motiviert uns loszugehen“ (KR_38, 13.11.22, S. 47). Auch wird thematisiert, dass religiöse Akteure selbst mit positivem Beispiel vorangehen, womit zusätzlich eine positive Vorbildrolle integriert wird. Die Kronen Zeitung berichtet diesbezüglich von evangelischen Bischöf:innen, die sich im Sinne der Bewältigung der Klimakrise freiwillig an ein Tempolimit halten (KR_34, 12.11.22, S. 22, 24, 26, 28, 38). Diese konstruktivere Form der Klimakommunikation ist abschließend betrachtet im erhobenen Material jedoch nicht besonders stark vertreten und erweist sich bislang als nicht sehr durchsetzungsfähig. Sie tritt nur in einzelnen Fällen auf, und zwar bei Claims-Makern, die dem *über-/für*-Kommunikationstypus zugeordnet werden können. Dieser Typus zeigte in der Gesamtschau des Modells (Abb. 5.24) auch das ausgeglichenste Verhältnis zwischen diagnostischem und prognostischem Framing.

Die Claims-Maker betreiben allesamt unterschiedlich stark ausgeprägtes diagnostisches und prognostisches Framing, das wiederum auch motivational geframt sein kann. Diese motivationale Komponente hat letztlich einen starken Einfluss auf die öffentliche Wahrnehmung bzw. die Bereitschaft zur Handlung in der Bevölkerung. Es hat sich gezeigt, dass beim diagnostischen Framing meist Vokabular genutzt wird, das negative Gefühle wie Hilflosigkeit, Angst, Frustration oder Verzweiflung auslöst. Das hat einen eher demotivierenden Effekt und lähmt in der Tendenz die Handlungsbereitschaft (O'Neill & Nicholson-Cole, 2009, S. 355). Beim prognostischen Framing wurde meist Vokabular verwendet, das positive Gefühle wie Hoffnung auslöst, Unterstützung signalisiert und Selbstwirksamkeit stärkt.

Zentral ist letztlich vor allem, wie dieses Framing kommunikativ im gesamten Claims-Making eingesetzt wird – also welche Gesamterzählung im Zusammenspiel mit den Blaming-Strategien bedient wird. Im folgenden Abschnitt geht es darum, das strategische Framing sowie das strategische Blaming vor dem Hintergrund der bisherigen Erkenntnisse nochmals gemeinsam zu beleuchten und eine Typologisierung der Climate Change Agency abzuleiten.

5.4.3 Kommunikative Climate Change Agency zwischen Blaming und Framing

Mit diesem Abschnitt soll die empirische Auswertung der erhobenen Arenenkommunikation beschlossen werden. Es gilt, durch einen letzten interpretativen Schritt die gewonnenen Erkenntnisse aus den vorangegangenen empirischen Abschnitten in Relation zueinander zu betrachten und in Hinblick auf eine mögliche diskursive Climate Change Agency der Claims-Maker in der Arenenöffentlichkeit einzuordnen und zu typologisieren (EUF 5).

Die Ergebnisse der bisherigen Abschnitte wurden für diesen Teil der Auswertung in eine Excel-Tabelle überführt, um sie für die Typologisierung strukturieren und interpretieren zu können. Hierfür wurden in Anlehnung an die typenbildende qualitative Inhaltsanalyse nach Kuckartz und Rädiker (2022) die unterschiedlichen Kommunikationstypen als Fälle betrachtet sowie die in Abschnitt 5.1 und 5.2 zusammengetragenen gestalteten Diskurse und eingenommenen Diskursräume, die in Abschnitt 5.3 erarbeiteten Koalitionen und die damit verbundene Definitionsmacht, die in Abschnitt 5.4.1 erarbeiteten Blaming-Strategien sowie die in Abschnitt 5.4.2 erarbeiteten Framings-Strategien berücksichtigt und als Kategorien betrachtet wurden.

5.4.3.1 Kommunikationstypen im Spannungsfeld zwischen Blaming und Framing

Zusätzlich zur typenbildenden Inhaltsanalyse im Hintergrund wurden auch hier die bisher erstellten Kreismodelle für das strategische Blaming und das strategische Framing herangezogen. Für die Zusammenführung der bisherigen Erkenntnisse wurden die beiden Abbildungen 5.22 und 5.24 kombiniert bzw. überlagert (siehe Abb. 5.25). Hierfür dienten die Framing-Strategien als Basisgrafik (Abb. 5.24) über die die Pfeile darübergelegt wurden, die die Blaming-Modi der verschiedenen Kommunikationstypen repräsentieren (Abb. 5.22). Im Folgenden gilt es nun, die Akteure entlang der unterschiedlichen Kommunikationstypen zusammenzufassen. Durch diese Zusammenschau der kommunikationstypenspezifischen Framing- und Blaming-Strategien wird deutlich, dass die Akteure den geschaffenen Diskursraum nutzen, um ihre konsens- und handlungsmobilisierenden Frames zu platzieren. Dieses Framing bietet jedoch gleichzeitig Angriffsfläche für das wechselseitige Blame-Game, das hinsichtlich der Diskursdominanz und der Popularität in der Arenenöffentlichkeit, wiederum Auswirkung darauf hat, wie erfolgreich die Claims-Maker dabei sind, sich ebendiesen diskursiv entstehenden Handlungsspielraum zu sichern. Aus dem Zusammenspiel von

Blaming und Framing lassen sich in weiterer Folge das Claims-Making sowie die Climate Change Agency typologisieren.

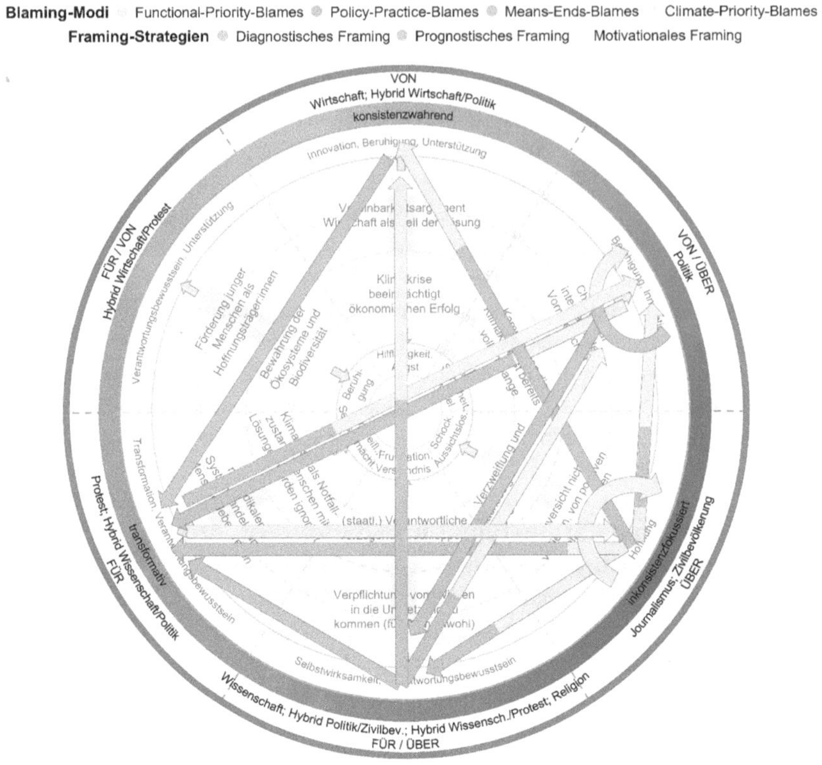

Abbildung 5.25 Klimakommunikation zwischen Blaming und Framing. (Eigene Darstellung)

Die *von*-Kommunikation wird aus den Erkenntnissen zu den wirtschaftlichen sowie den hybriden Akteuren zwischen Wirtschaft und Politik gespeist. Wirtschaftliche Akteure ebenso wie hybride Akteure zwischen Wirtschaft und Politik treten eher in Presseaussendungen als in Tageszeitungen als Claims-Maker auf. Die *von*-Kommunikation findet also eher in den Presseaussendungen statt. 11,06 % aller Claims stammen von wirtschaftlichen oder hybriden Akteuren zwischen Wirtschaft und Politik. Sie kommunizieren im mediengetriebenen

Ereignisdiskurs, im politikgetriebener Maßnahmendiskurs und im wirtschaftsgetriebener Technologiesolutionismusdiskurs. Diese Diskursstränge nehmen insgesamt 56,85 % des Gesamtdiskurses ein. Die Akteursgruppen selbst kommen durch ihre Position und ihre Beziehung zu den anderen Akteuren zusammengenommen auf eine eher mittlere Definitionsmacht. Diese setzen sie in Hinblick auf ihre Framing-Strategie folgendermaßen ein. Im diagnostischen Framing wird darüber geklagt, dass die Klimakrise den ökonomischen Erfolg beeinträchtige. Die schon spürbaren Konsequenzen bedrohen den unternehmerischen Profit und auch Arbeitsplätze. Die Wirtschaft wird hier als Betroffene der Klimakrise in Szene gesetzt. Angst und Hilflosigkeit werden auf motivationaler Ebene adressiert. Im prognostischen Framing steht das Vereinbarkeitsargument im Vordergrund. Profit und Nachhaltigkeit schlössen einander nicht aus und die Wirtschaft sei durch technologische Innovationen sogar wesentlicher Teil der Lösung. Hierüber wird auch immer wieder die Wettbewerbsfähigkeit betont. Vor allem die Förderung junger Menschen scheint in diesem Framing ein großes Anliegen zu sein. Aus motivationaler Sicht wird hier beruhigend, unterstützend und auf die Hoffnung ausgelegt geframt. Das prognostische Framing (67,12 %) überwiegt das diagnostische Framing (32,88 %). Insgesamt wird hier – wenn auch oberflächlich – der Fokus stark auf die lösungsorientierte Kommunikation gelegt, was im Einklang mit einem konsistenzwahrenden Stil ist. Dem stehen überwiegend die Policy-Practice- und Climate-Priority-Blames gegenüber, sich mutwillig gegen einen Systemwandel zu stellen, sich nicht ernsthaft zu engagieren und hinter den eigenen Versprechungen zurückzubleiben. Die Akteursgruppen dieses Typs selbst blamen Akteure des *für*-Kommunikationstyps für ihre Ineffektivität (Means-Ends-Blames).

Die *von-/über*-Kommunikation speist sich aus den Erkenntnissen um politische Akteure. Sie treten fast zu gleichen Teilen in Presseaussendungen und Tageszeitungen als Claims-Maker auf. Die *von-/über*-Kommunikation ist also in beiden Quellmedien annähernd gleich stark vertreten. Von allen erhobenen Claims nehmen *von-/über*-Claims einen Anteil von 20,57 % ein. Politische Akteure kommunizieren in den Diskurssträngen des mediengetriebenen Ereignisdiskurses und im politikgetriebenen Maßnahmendiskurs, die insgesamt auf einen Anteil am Diskursraum von 46,26 % kommen. Politischen Claims-Makern kommt insgesamt betrachtet eine mittlere bis hohe Definitionsmacht zu. Zwar sind sie starke Claims-Maker, jedoch graben sie sich gegenseitig vieles an Glaubwürdigkeit ab. Im diagnostischen Framing versichern sie, dass der Kampf gegen die Klimakrise bereits im Gange sei. Es wird suggeriert, dass alles unter Kontrolle sei, was aus motivationaler Sicht beruhigend wirkt und das Sicherheitsbedürfnis der Rezipient:innen adressiert. Andererseits werden klimarelevante Maßnahmen auch stark von den unterschiedlichen Parteien kritisiert – sie seien zu langsam, unwirksam und vor allem zu teuer –, was wiederum Unsicherheit und Zweifel schürt. Im prognostischen Framing wird vor allem die internationale Vorreiterrolle betont. Man habe jetzt die Chance, sich als Nation im internationalen Wettbewerb zu behaupten. Das wirkt aus Sicht des motivationalen Framings verbündend. Das prognostische Framing (56,74 %) überwiegt hier leicht das diagnostische Framing (43,26 %). Insgesamt tritt ein diskutierender, rechtfertigender und teils moralisierender Stil zu Tage, der sowohl die konsistenzwahrende Kommunikation als auch inkonsistenzfokussierte Kommunikation umfasst. Zum einen besteht ein Bemühen um Einklang, um als souveräner Akteur angesichts der Klimakrise aufzutreten, und zum anderen argumentieren die Parteien untereinander und versuchen Ungereimtheiten der jeweiligen Sichtweise zu offenbaren. In der Rolle als Blamer adressieren Akteursgruppen dieses Typs nicht nur sich selbst, sondern auch jene Akteursgruppen des *über-/für-* sowie des *für*-Typs, vorwiegend in Form von Policy-Practice-Blames. An sie selbst gerichtet hingegen werden Vorwürfe aller vier Modi laut, sie würden zum Verschleppen der Klimakrise beitragen und das langfristige systemische Problem nicht adäquat angehen (Climate-Priority-Blame), sie seien nicht in der Lage, Klimaschutzmaßnahmen richtig umzusetzen (Means-Ends-Blame), sie würden sich zu Unrecht mit internationaler Vorreiterschaft rühmen, obwohl sie getätigte Versprechungen nicht einhalten (Policy-Practice-Blame), und sie würden mit den Maßnahmen ohnehin nur die Steuerzahler:innen belasten (Functional-Priority-Blame).

Die *über*-Kommunikation speist sich aus den Erkenntnissen zu den journalistischen und zivilgesellschaftlichen Akteursgruppen. Diese treten fast ausschließlich in Tageszeitungen als Claims-Maker auf. Die *über*-Kommunikation findet also maßgeblich in den Tageszeitungen statt. Insgesamt stammen 28,09 % aller Claims von diesen Akteursgruppen und diese treten im mediengetriebenen Ereignisdiskurs zu Tage, der 28,08 % des Gesamtdiskurses einnimmt. Aufgrund ihrer dominanten Rolle im erhobenen Sample und der fast vollständigen Absenz von Kritik wird die Definitionsmacht dieser Akteursgruppen als sehr hoch eingestuft. Diese nutzen sie in Hinblick auf das diagnostische Framing der Klimakrise, indem sie die Verzweiflung und die Machtlosigkeit ob dieser Bedrohung thematisieren. Die Lage scheint aussichtslos und es gleicht einem Kampf gegen Windmühlen, mit dieser dramatischen Situation umzugehen. Im motivationalen Framing werden Angst, Hilflosigkeit, vor allem aber auch Schock und Aussichtslosigkeit adressiert. Im prognostischen Framing betonen sie jedoch, dass es trotz allem auf die Zuversicht ankomme. Man solle sich von positiven Beispielen inspirieren lassen und die Hoffnung (motivationales Framing) nicht verlieren. Das diagnostische Framing (81,10 %) überwiegt hier klar das prognostische Framing

(18,90 %). Insgesamt wird ein dramatisierender und emotionalisierender Stil angewandt, der sich im Einklang mit dem eingeschriebenen Inkonsistenzfokus befindet. Auch die Rolle als stärkste Blamer entspricht diesem inkonsistenzfokussierten Zugang. Akteure dieses Typs selbst werden kaum Gegenstand von Blames. Nur die eigene Inaktivität und das Zur-Schau-Stellen eines klimaschädlichen Lifestyles werden hier an zivilgesellschaftlichen Individuen kritisiert (Climate-Priority-Blame).

Die *über-/für*-Kommunikation stützt sich auf die Erkenntnisse zu den Akteursgruppen der Wissenschaft, der Religion sowie der hybriden Gruppen zwischen Politik und Zivilbevölkerung und zwischen Wissenschaft und Protest. Bis auf die hybride Akteursgruppe zwischen Politik und Zivilbevölkerung – hier kommen die meisten Claims aus Presseaussendungen – stammen die Claims fast ausschließlich aus Tageszeitungen. Insgesamt ist die *über-/für*-Kommunikation in beiden Quellmedien stark vertreten. Die Claims der vier Akteursgruppen machen 30,78 % aller erhobenen Claims aus. Sie kursieren in den Diskurssträngen NGO-getriebener Naturschutzdiskurs, mediengetriebener Ereignisdiskurs, hochschulpolitikgetriebener Protestdiskurs und expert:innengetriebener Mental-Health-Diskurs und bewegen sich entsprechend in einem Diskursraum, der 71,22 % des Gesamtdiskurses einnimmt. Die *über-/für*-Kommunikation kommt gesamthaft betrachtet dank der Dominanz vor allem hybrider Akteure zwischen Politik und Zivilbevölkerung und der schwachen Kritik gegen all diese Akteursgruppen auf eine sehr hohe Definitionsmacht. Bezüglich des diagnostischen Framings setzen die genannten Gruppen diese dafür ein, staatliche Akteure zur Verantwortung zu ziehen. Sie seien es, die verzögern und verschleppen, während Individualakteure leiden würden. Sie würden leere Versprechungen machen und nähmen Opfer in Kauf. Es fehle an Ambition und Ernsthaftigkeit, während Technologie als Allheilmittel hochstilisiert würde und funktionierende Maßnahmen schlechtgeredet würden (‚Kostenfalle'). Im motivationalen Framing werden hier vor allem Frustration und Hilflosigkeit adressiert, es wird aber auch Verständnis suggeriert. Im prognostischen Framing geht es darum, vom Wissen ins Handeln zu kommen, und das könne nur über Verpflichtung geschehen, nicht auf dem Prinzip der Freiwilligkeit aufbauend. Mit Blick auf das motivationale Framing wird hier vor allem das Verantwortungsbewusstsein, aber auch die Selbstwirksamkeit adressiert. Das prognostische Framing (53,50 %) überwiegt das diagnostische Framing (46,50 %) hier leicht. Der Stil ist insgesamt als argumentierend, einordnend, empathisch und moralisch appellierend zu verstehen und greift zum einen die kritische inkonsistenzfokussierte Kommunikation auf, zum anderen jedoch auch transformative Elemente, indem Systemwandel und verantwortungsbewusstes Umdenken zentral werden. Die *über-/für*-Kommunikation hat hier die Eigenschaft, selbst kaum

Gegenstand von Blames zu werden und eine stark einordnende analysierende Rolle einzunehmen. Ihre Vorwürfe der Heuchelei und der Fehlpriorisierung richten sich vor allem in Form von Policy-Practice- und Climate-Priority-Blames an Akteursgruppen des *von-* sowie des *von-/über*-Typs.

Die *für*-Kommunikation baut auf die Erkenntnisse um die Akteursgruppe Protest sowie die hybride Akteursgruppe zwischen Wissenschaft und Politik. Protestakteure treten als Claims-Maker fast ausschließlich in Tageszeitungen auf, während hybride Akteure zwischen Wissenschaft und Politik fast ausschließlich in Presseaussendungen als Claims-Maker zu finden sind. Die *für*-Kommunikation ist also in beiden Quellmedienformaten vertreten. Claims dieses Typen machen insgesamt 8,79 % aller erhobenen Claims aus und kursieren im Subdiskurs hochschulpolitikgetriebener Protestdiskurs, der 17,12 % des Gesamtdiskurses einnimmt. Das ist vor allem auf die ÖH als starken Claims-Maker im erhobenen Zeitraum zurückzuführen. Die beiden hier relevanten Akteursgruppen kommen insgesamt auf eine geringe bis mittelmäßige Definitionsmacht. Protestakteure werden von vielen Akteursgruppen stark angefeindet. In ihrem diagnostischen Framing betonen sie, dass die Klimakrise ein Notfallzustand sei. Es herrsche Handlungsdruck und Zeitdruck, was wiederum radikale Mittel rechtfertige. Die Klimakrise müsse trotz multipler Krisen stärker priorisiert werden und es solle auf jene, die Antworten haben, gehört werden. Im motivationalen Framing werden Verzweiflung, Angst, aber auch Selbstwirksamkeit und Selbstermächtigung adressiert. Im prognostischen Framing betonen sie, dass es dringend einen Systemwandel brauche, der notwendig sei, um Menschenleben zu retten. Die Moral gebiete es, wirksame Gesetze zu verabschieden und verbindliches Engagement zu leisten. Das motivationale Framing hier zielt auf die Offenheit zur Transformation und das Verantwortungsbewusstsein der Menschen ab. Das prognostische Framing (66,10 %) überwiegt das diagnostische Framing (33,90 %) hier deutlich. Insgesamt ist der Stil stark alarmierend und appellierend, was sich mit der transformativen Kommunikation deckt. Entlang dieses Zugangs treten die Akteursgruppen dieses Typs auch als starke Blamer auf. Dabei richten sie vor allem Policy-Practice- und Climate-Priority-Blames an Akteure des *von-/über*-Typs. Dieses Verhalten ruft jedoch insgesamt starken Widerstand hervor. Akteursgruppen des *für*-Typs ernten selbst vor allem Policy-Practice-Blames – sie seien zu radikal und es gehe ihnen nur um die Devianz – sowie Means-Ends-Blames – ihre Methoden der Problemartikulation seien überdies nicht effektiv in Hinblick auf die sozial-ökologische Transformation, sondern sogar kontraproduktiv.

Die *für-/von*-Kommunikation wird abschließend durch die hybride Akteursgruppe zwischen Wirtschaft und Protest repräsentiert. Diese tritt nur im Standard als Claims-Maker auf. Generell ist die *für-/von*-Kommunikation nur sehr schwach vertreten – lediglich 0,71 % aller Claims sind diesem Typus zuzuordnen. Er tritt jedoch in großen Diskurssträngen auf – dem expert:innengetriebenen Mental-Health-Diskurs und dem politischen Diskurs – und bewegt sich entsprechend in einem Diskursraum, der 28,08 % des Gesamtdiskurses einnimmt. Die Definitionsmacht wird insgesamt als gering eingestuft. Im diagnostischen Framing wird hier die Bewahrung der Ökosysteme und der Biodiversität als essenziell betont und es werden Projekte, die sich diesem Ziel verschrieben haben, als erfolgreich gelobt. Diese Akteursgruppe inszeniert sich als Förderer und Unterstützer der Natur, was auf die Hoffnung und die Beruhigung im motivationalen Framing einzahlt. Auch im prognostischen Framing wird die fördernde Rolle in Szene gesetzt. Um junge Menschen für die Zukunft zu wappnen, wird hier für besser Bildung in Sachen Nachhaltigkeit plädiert. Bezüglich des motivationalen Framings werden das Verantwortungsbewusstsein und die Unterstützung adressiert. Das prognostische Framing (75,00 %) überwiegt das diagnostische Framing (25,00 %) klar. Der Fokus der *für-/von*-Kommunikation liegt auf der Lösungsorientierung sowie der Ermächtigung. Die eigene ökonomische Stärke soll hier quasi für Klimabelange und junge Menschen eingesetzt werden. In diesem Sinne werden sowohl eine konsistenzwahrende Kommunikation als auch transformative Elemente genutzt. Akteure dieses Kommunikationstyps halten sich aus dem Blame-Game heraus, entsprechend ergehen ihrerseits keine Vorwürfe und sie selbst sind nicht Gegenstand des Blamings anderer Akteure.

5.4.3.2 Claims-Making im Spannungsfeld zwischen Blaming und Framing

Aus der Zusammenschau dieser Ergebnisse lassen sich nun gewisse Korrespondenzen zwischen den Blaming-Modi und dem bedienten handlungsmobilisierenden Vokabular der *collective action frames* (CAF) erkennen. In der Interpretation wiesen Climate-Priority-Blames eine gewisse Korrespondenz mit dem motivationalen Vokabular der Dringlichkeit auf, Policy-Practice-Blames mit jenem des Anstands, Means-Ends-Blames mit jenem der Wirksamkeit und Functional-Priority-Blames korrespondierten mit dem Vokabular des Schweregrads. Werden nun die sozialwissenschaftlichen Dimensionen, die auch in Abschnitt 2.2 für die Systematisierung der soziokulturellen Spezifika der Klimakrise herangezogen wurden, die temporale, die sozial-moralische und die systemische Dimension wieder aufgegriffen und um eine vierte transformative Dimension ergänzt, so lässt sich das Claims-Making hier zwischen Blaming und Framing entlang der folgenden vier Register typologisieren (siehe Tab. 5.7).

Tabelle 5.7 Claims-Making-Register. (Eigene Darstellung)

Dimension	Blaming-Modus	Claims-Making-Register			CAF-Vokabular
		hemmend		mobilisierend	
temporal	Climate-Priority	ökodestruktiv	⟷	progressiv	Dringlichkeit
sozial-moralisch	Policy-Practice	hypokritisch	⟷	aufrichtig	Anstand
transformativ	Means-Ends	ineffektiv	⟷	kompetent	Wirksamkeit
systemisch	Functional-Priority	autodestruktiv	⟷	ernsthaft engagiert	Schweregrad

Entlang der temporalen Dimension wird durch das Claims-Making versucht, über das Framing-Vokabular der Dringlichkeit zu mobilisieren. Dies wird meist erreicht, indem sich die Akteure besonders progressiv geben. Innovation und internationale Vorreiterschaft sollen den Kampf gegen die Klimakrise vorantreiben. Als hemmender Blaming-Modus lassen sich hier Climate-Priority-Blames verorten, welche die Progressivität, die in dieser Kategorie genuin im ökonomischen Effizienzgedanken gründet, als ökodestruktiv enttarnen bzw. verschleppende, verzögernde oder ‚Weiter-wie-bisher'-Taktiken anprangern.

Entlang der sozial-moralischen Dimension soll mit dem Framing-Vokabular des Anstands zur Handlung motiviert werden. Akteure, die dieses Register bedienen, geben sich als besonders aufrichtig oder appellieren an die Aufrichtigkeit anderer. In ihrer Kommunikation nach außen bemühen sich Akteure, dem Transformationsanspruch gerecht zu werden, wenn es auch auf der Handlungsebene noch nicht überzeugend gelingt. Auf der hemmenden Seite des Claims-Making-Registers knüpft entsprechend der Policy-Practice-Blaming-Modus an, bei dem ebendieses Framing-Vokabular der Aufrichtigkeit als hypokritisch enttarnt werden kann.

Entlang der transformativen Dimension bemühen sich die Akteure, durch das Claims-Making das Framing-Vokabular der Wirksamkeit einzusetzen und sich als besonders kompetent zu geben oder an die Kompetenz anderer zu appellieren. Dabei wird hervorgehoben, dass man adäquate Maßnahmen kenne bzw. ergreife, um der Klimakrise zu begegnen. Den Gegenpol zur Wirksamkeit stellt das Means-Ends-Blaming dar, das genau diese suggerierte Kompetenz untergraben und als ineffektiv enttarnen kann, was sich wiederum hemmend auswirkt.

Entlang der systemischen Dimension wird durch das Claims-Making auf der mobilisierenden Seite des Registers versucht, den Schweregrad der Klimakrise durch das motivationale Framing-Vokabular hervorzuheben. Hierbei liegt die Betonung oft auf der Drastik der Krise und darauf, den Systemwandel als unausweichlich anzuerkennen. Auf dieser Seite des Registers gibt man sich als ernsthaft engagiert oder appelliert an das ernsthafte Engagement anderer Akteure, mit einem gewissen Disruptionsanspruch. Als Gegenpol und hemmender Faktor knüpft in diesem Register der Functional-Priority-Blaming-Modus an, der dieses ernsthafte Engagement zur Disruption als autodestruktiv abmahnen kann. Die Selbsterhaltung, gemessen an funktionsorientierten Effizienzkriterien, sei dadurch gefährdet.

Die kommunikative Climate Change Agency wird entsprechend durch das Claims-Making zwischen mobilisierendem motivationalen Framing und hemmendem Blaming ausgehandelt. Die beiden gegenüberliegenden Pole der jeweiligen Claims-Making-Register stellen somit den diskursiven Horizont dar, innerhalb dessen das Claims-Making stattfindet und Climate Change Agency von den Akteuren aufgebaut und wieder abgetragen werden kann. Auf der positiven mobilisierenden Seite appelliert man im Umgang mit der Klimakrise dafür bzw. inszeniert sich als progressiv, aufrichtig, kompetent und/oder ernsthaft engagiert. Auf der negativen hemmenden Seite setzt man sich möglichem Blaming aus bzw. nutzt es selbst strategisch, um andere Akteure als ökodestruktiv, hypokritisch, ineffektiv und/oder autodestruktiv abzumahnen und zu enttarnen. Je weniger der Fokus letztlich auf den Inkonsistenzen der Akteure und damit auf dem Blame-Game liegt, desto mehr Raum der öffentlichen Kommunikationsarena bleibt für die zugrunde liegende normative Frage, inwiefern die sozial-ökologische Transformationslogik grundsätzlich gegenüber der Funktionslogik priorisiert werden sollte und umgekehrt.

5.4.3.3 Climate Change Agency im Spannungsfeld zwischen Blaming und Framing

Alle bisherigen Erkenntnisse zusammennehmend kann nun der letzte analytisch-interpretative Schritt präsentiert werden. Hierfür wurde wieder ein kreisförmiges Modell erstellt (siehe Abb. 5.26), das sich aus den verschiedenen theoretischen und empirischen Erkenntnissen speist. Die zentralen Komponenten sind dabei: 1) die Kommunikationstypen mit den dazugehörigen kommunikativen Zugängen, denen sich die untersuchten Akteursgruppen zuordnen lassen, 2) eine Achse, auf der sich die Kommunikationstypen zwischen einer niedrigen und hohen Diskursdominanz verorten lassen, 3) eine Achse, auf der sich die Kommunikationstypen hinsichtlich ihres Institutionalisierungsanspruchs zwischen einem eher funktionsorientierten und einem eher transformationsorientierten Fokus verorten lassen, sowie 4) letztlich vier verdichtete Master-Claims, die als diskursiver Handlungsspielraum erzeugt werden und über die im Zusammenspiel aus Framing und Blaming Climate Change Agency ausgehandelt wird.

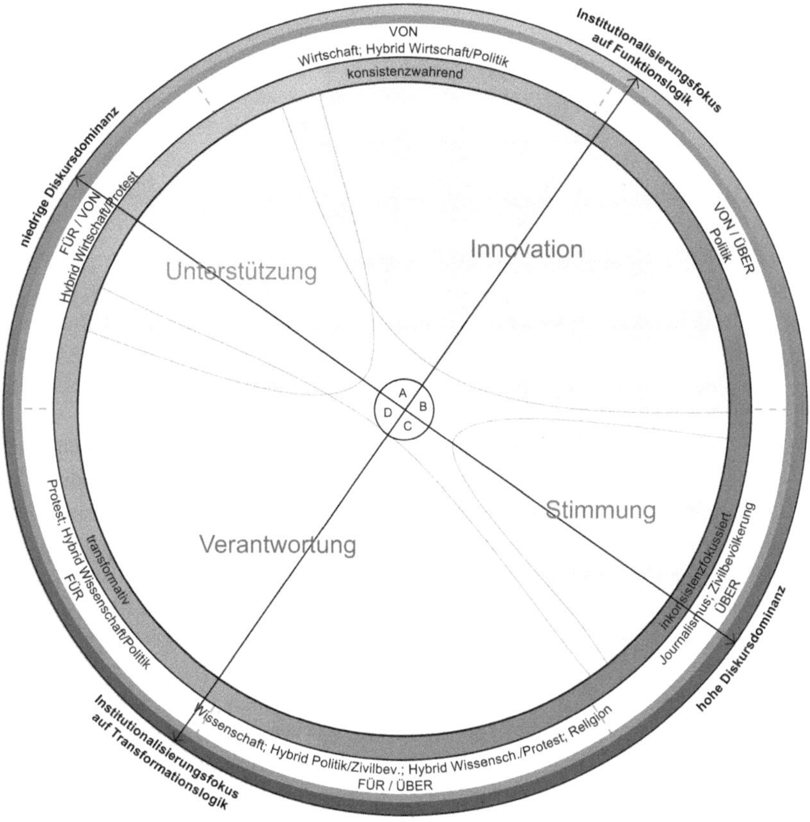

Abbildung 5.26 Master-Claims und Climate Change Agency. (Eigene Darstellung)

1) Die Kommunikationstypen stützen sich auf die in Abschnitt 2.3 thematisierten Typen der strategischen Klima- und Nachhaltigkeitskommunikation (Weder et al., 2021, S. 3; Weder & Voci, 2021, S. 166). Diese Typen wurden durch die empirischen Erkenntnisse um ihre Mischvarianten sowie um ihre kommunikativen Zugänge erweitert und die Akteursgruppen konnten zugeordnet werden. Die Akteursgruppen Wirtschaft und Hybrid Wirtschaft/Politik ließen sich der *von*-Kommunikation zuweisen. Sie verfolgen einen *konsistenzwahrenden* Zugang zum kommunikativen Umgang mit der Klimakrise. Die Gruppe der politischen Akteure ließ sich der *von-/über*-Kommunikation

zuordnen. Hier ist eine Mischform aus *konsistenzwahrender* und *inkonsistenzfokussierter* Kommunikation zu finden. Die Akteursgruppen Journalismus und Zivilbevölkerung konnten dem *über*-Kommunikationstyp zugewiesen werden. Hier wird ein klassisch *inkonsistenzfokussierter* Zugang gewählt. Die Akteursgruppen Wissenschaft, Hybrid Politik/Zivilbevölkerung, Hybrid Wissenschaft/Protest sowie Religion wurden dem *über-/für*-Kommunikationstyp zugeordnet. In diesem Typ ist eine Mischform aus dem *inkonsistenzfokussierten* und dem *transformativen* Zugang zu beobachten. Die Akteursgruppen Protest und Hybrid Wissenschaft/Politik wurden dem *für*-Kommunikationstyp zugewiesen. Hier ließ sich ein *transformativer* Zugang zum kommunikativen Umgang mit der Klimakrise beobachten. Die Akteursgruppe Hybrid Wirtschaft/Protest konnte dem *für-/von*-Kommunikationstyp zugeordnet werden. Hier war eine Mischung aus dem *transformativen* und dem *konsistenzwahrenden* Zugang erkennbar.

2) Die Diskursdominanz nimmt auf die Überlegungen zur arenenöffentlichen Kommunikation Bezug (Abschnitt 3.1.3). In den empirischen Ausführungen (Abschnitte 5.1 bis 5.3) hat sich gezeigt, dass die Diskursdominanz, also inwiefern sich ein Kommunikationstyp in der Arenenöffentlichkeit als durchsetzungsfähig erweist, von folgenden Bedingungen abhängt: a) Je besser es um die Ressourcen der Claims-Maker bestellt ist, desto leichter können sich Claims-Maker Zugang zur Arenenöffentlichkeit verschaffen. Weiters gilt, b) je besser sie sich an die in der jeweiligen Arena relevanten Erzähllogiken anpassen können, hier also sich entsprechend an den jeweils aktuellen thematischen Diskursen beteiligen und ins Gespräch zu bringen vermögen, desto höher ist die Chance, sich viel Diskursraum und damit Sichtbarkeit zu sichern. Abschließend gilt, c) je besser die gegenseitige Unterstützung durch positive Bezugnahmen und je weniger ausgeprägt die Kritik im wechselseitigen Blame-Game ausfällt, desto eher kann die Diskursposition gefestigt oder sogar aufgewertet werden und desto eher lassen sich ideologische Kontrahent:innen verdrängen.

Gestützt von den empirischen Erkenntnissen zu diesen Dynamiken zwischen den Claims-Makern im Kampf um Diskursraum und Deutungshoheit ließ sich im Modell eine Achse eröffnen. Ein Pol der Achse markiert die niedrigste Diskursdominanz und ist für das erhobene Sample beim *für-/von*-Kommunikationstyp zu verorten, der andere Pol markiert die höchste Diskursdominanz und lässt sich beim *über*-Kommunikationstyp verorten. Entsprechend sind der *von-* sowie der *für*-Kommunikationstyp hinsichtlich der Diskursdominanz als niedrig bis mittelmäßig und der *von-/über-* sowie der *über-/für*-Kommunikationstyp als mittelmäßig bis hoch einzustufen.

Der *für-/von*-Typ, hier beispielsweise repräsentiert durch eine Stiftung, mischt in seiner Kommunikation lösungsorientierte (konsistenzwahrend) und ermächtigende Elemente (transformativ). Es kristallisiert sich ein Common-Sense-Gesamtbild heraus, das den Schutz der Natur und die Förderung junger Menschen als gleichermaßen relevant erachtet. Dem steht der *über*-Typ gegenüber, beispielsweise Tageszeitungen oder auch Stimmen der Zivilbevölkerung, der im inkonsistenzfokussierten Stil den Schwerpunkt überwiegend auf kritisierende, dramatisierende und emotionalisierende Kommunikation legt. Es manifestiert sich ein Gesamtbild überwiegender Verzweiflung mit einzelnen Momenten der Zuversicht. Der *von*-Typ, hier unter anderem repräsentiert durch einzelne Unternehmen oder Lobbyverbände, ist auf Konsistenzwahrung ausgelegt und lässt sich als an oberflächlichen, eher kurzfristigen Lösungen orientiert beschreiben. Hier setzt sich mit leichtem Bedauern um die eigene Betroffenheit durch die Klimakrise ein Gesamtbild durch, das über den technologiesolutionistischen Diskurs Vereinbarkeit zwischen ökonomischen und ökologischen Ansprüchen herzustellen versucht. Der *für*-Typ, im vorliegenden Fall vor allem Protestbewegungen, verfolgt hingegen einen transformativen Stil und ist entsprechend von alarmierenden und appellierenden Elementen durchzogen. Hier manifestiert sich das Gesamtbild einer starken Forderung nach einem radikalen Systemwandel, um Menschenleben zu retten, die sich in der Verzweiflung über den weiterhin ignorierten Notfallzustand begründet. Der *von-/über*-Typ, beispielsweise einzelne Politiker:innen oder auch ganze Staaten, ist einmal konsistenzwahrend, ein anderes Mal inkonsistenzfokussiert und lässt sich als diskutierend und rechtfertigend charakterisieren. Hier manifestiert sich ein widersprüchliches Gesamtbild, das zum einen beruhigt, zum anderen aber auch wieder Verwirrung und Untersicherheit schürt. Der Chancen-Diskurs überwiegt hier jedoch. Der *über-/für*-Typ, hier repräsentiert durch eine Art Expert:innengruppe aus Wissenschaftler:innen, NGOs sowie religiösen Akteuren, nimmt zum einen inkonsistenzfokussierte zum anderen transformative Züge an und lässt sich als argumentierend, einordnend, empathisch und auch moralisch appellierend einordnen und formt ein Gesamtbild der Verpflichtung zur Verantwortungsübernahme. Die Diskursdominanz bestimmt letzten Endes darüber, welche Gesamtbilder hohe öffentliche Sichtbarkeit erlangen und darüber auf lange Sicht zur kommunikativen Institutionalisierung der Funktions- oder der sozial-ökologischen Transformationslogik beitragen.

3) Der Institutionalisierungsfokus gründet in den theoretischen Elaborationen zum soziologischen Neo-Institutionalismus (Abschnitt 3.2). Durch die empirischen Erkenntnisse, die aus der Untersuchung des Claims-Makings, also

des gezielten Einsatzes von Framing- und Blaming-Strategien, hervorgingen (Abschnitt 5.4), ließ sich eine klare Tendenz der Akteursgruppen hinsichtlich ihres Anspruchs erkennen. Diesem Claims-Making kann eine Schlüsselrolle in Hinblick auf die Motivation zu klimapositiven Handlungen aller Rezipierenden sowie auf lange Sicht in Hinblick auf die Institutionalisierung einer Transformationslogik – oder einer gegenteiligen Logik – eingeräumt werden. Auch hier ließ sich eine Achse eröffnen, die zwischen einem Funktionsfokus und einem Transformationsfokus verläuft. Der Funktionsfokus-Pol liegt zwischen den Kommunikationstypen *von* und *von/über*, der Transformationsfokus-Pol befindet sich zwischen den Typen der *über-/für-* und der *für*-Kommunikation. Die Kommunikationstypen der *über-* sowie der *für-/von*-Kommunikation sind genau dazwischen angesiedelt, weshalb sie weder klar dem einen noch dem anderen Fokus zugeordnet werden können.

4) Innerhalb dieser Struktur, aus a) den verschiedenen typischen kommunikativen Zugängen zum Umgang mit der Klimakrise, b) dem unterschiedlichen Gelingen, kommunikativ Diskursdominanz aufzubauen, und c) dem unterschiedlichen Institutionalisierungsfokus lassen sich nun Handlungsspielräume (Master-Claim-Sphären) eröffnen, innerhalb derer das strategische Framing und Blaming ausgetragen und kommunikative Climate Change Agency aufgebaut wird. Durch den erneuten Vergleich und die Kontrastierung (Kuckartz & Rädiker, 2022, S. 179) der Framing- und Blaming-Strategien der unterschiedlichen Kommunikationstypen ließen sich diese auf vier unterschiedliche voneinander abgrenzbare Master-Claims reduzieren. Diese wurden in Abbildung 5.26 im Inneren der Scheibe aufgespannt. Es gibt einen *Innovations-Claim* (blaue Sphäre), einen *Stimmungs-Claim* (rote Sphäre), einen *Verantwortungs-Claim* (grüne Sphäre) sowie einen *Unterstützungs-Claim* (gelbe Sphäre).

Der Innovations-Claim kann als wirtschaftlich/politisch getrieben verstanden werden. Er erstreckt sich über den *von-* sowie den *von-/über*-Kommunikationstyp. Akteure dieser Sphäre können eher niedrige bis eher hohe Diskursdominanz haben. Tendenziell liegt ihr Institutionalisierungsfokus auf der Funktion. In dieser Sphäre zeigt sich die Innovationserzählung am stärksten und Stagnation gilt es tunlichst zu verhindern. Die Klimakrise sei durch innovative technologische Lösungen zu bewältigen und die Transformationserwartung sei mit der Erhaltung der gleichzeitigen funktionsorientierten Logik vereinbar. Der ökonomische und politische internationale Wettbewerb würde die benötigte Innovation vorantreiben. Bereits erfolgte und weitere geplante Maßnahmen sowie deren Finanzierung sind ebenfalls im Zentrum des Diskurses. Überwiegend konsistenzwahrend wird über Lösungen und Chancen gesprochen, wenngleich Ungereimtheiten sichtbar werden. Vorwürfe thematisieren vor allem die Grenzen des Technologieversprechens und mahnen verschleppende und verzögernde Taktiken sowie mangelhaftes Engagement scharf ab.

Der Verantwortungs-Claim steht dem Innovations-Claim diametral gegenüber. Diese Sphäre ist eine akademisch/aktivistisch geprägte, sie erstreckt sich über die Typen der *für-/über-* sowie der *für*-Kommunikation und reicht bis in den *für-/von*-Kommunikationstyp hinein. Akteure dieser Sphäre können ebenfalls eher niedrige bis eher hohe Diskursdominanz erreichen. Ihr Institutionalisierungsfokus liegt auf der sozial-ökologischen Transformation. Hier steht die Verantwortungserzählung im Fokus und unverantwortliches Handeln gilt als inakzeptabel. Die Klimakrise sei nur dadurch zu bewältigen, dass sie in ihrer Schwere ernstgenommen werde und man vom Wissen um die Krise ins Handeln komme – und zwar verbindlich. Die Funktionslogik sei dabei nicht mir der Transformationslogik vereinbar, hingegen brauche es einen radikalen Systemwandel. Überwiegend transformativ wird über klimaspezifische Fakten aufgeklärt, Missstände werden problematisiert und Forderungen an Verantwortliche sowie Kompetenztragende gestellt. Vorwürfe mahnen, man komme selbst nicht vom Wissen ins Handeln, sei zu radikal, verfehle das eigene Ziel oder sei schlichtweg nicht zur Selbsterhaltung in der Lage.

Der Unterstützungs-Claim ist beim PR-vermittelten *für-/von*-Kommunikationstyp sowie teils beim *von*-Typ zu finden. Diese Sphäre mischt sich auch in Teilen mit der Innovations- und der Verantwortungssphäre. Akteure des Unterstützungs-Claims erreichen in der erhobenen Arenenöffentlichkeit eher niedrige Diskursdominanz und ihr Institutionalisierungsfokus liegt weder klar auf der Funktions- noch auf der Transformationslogik. In dieser Sphäre lässt sich die Unterstützungserzählung so charakterisieren, dass sie sich in erster Linie vom Eigennutz abzugrenzen versucht. Entlang dieser Erzählung sei die Klimakrise dadurch zu bewältigen, dass Akteure oder Systeme sich gegenseitig unterstützen. Weiters werden in dieser Claim Sphäre sowohl ökonomische Erwartungen bedient, indem beispielsweise junge Menschen am Arbeitsmarkt integriert und gefördert werden sollen, als auch ökologische Erwartungen adressiert, indem ebendiese jungen Menschen auch in Hinblick auf die Zukunft mit der Klimakrise gewappnet und unterstützt werden sollen. Des Weiteren werden an dieser Stelle finanzielle Förderungen von Umweltschutzprojekten hervorgehoben. Mit einer Mischung aus transformativer und konsistenzwahrender, jedoch vor allem stark positiver Kommunikation werden sowohl ökonomische als auch ökologische Logiken unterstützt und die Vereinbarkeit der beiden wird anhand bewusst selektierter Paradebeispiele illustriert. Vorwürfe gibt es an dieser Stelle nicht.

Der Stimmungs-Claim ist beim medienvermittelten *über*-Kommunikationstyp zu finden. Akteure dieser Sphäre erreichen hohe Diskursdominanz. Ähnlich wie beim Unterstützungs-Claim liegt der Institutionalisierungsfokus hier weder auf der einen noch auf der anderen Logik. Akteure dieser Sphäre nehmen jedoch im Kontrast zur Unterstützungserzählung keine positive Sicht auf die Logiken ein, sondern greifen diese durch die Erzählungen der anderen Sphären auf und machen sie zum Gegenstand ihrer Kritik. Eine querliegende Hoffnungserzählung vermittelt den Eindruck, dass es bei der Bewältigung der Klimakrise essenziell sei, zuversichtlich zu bleiben, wenngleich die Verzweiflung als Kehrseite der Medaille noch stärker in Form der hier typischen inkonsistenzfokussierten Kommunikation promoviert wird. Vorwürfe richten sich nur an Individuen, was die wahrgenommene Last wiederum schürt.

Dem Modell entsprechend lassen sich vier Quadranten benennen, in denen die Diskursdominanz und der Institutionalisierungsfokus ihre Variationen entfalten, woraus sich letztlich die Climate Change Agency ableiten lässt. a) Claims-Maker, denen beispielsweise eine niedrige Diskursdominanz zukommt und deren Institutionalisierungsfokus eher auf der Funktionslogik liegt (Quadrant A), weisen keine Climate Change Agency auf. In diesem Quadranten sind der Unterstützungs- und der Innovations-Master-Claim vertreten. b) Claims-Maker, die eine hohe Diskursdominanz zeigen und deren Institutionalisierungsfokus sich eher auf die Funktionslogik bezieht (Quadrant B), weisen ein gewisses Potenzial für Climate Change Agency auf, sollte es gelingen, den Funktionsfokus stärker auf den Transformationsfokus zu lenken. Dieser Quadrant wird von Innovations- und Stimmungs-Master-Claims bespielt. c) Claims-Maker, denen eine niedrige Diskursdominanz zukommt und deren Institutionalisierungsfokus eher auf der Transformationslogik liegt (Quadrant D), weisen ebenfalls Potenzial für Climate Change Agency auf, sofern es gelingt, die Diskursdominanz zu stärken. Hier lassen sich der Verantwortungs- und der Unterstützungs-Master-Claim finden. d) Claims-Maker, die eine hohe Diskursdominanz zeigen und deren Institutionalisierungsfokus eher auf der Transformationslogik liegt (Quadrant C), haben letztlich am ehesten Climate Change Agency. In diesem Quadranten lassen sich der Stimmungs- und der Verantwortungs-Master-Claims verorten. Betrachtet man die vier Master-Claim-Sphären nun nicht isoliert voneinander, sondern legt den Fokus nochmals auf die Relationen dazwischen und beleuchtet diese als dynamisch, so zeigt sich folgendes Bild (Abb. 5.27).

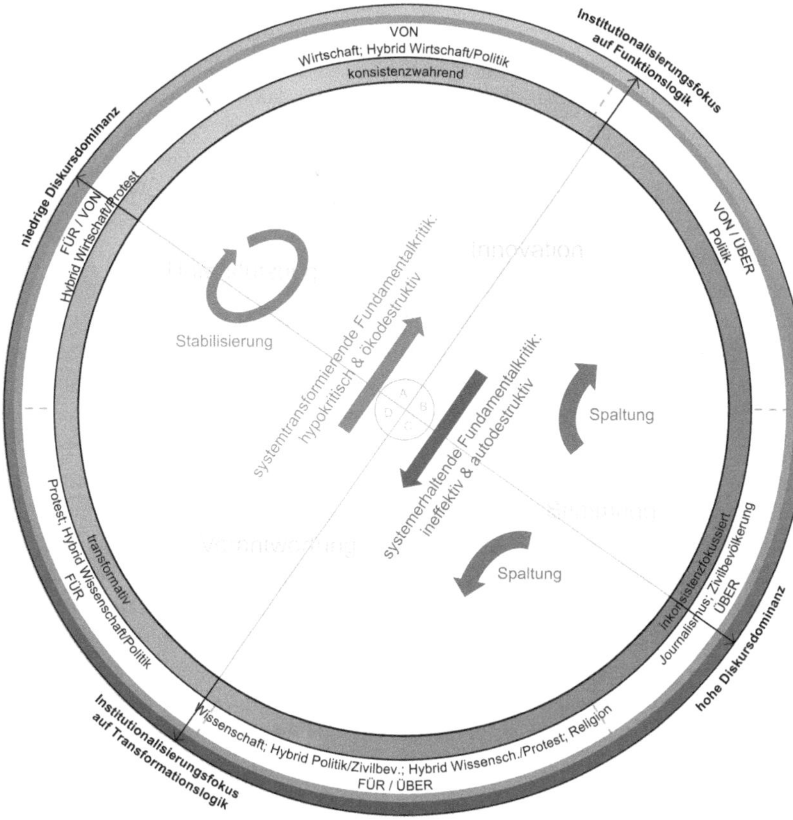

Abbildung 5.27 Relationale Climate Change Agency. (Eigene Darstellung)

Aus den vorherigen Interpretationen ging hervor, dass sich der Innovations-Claim und der Verantwortungs-Claim oppositionell gegenüberstehen. Sie bilden zwei Fronten, deren Framing zur Klimakrise sich stark voneinander unterscheidet. Während in der Innovations-Claim-Sphäre eher das Dringlichkeits- oder das Anstandsvokabular bedient wird, kommt in der Verantwortungs-Claim-Sphäre eher das Vokabular der Wirksamkeit und des Schweregrads zum Einsatz (siehe hierzu Tab. 5.7). Das Blaming wird dabei zwischen diesen beiden Fronten ausgetragen. Das Innovationslager und das Verantwortungslager blamen sich also gegenseitig für ihr jeweiliges Framing. Dabei wird deutlich, dass die beiden Lager vorwiegend unterschiedliche Claims-Making-Register ziehen und auf unterschiedlichen Ebenen framen und blamen: Das Innovationslager zieht eher das temporale und das sozial-moralische Register, das Verantwortungslager das transformative und das systemische. Das Innovationslager richtet mit systemerhaltendem Anspruch fundamentale Kritik an das Verantwortungslager, sie seien ineffektiv und autodestruktiv; das Verantwortungslager hingegen richtet mit systemtransformierendem Anspruch fundamentale Kritik an das Innovationslager, sie seien hypokritisch und ökodestruktiv.

Neben den zwei Fronten aus dem Innovations- und dem Verantwortungslager nehmen die Unterstützungs-Claim-Sphäre und die Stimmungs-Claim-Sphäre Mittlerrollen ein. Der Unterstützungs-Claim mediiert zwischen den beiden Fronten, indem er beide Logiken in opportunistischer Weise unterstützt, ohne sich am Blame-Game zu beteiligen. Dadurch trägt dieser Master-Claim zur Stabilisierung der beiden Fronten und ihres Framings bei. Der Stimmungs-Claim hingegen bewegt sich auch zwischen den Fronten, jedoch nimmt er keine mediierende oder unterstützende, sondern eher eine spaltende Rolle ein. Möglicherweise ist die beobachtete Diskursdominanz hier auch deshalb so ausgeprägt, weil der Stimmungs-Master-Claim an beiden Lagern, der Innovation und der Verantwortung, anschließen kann. Zudem beteiligt er sich hier stark am wechselseitigen Blame-Game der Fronten. Er ist der stärkste Balmer der hier erhobenen Arenenöffentlichkeit und wird selbst kaum geblamt. So betrachtet kann er als Blame-Katalysator angesehen werden. Dadurch untergräbt er sowohl den Systemerhaltungsanspruch des Innovationslagers als auch den Systemtransformationsanspruch des Verantwortungslagers und trägt zur Blockade beider Ansprüche bei. Als opportunistischer Frame-Stabilisator steht der Unterstützungs-Claim dem Stimmungs-Claim als spaltender Blame-Katalysator ebenfalls diametral gegenüber. Dieses dynamische und relationale Bild des Claims-Makings veranschaulicht, wie Climate Change Agency innerhalb der Arenenöffentlichkeit aufgebaut und abgetragen werden kann und wie darüber auf lange Sicht zur Institutionalisierung der sozial-ökologischen Transformationserwartung beigetragen werden kann.

Fazit: Nachhaltiges Claims-Making in der Arenenöffentlichkeit

6

6.1 Zusammenfassung der Ergebnisse

Ziel dieser Arbeit war es, die strategische arenenöffentliche Kommunikation bzw. das Claims-Making unterschiedlicher Akteure zur Klimakrise genauer zu beleuchten. Im Zuge dessen sollte der übergeordneten Forschungsfrage nachgegangen werden: Wie erzeugen multiple Akteure öffentlicher Arenen im Klimadiskurs kommunikative Climate Change Agency im Spannungsfeld zwischen funktionalen und transformativen Erwartungen? Dabei sollte nicht nur systematisch nachvollzogen werden, welchen komplexen Dynamiken diese multiplen Akteure einerseits in der Arenenöffentlichkeit im Kampf um Diskurshoheit unterliegen, sondern auch, welche Inkonsistenzproblematiken sich aus dem Spannungsfeld zwischen funktionalen und transformativen Erwartungen für sie ergeben und wie sie dennoch bemüht sind, der sozial-ökologischen Transformationserwartung gerecht zu werden und kommunikative Climate Change Agency aufzubauen. Daran orientierten sich die folgenden theoretischen Unterforschungsfragen:

> **TUF 1:** Wie lassen sich unterschiedliche kommunikative Umgangsformen mit der wachsenden sozial-ökologischen Transformationserwartung beim gleichzeitig geltenden Anspruch nach Funktionserfüllung aus der aktuellen Literatur der PR- und Organisationskommunikationsforschung und angrenzenden Disziplinen systematisieren?
>
> **TUF 2:** Wie lässt sich aus verschiedenen arenentheoretischen Ansätzen eine integrierte, für empirische Untersuchungen anschlussfähige, arenenöffentliche Perspektive entwickeln?
>
> **TUF 3:** Wie lassen sich aus der akteursübergreifenden Funktions-/Transformations-Inkonsistenz akteursspezifische Inkonsistenzen auf Basis interdisziplinärer Literatur hinsichtlich des Policy-Practice- und des Means-Ends-Decouplings modellieren?

A. Krämer, *Climate Change Agency zwischen Blaming und Framing*,
https://doi.org/10.1007/978-3-658-50041-2_6

TUF 4: Wie können die Akteure über diese unweigerlich auftretenden Inkonsistenzen hinweg Handlungsfähigkeit aufbauen und zu institutionellem Wandel beitragen?

6.1.1 Beantwortung der theoretischen Unterforschungsfragen

Zunächst wurde dafür auf die Klimakrise als globalgesellschaftliche Herausforderung eingegangen, deren Auswirkungen sich nicht nur in ökologischer, sondern auch in soziokultureller Hinsicht bemerkbar machen. Die ökologische Herausforderung ist spätestens mit den 1980er Jahren allgemein bekannt und sowohl international als auch national wurden Maßnahmen ergriffen, Netzwerke und Organisationen gegründet, die sich der Herausforderung annehmen. Jedoch ist zu kritisieren, dass die Maßnahmen es bis heute nicht vermochten, den CO_2-Ausstoß nachhaltig zu senken, geschweige denn ihn nicht weiter steigen zu lassen (Abschnitt 2.1). Die Klimakrise ließ sich weiters auch als soziokulturelle Krise begreifen, die sämtliche Lebensbereiche durchzieht. Die wachsende Dringlichkeit (temporale Spezifik), das Gerechtigkeitsdilemma (sozial-moralische Spezifik) und das Priorisierungsdilemma aus ökonomischen und ökologischen Interessen (systemische Spezifik) sind einige dieser soziokulturellen Herausforderungen. Zusammen mit der ökologischen Herausforderung lässt sich hierin die sozial-ökologische Transformationserwartung begründen (Abschnitt 2.2). Es wurde herausgestellt, dass der Kommunikation, insbesondere der öffentlichen Kommunikation, im Umgang mit dieser sozial-ökologischen Transformationserwartung eine zentrale Rolle zukommt. Dieser Einsicht folgend, nahmen sich die Kommunikationswissenschaft sowie interdisziplinäre Forschung aus der Umwelt- und Wissenschaftskommunikation der Thematik an. Als maßgeblich an der Herstellung von Öffentlichkeit und der Erzeugung von Sichtbarkeit und Relevanz der sozial-ökologischen Transformationserwartung beteiligt treten nicht nur klassische journalistische Medien, sondern auch Organisationen oder stellvertretende Akteure aus der Wirtschaft, der Politik, der Wissenschaft oder dem Aktivismus auf. Eine *Multi-Akteurs-Perspektive* einnehmend war es entsprechend das Ziel, mit Hilfe der PR- und Organisationskommunikationsforschung entscheidende Erkenntnisse zur Frage, wie bestmöglich kommunikativ mit der wachsenden sozial-ökologischen Transformationserwartung umgegangen werden kann, zu liefern (TUF 1: Wie lassen sich unterschiedliche kommunikative Umgangsformen mit der wachsenden sozial-ökologischen Transformationserwartung beim gleichzeitig geltenden Anspruch nach Funktionserfüllung aus der aktuellen Literatur der PR- und Organisationskommunikationsforschung und angrenzenden Disziplinen systematisieren?). Die Aufarbeitung der einschlägigen Literatur offenbarte einen *konsistenzwahrenden* (Basu & Palazzo, 2008; Carroll & Shabana, 2010; Du et al., 2010; Jarolimek, 2014; Kong et al., 2020; Lintemeier & Rademacher, 2016), einen *inkonsistenzfokussierten* (Andersen et al., 2017; Lock, 2016; Lyon & Montgomery, 2015; Seele & Gatti, 2017; Wijen, 2014; Yusof et al., 2020) und einen *transformativen* (Ergene, 2021; Hahn et al., 2018; Jay et al., 2017; Smith & Lewis, 2011; Weder & Voci, 2021; Weder, 2022) Zugang, die sich auch den drei Kommunikationstypen nach Weder et al. (2021), der *von-* der *über-* und der *für*-Kommunikation, zuordnen ließen. Bei der Systematisierung der PR- und Organisationskommunikationsliteratur fiel zudem auf, dass zum einen überwiegend wirtschaftliche Unternehmen beforscht wurden (Single-Akteur-Perspektive) und zum anderen instrumentelle konsistenzwahrende sowie kritische inkonsistenzfokussierte Zugänge überwogen. Folglich war es ein Anspruch dieser Arbeit, die Multi-Akteurs-Perspektive fortlaufend einzunehmen und zur Anwendung zu bringen, um der Vielzahl an öffentlich kommunizierenden Akteuren und anderen kommunikativen Zugängen gerecht werden zu können (Abschnitt 2.3).

Diese Multi-Akteurs-Perspektive ließ sich theoretisch am besten aus einer öffentlichkeitsorientierten Perspektive der Organisationskommunikationsforschung (Eisenegger, 2018; Sandhu, 2015) heraus aufgreifen. In einem ersten Schritt wurde hierfür die Bedeutung der Öffentlichkeit für demokratische Gesellschaften hervorgehoben sowie betont wurde, dass sich diese selbst in einem kontinuierlichen Wandlungsprozess befindet und als dynamische und krisenhafte Kommunikationsumgebung verstanden werden kann (Abschnitt 3.1.1). Die öffentliche Kommunikation, die in diesem Kontext stattfindet, konnte dann aus drei verschiedenen Perspektiven beleuchtet werden: einer analytischen, einer deliberativen und einer agonistischen (Abschnitt 3.1.2). Darauf aufbauend war es das Ziel, eine integrierte Perspektive arenenöffentlicher Kommunikation zu erarbeiten, die dem Anspruch der Multi-Akteurs-Perspektive folgend in der Lage ist, die multiplen Kommunikationsflüsse im Kontext komplexer öffentlicher Diskursdynamiken theoretisch zu greifen und empirisch untersuchbar zu machen (TUF 2: Wie lässt sich aus verschiedenen arenentheoretischen Ansätzen eine integrierte, für empirische Untersuchungen anschlussfähige, arenenöffentliche Perspektive entwickeln?). Als Hauptbestandteile sind dabei *Arenen* als öffentliche Kommunikationsumgebung bzw. als Zugangs- und Beobachtungsmedium (Lörcher & Taddicken, 2019; Schmidt, 2014), *Akteure* als Kommunikator:innen und Kämpfer:innen um die Aufmerksamkeit des Publikums um Deutungshoheit und um Legitimität (Eisenegger, 2018; Eisenegger & Udris, 2019; Imhof, 2011), *Themen* als kommunikativ verhandelte soziopolitisch relevante Problemlagen, zu denen sich die Akteure positionieren und über die sie die knappe Aufmerksamkeit gewinnen können (Hilgartner & Bosk, 1988; Lock, 2020; Luoma-aho & Vos, 2010), sowie *Claims* als kommunikative Bezugnahmen auf andere Akteure und gesellschaftspolitisch relevante Themen (Koopmans & Erbe, 2004; Koopmans & Statham, 1999; Raupp, 2019), die strategisch geframt sind (Benford & Snow, 2000; Snow & Benford, 1988), zu begreifen. Dieser Claims-Making-Prozess ereignet sich zwischen den Akteuren, bezieht sich in bestimmter Weise auf die zur Verhandlung stehenden Themen, worüber wiederum der diskursive Einfluss der Akteure in der Arenenöffentlichkeit bestimmt wird. Über die verschiedenen Arenenverständnisse hinweg wurden auch immer wieder dieselben Akteursgruppen in der Rolle als sinn- und orientierungsstiftende Claims-Maker thematisiert, weshalb sie auch für diese Arbeit fortlaufend als Schlüsselakteursgruppen identifiziert werden. Dazu zählen wirtschaftliche, politische, journalistische, akademische sowie aktivistische Akteure. Ein solches Verständnis von öffentlicher Kommunikation ist nicht nur offen für die Untersuchung multipler Akteure und deren Bedeutungskonstruktion um die sozial-ökologische Transformationserwartung, sondern es systematisiert die integrativen Bestandteile (Arena, Akteure, Themen und Claims) und macht sie in Relation zueinander empirisch beforschbar (Abschnitt 3.1.3). Abschließend wurden die Konzepte in ein integriertes Verständnis arenenöffentlicher Kommunikation zusammengeführt (Abschnitt 3.1.4).

Als Nächstes galt es nachzuvollziehen, wie sich die öffentlich diskutierte sozial-ökologische Transformationserwartung in der Gesellschaft auf die organisationale Ebene unterschiedlicher Akteure niederschlägt. Hierbei lieferte neoinstitutionalistische Literatur (Czarniawska & Sevón, 1996; DiMaggio & Powell, 1983; Hasse & Krücken, 2005; Hasse & Krüger, 2020b; Meyer & Rowan, 1977; Røvik, 1996; Scott, 2014; Zucker, 1977) aufschlussreiche Erkenntnisse. Organisationen oder Akteure geraten unter Druck, gesellschaftlichen Erwartungsstrukturen gerecht zu werden, um sich so ihre *Legitimität* – ihre „license to operate" (Fredriksson & Ihlen, 2018, S. 4) – erhalten zu können. Ein solches Set an Erwartungsstrukturen bündelt sich zu *institutionellen Logiken*, die jedoch nie isoliert für sich stehen, sondern stets in Konkurrenz zu anderen institutionellen Logiken auftreten, die gleichzeitig ihre Erfüllung verlangen (Ocasio et al., 2017, S. 513–514) (Abschnitt 3.2.1).

Um diesen komplexen Logiken letztlich gleichermaßen entsprechen zu können, entkoppeln Organisationen ihre repräsentative Formalstruktur nicht selten von internen Aktivitäten – es kommt zum *Decoupling* (Meier & Meyer, 2020, S. 78). Dieses Phänomen lässt sich nicht nur bei den viel untersuchten wirtschaftlichen Akteuren, sondern bei allen identifizierten Schlüsselakteuren, also auch journalistischen, politischen, akademischen oder aktivistischen Akteuren, beobachten. Folglich war es an dieser Stelle das Ziel, die verschiedenen Decoupling-Formen für die multiplen Akteure zu modellieren (TUF 3: Wie lassen sich aus der akteursübergreifenden Funktions-/Transformations-Inkonsistenz akteursspezifische Inkonsistenzen auf Basis interdisziplinärer Literatur hinsichtlich des Policy-Practice- und des Means-Ends-Decouplings modellieren?). Als querliegende Basis-Inkonsistenz, mit der sich die unterschiedlichen Akteure konfrontiert sehen, ließ sich eine *Funktions-/Transformations-Inkonsistenz* postulieren. Diese spiegelt den Kernkonflikt zwischen eher effizienzgetriebenen funktionsfokussierten institutionellen Logiken und eher gemeinwohlorientierten transformationsfokussierten institutionellen Logiken wider. Diese Basis-Inkonsistenz wird für alle Akteursgruppen gleichermaßen zur Legitimationsherausforderung. Aus der organisationssoziologischen Literatur (Bromley & Powell, 2012; Brunsson, 2003) ließen sich zum tieferen Verständnis zwei Formen des Decouplings identifizieren: das *Policy-Practice-Decoupling* – jene Form des Decouplings, bei der institutionelle Regeln, hier die sozial-ökologische Transformationserwartung, nur zeremoniell an der Oberfläche übernommen werden, jedoch kein substanzielles Engagement erfolgt und hier somit weiterhin eine Priorisierung der Funktionserwartung praktiziert wird (Bromley & Powell, 2012, S. 8) – sowie das *Means-Ends-Decoupling* – jene Form des Decouplings, bei dem die institutionellen Regeln zwar übernommen und in die Handlungsebene übersetzt werden, das Ergebnis dieser Handlungen jedoch das eigentlich angestrebte Ziel, hier der sozial-ökologischen Transformationserwartung substanziell zu entsprechen, immer noch verfehlt wird (Bromley & Powell, 2012, S. 8). Mit dem Anspruch der Multi-Akteurs-Perspektive wurden diese ähnlich gelagerte Inkonsistenzproblematik und daran anknüpfende Vorwürfe unter Einbezug interdisziplinärer Literatur der Umwelt- und Nachhaltigkeitskommunikationsforschung, der Organisationskommunikationsforschung, der Politischen Kommunikationsforschung, der Journalismusforschung, der Wissenschaftskommunikationsforschung sowie der Sozialen Bewegungs- und Protestkommunikationsforschung für die unterschiedlichen Akteursgruppen modelliert und sichtbar gemacht. Dieses Modell zeigte ein holistisches Bild dessen, wie sich die übergeordnete Funktions-/Transformations-Inkonsistenz akteursspezifisch niederschlagen kann. Es manifestierte sich eine *Wachstums-/Nachhaltigkeits-Inkonsistenz* ökonomischer Logiken, eine *Klientel-/Gemeinwohlinteressen-Inkonsistenz* politischer Logiken, eine *Aufmerksamkeits-/Aufklärungs-Inkonsistenz* journalistischer Logiken, eine *Rigorositäts-/Relevanz-Inkonsistenz* akademischer Logiken sowie eine *Devianz-/Problemartikulations-Inkonsistenz* aktivistischer Logiken. Als unbeabsichtigtes Resultat dieser Inkonsistenzen sehen sich die unterschiedlichen Akteure mit ähnlichen Vorwürfen der

Heuchelei (anknüpfend an das Policy-Practice-Decoupling) sowie der Ineffektivität (anknüpfend an das Means-Ends-Decoupling) konfrontiert (Abschnitt 3.2.2).

Diese geteilte Inkonsistenz- bzw. Legitimationsproblematik machte überdies nochmals die Komplexität und die Schwierigkeit des substanziellen Engagements mit der sozial-ökologischen Transformationserwartung der unterschiedlichen Akteure sichtbar. Demzufolge war es das Ziel, aus der neo-institutionalistischen Literatur herauszuarbeiten, welche Rolle die Akteure trotz dieser Schwierigkeit in Hinblick auf institutionellen Wandel einnehmen können (TUF 4: Wie können die Akteure über diese unweigerlich auftretenden Inkonsistenzen hinweg Handlungsfähigkeit aufbauen und zu institutionellem Wandel beitragen?). Die jüngere neo-institutionalistische Forschung begreift Organisationen und Akteure als in eine Umwelt aus komplexen institutionellen Logiken eingebettet (Greenwood et al., 2015, S. 334–339). Diesem Verständnis der *institutional embeddednes* (Greenwood et al., 2015, S. 334–339) steht das Konzept des „*institutional entrepreneurs*" (Hardy & Maguire, 2017, S. 272) gegenüber. Den Organisationen und Akteuren wird hier eine aktivere gestalterische Rolle zugeschrieben, die zur Formation, zur Reproduktion sowie zur Transformation institutioneller Logiken und damit zu deren langfristiger Institutionalisierung bzw. Deinstitutionalisierung beitragen kann (Buhr, 2012; DiMaggio, 1988, S. 14; Fredriksson & Pallas, 2014, S. 150; Friedland & Alford, 1991, S. 254–255; Hardy & Maguire, 2017, S. 261). Die Handlungsfähigkeit dieser *institutional entrepreneurs* basiere vor allem auf der Mobilisierung von Ressourcen, einer glaubhaften Bedeutungskonstruktion und solider Inter-Akteurs-Beziehungen (Buhr, 2012; Hardy & Maguire, 2017, S. 270–272). Diese Kriterien werden jedoch meist von Akteuren erfüllt, die, ob ihrer starken institutionellen Einbettung und des damit einhergehenden Festhaltens an bewährten Logiken, häufig weniger an einer Transformation ebendieser bewährten Logiken interessiert sind. Die Bereitschaft, sich auf neue Logiken einzulassen, und die Initiative zur Transformation finden sich eher bei weniger dominanten und weniger ressourcenstarken Akteuren – „*the paradox of embedded agency*" (Hardy & Maguire, 2017, S. 261). Die Frage, wie sich institutioneller Wandel überhaupt ereignen kann und wie viel Handlungsfähigkeit den Akteuren innerhalb der institutionellen Einbettung tatsächlich zukommt, wird von der amerikanischen und der skandinavischen neo-institutionalistischen Forschungstradition unterschiedlich beantwortet. In der amerikanischen Tradition werden die Akteure und Organisationen als eher passiv begriffen, indem diese sich an institutionelle Regeln anpassen (müssen), diese inkorporieren und wiederum kommunikativ diffundieren (vgl. Isomorphie-Effekte) (Boxenbaum & Jonsson, 2017, S. 77; DiMaggio & Powell, 1983, S. 150). In der skandinavischen Tradition kommt den Akteuren und Organisationen eine aktivere Rolle zu. Hier gelten die institutionellen Logiken als kollektiv und interaktiv konstruiert und folglich als durch Interpretation und dynamische Anpassung gestaltbar (vgl. kommunikativer Institutionalismus) (Cornelissen et al., 2015, S. 10; Røvik, 1996, S. 143) (Abschnitt 3.2.3).

6.1.2 Beantwortung der empirischen Unterforschungsfragen

Aus diesen theoretischen Erkenntnissen ließen sich verschiedene empirische Forschungsdesiderate in Hinblick auf die übergeordnete Forschungsfrage herausarbeiten. Aus Kapitel 2 wurden aus der Literatur der PR- und Organisationskommunikationsforschung drei verschiedene Zugänge, wie Akteure kommunikativ mit der sozial-ökologischen Transformationserwartung umgehen, identifiziert: eine konsistenzwahrende *von*-Kommunikation, eine inkonsistenzfokussierte *über*-Kommunikation und eine transformative *für*-Kommunikation. Nun ist es insbesondere aus dem postulierten Anspruch heraus, zu einer Multi-Akteurs-Perspektive zu gelangen, auch ein empirisches Desiderat, nachzuvollziehen, wie diese drei Zugänge in der arenenöffentlichen Kommunikation bedient werden. In Bezug auf das Arenenverständnis von Öffentlichkeit ergab sich das Desiderat, diese empirisch greifbar zu machen und die verschiedenen ineinander verwobenen Bestandteile der Arena, der Akteure, der verhandelten Themen sowie den Prozess des Claims-Makings selbst in ihrer Interdependenz zu beforschen. Dabei ging es nicht nur darum, die unterschiedlichen Framing-Strategien im Claims-Making zu charakterisieren, sondern auch darum, genauer auf die Blaming-Strategien einzugehen. Dieses Desiderat ergab sich auch aus den Erträgen des Decoupling-Modells, das die Rekonstruktion des Blame-Games auf Basis der identifizierten Inkonsistenzen zum Interesse hatte. Mit der neo-institutionellen Perspektive geht letztlich das empirische Desiderat einher, zu eruieren, wie die unterschiedlichen Akteure über den Prozess des Claims-Makings, durch Framing und Blaming, diskursiv versuchen, Climate Change Agency aufzubauen – also ihre aufgebaute Diskursdominanz für eine Institutionalisierung der sozial-ökologischen Transformationserwartung konstruktiv einzusetzen (Abschnitt 3.3).

Um diesen empirischen Desideraten gerecht werden zu können, wurde eine Claims-Making-Analyse durchgeführt. Zur Systematisierung wurden die folgenden forschungsleitenden empirischen Unterfragen (EUF) aufgestellt:

EUF 1: Wie verteilen sich Claims-Maker, Themen und Adressat-/Themenwertungen auf die erhobenen Zugangsmedien (Arenen)?

EUF 2: Welche Diskursstränge lassen sich innerhalb dieser Arenenöffentlichkeit identifizieren und wie lassen sich diese beschreiben?

EUF 3: Welche Koalitionen und Oppositionen ergeben sich aus den Akteurs-/Themenkonstellationen?

EUF 4: Wie unterscheiden sich die Akteursgruppen hinsichtlich ihres strategischen Blamings und Framings?

EUF 5: Wie lassen sich die Erträge aus den EUF 1–4 in Hinblick auf eine mögliche Climate Change Agency interpretieren?

Als Untersuchungsmaterial wurden Zeitungsartikel der jeweils reichweitenstärksten Boulevard- bzw. Qualitätszeitung (Kronen Zeitung und Standard) sowie ausgewählte Presseaussendungen eventbasiert, im Zeitraum um die Klimakonferenz 2022 (06.11.2022 bis 18.11.2022), ausgewählt. Mit dieser Selektion wurde zum einen sichergestellt, dass es ob der Relevanz und Aktualität einige Beiträge zum Thema der Klimakrise geben würde, sowie zum anderen, dass eine gewisse Akteurs- und Themenvielfalt, die Voraussetzung für die beabsichtigte Forschung war, gewährleistet wäre. Auch wurde mit der Hinzunahme des Materials der Presseaussendungen einem unweigerlich inhärenten Medien-Bias zu begegnen versucht. Die Claims-Making-Analyse (Koopmans & Statham, 1999) wurde von der Untersuchungseinheit eines Claims ausgehend unter Zuhilfenahme eines erstellten Codebuchs durchgeführt. Nach der Identifikation eines Claims im Material wurden für jeden Claim in einer an das Codebuch angelehnten Excel-Datenmaske folgende Kategorien festgehalten: Claims-Maker, Adressat, Betroffene, Themen, Wertungen, Art der Bezugnahme, Blaming-Strategie und Framing-Strategie. Bis auf die Wertungen und die Framing-Strategie wurden die Kategorien offen und möglichst nah am Text erhoben. Etwaige Gruppierungen und Verdichtungen geschahen erst in weiteren interpretativen Schritten (Kuckartz & Rädiker, 2022) (Abschnitt 4.1).

Im ersten Teil der Auswertung (EUF 1: Wie verteilen sich Claims-Maker, Themen und Adressat-/Themenwertungen auf die erhobenen Zugangsmedien (Arenen)?) ging es darum, näher auf die untersuchten Quellmedien einzugehen. Diese Quellmedien stellen den Zugang für die unterschiedlichen Akteure zur Arenenöffentlichkeit dar und bergen Charakteristika, die sich auf das Gesamtbild der erhobenen Arenenkommunikation auswirken können. Mit der Selektion von Tageszeitungen (Kronen Zeitung und Standard) geht in Bezug auf die Zugangsbeschränkung für Claims-Maker sowie in Bezug darauf, wie viel Raum eher positiv oder eher negativ konnotierten Claims gegeben wird, ein bestimmter

Bias einher, der im betreffenden Abschnitt auch thematisiert wurde (Outside-in-Perspektive mit Negativtendenz). Um diesem Bias entgegenzuwirken, wurden für die Untersuchung auch Pressaussendungen herangezogen (Inside-out-Perspektive mit Positivtendenz). Ein erster deskriptiver Überblick über die erhobene Arenenöffentlichkeit zeigt, dass die erhobenen Claims zu annähernd gleichen Teilen aus den beiden Tageszeitungen sowie den Presseaussendungen stammten (Kronen Zeitung = 29 %; Standard = 38 %; Presseaussendungen = 33 %). Die Claims in der Kronen Zeitung waren überwiegend negativ, die der Presseaussendungen überwiegend positiv – was die Tendenzen der Quellmedien bestätigt. Zu den stärksten Claims-Makern gehörten politische und journalistische und mit Abstand am meisten wurde über Maßnahmen gesprochen (Abschnitt 5.1).

Um nun die einzelnen Bestandteile der erhobenen Arenenöffentlichkeit in Relation zueinander untersuchen und die einzelnen Diskursstränge identifizieren zu können (EUF 2: Welche Diskursstränge lassen sich innerhalb dieser Arenenöffentlichkeit identifizieren und wie lassen sich diese beschreiben?), ließ sich diese weiters mit Gephi in einer Netzwerkdarstellung visualisieren. Für die weitere Untersuchung wurde das komplexe Netzwerk in einzelne Diskursstränge heruntergebrochen, innerhalb derer dann die Akteure und die verhandelten Themen beleuchtet wurden. Dabei kristallisierten sich die folgenden Subdiskurse heraus: ein *mediengetriebener Ereignisdiskurs*, ein *politikgetriebener Maßnahmendiskurs*, ein *NGO-getriebener Naturschutzdiskurs*, ein *hochschulpolitikgetriebener Protestdiskurs*, ein *wirtschaftsgetriebener Technologiesolutionismusdiskurs* sowie ein *expert:innengetriebener Mental-Health-Diskurs* (Abschnitt 5.2).

Um darauf aufbauend die Interakteursrelationen, die Rolle der thematischen Bezüge sowie die Wertungen im Claims-Making in Hinblick auf die resultierende Akteurskonstellationen besser nachvollziehen zu können (EUF 3: Welche Koalitionen und Oppositionen ergeben sich aus den Akteurs-/Themenkonstellationen?), wurde zunächst zwischen Akteuren in ihrer Rolle als Claims-Maker und Akteuren in ihrer Rolle als Adressaten unterschieden. Je nachdem, wie dominant Akteure in der Rolle als Claims-Maker auftraten, und je nachdem, wie häufig selbige in der Adressatenrolle auftraten und vor allem wie sie dabei bewertet wurden, konnte ihnen insgesamt geringe bis sehr hohe Definitionsmacht zugeschrieben werden (siehe Tab. 5.3). Durch die Analyse, wie sich die Akteursgruppen nun in der Gesamtschau zueinander und zu den verhandelten Themen verhielten, ließen sich abschließend Koalitionen und Allianzen rekonstruieren (siehe Tab. 5.4). Es zeigten sich eine *hegemoniale Allianz*, *Schnittstellenakteure*, eine *Klimaallianz*, eine *Empörungskoalitio*n sowie eine *stille Koalition* (Abschnitt 5.3).

Vor diesem Hintergrund galt es in weiterer Folge, den Fokus der Untersuchung auf das Claims-Making selbst zu legen (EUF 4: Wie unterscheiden sich die Akteursgruppen hinsichtlich ihres strategischen Blamings und Framings?). Bei der Systematisierung der Blaming- und Framing-Strategien nach den Akteursgruppen fiel auf, dass sich einige dieser Gruppen den strategischen Kommunikationstypen der *von-*, der *über-* und der *für-*Kommunikation (Weder et al., 2021, S. 3; Weder & Voci, 2021, S. 166) zuordnen ließen. Passend dazu konnten, wie in Abschnitt 2.3 gezeigt, auch die kommunikativen Zugänge, der konsistenzwahrende, der inkonsistenzfokussierte sowie der transformative Zugang, ebendiesen zugewiesen werden. Für die übrigen Akteursgruppen wurden drei weitere Typen generiert, die sich aus Mischvarianten der Basistypen bilden ließen. Somit konnten die Akteursgruppen Wirtschaft und Hybrid Wirtschaft/Politik dem konsistenzwahrenden *von-*Typ, politische Akteure dem teils konsistenzwahrenden, teils inkonsistenzfokussierten *von-/über-*Typ, die Akteursgruppen Journalismus und Zivilbevölkerung dem inkonsistenzfokussierten *über-*Typ, die Akteursgruppen Wissenschaft, Hybrid Politik/Zivilbevölkerung, Religion sowie Hybrid Wissenschaft/Protest dem teils inkonsistenzfokussierten, teils transformativen *über-/für-*Typ, die Akteursgruppen Protest und Hybrid Wissenschaft/Politik dem transformativen *für-*Typ und die Akteursgruppe Hybrid Wirtschaft/Protest dem teils transformativen, teils konsistenzwahrenden *für-/von-*Typ zugeordnet werden. Zunächst auf Akteursgruppenebene wurden in Folge die Blaming-Strategien analysiert. Auch hier wurden die Akteure einmal in ihrer Rolle als Blamer und einmal in ihrer Rolle als Geblamte betrachtet. Journalistische, zivilgesellschaftliche, wissenschaftliche sowie hybride Akteure zwischen Politik und Zivilbevölkerung erwiesen sich als starke Blamer. Die Geblamten unterschieden sich von diesen. Die am stärksten geblamten Akteursgruppen waren Hybrid Wirtschaft/Politik, Politik sowie Protest. Bei der tieferen Analyse, wer wem welche Vorwürfe machte, zeigte sich, dass nicht nur die erwarteten Blaming-Modi auftraten. Es kam neben Inkonsistenz-Blames (Policy-Practice- und Means-Ends-Blames), die auf einen Aushandlungskonflikt schließen lassen, auch zu vorgelagerten Prioritäten-Blames (Functional-Priority- und Climate-Priority-Blames), die auf einen zugrunde liegenden Wertekonflikt zurückführbar sind. Am Ende des Abschnitts folgte eine zusammenfassende Systematisierung der Blamings auf Ebene der Kommunikationstypen (Abschnitt 5.4.1). In Bezug auf die Framing-Strategien wurden zunächst das diagnostische und das prognostische Framing der Akteursgruppen in Relation zueinander betrachtet. Diese beiden Formen des Framings dienen der Konsensmobilisierung (Benford & Snow, 2000, S. 615; Snow & Benford, 1988, S. 199). Das motivationale Framing wurde als Bestandteil des diagnostischen oder prognostischen Framing erachtet. Dieses diente der Handlungsmobilisierung (Benford & Snow, 2000, S. 615; Snow & Benford, 1988, S. 199). Es zeigt sich, dass die Claims-Maker unterschiedliches motivationales Vokabular – Dringlichkeit, Anstand, Wirksamkeit, Schweregrad (Benford & Snow, 2000, S. 617) – bedienten und damit verschiedene positive oder negative Emotionen adressierten. Auch hier wurde abschließend eine grafische Systematisierung der Framings auf Ebene der Kommunikationstypen erstellt (Abschnitt 5.4.2).

Abschließend wurde das Claims-Making auf Ebene der unterschiedlichen Kommunikationstypen, also die Erkenntnisse zu deren Blaming- und Framing-Strategien, vor dem Hintergrund der bisherigen theoretischen und empirischen Erkenntnisse zur erhobenen Arenenöffentlichkeit sowie zum Umgang mit der Funktions-/Transformations-Inkonsistenz beleuchtet. Aus der finalen Interpretation dieser Gesamtschau konnten das Claims-Making und die dadurch verhandelte Climate Change Agency der Akteure modelliert werden (EUF 5: Wie lassen sich die Erträge aus den EUF 1–4 in Hinblick auf eine mögliche Climate Change Agency interpretieren?). In Bezug auf das Claims-Making hat sich durch die tiefere Interpretation gezeigt, dass die Kommunikationstypen unterschiedliche Claims-Making-Register bedienen, innerhalb derer eine Korrespondenz zwischen dem bedienten motivationalen Framing-Vokabular und den daran anknüpfenden Blaming-Modi existierte. Entlang temporaler, sozial-moralischer, transformativer und systemischer Dimensionen geben sich die Claims-Maker als progressiv, aufrichtig, kompetent und ernsthaft engagiert, während sie einander in ebendiesen Dimensionen als ökodestruktiv, hypokritisch, ineffektiv und autodestruktiv abmahnen. Die Climate Change Agency wird abschließend zwischen Diskursdominanz und Institutionalisierungsfokus innerhalb der vier identifizierten Master-Claim-Sphären – einem wirtschaftlich/politisch vorangetriebenen systemerhaltenden Innovations-, einem akademisch/aktivistisch vorangetriebenen systemtransformierenden Verantwortungs-, einem medienvermittelten spaltenden Stimmungs-, und einem PR-vermittelten stabilisierenden Unterstützungs-Master-Claim – ausverhandelt. Das Potenzial echter Climate Change Agency ist bei jenen Claims-Makern am höchsten, die über eine hohe Diskursdominanz verfügen und deren Institutionalisierungsfokus auf der sozial-ökologischen Transformation liegt. In jenen Bereich des Modells, in dem diese Kriterien zutreffen, spielen der Stimmungs- und der Verantwortungs-Claim hinein. Jedoch hat sich auch herauskristallisiert, dass die beiden Master-Claim-Sphären der Innovation und der Verantwortung als fundamentale Opponenten auftreten, die mit gegenläufigen Ansprüchen verbunden sind und sich dafür gegenseitig blamen. Das Innovationslager beabsichtigt Systemerhaltung und richtet Blames der Ineffektivität und der Autodestruktivität an das Verantwortungslager; dieses wiederum beabsichtigt Systemtransformation und richtet Blames der Hypokrisie und der Ökodestruktivität an das Innovationslager. Die Claim-Sphäre der Unterstützung erfüllt eine Mittlerrolle als opportunistischer Frame-Stabilisator; die Claim-Sphäre der Stimmung übernimmt eine spaltende Rolle als Blame-Katalysator (Abschnitt 5.4.3).

6.1.3 Beantwortung der Hauptforschungsfrage

Die übergeordnete Forschungsfrage, wie multiple Akteure öffentlicher Arenen im Klimadiskurs kommunikative Climate Change Agency im Spannungsfeld zwischen funktionalen und transformativen Erwartungen erzeugen, kann also folgendermaßen beantwortet werden: Die multiplen Akteure, die sich verschiedenen Kommunikationstypen zuordnen ließen, erzeugen Climate Change Agency, 1) indem sie in der Arenenöffentlichkeit eine hohe Diskursdominanz aufbauen und 2) indem sie diese Diskursdominanz für die Institutionalisierung der sozial-ökologischen Transformation einsetzen.

Um Diskursdominanz, also den in Relation betrachtet eingenommenen diskursiven Handlungsspielraum, aufzubauen, verschaffen sich die Akteure als Claims-Maker Zugang zu öffentlichen und bestenfalls reichweitenstarken Arenen. Hier beteiligen sie sich an vielen oder vieldiskutierten Subdiskursen, um Sichtbarkeit und Resonanz zu erzeugen. Je nachdem, wie sich die Akteure mit ihrem Framing und Blaming in Relation zu den diskutierten Themen und zueinander verhalten, ergeben sich Koalitionen und Oppositionen, die wiederum Einfluss auf die Diskursdominanz nehmen können. Das Framing der jeweiligen Themen und das Blaming anderer Akteure dienen hierbei folglich der Positionierung im Arenendiskurs in Relation zu den anderen Claims-Makern.

Des Weiteren ist eben entscheidend, wie diese gewonnene Diskursdominanz in Hinblick auf die sozial-ökologische Transformationserwartung bespielt wird. Denn die Erwartung nach Funktionserfüllung bleibt für die Akteure weiterhin aufrecht und steht in Konkurrenz mit dieser transformativen Erwartung. Das Spannungsfeld zwischen diesen funktionalen und transformativen Erwartungen wird somit zum diskursiven Handlungsspielraum, in dem die Akteure durch das Claims-Making zur Bedeutungskonstruktion um die Institutionalisierung der Funktions- oder Transformationslogik beitragen. Dabei spielt zum einen eine Rolle, wie durch das Framing der Klimakrise Konsens gebildet und zur Handlung motiviert wird. Zum anderen ist relevant, wie mit der akteursspezifischen Inkonsistenzproblematik aus den funktionalen und transformativen Erwartungen umgegangen wird und wie sich das daran anschließende Blame-Game ausgestaltet. Aus dem Zusammenspiel aus Blaming und Framing ergeben sich mögliche

Register aus hemmenden und mobilisierenden Claims. Das Blaming trägt an dieser Stelle zur Erosion der durch das Framing geleisteten Bedeutungskonstruktion bei.

Das Claims-Making kann somit gesamthaft betrachtet als Schlüsselprozess für den Aufbau der Climate Change Agency begriffen werden. Anhand der aus den Untersuchungen hervorgegangenen Master-Claim-Sphären konnte gezeigt werden, dass die Climate Change Agency am höchsten ist, wenn 1) eine hohe Diskursdominanz erreicht werden kann, 2) das konsensbildende Framing eher ausgeglichen ist und das handlungsmobilisierende Framing sich in der Sphäre der Verantwortung und/oder der Stimmung bewegt und dabei positive Gefühle adressiert, 3) die Claims-Maker sich im Blame-Game eine gute Positionierung verschaffen können – also bestenfalls selbst wenig geblamt werden und durch das Blaming anderer Haltung beziehen – und 4) der Institutionalisierungsfokus auf der sozial-ökologischen Transformation liegt.

6.2 Diskussion und Implikationen

Die sozial-ökologische Transformationserwartung wurde als Ausgangsbasis für die daraus erwachsende kommunikative Herausforderung der multiplen arenenöffentlichen Schlüsselakteure skizziert. Die strategische öffentliche Klimakommunikation ebendieser Akteure ist also von zentraler Bedeutung, wenn es darum geht, die Relevanz, die Gründe und die Möglichkeiten der sozial-ökologischen Transformation zu vermitteln und Handlungsbereitschaft dafür zu erzeugen.

6.2.1 Implikationen für die Organisationskommunikationsforschung

Die PR- und Organisationskommunikationsforschung lieferte in Hinblick auf mögliche kommunikative Zugänge im Umgang mit der sozial-ökologischen Transformationserwartungshaltung und dabei auftretenden Inkonsistenzen eine erste Systematisierung der unterschiedlichen Kommunikationsformen. Die Literatur zeigte einen konsistenzwahrenden (Basu & Palazzo, 2008; Carroll & Shabana, 2010; Du et al., 2010; Jarolimek, 2014; Kong et al., 2020; Lintemeier & Rademacher, 2016), einen inkonsistenzfokussierten (Andersen et al., 2017; Lock, 2016; Lyon & Montgomery, 2015; Seele & Gatti, 2017; Wijen, 2014; Yusof et al., 2020) und einen transformativen (Ergene, 2021; Hahn et al., 2018; Jay et al., 2017; Smith & Lewis, 2011; Weder & Voci, 2021; Weder, 2022) Zugang. Auffallend war, dass es in der untersuchten Literatur der PR- und Organisationskommunikationsforschung einen starken Überhang des konsistenzwahrenden Zugangs gab und dass der transformative Zugang bislang nur spärlich beforscht wurde. Analog dazu ergab sich, dass meist Unternehmen in diesem Kontext untersucht wurden (Single-Akteur-Perspektive) und selten Akteure aus anderen nichtökonomischen Bereichen der Gesellschaft. Da diese Arbeit eine öffentlichkeitsorientierte Perspektive (Eisenegger, 2018; Sandhu, 2015) eingenommen und den Anspruch verfolgt hat, zu einer Multi-Akteurs-Perspektive zu kommen, verfolgt hat, ließ sich ein holistischer Blick auf die unterschiedlichen Kommunikationsformen werfen.

Insbesondere in Hinblick auf die konsistenzwahrende Literatur, die sich überwiegend in einem instrumentellen Verständnis verorten lässt, beschränkt sich das Strategieverständnis auf die eigene Funktion und Erhaltung der Entität (Zerfass et al., 2018, S. 493). Aus einer öffentlichkeitsorientierten Multi-Akteurs-Perspektive wurde hier jedoch deutlich, dass die strategische Kommunikation die eigene Agenda stets auch in Relation zu den anderen Akteuren und zum großen Ganzen betrachten sollte. Die inkonsistenzfokussierte Literatur zeigte an dieser Stelle, dass Konsistenz angesichts der komplexen Ansprüche nicht immer authentisch gelingen, geschweige denn einen echten Beitrag für die sozial-ökologische Transformation leisten kann (Lyon & Montgomery, 2015; Wijen, 2014, S. 302). Um also nicht Gefahr zu laufen, die Transformationserwartung nur an der Oberfläche zu adressieren und zu einer Normalisierung des Nachhaltigkeitsbegriffs beizutragen (Weder, 2023a, S. 580–583) oder in der gänzlichen Unauflösbarkeit der Widersprüche stecken zu bleiben, gilt es gemäß der transformativen Literatur, die Inkonsistenzen zwischen den Erwartungen und die Paradoxien, die damit verbunden sind, anzuerkennen und die inhärente Spannung als nützlich zu reframen (Jay et al., 2017, S. 366). Durch das bewusste Hinterfragen und Problematisieren lassen sich bestehende Narrative aufbrechen und Raum für neue erzeugen, um einen konstruktiveren Beitrag zu ermöglichen (Weder, 2023a; Weder & Eriksen, 2023). Diese jüngste und noch wenig repräsentierte transformative Literatur ist weiters richtungsweisend darin, stärker auf die Adressierung zugrundeliegender Ursachen, anstatt auf deren Symptome zu fokussieren (Bennett, 2021, S. 32). Hier wird im Sinne der strategischen Kommunikation für die sozial-ökologische Transformationserwartung großes Potenzial gesehen, was es weiter zu erforschen gilt. Insgesamt lässt sich in diesem Sinne festhalten, dass die drei identifizierten kommunikativen Zugänge zum Umgang mit der sozial-ökologischen Transformationserwartung und den dabei auftretenden Inkonsistenzen auch nützliche Implikationen hinsichtlich perspektivenspezifischer Defizite füreinander liefern, wenn sie vergleichend betrachtet werden.

Auch in der Empirie zeigte sich der Multi-Akteurs-Perspektive folgend ein nuanciertes Bild an verschiedenen Kommunikationstypen und entsprechenden Kommunikationsformen, die die drei Zugänge der von- über- und für-Kommunikation (Weder et al., 2021, S. 3; Weder & Voci, 2021, S. 166) um hybride Mischformen ergänzten. So kristallisierten sich in der empirischen Untersuchung der erhobenen Arenenöffentlichkeit neben den drei genannten Typen und Formen weiters Hybridformen heraus – auf der Ebene der Kommunikationstypen (*von-/über*-Typ, *über-/für*-Typ, *für-/von*-Typ) sowie der dazugehörigen Kommunikationsformen (Mischform aus konsistenzwahrend und inkonsistenzfokussiert, aus inkonsistenzfokussiert und transformativ sowie aus transformativ und konsistenzwahrend). Diese Hybridformen holten die intendierte Multi-Akteurs-Perspektive ab und ließen durch ihre Offenheit einen holistischen Blick auf die weiteren Untersuchungen zu, die der Komplexität der Arenenkommunikation multipler Akteure jedenfalls gerechter wird, als dies eine Single-Akteur-Perspektive würde. Die gesamthafte relationale Betrachtung der unterschiedlichen Kommunikationstypen und -formen zeigte somit auch ein komplexeres Strategieverständnis, insbesondere hinsichtlich ihres Claims-Makings und damit hinsichtlich ihres Framings und Blamings.

6.2.2 Implikationen für die arenen-/öffentlichkeitstheoretische Forschung

Sich dieser Multi-Akteurs-Perspektive annehmend, ging es in weiterer Folge darum, die Rolle der öffentlichen Kommunikation in Hinblick auf die sozial-ökologische Transformationserwartung vertieft zu begreifen. Zunächst wurden dabei verschiedene Öffentlichkeitsverständnisse diskutiert – analytisch, deliberativ und agonistisch. Daran anknüpfend wurde mit verschiedenen arenentheoretischen Perspektiven gearbeitet, um das Zusammenspiel der verschiedenen arenenkonstituierenden Bestandteile – 1) der Arena bzw. des gewählten Zugangsmediums als Kommunikationsumgebung (Lörcher & Taddicken, 2019; Schmidt, 2014), 2) der Akteursdynamiken insbesondere in Krisenzeiten (Eisenegger & Udris, 2019; Imhof, 2011), 3) der verhandelten Themen als soziopolitisch relevante Problemlagen (Hilgartner & Bosk, 1988; Lock, 2020; Luoma-aho & Vos, 2010) sowie 4) der kommunikativen Bezugnahmen (Frandsen & Johansen, 2020, 2023; Raupp, 2019) insbesondere in Form des Claims-Makings (Koopmans & Erbe, 2004; Koopmans & Statham, 1999) unter Einsatz der *collective action frames* (Benford & Snow, 2000; Snow & Benford, 1988) greifbar zu machen.

Das integrative Arenenverständnis von Öffentlichkeit bietet auf diese Weise in erster Linie Anknüpfungspunkte für die empirische Umsetzung der komplexen öffentlichen Kommunikation mittels Claims-Making-Analyse (Koopmans & Erbe, 2004; Koopmans & Statham, 1999). Weiters bietet ein solches Arenenverständnis von Öffentlichkeit Anschlussfähigkeit, nicht nur für analytische, sondern auch für demokratietheoretische – deliberative oder agonistische – Öffentlichkeitsforschung (Bruns, 2023, S. 71). Beispielsweise ist das hier vorgestellte integrierte Arenenverständnis in der Lage, die kollektive öffentliche diskursive Bedeutungskonstruktion eines gesellschaftspolitisch relevanten Themas unterschiedlicher Akteure zu untersuchen. Dies kann gerade für das deliberative Verständnis, auch in Hinblick auf andere relevante Krisen neben der Klimakrise, interessant sein. Weiters lässt sich mit dem vorgeschlagenen Modell auch nachvollziehen, welche Akteure Diskursdominanz erlangen bzw. welche Akteure überhaupt Zugang zu Diskursen haben. Zudem können Kommunikationsstrategien beforscht werden, die die Diskursbedingungen radikal hinterfragen (transformative für-Kommunikation). Dies bietet insbesondere für ein agonistisches Verständnis nützliche Anknüpfungspunkte. Darüber hinaus erlaubt es, nicht nur akteurs- sondern auch arenenvergleichend zu arbeiten, wodurch nachvollzogen werden kann, welche Diskurse sich längerfristig als durchsetzungsfähig erweisen.

Auf methodologischer Ebene konnte gezeigt werden, dass die Claims-Making-Analyse geeignet war, um kommunikative Bezugnahmen und ihre Bedeutung in der Arenenkommunikation zu beforschen. Die Bestandteile der erhobenen Claims – bspw. das Zugangsmedium, die Akteure (Claims-Maker und Adressaten), die Themen oder die Art der Bezugnahme bzw. die Framing-Strategien – deckten sich mit den arenenkonstituierenden Parametern. Weiters war die Claims-Making-Analyse mit der nötigen Flexibilität verbunden, um Offenheit bei der Codierung des Materials zu gewährleisten. Im Laufe der Codierungen konnte außerdem gezeigt werden, dass die Methodik nicht nur in den hauptsächlich untersuchten Medienumgebungen der Tageszeitungen und Presseaussendungen, sondern auch in anderen Medienumgebungen wie sozialen Medien funktionieren würde. Durch den grundsätzlich explorativen Zugang dieser Forschung wurde es möglich, die Claims-Making-Analyse mit inhalts- (Kuckartz & Rädiker, 2022) und netzwerkanalytischen (Adam, 2008) Elementen sinnvoll zu verschränken und die komplexen Ergebnisse mit den Anwendungen Gephi (Bastian et al., 2009) und Sankeymatic (Sankeymatic, 2024) ansprechend zu visualisieren. Somit ließ sich die relationale Betrachtung der komplexen Kommunikationsflüsse nicht nur sinnvoll darstellten, sondern auch für die weitere tiefere Analyse systematisieren.

Die empirischen Befunde der Claims-Making-Analyse ergaben in Hinsicht auf die Arenenkommunikation weitreichende Einblicke. Zum einen zeigten die Ergebnisse, dass die Arena selbst einen Einfluss auf die Kommunikation hat, die in ihr stattfindet (Lörcher & Taddicken, 2019; Schmidt, 2014). Beispielsweise ließ sich der vermutete mediale Bias deutlich erkennen. Die Tageszeitungen hatten eine klare Negativtendenz, die Presseaussendungen eine Positivtendenz. Auch unterschieden sich die Tageszeitungen dahingehend, welchen Akteursgruppen sie mehr oder weniger Raum gaben. So stellte der Standard aktivistischen und wissenschaftlichen Claims mehr Raum zur Verfügung als die Kronen Zeitung und umgekehrt gab die Kronen Zeitung wirtschaftlichen Claims mehr Raum als der Standard. Das Quellmedium selektiert also, welche Claims – und damit welche Akteure und welche Tonalität – überhaupt Zugang zur Arenenöffentlichkeit erlangen und wie viel Raum ihnen dabei zugestanden wird. Das gilt es nicht nur als Claims-Maker in der Praxis, sondern auch als Arenenforschende zu reflektieren. Claims-Maker profitieren beim medialen Zugang zur Öffentlichkeit über Presseaussendungen oder soziale Medien davon, ihre Claims ohne Vorselektion platzieren zu können. Mit dem Zugang über journalistische Formate steigen dann zwar die Zugangsvoraussetzungen, jedoch nimmt auch die Reichweite zu.

Werden zum anderen die Subdiskurse der erhobenen Arenenöffentlichkeit betrachtet, lässt sich ein Unterschied beobachten, welche Akteure zu welchen Themen kommunizieren und wie dominant sie dabei werden. Am meisten Raum nahmen der politikgetriebene Maßnahmendiskurs sowie der mediengetriebene Ereignisdiskurs ein, die beide zusammengenommen knapp die Hälfte der Arena (47,26 %) bespielten. Die Arena weist entsprechend räumliche Charakteristika auf. Dieser Raum bzw. die Aufmerksamkeit kann durch die Häufigkeit der Bezugnahmen ‚eingenommen' werden – „carrying capacity" (Gerhards & Neidhardt, 1990, S. 27; 44; Hilgartner & Bosk, 1988, S. 58) –, wodurch andere Akteure und Themen wiederum verdrängt werden können. Das spiegelt sich in Mouffes Kritik an der vermachteten Diskurshoheit hegemonialer Akteure wider (Mouffe, 2014, S. 21–22). Wenn knapp die Hälfte des erhobenen arenenöffentlichen Raums von politik- und mediengetriebenen Diskursen eingenommen wird, bleibt weniger Raum für andere, vielleicht nicht hegemonial getriebene Diskurse.

Wird dieses Verständnis nun in Hinblick auf die Rolle der Akteure aufgegriffen, wird deren Dominanz innerhalb der Arenenkommunikation zu einer zentralen Kategorie. Diese Dominanz kann eingesetzt werden, um sich über die Aushandlung aufmerksamkeitsbindender Themen zu diesen oder zu anderen Akteuren zu positionieren und darüber Koalitionen und Allianzen zu bilden. Akteuren kann es also innerhalb der Arena durch häufige Bezugnahmen generell gelingen, eine dominantere Rolle einzunehmen. Stimmen ihre Haltungen zu bestimmten Themen mit jenen Haltungen andere Akteure überein, so kann von einer Themenkoalition oder Themenallianz gesprochen werden.

Aus der Untersuchung gingen solche Themenkoalitionen und -allianzen hervor, beispielsweise die hegemoniale Allianz, bestehend aus der journalistischen, der politischen und der wirtschaftlichen Akteursgruppe. Hier ließen sich zahlreiche Überschneidungen der Haltungen der Akteure, mitunter zu Maßnahmen oder zu Protestaktionen, finden. Diese aus der Analyse hervorgegangenen Koalitionen und Allianzen wiesen leichte Überschneidungen mit Imhofs (2011) sowie Eiseneggers und Udris' (2019) Zentrums-, Expert:innen- und Gegenöffentlichkeiten auf. Die hegemoniale Allianz kann als dominanteste Koalition in der erhobenen Arenenkommunikation bezeichnet werden. Auch im Arenenmodell nach Imhof (2011) sowie nach Eisenegger und Udris (2019) befinden sich Medien, Politik und Wirtschaft im Zentrum der Öffentlichkeit. Weiters wurden in der untersuchten Arenenöffentlichkeit Schnittstellenakteure wie Wissenschaftler:innen oder NGOs identifiziert, die bei Imhof (2011) sowie Eisenegger und Udris (2019) ihre Entsprechung mit der semiautonomen Expert:innenöffentlichkeit finden. Hier stehen sie genau zwischen Zentrums- und Gegenöffentlichkeit und nehmen eine legitimierende Rolle beider Sphären ein (Eisenegger & Udris, 2019, S. 13). Die identifizierte Klimaallianz, ebenfalls bestehend aus wissenschaftlichen Akteuren und aus Protestakteuren sowie solchen zwischen Wissenschaft und Politik, stellt gewissermaßen einen Korridor zwischen der autonomen Gegenöffentlichkeit und der semiautonomen Expert:innenöffentlichkeit dar. Diese Bewegung von der Peripherie in Richtung Zentrum – hier am Beispiel der Protestakteure – ist entsprechend dem Modell typisch für Krisenphasen (Eisenegger & Udris, 2019; Imhof, 2011). Die übrigen in der Untersuchung identifizierten Koalitionen – die Empörungskoalition, bestehend aus Journalismus und Zivilbevölkerung, und die stille Koalition, bestehend aus Akteuren der Wirtschaft und solchen zwischen Wirtschaft und Politik – ließen sich nicht so einfach in Imhofs (2011) bzw. Eiseneggers und Udris' (2019) Arenamodell integrieren. Akteursgruppen wie die Zivilbevölkerung oder Lobbyverbände können in diesem Modell nicht zugeordnet werden. Hier greift jedoch Mouffes agonistische Perspektive, nach der nicht-hegemonialen Akteuren ein höherer Stellenwert eingeräumt werden sollte, was zivilgesellschaftliche Stimmen miteinschließen würde. Die stille Koalition ist hier ebenfalls von Bedeutung, da sie stärker im Hintergrund zu wirken scheint. Aus agonistischer Sicht wäre es zu kritisieren, wenn es wirkmächtige Strukturen gibt, die gar nicht erst diskursiv verhandelt werden können.

Durch diese Themenkoalitionen und -allianzen können sich die Haltungen der Akteure folglich verbreiten und ebenso Raum einnehmen. Diese Beobachtung steht im Einklang mit der Annahme, dass Themen bzw. Issues eigene Wirkmächtigkeit entfalten und sich über Akteure und Arenen hinweg ihre Wege bahnen können (Hilgartner & Bosk, 1988, S. 53; Imhof, 2011, S. 181). Die Akteure sind dabei jedoch immer noch jene, die die Themen setzen, sie wieder aufgreifen und ihnen Bedeutung zuweisen. Die Koalitionen und Allianzen erfüllen zusammengefasst nicht nur die Funktion, die Positionierung der Akteure in der Arenenöffentlichkeit zu festigen, sondern sie lassen es auch zu, dass Themen und insbesondere deren Framing über die Akteure hinweg wachsen, Aufmerksamkeit erlangen und ihre Wirkung entfalten können.

Das Claims-Making stellt dabei den zentralen Aushandlungsprozess innerhalb der Arena dar (Raupp, 2019). Claims sind kommunikative Bezugnahmen – sie sind diskursiv und relational (Koopmans & Erbe, 2004, S. 98). Weiters werden sie intentional getätigt, wodurch sie als strategisch begriffen werden können. Die Claims-Maker kommunizieren mit einer bestimmten Absicht (Zerfass et al., 2018, S. 493) und in Hinblick auf ein gesellschaftspolitisch relevantes Issue (Gerhards & Neidhardt, 1990, S. 39; Koopmans & Erbe, 2004, S. 98). Über diese Sichtweise lassen sich sowohl Aspekte der strategischen Kommunikation als auch Aspekte der politischen Kommunikation am Claims-Making erkennen. Der gestalterische Einfluss der Akteure auf den sich ereignenden sozialen Wandel (Habermas, 2022, S. 150; Mouffe, 2014, S. 210) liegt für diese Arbeit folglich in der Ausgestaltung des strategisch geframten Claims-Makings, dem auch immer eine politische Komponente innewohnt, indem es langfristig betrachtet zur Institutionalisierung der Funktions- oder der Transformationslogik beiträgt. Wie die multiplen Akteure also kommunikativ Diskursraum in der Arenenöffentlichkeit einnehmen, diesen mit ihrem Claims-Making bespielen und damit das Diskursklima des Klimadiskurses langfristig beeinflussen, spielt eine entscheidende Rolle hinsichtlich der sozial-ökologischen Transformation.

6.2.3 Implikationen für die empirische Klimakommunikationsforschung

Aus Sicht der Multi-Akteurs-Perspektive konnte mit dieser Arbeit ein genauerer Blick darauf geworfen werden, wie die multiplen Akteure bzw. Kommunikationstypen in der Arenenöffentlichkeit Klimakommunikation betreiben. Das Claims-Making kann hierfür als kommunikativer Schlüsselprozess gesehen werden, über den unter Einsatz der Framing- und Blaming-Strategien Climate Change Agency konstruiert wird. Während in der Klimakommunikationsforschung häufig themenspezifische Frames untersucht werden (Brüggemann & Engesser, 2013;

Gamson & Modigliani, 1989), hat sich diese Arbeit explizit auf den Prozess fokussiert, wie genau die Akteure Diskursraum einnehmen, Koalitionen bilden und in diesem Diskursraum aufeinander und auf Themen Bezug nehmen, um sich Diskursdominanz zu sichern und den Diskurs möglicherweise in eine bestimmte Richtung zu lenken.

An dieser Stelle wurde zunächst auf das Konzept der „collective action frames“ (Benford & Snow, 2000; Snow & Benford, 1988) zurückgegriffen. Dieses Konzept kommt aus der politischen bzw. der Protestkommunikationsforschung und wurde gerade in Hinblick auf den Umgang mit der Klimakrise, die ein hohes Maß an kollektiven Handlungen erforderlich macht, als besonders passend erachtet. Benford und Snow (2000) unterscheiden zwischen diagnostischem, prognostischem und motivationalem Framing. Bei der empirischen Untersuchung erwies sich das motivationale Framing separat betrachtet zunächst als schwer greifbar. Aus diesem Grund wurden motivationale Frames sodann als Bestandteil der anderen Frames betrachtet. Auf diesem Wege konnte untersucht werden, wie die Claims-Maker durch den Einsatz diagnostischer oder prognostischer Frames in Hinblick auf den Umgang mit der Klimakrise Handlungsbereitschaft adressierten. Dabei zeigte sich, dass motivationales Vokabular der Dringlichkeit, des Anstands, der Wirksamkeit und des Schweregrads zum Einsatz kam und Emotionen adressiert wurden. Beim diagnostisch-motivationalen Framing wurden vorwiegend negative Emotionen adressiert, beim prognostisch-motivationalen Framing vorwiegend positive Emotionen. Die Akteursgruppen bzw. Kommunikationstypen unterschieden sich hinsichtlich ihrer Gesamterzählung aus dem diagnostischen, prognostischen und motivationalen Framing der Klimakrise. Die akteursspezifischen Gesamterzählungen befanden sich im Einklang mit den typischen kommunikativen Zugängen – dem konsistenzwahrenden, dem inkonsistenzfokussierten und dem transformativen Zugang – sowie den Hybridvarianten daraus.

Als eine besonders intensiv eingesetzte Bezugnahmestrategie wurde weiters das Blaming identifiziert. Während das Framing eher als themenbezogene Strategie eingestuft werden kann, die eine gewisse Lesart oder Bedeutungszuweisung der jeweiligen Thematik nahelegt, kann das Blaming als akteursbezogene Strategie angesehen werden, die Fehlverhalten für alle sichtbar abmahnt. Sowohl über das Framing als auch über das Blaming positionieren sich die Claims-Maker zu den verhandelten Themen (Framing) sowie zueinander (Blaming). Diese Aushandlung und diese Positionierung erhöhen die Anschlussfähigkeit für neue kommunikative Bezugnahmen anderer Akteure und Abgrenzungen voneinander werden ermöglicht. Somit wird die gesamthafte Diskursdominanz beeinflusst und Koalitionen und Oppositionen werden konstituiert.

Das Blaming war als Bezugnahmestrategie jedoch nicht nur aus Arenenperspektive interessant zu betrachten. Diese Strategie knüpft unmittelbar an die im theoretischen Teil erarbeiteten Inkonsistenzen komplexer institutioneller Logiken an. Damit sich Akteure ihre Legitimität sichern können, lastet entsprechend der neo-institutionellen Perspektive ein hoher Erwartungsdruck auf den Akteuren, diesen institutionalisierten Logiken gemäß zu handeln und zu kommunizieren (Ocasio et al., 2017, S. 513–514). Nun wirken meist mehrere teils widersprüchliche Logiken gleichzeitig auf die Akteure, was zu besagten Inkonsistenzen führt. Für diese Arbeit wurde eine akteursübergreifende Funktions-/Transformations-Inkonsistenz als zugrunde liegende Legitimationsherausforderung postuliert. Dem Anspruch der Multi-Akteurs-Perspektive dieser Arbeit folgend wurde diese Basis-Inkonsistenz für die unterschiedlichen ökonomischen, politischen, journalistischen, akademischen sowie aktivistischen Schlüsselakteure in einem theoretischen Modell aufgezeigt (Wachstums-/Nachhaltigkeits-Inkonsistenz, Klientel-/Gemeinwohlinteressen-Inkonsistenz, Aufmerksamkeits-/Aufklärungs-Inkonsistenz, Rigorositäts-/Relevanz-Inkonsistenz, Devianz-/Problemartikulations-Inkonsistenz). Diese Modellierung machte die unterschiedlich gelagerte, jedoch von allen Akteursgruppen geteilte Legitimationsproblematik sichtbar.

Im Umgang mit dieser Legitimationsproblematik kommt es folglich oft zur Entkopplung von angepasster Kommunikation nach außen und unverändert beibehaltenen Praktiken (Policy-Practice-Decoupling) oder zur Entkopplung von eingesetzten Mitteln, die den beabsichtigten Zweck verfehlen (Means-Ends-Decoupling) (Bromley & Powell, 2012; Brunsson, 2003; Jabbouri et al., 2022). Genau an dieser Stelle knüpfen die Blaming-Strategien im arenenöffentlichen Claims-Making an. Sie zielen darauf ab, die durch das Policy-Practice-Decoupling wahrgenommene Heuchelei und die durch das Means-Ends-Decoupling wahrgenommene Inkompetenz zu entlarven. Die empirischen Ergebnisse zeigten, dass es über diese Inkonsistenz-Blames hinaus auch zu Prioritäten-Blames kam. Diese adressierten die vorgelagerte Grundpriorisierung einer spezifischen Logik über die andere. Climate-Priority-Blames mahnten dabei beispielsweise die radikale effizienzgetriebene funktionsorientierte Priorisierung als ökodestruktiv ab, während Functional-Priority-Blames die radikale transformationsorientierte Priorisierung als autodestruktiv kritisierten. Zusätzlich zu den Inkonsistenz-Blames, denen ein Aushandlungskonflikt zugrunde liegt, konnten Prioritäten-Blames identifiziert werden, denen ein Wertekonflikt zugrunde liegt. Dies ist nicht nur aus neo-institutionalistischer Sicht, sondern auch aus Sicht der Klimakommunikationsforschung von Belang.

Somit lässt sich nicht nur die Komplexität, sondern auch die Bedeutung des Blame-Games für die *Positionierung der Claims-Maker innerhalb der Arenenöffentlichkeit*, für die *Legitimation der Akteure angesichts der komplexen institutionellen Logiken* sowie für die *Institutionalisierung oder Deinstitutionalisierung der einen oder anderen Logik* erklären. Die Rolle der Akteure bei diesem De-/Institutionalisierungsprozess wird von verschiedenen soziologischen Neo-Institutionalist:innen unterschiedlich ausgelegt. Nach der US-amerikanischen Lesart nehmen die Akteure eine inaktivere diffundierende Rolle ein, während die skandinavische Lesart Akteuren eine aktivere gestalterische bis transformative Rolle zugesteht. Nach letzterem Verständnis wäre eine intentionale De-/Institutionalisierung durch aktive kommunikative Bedeutungskonstruktionsarbeit möglich. Hier schließt das empirisch erarbeitete Konzept der kommunikativen Climate Change Agency an. Eine solche kommunikative Climate Change Agency zeichnet sich durch diskursive Dominanz in der Arenenöffentlichkeit aus, die dann strategisch für die Institutionalisierung der sozial-ökologischen Transformationslogik eingesetzt wird, um auf lange Sicht zur sozial-ökologischen Transformation beizutragen. Das Claims-Making dient letztlich dem Aufbau ebendieser kommunikativen Climate Change Agency. Die empirischen Ergebnisse aus der Gesamtschau der Framing- und Blaming-Strategien der unterschiedlichen Kommunikationstypen haben gezeigt, dass das Claims-Making im Kontext der sozial-ökologischen Transformationserwartung zwischen den Master-Claims der Innovation, der Stimmung, der Verantwortung und der Unterstützung ausgetragen wird und dabei hemmende sowie mobilisierende kommunikative Register zum Einsatz kommen.

Die Kommunikationstypen, die diese Master-Claims jeweils überwiegend bedienen, nehmen durch ihr Claims-Making unterschiedlich starke Diskursdominanz ein und fokussieren auf unterschiedliche Institutionalisierungslogiken. Die Climate Change Agency ist bei jenen Claims-Makern am höchsten, denen es gelingt, eine hohe Diskursdominanz aufzubauen, und die sich für die Institutionalisierung der sozial-ökologischen Transformationslogik einsetzen. Diese Agency aufzubauen bzw. langfristig zu erhalten, stellt sich jedoch als äußerst schwierig dar. Die Climate Change Agency konstituiert sich über das Claims-Making, das einem permanenten Aushandlungsprozess aus Konstruktion und Erosion gleicht. Diese Dynamik konnte auch durch die Frontaloppositionen aus einem wirtschaftlich/politisch vermittelten Innovation-Master-Claim (bedient durch *von-* und *von-/über-*Kommunikationstyp) und einem akademisch/aktivistisch vermittelten Verantwortungs-Master-Claim (bedient durch *über-/für-* und *für-*Kommunikationstyp) veranschaulicht werden. Hier steht die innovationsgetriebene Fundamentalkritik der Ineffektivität und der Autodestruktivität der verantwortungsgetriebenen Fundamentalkritik der Hypokrisie und der Ökodestruktivität gegenüber. Die Master-Claims der PR-vermittelten Unterstützung (bedient durch *für-/von*-Kommunikationstyp) und der medienvermittelten Stimmung (bedient durch *über*-Kommunikationstyp) tragen eher zur Verhärtung dieser Fronten und zur Blockade bei.

Während die *von*- oder *von-/über*-Kommunikationstypen aufgrund der *embedded agency* (Hardy & Maguire, 2017, S. 261) eher Interesse an der Systemerhaltung haben, liegt das größte Potenzial für die Climate Change Agency und damit für die sozial-ökologische Transformation beim *über-/für*-Kommunikationstyp. Sie erwiesen sich im untersuchten Material als relativ diskursmächtig; sie bedienten diagnostische und prognostische Frames in ausgeglichener Weise, während das motivationale Framing sich überwiegend in der Verantwortungs-Master-Claim-Sphäre bewegte und positive Emotionen adressierte; sie ernteten selbst kaum Blamings, während sie die Heuchelei und die Ökodestruktivität anderer Akteure problematisierten und enttarnten; und ihr Institutionalisierungsfokus lag klar auf der sozial-ökologischen Transformationslogik. Dieser Befund ist jedoch nur auf die Momentaufnahme des untersuchten Samples zurückzuführen und nicht repräsentativ für die Allgemeinheit der Akteure des *über-/für*-Kommunikationstyps. Als Schnittstellenakteure befänden sie sich jedoch in einer günstigen Position, ihre Koalitionen und Allianzen weiter auszubauen und Strukturen zu schaffen, die Gelegenheiten zur Transformation ermöglichen.

Um die kommunikative Climate Change Agency letztlich längerfristig zu stärken, legen die Ergebnisse der Untersuchung einen Ausbau der Diskursdominanz transformationsorientierter Akteure nahe. Dies kann durch einen gesicherten bestenfalls reichweitenstarken Zugang zur Arenenöffentlichkeit, durch den Ausbau diskursiver Koalitionen (Anschlussfähigkeit der jeweiligen Themen-/Akteursbezüge) sowie durch ein ausgewogenes konsensbildendes und positiv konnotiertes mobilisierendes Framing gewährleistet werden. Je mehr Diskursraum von einer der sozial-ökologischen Transformation zugewandten Bedeutungskonstruktion eingenommen werden kann, desto weniger Sichtbarkeit erlangen andere Bedeutungskonstruktionen.

6.2.4 Implikationen für die Praxis

In Hinblick auf Implikationen für die Praxis strategischer öffentlicher Kommunikator:innen ermuntern die Ergebnisse dieser Arbeit – im Einklang mit zahlreichen Stimmen der *über-/für*-Perspektive – Akteure, die sich für die Systemerhaltung engagieren, die sozial-ökologische Transformationserwartung ernst zu nehmen.

Gerade der PR-vermittelte Unterstützungs- und der wirtschaftlich/politisch vorangetriebene Innovations-Master-Claim zeigen, dass das Engagement für die Transformationslogik, wenn es nur oberflächlich adressiert, aber nicht substanziell umgesetzt wird, Korridore für Akteure eröffnet, die von Beginn an kein substanzielles Engagement beabsichtigen und somit, langfristig betrachtet, eher zu einer Deinstitutionalisierung der sozial-ökologischen Transformation beitragen. In Hinblick auf die politische Klimakommunikation im Speziellen deuten die Ergebnisse darauf hin, das wechselseitige hemmende Blame-Game zu reduzieren und stärker auf mobilisierendes Framing zu setzen.

Des Weiteren machen die Ergebnisse deutlich, dass journalistischen Akteuren eine besonders verantwortungsvolle Rolle zukommt. Nicht nur sind sie selbst diskursdominante Akteure, sondern sie stellen auch Diskursräume mit großer Reichweite zur Verfügung und haben Einfluss darauf, welchen Akteuren mit ihrerseits spezifisch geframten Claims wie viel Diskursraum zugestanden wird. Besonderes Potenzial liegt hier darin, zu einer vermittelnden Rolle zwischen den aufgezeigten Fronten zu finden und den Wandel hin zur sozial-ökologischen Transformation zu ermöglichen, anstatt diesen zu blockieren.

Darüber hinaus ermutigen die Ergebnisse strategische öffentliche Klimakommunikator:innen aus der Wissenschaft, von NGOs, von Protestbewegungen und aus der Zivilbevölkerung, sich ihres diskursiven Potenzials bewusst zu werden und dieses stärker auszuschöpfen. Hier deuten die Ergebnisse darauf hin, dass es noch eines stärkeren Ausbaus von Koalitionen und Allianzen mit anderen ressourcenstarken Akteuren bedarf. Letztlich obliegt es allen Claims-Makern gemeinsam, mit ihrem Claims-Making zwischen Funktionserfüllung und Transformationserwartung das Diskursklima des Klimadiskurses in der Arenenöffentlichkeit *nachhaltig* zu gestalten.

6.3 Limitationen und Ausblick

Zum Abschluss gilt es, die Limitationen der Arbeit zu reflektieren sowie Anknüpfungspunkte für weitere Forschungsagenden zu identifizieren. Der thematische Einstieg zum Klimadiskurs adressiert mehrere Dekaden zur Klimaforschung und die äußerst komplexen Verstrickungen der soziokulturellen Implikationen der Klimakrise. Hier holt die Arbeit weit aus und kann der Vielfalt und Komplexität der ökologischen und soziokulturellen Herausforderung der Klimakrise freilich nicht umfassend gerecht werden. Ziel war es jedoch, zumindest grobe Zusammenhänge aufzeigen zu können, auf die im weiteren Verlauf der Arbeit wiederholt zurückgegriffen wurde. So ließ sich hierin nicht nur die sozial-ökologische Transformationserwartung begründen, sondern auch die soziokulturellen Spezifika der Klimakrise – die temporale, die sozial-moralische und die systemische Spezifik – ließen sich, ergänzt um eine transformative Dimension, bei den Claims-Making-Registern wieder aufgreifen. Inwiefern durch das hemmende oder mobilisierende Claims-Making das skizzierte im Klimadiskurs auftretende Dringlichkeits-, Gerechtigkeits- oder Priorisierungsdilemma zum Ausdruck kommt oder welche weiteren Dilemmata identifiziert werden könnten, wäre interessant zu untersuchen. Insbesondere für die strategische Klima- und Nachhaltigkeitskommunikationsforschung könnte es darüber hinaus relevant sein, zu untersuchen, wie die hier identifizierten Frontaloppositionen des Innovations-Master-Claims und des Verantwortungs-Master-Claims unterschiedlich auf diese Register zurückgreifen und worin Potenziale für eine mögliche wechselseitige Annäherung bestünden.

Auch bei der theoretischen Fundierung der Arbeit wurde weit ausgeholt. Am Beispiel der PR- und Organisationskommunikationsforschung rechtfertigt sich der breit aufgestellte Zugang durch den Anspruch der Multi-Akteurs-Perspektive, die stellenweise der Ergänzung interdisziplinärer Literatur der Klima- und Nachhaltigkeitskommunikation bedurfte. Am Beispiel der Perspektive der Arenenöffentlichkeit ist es hingegen damit zu begründen, dass hier versucht wurde, ein integratives Verständnis verschiedener Arenenansätze zu ermöglichen. Nachdem durch die Empirie ein granulareres Bild der am Klimadiskurs beteiligten Akteursgruppen, inkl. der identifizierten hybriden Gruppen, gezeichnet werden konnte, würde es sich im Anschluss anbieten, mehr konzeptionelle Arbeit aus einer solchen akteursvergleichenden Perspektive zu leisten, um den Herausforderungen der strategischen Kommunikation, beispielsweise dem Umgang mit Inkonsistenzen besser entgegnen zu können. Darüber hinaus wird Potenzial darin gesehen, genauer zu beleuchten, wie durch das gewonnene komplexere Strategieverständnis des Zusammenspiels aus Blaming- und Framing-Strategien, strategische arenenöffentliche Klimakommunikation im Sinne der sozial-ökologischen Transformation noch besser gelingen kann.

Die meisten Limitationen und entsprechende Anknüpfungspunkte für Anschlussforschung lassen sich in Bezug auf den empirischen Teil der Arbeit identifizieren. Das Forschungsdesign, das hier angewandt wurde, war explorativer Natur. Ziel dieser offenen Vorgehensweise war es, die Claims-Making-Analyse für die Arenenforschung zunächst exemplarisch greifbar zu machen. Da diese Forschung in Einzelarbeit durchgeführt wurde, geschah dies unter maßgeblichen Einschränkungen. Beginnend bei der Selektion des Materials konnten hier nur zwei Medientypen – Tageszeitungen und Presseaussendungen – herangezogen werden, die zusammen die Mindestanforderung des thematischen

Bezugs zur Klimakrise sowie eine gewisse Akteursvielfalt der Claims-Maker gewährleisteten. Die Forschung zur Arenenkommunikation lebt jedoch gerade von der Betrachtung verschiedener Medienumgebungen und damit einhegender Spezifika, über die die Claims-Maker ihren Zugang zur Arenenöffentlichkeit sichern. Anschließend an die Medienselektion musste auch der Zeitraum entsprechend überschaubar gewählt werden, um insgesamt auf ein bewältigbares Maß an zu untersuchendem Material zu kommen. Weiters ist letztlich trotz Sorgfalt und Intracoderreliabilitätstest nicht gänzlich auszuschließen, dass sich leichte Unschärfen im Codierungsprozess eingeschlichen haben könnten. Auch das ist auf die Arbeit als einzelne Forschende zurückzuführen. Etwaig entstandene Unschärfen gleichen sich jedoch durch den Abstraktionsanspruch der Arbeit aus, die diskurstreibenden *Prozesse* des Claims-Makings nachzuvollziehen.

An diese Limitationen anknüpfend bietet es sich für zukünftige Forschung an, die Medienvielfalt stärker einzubeziehen und weitere Medientypen für die Untersuchung heranzuziehen. Ansatzweise wurde bereits gezeigt, dass die hier zur Anwendung gekommene Claims-Making-Analyse auch im Social-Media-Bereich eingesetzt werden kann. Auch die Untersuchung von Websites, Parteiprogrammen, Gesetzestexten etc. würde sich anbieten. Hierbei könnte beispielsweise untersucht werden, welche Claims in welchen Arenen besonders gut funktionieren und Sichtbarkeit erzeugen. Das Claims-Making selbst ist weiters nicht an die Textebene gebunden (Koopmans & Statham, 1999, S. 203), weshalb auch visuelle, audiovisuelle oder sogar performative Formate für eine Untersuchung denkbar wären. Zudem wäre es naheliegend, den Untersuchungszeitraum zu erweitern und beispielsweise die Kommunikation um andere klimaspezifische Events oder auch zu Zeiten, in denen die öffentliche Aufmerksamkeit gerade nicht stark auf klimarelevanten Themen liegt, zu untersuchen. Letzteres wäre gerade im Kontext multipler gesamtgesellschaftlicher Krisen relevant sowie um mögliche politische Gelegenheitsstrukturen genauer zu betrachten – also welche Claims funktionieren vor einem bestimmten gesellschaftspolitischen Kontext besonders gut und bieten die Gelegenheit von politischen Akteuren aufgegriffen und umgesetzt zu werden (Bennett, 2021, S. 143–148). Je mehr Untersuchungsmaterial aus verschiedenen Arenen gesammelt wird, desto näher lässt sich an der Arenenöffentlichkeit im Gesamten forschen. Die Fülle an Material, die je nach Selektion zusammenkommt, kann jedoch nicht von einer Person bewältigt werden. Vielversprechendes Potenzial wird hier bei automatisierten Erhebungs- und Auswertungsverfahren, beispielsweise mit Hilfe der Programmiersprache Python, gesehen.

Mit der Integration weiterer Medientypen und anderen bzw. größeren Zeiträumen ließe sich untersuchen, inwiefern sich Subdiskurse, Akteursgruppen, Themen und die damit einhergehende Koalitions- und Allianzbildung sowie der Ausbau von Diskursdominanz von jenen im hier untersuchten Sample unterscheiden. Dass journalistische Akteure beispielsweise als sehr diskursmächtig eingestuft wurden, lässt sich sicherlich zu einem bedeutenden Teil auf das verwendete Untersuchungsmaterial zurückführen. Des Weiteren wären auch die Blaming- und Framing-Strategien in anderen Kontexten interessant zu betrachten. Dabei könnte untersucht werden, inwiefern sich die identifizierten Master-Claims vielleicht nicht nur in anderen Medientypen, sondern auch in anderen Ländern oder Kulturen wiederfinden lassen. Das dürfte für die Klima- ebenso wie für die Kommunikationswissenschaft von Interesse sein. Des Weiteren wäre es beim thematisierten Rollenverständnis des Journalismus in der Stimmungs-Claim-Sphäre von Bedeutung, dessen Rolle zwischen Vermittlung und Spaltung genauer zu beleuchten.

In Bezug auf die PR- bzw. die Strategische Kommunikationsforschung könnte das Potenzial der transformativen Kommunikation (*für*-Typ) bzw. der Mischform aus inkonsistenzfokussierter und transformativer Kommunikation (*über-/für*-Typ), für eine gelingende sozial-ökologische Transformation tiefer beleuchtet werden. In der instrumentellen PR-Forschung liegt beispielsweise Expertise für den Aufbau langfristiger und solider Stakeholder:innenbeziehungen. Dieses Know-how kann möglicherweise auch für die Bildung von Themenkoalitionen und -allianzen für die multiplen Akteure in der Arenenöffentlichkeit stärker verwertbar gemacht werden. Hier wäre es beispielsweise auch aufschlussreich zu untersuchen, wie die Claims des *für*- oder des *über-/für*-Typs noch anschlussfähiger werden und sich stärker gegen Claims aus der Innovations-Sphäre durchzusetzen vermögen, ohne in einer kommunikativen Pattsituation zu landen. Auch die stabilisierende Rolle der Unterstützungs-Sphäre wäre hier in Hinblick auf ein stärkeres Engagement für die sozial-ökologische Transformationslogik zu hinterfragen. An dieser Stelle schließt die Frage an, inwiefern die hier untersuchte kommunikative Climate Change Agency auch als reale Agency angesehen werden kann und welche weiteren Faktoren bei konkurrierenden institutionellen Logiken darüber hinaus möglicherweise darüber entscheiden, welche institutionelle Logik sich auf lange Zeit durchsetzt. Gerade an zahlreichen Beispielen von Interessenskommunikation und des Lobbyings gegen die Anerkennung der Klimakrise und eine sozial-ökologische Transformation wird deutlich, dass diskursive öffentliche Climate Change Agency nicht die einzige Form von Agency ist, die es möglicherweise auf dem Weg zur Anpassung an die sozial-ökologische Transformationserwartung braucht.

Nach der intensiven Auseinandersetzung mit der Thematik bleibt die persönliche Einschätzung, dass die öffentliche Klimakommunikation eine äußerst wirkmächtige Rolle auf dem Weg zu einer sozialen und ökologisch nachhaltigen Zukunft spielt – im negativen wie im positiven Sinne. „You can not not communicate, communicating sustainability organizes the socio-ecological transformation“ (Weder & Eriksen, 2023, S. 108). Der gesamtgesellschaftliche kommunikative Umgang mit dem grundlegenden Wertekonflikt hinsichtlich der Priorisierung aus entweder einer systemerhaltenden oder einer systemtransformierenden Haltung ist dabei entscheidend. So wie in der Arenenöffentlichkeit über die Klimakrise gesprochen wird, so nimmt sie die Gesellschaft zu einem großen Teil auch wahr, was sowohl einen ermöglichenden als auch einen hemmenden Beitrag zur sozial-ökologischen Transformation leisten kann. Es scheint an der Zeit zu sein – egal ob als Individuum, als Organisation oder als Gesellschaft, die Transformation als unvermeidbar anzuerkennen und sich für diese einzusetzen. Um also in diesem Sinne zu einem stärker ermöglichenden als hemmenden Klimadiskurs zu kommen, liegt großes Potenzial darin, wenn Akteure, die die Transformationserwartung ernst nehmen, ihre Koalitionen und Netzwerke arenen- und akteursübergreifend ausbauen, sich gegenseitig unterstützen, sich durch auftretende Widersprüchlichkeiten und Blockaden hindurchkämpfen und ihre Climate Change Agency bewusst für die sozial-ökologische Transformation einsetzen.

Verzeichnis des Untersuchungsmaterials

Auflistung der analysierten Beiträge der Tageszeitungen Kronen Zeitung und der Standard sowie den nach Schlüsselakteuren ausgewählten Presseaussendungen aus denen die Claims als Untersuchungseinheit erhoben wurden.

Kronen Zeitung

DOK ID	Quelle	Datum	Titel
KR_01	KRONE	06.11.2022	Leserbrief: Ab heute beraten 200 Staaten im ägyptischen Sharm El-Sheikh bei der 27. Weltklimakonferenz, was man gegen den Klimawandel tun kann
KR_02	KRONE	06.11.2022	„Erneuerbare Energie bietet Preisgarantie!“
KR_03	KRONE	06.11.2022	Trüffel, Barolo und Andy Warhol
KR_04	KRONE	07.11.2022	Leserbrief: „Der große Raubzug“
KR_05	KRONE	07.11.2022	Leserbrief: „Püree auf Monet?“
KR_06	KRONE	07.11.2022	Wetter sorgt für Gelsen-Alarm
KR_07	KRONE	08.11.2022	Leserbrief: „Alle gemeinsam gegen den Klimawandel!“
KR_08	KRONE	08.11.2022	Leserbrief: Ich vergönne es ihnen von Herzen

(Fortsetzung)

A. Krämer, *Climate Change Agency zwischen Blaming und Framing*,
https://doi.org/10.1007/978-3-658-50041-2

(Fortsetzung)

DOK ID	Quelle	Datum	Titel
KR_09	KRONE	08.11.2022	Leserbrief: Klimagipfel in Ägypten
KR_10	KRONE	08.11.2022	Leserbrief: Fadenscheinige Lippenbekenntnisse
KR_11	KRONE	08.11.2022	Leserbrief: Nur eine Farce
KR_12	KRONE	08.11.2022	Leserbrief: „Klebe-Aktivisten“
KR_13	KRONE	08.11.2022	Wie weit darf Aktivismus gehen?
KR_14	KRONE	09.11.2022	Tausende Hitzetote: Klimagipfel wichtiger denn je
KR_15	KRONE	09.11.2022	Klimakrise Fragen &Antworten: Die richtigen Fragen stellen!
KR_16	KRONE	09.11.2022	Österreich pumpt noch mehr Geld in weltweite Hilfe
KR_17	KRONE	09.11.2022	„Den Ärger der Autofahrer kann ich verstehen“
KR_18	KRONE	09.11.2022	Leserbrief: „Kleben fürs Klima?“
KR_19	KRONE	09.11.2022	Leserbrief: Klimagipfel produzieren nur heiße Luft!
KR_20	KRONE	09.11.2022	Atemnot durch Klimawandel
KR_21	KRONE	09.11.2022	Klimakrise in Europa
KR_22	KRONE	09.11.2022	Wir tragen die Verantwortung
KR_23	KRONE	10.11.2022	Weltklimabericht: Rinder weniger starke Klimakiller als bisher angenommen
KR_24	KRONE	10.11.2022	„Das Wetter hier ist herrlich – außer es will dich töten “
KR_25	KRONE	10.11.2022	Mehr Felsstürze wegen Klimawandel
KR_26	KRONE	10.11.2022	Wiens Versorgung gesichert
KR_27	KRONE	11.11.2022	Wucht des Klimawandels
KR_28	KRONE	11.11.2022	Leserbrief: Klimagipfel
KR_29	KRONE	11.11.2022	Leserbrief: „Teures „Blabla““
KR_30	KRONE	11.11.2022	Leserbrief: „Von Kindern wieder lachen lernen“
KR_31	KRONE	11.11.2022	Prunk, Protz und dazu jede Menge Dekadenz
KR_32	KRONE	11.11.2022	Fachübergreifende Ausbildung

(Fortsetzung)

(Fortsetzung)

DOK ID	Quelle	Datum	Titel
KR_33	KRONE	12.11.2022	Poker um Klima-Milliarden
KR_34	KRONE	12.11.2022	Von Gott und der Welt
KR_35	KRONE	13.11.2022	Am Schauplatz
KR_36	KRONE	13.11.2022	Vermisste Klima-Strategie
KR_37	KRONE	13.11.2022	Die Kunst rettet uns vor dem Leben
KR_38	KRONE	13.11.2022	Lähmen wir uns nicht gegenseitig!
KR_39	KRONE	14.11.2022	Klima-Aktivismus
KR_40	KRONE	14.11.2022	Schall und Rauch beim Klimagipfel
KR_41	KRONE	14.11.2022	Riesige Öko-Katastrophe: Stummer Tod im Wasser
KR_42	KRONE	15.11.2022	Weißer Flieder blüht mitten im November
KR_43	KRONE	15.11.2022	Trauerspiel
KR_44	KRONE	16.11.2022	Der erschöpfte Planet: Wir sind jetzt acht Milliarden Menschen
KR_45	KRONE	16.11.2022	Klimakrise Fragen &Antworten
KR_46	KRONE	16.11.2022	Leserbrief: „Bundeskanzler Kickl?“
KR_47	KRONE	16.11.2022	Leserbrief: „Kampf gegen Klimawandel“
KR_48	KRONE	16.11.2022	Gemeinsamer Weg zu Netto-Null
KR_49	KRONE	16.11.2022	Nach Attacke auf Klimt: Wie sicher sind steirische Museen?
KR_50	KRONE	17.11.2022	Staaten gießen Erdöl ins Feuer
KR_51	KRONE	17.11.2022	Technologien endlich nutzen
KR_52	KRONE	17.11.2022	Aktivisten besetzen Hörsäle
KR_53	KRONE	18.11.2022	Protest gegen Bahn-Ausbau
KR_54	KRONE	18.11.2022	Uni-Besetzung: Noch herrscht in Linz die Ruhe vor dem Sturm
KR_55	KRONE	18.11.2022	Österreicher wollen selbst Klima retten!
KR_56	KRONE	18.11.2022	Uni-Besetzer: „Tut uns leid“

Der Standard

DOK ID	Quelle	Datum	Titel
ST_01	STANDARD	18.11.2022	Klimakrise wird für Uniqa immer teurer
ST_02	STANDARD	18.11.2022	Letzte Regeneration
ST_03	STANDARD	18.11.2022	„Wer will heute noch an Wochenenden arbeiten?“
ST_04	STANDARD	18.11.2022	Gute Stimmung gegen das schlechte Klima
ST_05	STANDARD	18.11.2022	Besetzer wollen besseres Klima und mehr Geld für die Unis
ST_06	STANDARD	17.11.2022	Schuld und Sühne?
ST_07	STANDARD	17.11.2022	Umweltaktivisten besetzen Hörsaal der Uni Wien
ST_08	STANDARD	16.11.2022	Öl stoppen, indem man Ölgemälde mit Öl anschüttet
ST_09	STANDARD	16.11.2022	Ein Verstoß gegen die gute Ordnung
ST_10	STANDARD	16.11.2022	Wenn der Wandel des Klimas die Psyche belastet
ST_11	STANDARD	16.11.2022	Das Gesetz der Nachhaltigkeit
ST_12	STANDARD	16.11.2022	„Das ist vorsätzliches Versagen“
ST_13	STANDARD	16.11.2022	SCHWERPUNKT Nachhaltige Systeme
ST_14	STANDARD	16.11.2022	Der Wald als Helfer im Klimawandel
ST_15	STANDARD	15.11.2022	Schrödingers Friedensprozess
ST_16	STANDARD	14.11.2022	Weltklimakonferenz: Verhandeln in der Diktatur
ST_17	STANDARD	14.11.2022	Es ist ein ungewöhnliches Mittel
ST_18	STANDARD	14.11.2022	Klimagipfel der Lobbyisten
ST_19	STANDARD	14.11.2022	Viele Versprechen gegen die „Klimahölle“ bei UN-Konferenz
ST_20	STANDARD	12.11.2022	Tatort Museum
ST_21	STANDARD	12.11.2022	Spezialtricks gegen Kälte Kalte Füße, Fett und Frostschutzmittel

(Fortsetzung)

(Fortsetzung)

DOK ID	Quelle	Datum	Titel
ST_22	STANDARD	12.11.2022	Für Gewessler ist Klimakrise größer als Energiekrise
ST_23	STANDARD	12.11.2022	Uni-Besetzung mit Ansage
ST_24	STANDARD	12.11.2022	Gen Z gegen das alte Amerika
ST_25	STANDARD	11.11.2022	Mehr als nur Blabla?
ST_26	STANDARD	11.11.2022	Aktivistinnen klebten sich im Museum unter Dinosaurier fest
ST_27	STANDARD	11.11.2022	Eine Stadt passt sich an
ST_28	STANDARD	11.11.2022	„Wir können etwas verändern"
ST_29	STANDARD	11.11.2022	Die Stadt von morgen
ST_30	STANDARD	10.11.2022	„Bessere Gesetze" für die Energiewende?
ST_31	STANDARD	10.11.2022	Kleber statt Suppe für Andy Warhols Suppen
ST_32	STANDARD	10.11.2022	„Der Saisonstart kommt zu früh"
ST_33	STANDARD	09.11.2022	„Stets die ganze Welt im Fokus"
ST_34	STANDARD	09.11.2022	Geld für Klimaschäden ist ein Irrweg
ST_35	STANDARD	09.11.2022	Warum wir eine „Öko-Apo" brauchen
ST_36	STANDARD	09.11.2022	Das große Insektensterben
ST_37	STANDARD	09.11.2022	Gipfel streitet um Klimaschäden
ST_38	STANDARD	09.11.2022	Der lange Streit um Geld für Klimaschäden
ST_39	STANDARD	08.11.2022	Klimagipfel ohne die ganz Großen
ST_40	STANDARD	08.11.2022	Tschechien liebäugelt mit Bau von „Mini-AKWs"
ST_41	STANDARD	08.11.2022	Kleber für das Klima
ST_42	STANDARD	08.11.2022	Klimafinanzierung: Geld kommt drei Jahre später
ST_43	STANDARD	07.11.2022	Arbeiten an der globalen Krise

Presseausendungen

DOK ID	Quelle	Datum	Titel
OTS_ 20221107_ OTS0031	OpenWay	07.11.2022	Open Way nimmt am G20-Gipfel in Indonesien teil, um Fachwissen über Sicherheit und Widerstandsfähigkeit der digitalen Wirtschaft zu vermitteln
OTS_ 20221107_ OTS0040	GLOBAL 2000	07.11.2022	Start der Klimakonferenz: EU-Lieferkettengesetz notwendig für verpflichtenden Klimaschutz bei Unternehmen
OTS_ 20221107_ OTS0082	Huawei Technologies Austria GmbH	07.11.2022	Huawei & Darwin's Circle: „Vienna Tech for Green"-Initiative zur Verringerung der weltweiten Kohlenstoffemissionen
OTS_ 20221107_ OTS0117	ORF	07.11.2022	„Report": Die Akte Thomas Schmid, Zukunft der Pensionen, radikaler Klimaaktivismus und Pflichtfach „Digitale Grundbildung"
OTS_ 20221107_ OTS0164	BM für Klimaschutz, Umwelt, Energie, Mobilität, Innovation und Technologie	07.11.2022	„Space4Energy": Wie Satellitendaten eine grüne Zukunft ermöglichen
OTS_ 20221107_ OTS0197	Delta Electronics	07.11.2022	Deltas energieeffiziente Stromversorgungs- und Wärmemanagement-Lösungen stehen auf der Electronica 2022 im Mittelpunkt
OTS_ 20221108_ OTS0063	Blühendes Österreich – REWE International gemeinnützige Privatstiftung	08.11.2022	Blühendes Österreich, Henkel und Hochgebirgs-Naturpark Zillertaler Alpen: Revitalisierung eines bedrohten hochalpinen Auwalds

(Fortsetzung)

(Fortsetzung)

DOK ID	Quelle	Datum	Titel
OTS_ 20221108_ OTS0088	ORF	08.11.2022	WELTjournal/WELTjournal + : „Klima-Katastrophe – eine Reise um die Welt“ und „Atomkraft Forever – Deutschlands schwieriger Ausstieg“
OTS_ 20221108_ OTS0143	PID Presse- und Informationsdienst der Stadt Wien	08.11.2022	Wiener Bauordnungsnovelle: Opposition verlangt mehr Ökologie und mehr Transparenz
OTS_ 20221108_ OTS0151	BM für Klimaschutz, Umwelt, Energie, Mobilität, Innovation und Technologie	08.11.2022	Gewessler/Totschnig: Aktionsplan zur Umsetzung der Bioökonomiestrategie ist fertig
OTS_ 20221108_ OTS0165	PID Presse- und Informationsdienst der Stadt Wien	08.11.2022	Fabisch/Keller/Weisgram: 21 neue Bäume für die Josefstadt
OTS_ 20221108_ OTS0169	BM für Klimaschutz, Umwelt, Energie, Mobilität, Innovation und Technologie	08.11.2022	Klimaschutzministerin Gewessler gratuliert Umweltschutzorganisation zur FEMtech Auszeichnung Chancengleichheit in Unternehmen 2022
OTS_ 20221108_ OTS0173	Fachverband der Holzindustrie Österreichs	08.11.2022	Holzindustrie begrüßt Aktionsplan für Bioökonomie
OTS_ 20221108_ OTS0193	Pressedienst der Parlamentsdirektion – Parlamentskorrespondenz	08.11.2022	Schwerpunkt Wirtschaftsförderungen: Wirtschaftsbudget 2023 soll um 44,9 % auf 3,52 Mrd. € steigen
OTS_ 20221109_ OTS0021	Deloitte Österreich	09.11.2022	Deloitte „Work toward net zero“-Studie zu COP27: Jeder vierte Arbeitsplatz ist von den Folgen des Klimawandels betroffen
OTS_ 20221109_ OTS0080	ORF	09.11.2022	„Eco“: Autoland Österreich – Wie wir mit Vollgas in die Klimakrise rasen

(Fortsetzung)

(Fortsetzung)

DOK ID	Quelle	Datum	Titel
OTS_ 20221110_ OTS0005	WWF Österreich	10.11.2022	WWF-Report: Amazonas-Regenwald am "Highway zum Kipp-Punkt"
OTS_ 20221110_ OTS0014	ÖH – Österreichische HochschülerInnenschaft	10.11.2022	ÖH ad COP27: "Pariser Klimaabkommen und 1,5-Grad-Ziel endlich umsetzen"
OTS_ 20221111_ OTS0022	PID Presse- und Informationsdienst der Stadt Wien	11.11.2022	Gaál/Arapovic: Überparteiliche Fachenquete legt Grundstein zur großen Novelle der Bauordnung
OTS_ 20221111_ OTS0124	PID Presse- und Informationsdienst der Stadt Wien	11.11.2022	Städtebund begrüßt Forderung nach neuem FAG-Verteilungsschlüssel
OTS_ 20221113_ OTS0006	Greenpeace	13.11.2022	UN-Klimagipfel: Greenpeace fordert Taten statt leere Worte
OTS_ 20221113_ OTS0017	WWF Österreich	13.11.2022	WWF Österreich fordert Klimakonferenz 2026 in Wien
OTS_ 20221114_ OTS0028	Wienerberger AG	14.11.2022	EQS-News: Wienerberger AG: Wienerberger erwirbt norwegischen Wassermanagement-Spezialist QPS AS
OTS_ 20221114_ OTS0065	ORF	14.11.2022	„Katar – Perlen im Sand": Der Golfstaat im „Universum"-Porträt
OTS_ 20221114_ OTS0067	Greenpeace	14.11.2022	Greenpeace zu Klimaschutz-Index: Österreich abgeschlagen im Mittelfeld
OTS_ 20221114_ OTS0076	acib GmbH	14.11.2022	European Summit of Industrial Biotechnology (esib)
OTS_ 20221114_ OTS0079	WWF Österreich	14.11.2022	Neues Klimaschutz-Ranking: WWF fordert Politik zum Handeln auf

(Fortsetzung)

(Fortsetzung)

DOK ID	Quelle	Datum	Titel
OTS_ 20221114_ OTS0093	Bundesministerium für Land- und Forstwirtschaft, Regionen und Wasserwirtschaft	14.11.2022	Totschnig: Feuchtgebiete unverzichtbar für Biodiversität und Klimaschutz
OTS_ 20221114_ OTS0174	Global Alliance of Universities on Climate	14.11.2022	Von COP27 bis G20: Jugend weltweit fordert die Staats- und Regierungschefs der Welt auf, den Multilateralismus aufrechtzuerhalten und junge Menschen zu fördern
OTS_ 20221115_ OTS0013	WWF Österreich	15.11.2022	WWF-Bericht: Natur kann schlimmste Klimafolgen abwenden
OTS_ 20221115_ OTS0024	ÖH Salzburg	15.11.2022	Unis in Gefahr – Mehr Budget sofort notwendig!
OTS_ 20221115_ OTS0045	Pressedienst der Parlamentsdirektion – Parlamentskorrespondenz	15.11.2022	Politik am Ring: Wer zahlt die Rechnung für das Krisenbudget?
OTS_ 20221115_ OTS0077	CEOs FOR FUTURE	15.11.2022	Aktiver Vorschlag: Weiterentwicklung der Lehrlingsausbildung für eine nachhaltige Zukunft
OTS_ 20221115_ OTS0093	BM für Bildung, Wissenschaft und Forschung	15.11.2022	MINT-Gütesiegel macht fit für die Zukunft
OTS_ 20221115_ OTS0204	Pressedienst der Parlamentsdirektion – Parlamentskorrespondenz	15.11.2022	Budgetbegleitgesetz: Nationalrat sichert Mittel für Bundesheer und Umwelt
OTS_ 20221115_ OTS0218	Earth InSight	15.11.2022	Vor dem COP27 Energy Day: Afrikanische Wälder im Fadenkreuz der Öl- und Gasförderung: Eine Bedrohung für Ökosysteme und Gemeinschaften weltweit
OTS_ 20221116_ OTS0010	GLOBAL 2000	16.11.2022	Entwicklungsorganisationen für Regulierung von Neuer Gentechnik in Landwirtschaft

(Fortsetzung)

(Fortsetzung)

DOK ID	Quelle	Datum	Titel
OTS_ 20221116_ OTS0036	Deloitte Österreich	16.11.2022	Deloitte CFO Survey 2022: Vielfältige Krisen machen Österreichs Finanzvorständen zu schaffen
OTS_ 20221116_ OTS0047	Fachverband der Holzindustrie Österreichs	16.11.2022	Holzindustrie zu COP 27: Klimaschutz und Wirtschaft verbinden
OTS_ 20221116_ OTS0177	ÖH – Österreichische HochschülerInnenschaft	16.11.2022	ÖH steht hinter Uni-Besetzung von #ErdeBrennt
OTS_ 20221116_ OTS0225	Pressedienst der Parlamentsdirektion – Parlamentskorrespondenz	16.11.2022	Wirtschaftsbudget 2023 soll auf 3,52 Mrd. € steigen
OTS_ 20221116_ OTS0234	Pressedienst der Parlamentsdirektion – Parlamentskorrespondenz	16.11.2022	Nationalrat: Landwirtschaftsbudget soll 2023 um 2,2 % steigen
OTS_ 20221117_ OTS0004	FHWien der WKW	17.11.2022	Verantwortungsvolles Handeln hilft Unternehmen im „War for Talents“
OTS_ 20221117_ OTS0077	Greenpeace	17.11.2022	KLIMASTUDIE 2022: So denkt Österreich über die Klimakrise
OTS_ 20221117_ OTS0085	PID Presse- und Informationsdienst der Stadt Wien	17.11.2022	„Wiener Wäldchen“: Wien pflanzt ersten „Mini Wald“ im Stadtgebiet
OTS_ 20221117_ OTS0114	Bundesministerium für Land- und Forstwirtschaft, Regionen und Wasserwirtschaft	17.11.2022	Totschnig: 2,9 Mrd. Euro für Land- und Forstwirtschaft, Regionen und Wasserwirtschaft
OTS_ 20221117_ OTS0172	Schneider Electric GmbH	17.11.2022	Schneider Electric beschleunigt seine „AI at Scale“-Strategie mit soliden Fortschritten im ersten Jahr
OTS_ 20221117_ OTS0199	Pyrowave	17.11.2022	Pyrowave setzt neuen Standard mit 100 % rückverfolgbarem recyceltem Styrol
OTS_ 20221118_ OTS0015	Climate Connect Digital (CCD)	18.11.2022	Zunahme von Waldbränden stellt Permanenzrisiko für globale Kohlenstoffmärkte dar

(Fortsetzung)

(Fortsetzung)

DOK ID	Quelle	Datum	Titel
OTS_ 20221118_ OTS0097	ORF	18.11.2022	Ein „konkret spezial“ im ORF-Hauptabend über „Sparen wo’s geht“
OTS_ 20221118_ OTS0106	ORF	18.11.2022	„Orientierung“: Menschenrechte – wozu braucht es die Menschenrechtskonvention?
OTS_ 20221118_ OTS0132	PID Presse- und Informationsdienst der Stadt Wien	18.11.2022	Sima/Wiederkehr/Fabisch: Begrünt und verkehrsberuhigt – das neue Schulumfeld in der Pfeilgasse ist fertig
OTS_ 20221118_ OTS0201	Pressedienst der Parlamentsdirektion – Parlamentskorrespondenz	18.11.2022	Nationalrat: NEOS fordern rasche Vorlage eines neuen Klimaschutzgesetzes

Literaturverzeichnis

Adam, S. (2008). Medieninhalte aus der Netzwerkperspektive: Neue Erkenntnisse durch die Kombination von Inhalts- und Netzwerkanalyse. *Publizistik, 53*(2), 180–199. https://doi.org/10.1007/s11616-008-0074-x

Åhlström, J. (2010). Corporate response to CSO criticism: decoupling the corporate responsibility discourse from business practice. *Corporate Social Responsibility and Environmental Management, 17*(2), 70–80. https://doi.org/10.1002/csr.232

Aitamurto, T. & Varma, A. (2018). The constructive role of journalism. *Journalism Practice, 12*(6), 695–713. https://doi.org/10.1080/17512786.2018.1473041

Almiron, N. (2019). Rethinking the ethical challenge in climate change lobbying: a discussion of ideological denial. In N. Almiron & J. Xifra (Hrsg.), *Routledge new directions in public relations and communication research. Climate change denial and public relations: strategic communication and interest groups in climate inaction* (S. 9–25). Routledge.

Ameseder, C. & Ettl-Huber, S. (2018). Die Wirkung von Storytelling in der Wissenschafts-PR. In A. Schach & C. Christoph (Hrsg.), *Handbuch Sprache in den Public Relations: Theoretische Ansätze – Handlungsfelder – Textsorten* (S. 357–373). Springer Fachmedien. https://doi.org/10.1007/978-3-658-15745-6_27

Amlinger, C. & Nachtwey, O. (2022). *Gekränkte Freiheit: Aspekte des libertären Autoritarismus.* Suhrkamp.

Andersen, S. E., Nielsen, A. E. & Høvring, C. M. (2017). Communicative dilemmas of CSR: towards an integrative framework of CSR Communication. In S. Diehl, M. Karmasin, B. Mueller, R. Terlutter & F. Weder (Hrsg.), *CSR, sustainability, ethics & governance. Handbook of integrated CSR communication* (S. 51–69). Springer International Publishing. https://doi.org/10.1007/978-3-319-44700-1_4

Andre, P., Boneva, T., Chopra, F. & Falk, A. (2024). Globally representative evidence on the actual and perceived support for climate action. *Nature Climate Change, 14*(3), 253–259. https://doi.org/10.1038/s41558-024-01925-3

Ansari, S., Wijen, F. & Gray, B. (2013). Constructing a climate change logic: an institutional perspective on the "tragedy of the commons". *Organization Science, 24*(4), 1014–1040. https://doi.org/10.1287/orsc.1120.0799

A. Krämer, *Climate Change Agency zwischen Blaming und Framing*, https://doi.org/10.1007/978-3-658-50041-2

APA. (2024a). *APA-onlinemanager library*. https://aomlibrary.apa.at/portal/restricted/search.html

APA. (2024b). *APA-OTS originaltext-service*. https://www.ots.at/

APA. (2024c). *Klima-Glossar: Klimagerechtigkeit*. https://science.apa.at/power-search/7413047741500433955

Archer, D. & Pierrehumbert, R. T. (Hrsg.). (2011). *The warming papers: the scientific foundation for the climate change forecast*. Wiley-Blackwell.

Arnold, K. (2016). Qualität des Journalismus. In M. Löffelholz & L. Rothenberger (Hrsg.), *Handbuch Journalismustheorien* (S. 551–564). Springer Fachmedien.

Aytac, U. (2021). On the limits of the political: the problem of overly permissive pluralism in Mouffe's agonism. *Constellations*, *28*(3), 417–431. https://doi.org/10.1111/1467-8675.12525

Badullovich, N. (2023). From influencing to engagement: a framing model for climate communication in polarised settings. *Environmental Politics*, *32*(2), 207–226. https://doi.org/10.1080/09644016.2022.2052648

Banerjee, S. B. (2008). Corporate social responsibility: the good, the bad and the ugly. *Critical Sociology*, *34*(1), 51–79. https://doi.org/10.1177/0896920507084623

Bangalore, M., Hallegatte, S., Vogt-Schilb, A. & Rozenberg, J. (2017). *Unbreakable: building the resilience of the poor in the face of natural disasters*. World Bank Publications. https://doi.org/10.1596/978-1-4648-1003-9

Bartunek, J. M. (2011). What has happened to mode 2? *British Journal of Management*, *22*(3), 555–558. https://doi.org/10.1111/j.1467-8551.2011.00773.x

Bastian, M., Heymann, S. & Jacomy, M. (2009). Gephi: an open source software for exploring and manipulating networks. *International AAAI Conference on Weblogs and Social Media*, 1–2.

Basu, K. & Palazzo, G. (2008). Corporate social responsibility: a process model of sensemaking. *Academy of Management Review*, *33*(1), 122–136. https://doi.org/10.5465/AMR.2008.27745504

Battilana, J., Besharov, M. & Mitzinneck, B. C. (2017). On hybrids and hybrid organizing: a review and roadmap for future research. In R. Greenwood, C. Oliver, T. B. Lawrence & R. E. Meyer (Hrsg.), *The SAGE handbook of organizational institutionalism* (2. Aufl., S. 128–162). SAGE.

Baum, S. D. & Easterling, W. E. (2010). Space-time discounting in climate change adaptation. *Mitigation and Adaptation Strategies for Global Change*, *15*(6), 591–609. https://doi.org/10.1007/s11027-010-9239-9

Benford, R. D. & Snow, D. A. (2000). Framing processes and social movements: an overview and assessment. *Annual Review of Sociology*, *26*, 611–639. https://www.jstor.org/stable/223459

Benkler, Y. (2008). *The wealth of networks: how social production transforms markets and freedom*. Yale University Press. https://doi.org/10.12987/9780300127232

Bennett, S. & DeKay, M. (2020, 26–31 Mai). Communicating the climate crisis by design. 4th Integral European Conference, Siófok, Hungary. https://www.academia.edu/download/63474236/IEC_CommunicateClimateChange20200530-104028-dxanzy.pdf

Bennett, W. L. (2021). *Communicating the future: solutions for environment, economy and democracy*. Wiley.

Bennett, W. L. & Segerberg, A. (2012). The logic of connective action: digital media and the personalization of contentious politics. *Information, Communication & Society*, *15*(5), 739–768. https://doi.org/10.1080/1369118X.2012.670661

Bentele, G. & Nothaft, H. (2011). Vertrauen und Glaubwürdigkeit als Grundlage von Corporate Social Responsibility: Die (massen-)mediale Konstruktion von Verantwortung und Verantwortlichkeit. In J. Raupp, S. Jarolimek & F. Schultz (Hrsg.), *Handbuch CSR: Kommunikationswissenschaftliche Grundlagen, disziplinäre Zugänge und methodische Herausforderungen* (S. 45–70). VS Verlag für Sozialwissenschaften.

Ben-Yehoshua, J. (2016). Postfaktizität: Zur Genese und Rezeption eines politischen Begriffs. *Significance*, *13*(4), 1–15. https://doi.org/10.1111/j.1740-9713.2016.00928.x

Berger, P. L. & Luckmann, T. (1967). *The social construction of reality*. Garden City.

Berkeley Earth. (2024a). *Actionable climate science for policymakers*. https://berkeleyearth.org/policy-insights/

Berkeley Earth. (2024b). *Temperature state list*. https://berkeleyearth.org/temperature-state-list/

Bilandzic, H., Kalch, A. & Soentgen, J. (2017). Effects of goal framing and emotions on perceived threat and willingness to sacrifice for climate change. *Science Communication*, *39*(4), 466–491. https://doi.org/10.1177/1075547017718553

Birindelli, G. & Chiappini, H. (2021). Climate change policies: good news or bad news for firms in the European Union? *Corporate Social Responsibility and Environmental Management*, *28*(2), 831–848. https://doi.org/10.1002/csr.2093

Blake, J. (1999). Overcoming the 'value-action gap' in environmental policy: tensions between national policy and local experience. *Local Environment*, *4*(3), 257–278. https://doi.org/10.1080/13549839908725599

Blondel, V. D., Guillaume, J.-L., Lambiotte, R. & Lefebvre, E. (2008). Fast unfolding of communities in large networks. *Journal of Statistical Mechanics: Theory and Experiment*, *P10008*(10), 1–12. https://doi.org/10.1088/1742-5468/2008/10/P10008

BMK – Bundesministerium für Klimaschutz, Umwelt, Energie, Mobilität, Innovation und Technologie. (2023). *Integrierter nationaler Energie- und Klimaplan für Österreich: Periode 2021–2030*. https://www.bmk.gv.at/dam/jcr:6c55ea04-e4b8-499f-ac3b-9d8786147cee/NEKP_final_20241203.pdf

BMK – Bundesministerium für Klimaschutz, Umwelt, Energie, Mobilität, Innovation und Technologie. (2024a). *Internationale Klimafinanzierung*. https://www.bmk.gv.at/themen/klima_umwelt/klimaschutz/int_klimapolitik/finanzierung.html

BMK – Bundesministerium für Klimaschutz, Umwelt, Energie, Mobilität, Innovation und Technologie. (2024b). *Klimabewusstsein in Österreich auf dem Prüfstand*. https://www.bmk.gv.at/themen/klima_umwelt/klimaschutz/nat_klimapolitik/klimabewusstsein.html#:~:text=Klimakrise%20wird%20als%20dringendes%20Problem,entschlossenes%20Handeln%20f%C3%BCr%20mehr%20Klimaschutz.

BMSGPK – Bundesministerium für Soziales, Gesundheit, Pflege und Konsumentenschutz. (2021). *Soziale Folgen des Klimawandels in Österreich*. https://www.sozialministerium.at/dam/jcr:514d6040-e834-4161-a867-4944c68c05c4/SozialeFolgen-Endbericht.pdf&ved=2ahUKEwiFwKn2jO6JAxW4BtsEHd69B-sQFnoECBgQAQ&usg=AOvVaw331zJFD_uqCiGsbemOW2gI

Bogun, R. (2020). Was wissen wir über die ökologischen Wirkungen des privaten Konsums? Anmerkungen zum Stand der Forschung und den Problemen des „Fußabdruck-Denkens".

In N. Baur, J. Fülling, L. Hering & E. Kulke (Hrsg.), *Waren – Wissen – Raum* (S. 517–560). Springer Fachmedien. https://doi.org/10.1007/978-3-658-30719-6_17

Bohrmann, T. (2022). Unternehmen geben sich „grünes" Image: Nachhaltigkeit als Thema in der Wirtschaftswerbung. *Communicatio socialis*, *55*(2), 206–217.

Boin, A., Ekengren, M. & Rhinard, M. (2021). Understanding and acting upon a creeping crisis. In A. Boin, M. Ekengren & M. Rhinard (Hrsg.), *Understanding the creeping crisis* (S. 1–18). Springer International Publishing.

Boltanski, L. & Thévenot, L. (2006). *On justification: economies of worth* (C. Porter, Übers.). Princeton University Press. http://www.loc.gov/catdir/enhancements/fy0654/2005020884-b.html

Bourne, C., Mumby, D., Munshi, D., Das, A., Roy Chaudhuri, H. & Edwards, L. (2023). Narrating the anxious market: in search of alternatives during global crises. *Consumption Markets & Culture*, *26*(3), 233–244. https://doi.org/10.1080/10253866.2022.2066656

Bowers, T. (2010). From image to economic value: a genre analysis of sustainability reporting. *Corporate Communications: An International Journal*, *15*(3), 249–262. https://doi.org/10.1108/13563281011068113

Boxenbaum, E. & Jonsson, S. (2017). Isomorphism, Diffusion and decoupling: concept evolution and theoretical challenges. In R. Greenwood, C. Oliver, T. B. Lawrence & R. E. Meyer (Hrsg.), *The SAGE handbook of organizational institutionalism* (2. Aufl., S. 77–101). SAGE.

Boykoff, M. T. (2019). *Creative (climate) communications: productive pathways for science, policy and society*. Cambridge University Press. https://doi.org/10.1017/9781108164047

Bridge, G. & Tench, R. (2022). Communication professionals. In J. Falkheimer & M. Heide (Hrsg.), *Research handbook on strategic communication* (S. 199–208). Edward Elgar Publishing.

Bromley, P. & Powell, W. W. (2012). From smoke and mirrors to walking the talk: decoupling in the contemporary world. *The Academy of Management Annals*, *6*(1), 1–48. https://doi.org/10.1080/19416520.2012.684462

Brot für die Welt und Germanwatch e. V. (2024). *Dein Handabdruck*. https://www.handabdruck.eu/faq

Brown, M. A. & Sovacool, B. K. (2018). Theorizing the behavioral dimension of energy consumption: energy efficiency and the value-action gap. In D. J. Davidson & M. Gross (Hrsg.), *Oxford handbook of energy and society* (Bd. 1, S. 201–221). Oxford University Press. https://doi.org/10.1093/oxfordhb/9780190633851.013.9

Brüggemann, M. (2022). Plädoyer für eine bescheidene Weltverbesserung. Transformativer Journalismus und transformative Kommunikationswissenschaft. *Communicatio Socialis*, *55*(2), 176–183. https://doi.org/10.5771/0010-3497-2022-2-143

Brüggemann, M. & Engesser, S. (2014). Between consensus and denial. *Science Communication*, *36*(4), 399–427. https://doi.org/10.1177/1075547014533662

Brulle, R. J. (2014). Institutionalizing delay: foundation funding and the creation of U.S. climate change counter-movement organizations. *Climatic Change*, *122*(4), 681–694. https://doi.org/10.1007/s10584-013-1018-7

Bruns, A. (2023). From "the" public sphere to a network of publics: towards an empirically founded model of contemporary public communication spaces. *Communication Theory*, *33*(2–3), 70–81. https://doi.org/10.1093/ct/qtad007

Brunsson, N. (1986). Organizing for inconsistencies: on organizational conflict, depression and hypocrisy as substitutes for action. *Scandinavian Journal of Management Studies, 2*(3–4), 165–185. https://doi.org/10.1016/0281-7527(86)90014-9

Brunsson, N. (2003). *The organization of hypocrisy: talk, decisions and actions in organizations* (2. Aufl.). Business School Press.

Buhr, K. (2012). The inclusion of aviation in the EU emissions trading scheme: temporal conditions for institutional entrepreneurship. *Organization Studies, 33*(11), 1565–1587. https://doi.org/10.1177/0170840612463324

Buhr, M., Harms, D. & Schaltegger, S. (2023). Individual change agents for corporate sustainability transformation: a systematic literature review. *Benchmarking: An International Journal*, 1–27. https://doi.org/10.1108/BIJ-09-2021-0551

Burkart, R. (2015). Verständigungsorientierte Öffentlichkeitsarbeit (VÖA): Das Konzept und seine Rezeption. In R. Fröhlich, P. Szyszka & G. Bentele (Hrsg.), *Handbuch der Public Relations* (S. 277–304). Springer Fachmedien. https://doi.org/10.1007/978-3-531-18917-8_18

Cardon, D. (2017). Den Algorithmus dekonstruieren: Vier Typen digitaler Informationsberechnung. In R. Seyfert & J. Roberge (Hrsg.), *Algorithmuskulturen: Über die rechnerische Konstruktion der Wirklichkeit* (S. 131–150). transcript Verlag. https://doi.org/10.14361/9783839438008-005

Carroll, A. B. (2016). Carroll's pyramid of CSR: taking another look. *International Journal of Corporate Social Responsibility, 1*(1), 1–8. https://doi.org/10.1186/s40991-016-0004-6

Carroll, A. B. & Shabana, K. M. (2010). The business case for corporate social responsibility: a review of concepts, research and practice. *International Journal of Management Reviews, 12*(1), 85–105. https://doi.org/10.1111/j.1468-2370.2009.00275.x

Charney, J. G., Arakawa, A., Baker, J. D., Bolin, B., Dickinson, R. E., Goody, R. M., Leith, C. E. & Stommel, Henry M. Wunsch, Carl I. (1979). *Carbon dioxide and climate: a scientific assessment.* University of Chicago.

Cheema, S., Afsar, B. & Javed, F. (2020). Employees' corporate social responsibility perceptions and organizational citizenship behaviors for the environment: the mediating roles of organizational identification and environmental orientation fit. *Corporate Social Responsibility and Environmental Management, 27*(1), 9–21. https://doi.org/10.1002/csr.1769

Christensen, E. & Christensen, L. T. (2022). The saying and the doing: when communication is strategic. In J. Falkheimer & M. Heide (Hrsg.), *Research handbook on strategic communication* (S. 33–45). Edward Elgar Publishing.

Christensen, L. T., Morsing, M. & Thyssen, O. (2013). CSR as aspirational talk. *Organization, 20*(3), 372–393. https://doi.org/10.1177/1350508413478310

Christensen, L. T., Morsing, M. & Thyssen, O. (2015). Discursive closure and discursive openings in sustainability. *Management Communication Quarterly, 29*(1), 135–144. https://doi.org/10.1177/0893318914563574

Christensen, L. T., Morsing, M. & Thyssen, O. (2017). License to critique: a communication perspective on sustainability standards. *Business Ethics Quarterly, 27*(2), 239–262. https://doi.org/10.1017/beq.2016.66

Christensen, L. T., Morsing, M. & Thyssen, O. (2020a). Talk–action dynamics: modalities of aspirational talk. *Organization Studies, 42*(3), 407–427. https://doi.org/10.1177/0170840619896267

Christensen, L. T., Morsing, M. & Thyssen, O. (2020b). Timely hypocrisy? Hypocrisy temporalities in CSR communication. *Journal of Business Research, 114*, 327–335. https://doi.org/10.1016/j.jbusres.2019.07.020

Ciszek, E. L. (2017). Activist strategic communication for social change: a transnational case study of lesbian, gay, bisexual, and transgender activism. *Journal of Communication, 67*(5), 702–718. https://doi.org/10.1111/jcom.12319

Cointe, B. & Guillemot, H. (2023). A history of the 1.5°C target. *WIREs Climate Change, 14*(3), Artikel e824, 1–11. https://doi.org/10.1002/wcc.824

Coombs, W. T. & Holladay, S. J. (2021). The why and how for storytelling: the TNT approach applied to sustainability communication. In F. Weder, L. Krainer & M. Karmasin (Hrsg.), *The sustainability communication reader: a reflective compendium* (S. 89–102). Springer Fachmedien.

Cooren, F. & Martine, T. (2016). Communicative constitution of organizations. In K. B. Jensen, E. W. Rothenbuhler, J. D. Pooley & R. T. Craig (Hrsg.), *The international encyclopedia of communication theory and philosophy* (S. 1–9). Wiley. https://doi.org/10.1002/9781118766804.wbiect097

Cornelissen, J. P., Durand, R., Fiss, P. C., Lammers, J. C. & Vaara, E. (2015). Putting communication front and center in institutional theory and analysis. *Academy of Management Review, 40*(1), 10–27. https://doi.org/10.5465/amr.2014.0381

Cox, J. R. (2010). Beyond frames: recovering the strategic in climate communication. *Environmental Communication, 4*(1), 122–133. https://doi.org/10.1080/17524030903516555

Czarniawska, B. & Sevón, G. (Hrsg.). (1996). *Translating organizational change.* De Gruyter. https://doi.org/10.1515/9783110879735

Dahinden, U. (2004). Steht die Wissenschaft unter Mediatisierungsdruck? Eine Positionsbestimmung zwischen Glashaus und Marktplatz. In K. Imhof, R. Blum, H. Bonfadelli & O. Jarren (Hrsg.), *Mediengesellschaft: Strukturen, Merkmale, Entwicklungsdynamiken* (S. 159–175). Springer Fachmedien.

Dahl, T. & Fløttum, K. (2019). Climate change as a corporate strategy issue. *Corporate Communications: An International Journal, 24*(3), 499–514. https://doi.org/10.1108/CCIJ-08-2018-0088

Dash, A. K. & Dash, R. K. (2021). Environmental and sustainability campaigns: a case study of India's Swachh Bharat Abhiyan (2014–2019). *Journal of Communication Management, 25*(4), 385–400. https://doi.org/10.1108/JCOM-07-2020-0072

Davidson, S. (2016). Public relations theory: an agonistic critique of the turns to dialogue and symmetry. *Public Relations Inquiry, 5*(2), 145–167. https://doi.org/10.1177/2046147X16649007

Davis, L., Fähnrich, B., Nepote, A. C., Riedlinger, M. & Trench, B. (2018). Environmental communication and science communication—conversations, connections and collaborations. *Environmental Communication, 12*(4), 431–437. https://doi.org/10.1080/17524032.2018.1436082

Deephouse, D. L., Bundy, J., Tost, L. P. & Suchman, M. C. (2017). Organizational legitimacy: six key questions. In R. Greenwood, C. Oliver, T. B. Lawrence & R. E. Meyer (Hrsg.), *The SAGE handbook of organizational institutionalism* (2. Aufl., S. 27–54). SAGE.

Deese, R. S. (2019). *Climate change and the future of democracy.* Springer International Publishing. https://doi.org/10.1007/978-3-319-98307-3

Dernbach, B. (2015). Systemtheoretisch-gesellschaftsorientierte Ansätze. In R. Fröhlich, P. Szyszka & G. Bentele (Hrsg.), *Handbuch der Public Relations* (S. 143–153). Springer Fachmedien. https://doi.org/10.1007/978-3-531-18917-8_10

Deutsche Klimafinanzierung. (2022). *Neue OECD-Zahlen: Industrieländer brechen $100-Milliarden-Versprechen.* https://www.deutscheklimafinanzierung.de/blog/2022/08/neue-oecd-zahlen-industrielaender-haben-das-100-milliarden-versprechen-gebrochen/

DiMaggio, P. J. (1988). Interest and agency in institutional theory. In L. Zucker (Hrsg.), *Research on institutional patterns: environment and culture* (S. 3–22). Ballinger Publishing.

DiMaggio, P. J. & Powell, W. W. (1983). The iron cage revisited: institutional isomorphism and collective rationality in organizational fields. *American Sociological Review*, *48*(2), 147. https://doi.org/10.2307/2095101

Donges, P. & Jarren, O. (2017). *Politische Kommunikation in der Mediengesellschaft: Eine Einführung.* Springer Fachmedien. https://doi.org/10.1007/978-3-658-16572-7

Downs, A. (1972). Up and down with ecology – the "issue-attention cycle". *The Public Interest*, *28*, 38–50.

Du, S., Bhattacharya, C. B. & Sen, S. (2010). Maximizing business returns to corporate social responsibility (CSR): the role of CSR communication. *International Journal of Management Reviews*, *12*(1), 8–19. https://doi.org/10.1111/j.1468-2370.2009.00276.x

Dunwoody, S. (2022). When environmental scientists go public. In A. Hansen & J. R. Cox (Hrsg.), *The Routledge handbook of environment and communication* (2. Auf., S. 101–113). Routledge.

ECREA. (2023). *The normative imperative: socio-political challenges of strategic and organisational communication.* ECREA. https://ecrea.eu/event-5085782

Edwards, L. (2018). On Boltanski: the sociology of critique and public relations. In Ø. Ihlen & M. Fredriksson (Hrsg.), *Routledge communication series. Public relations and social theory: key figures, concepts and developments* (2. Aufl., S. 233–251). Routledge Taylor & Francis Group.

Effron, D. A., O'Connor, K., Leroy, H. & Lucas, B. J. (2018). From inconsistency to hypocrisy: when does "saying one thing but doing another" invite condemnation? *Research in Organizational Behavior*, *38*, 61–75. https://doi.org/10.1016/j.riob.2018.10.003

Eisenegger, M. (2005). *Reputation in der Mediengesellschaft.* VS Verlag für Sozialwissenschaften. https://doi.org/10.1007/978-3-531-90197-8

Eisenegger, M. (2018). Begriffe sind Programm – Plädoyer für eine öffentlichkeitssoziologische Organisationskommunikations-Forschung. In S. Wehmeier & D. Schoeneborn (Hrsg.), *Strategische Kommunikation im Spannungsfeld zwischen Intention und Emergenz* (S. 19–41). Springer Fachmedien. https://doi.org/10.1007/978-3-658-17634-1_2

Eisenegger, M. (2021). Dem digitalen Strukturwandel der Öffentlichkeit auf der Spur – Zur Einführung. In M. Eisenegger, M. Prinzing, P. Ettinger & R. Blum (Hrsg.), *Research (Wiesbaden, Germany). Digitaler Strukturwandel der Öffentlichkeit: Historische Verortung, Modelle und Konsequenzen* (S. 1–14). Springer VS Springer Fachmedien.

Eisenegger, M. & Schranz, M. (2015). Unternehmen, moralische Risiken und Reputationsmanagement: Unternehmensreputation öffentlichkeitssoziologisch modelliert. In M. Hüther, K. Bergmann & D. H. Enste (Hrsg.), *Unternehmen im öffentlichen Raum* (S. 133–149). Springer Fachmedien.

Eisenegger, M. & Udris, L. (2019). Eine öffentlichkeitssoziologische Theorie des sozialen Wandels in der digitalen Gesellschaft. In M. Eisenegger, L. Udris & P. Ettinger (Hrsg.),

Wandel der Öffentlichkeit und der Gesellschaft: Gedenkschrift für Kurt Imhof (S. 3–28). Springer Fachmedien.

Entman, R. M. (1993). Framing: toward clarification of a fractured paradigm. *Journal of Communication, 43*(4), 51–58. https://doi.org/10.1111/j.1460-2466.1993.tb01304.x

Entman, R. M. (2004). *Projections of power: framing news, public opinion, and U.S. foreign policy. Studies in communication, media, and public opinion.* University of Chicago Press.

Ergene, S., Banerjee, S. B. & Hoffman, A. J. (2021). (Un)sustainability and organization studies: towards a radical engagement. *Organization Studies, 42*(8), 1319–1335. https://doi.org/10.1177/0170840620937892

Etter, M. & Albu, O. B. (2020). Activists in the dark: social media algorithms and collective action in two social movement organizations. *Organization, o. Jg.*(o. H.), 1–24. https://doi.org/10.1177/1350508420961532

Europäische Kommission. (2024a). *Der Grüne Deal in Österreich.* https://austria.representation.ec.europa.eu/strategie-und-prioritaten/eu-politik-osterreich/der-grune-deal-osterreich_de#was-tut-%C3%B6sterreich-gegen-den-klimawandel

Europäische Kommission. (2024b). *Klimaschutz und Grüner Deal.* https://commission.europa.eu/strategy-and-policy/priorities-2019-2024/european-green-deal/climate-action-and-green-deal_de

Ewing, R. P. (1990). Moving from micro to macro issues management. *Public Relations Review, 16*(1), 19–24. https://doi.org/10.1016/S0363-8111(05)80033-5

Fengler, S. (2016). Journalismus als rationales Handeln. In M. Löffelholz & L. Rothenberger (Hrsg.), *Handbuch Journalismustheorien* (S. 235–248). Springer Fachmedien.

Fernández-Abällí, A. (2019). A wicked systems approach to climate change advocacy. In N. Almiron & J. Xifra (Hrsg.), *Routledge new directions in public relations and communication research. Climate change denial and public relations: strategic communication and interest groups in climate inaction* (S. 233–250). Routledge.

Flach, L., Pfeiffer, J. & Pittel, K. (2022). Fairness und Eigeninteresse im internationalen Klimaschutz. *Wirtschaftsdienst, 102*(S1), 12–20. https://doi.org/10.1007/s10273-022-3168-6

Flickinger, M., Tuschke, A., Gruber-Muecke, T. & Fiedler, M. (2014). In search of rigor, relevance, and legitimacy: what drives the impact of publications? *Journal of Business Economics, 84*(1), 99–128. https://doi.org/10.1007/s11573-013-0692-2

Fløttum, K. & Gjerstad, Ø. (2017). Narratives in climate change discourse. *WIREs Climate Change, 8*(1), 1–15. https://doi.org/10.1002/wcc.429

Foster, S. J. (2022). Eco-anxiety in everyday life: facing the anxiety and fear of a degraded Earth in analytic work. *The Journal of analytical psychology, 67*(5), 1363–1385. https://doi.org/10.1111/1468-5922.12860

Fox, R. L. & Frye, J. J. (2010). Tensions of praxis: a new taxonomy for social movements. *Environmental Communication, 4*(4), 422–440. https://doi.org/10.1080/17524032.2010.520021

Frandsen, F. & Johansen, W. (2010). Crisis communication, complexity, and the cartoon affair: a case study. In W. T. Coombs & S. J. Holladay (Hrsg.), *Handbooks in communication and media. The handbook of crisis communication.* Wiley-Blackwell.

Frandsen, F. & Johansen, W. (2011). Rhetoric, climate change, and corporate identity management. *Management Communication Quarterly, 25*(3), 511–530. https://doi.org/10.1177/0893318911409663

Frandsen, F. & Johansen, W. (2013). Public relations and the new institutionalism: in search of a theoretical framework. *Public Relations Inquiry*, *2*(2), 205–221. https://doi.org/10.1177/2046147X13485353

Frandsen, F. & Johansen, W. (2017). *Organizational crisis communication.* Sage Publications.

Frandsen, F. & Johansen, W. (2020). Arenas and voices in organizational crisis communication: how far have we come? In F. Frandsen & W. Johansen (Hrsg.), *Crisis communication* (S. 195–212). De Gruyter. https://doi.org/10.1515/9783110554236-009

Frandsen, F. & Johansen, W. (2022). Strategic communication: a discipline in the making? In J. Falkheimer & M. Heide (Hrsg.), *Research handbook on strategic communication* (S. 14–32). Edward Elgar Publishing.

Frandsen, F. & Johansen, W. (2023). Rhetorical arena theory: revisited and expanded. In W. T. Coombs & S. J. Holladay (Hrsg.), *Handbooks in communication and media. The handbook of crisis communication* (2. Aufl., S. 169–182). Wiley.

Fredriksson, M. & Ihlen, Ø. (2018). Introduction: public relations and social theory. In Ø. Ihlen & M. Fredriksson (Hrsg.), *Public relations and social theory: key figures and concepts* (2. Aufl., S. 1–16). Routledge.

Fredriksson, M. & Pallas, J. (2014). Strategic communication as institutional work. In D. Holtzhausen & A. Zerfaß (Hrsg.), *The Routledge handbook of strategic communication* (S. 143–156). Routledge.

Friedland, R. & Alford, R. R. (1991). Bringing society back in: symols, pracitices, and institutional contradictions. In W. W. Powell & P. DiMaggio (Hrsg.), *The new institutionalism in organizational analysis* (S. 232–265). University of Chicago Press.

From, U. & Nørgaard Kristensen, N. (2018). Rethinking constructive journalism by means of service journalism. *Journalism Practice*, *12*(6), 714–729. https://doi.org/10.1080/17512786.2018.1470475

Furlan Alves, M. B., Lopes de Sousa Jabbour, A. B. & Barberio Mariano, E. (2019). How can we solve the puzzle of strategic climate management and appreciate its long-term effects? *Journal of Organizational Change Management*, *32*(7), 687–708. https://doi.org/10.1108/JOCM-01-2018-0013

Galtung, J. & Ruge, M. H. (1965). The structure of foreign news: the presentation of the Congo, Cuba and Cyprus Crises in four Norwegian newspapers. *Journal of Peace Research*, *2*(1), 64–91.

Gamson, W. A. & Modigliani, A. (1989). Media discourse and public opinion on nuclear power: a constructionist approach. *American Journal of Sociology*, *95*(1), 1–37. https://doi.org/10.1086/229213

Gerhards, J. (1994). Politische Öffentlichkeit: Ein system- und akteurstheoretischer Bestimmungsversuch. *Kölner Zeitschrift für Soziologie und Sozialpsychologie: Sonderheft Öffentlichkeit und soziale Bewegungen*, 77–105.

Gerhards, J. & Neidhardt, F. (1990). *Strukturen und Funktionen moderner Öffentlichkeit: Fragestellungen und Ansätze* (FS III 90–101). Wissenschaftszentrum Berlin für Sozialforschung gGmbH (WZB).

Gerhards, J. & Schäfer, M. S. (2010). Is the internet a better public sphere? Comparing old and new media in the USA and Germany. *New Media & Society*, *12*(1), 143–160. https://doi.org/10.1177/1461444809341444

Gherairi, J. (2015). *Persuasion durch Protest: Protest als Form erfolgsorientierter, strategischer Kommunikation.* Springer Fachmedien. https://doi.org/10.1007/978-3-658-08618-3

Gill, D. L., Dickinson, S. J. & Scharl, A. (2008). Communicating sustainability: a web content analysis of North American, Asian and European firms. *Journal of Communication Management, 12*(3), 243–262. https://doi.org/10.1108/13632540810899425

Ginder, W., Kwon, W.-S. & Byun, S.-E. (2021). Effects of internal–external congruence-based CSR positioning: an attribution theory approach. *Journal of Business Ethics, 169*(2), 355–369. https://doi.org/10.1007/s10551-019-04282-w

Global 2000. (2024). *Klimawandel in Österreich.* https://www.global2000.at/klimawandel-oester-reich#:~:text=W%C3%A4hrend%20es%20Anfang%20des%2020,50%20Tage%20pro%20Jahr%20ansteigen

Glynn, M. A., Hood, E. A. & Innis, B. D. (2020). Taking hybridity for granted: institutionalization and hybrid identification. In M. L. Besharov & B. C. Mitzinneck (Hrsg.), *Research in the sociology of organizations. Organizational hybridity: perspectives, processes, promises* (S. 53–72). Emerald Publishing. https://doi.org/10.1108/S0733-558X20200000069003

Godulla, A. (2017). *Öffentliche Kommunikation im digitalen Zeitalter: Grundlagen und Perspektiven einer integrativen Modellbildung.* Springer Fachmedien. https://doi.org/10.1007/978-3-658-14192-9

Goffman, E. (1974). *Frame analysis: an essay on the organization of experience.* Northeastern University Press.

Graafland, J. & Smid, H. (2019). Decoupling among CSR policies, programs, and impacts: an empirical study. *Business & Society, 58*(2), 231–267. https://doi.org/10.1177/0007650316647951

Greenwood, R., Jennings, D. & Hinings, B. (2015). Sustainability and organizational change: an institutional perspective. In R. Henderson, R. Gulati & M. Tushman (Hrsg.), *Leading sustainable change: an organizational perspective* (S. 323–355). Oxford University Press.

Greenwood, R., Oliver, C., Lawrence, T. B. & Meyer, R. E. (Hrsg.). (2017). *The SAGE handbook of organizational institutionalism* (2. Aufl.). SAGE.

Greenwood, R., Raynard, M., Kodeih, F., Micelotta, E. R. & Lounsbury, M. (2011). Institutional complexity and organizational responses. *The Academy of Management Annals, 5*(1), 317–371. https://doi.org/10.1080/19416520.2011.590299

Grunig, J. E., Grunig, L. A. & Dozier, D. M. (1996). Das situative Modell exzellenter Public Relations. Schlußfolgerungen aus einer internationalen Studie. In G. Bentele, H. Steinmann & A. Zerfaß (Hrsg.), *Serie Öffentlichkeitsarbeit, Public Relations und Kommunikationsmanagement: Bd. 4. Dialogorientierte Unternehmenskommunikation: Grundlagen, Praxiserfahrungen, Perspektiven* (S. 199–228). Vistas.

Grunow, D. (2023). Die Zukunft der funktional differenzierten Gesellschaft: Herausforderungen und Gestaltungsoptionen. In W. Roters, H. Gräf & H. Wollmann (Hrsg.), *Zukunft denken und verantworten* (S. 41–80). Springer Fachmedien.

Guggenheim, D. (Regie). (2006). *Eine unbequeme Wahrheit: An Inconvenient Truth.*

Gustafson, A. & Rice, R. E. (2016). Cumulative advantage in sustainability communication: unintended implications of the knowledge deficit model. *Science Communication, 38*(6), 800–811. https://doi.org/10.1177/1075547016674320

Haack, P., Schoeneborn, D. & Wickert, C. (2012a). Talking the talk, moral entrapment, creeping commitment? Exploring narrative dynamics in corporate responsibility standardization. *Organization Studies*, *33*(5–6), 815–845. https://doi.org/10.1177/0170840612443630

Haack, P., Schoeneborn, D. & Wickert, C. (2012b). Talking the talk, moral entrapment, creeping commitment? Exploring narrative dynamics in corporate responsibility standardization. *Organization Studies*, *33*(5–6), 815–845. https://doi.org/10.1177/0170840612443630

Habermas, J. (1990). *Strukturwandel der Öffentlichkeit: Untersuchungen zu einer Kategorie der bürgerlichen Gesellschaft*. Suhrkamp.

Habermas, J. (1998). *Faktizität und Geltung: Beiträge zur Diskurstheorie des Rechts und des demokratischen Rechtsstaats*. Suhrkamp.

Habermas, J. (2022). Reflections and hypotheses on a further structural transformation of the political public sphere. *Theory, Culture & Society*, *39*(4), 145–171. https://doi.org/10.1177/02632764221112341

Hahn, T., Figge, F., Pinkse, J. & Preuss, L. (2018). A paradox perspective on corporate sustainability: descriptive, instrumental, and normative aspects. *Journal of Business Ethics*, *148*(2), 235–248. https://doi.org/10.1007/s10551-017-3587-2

Hale, T. & Roger, C. (2014). Orchestration and transnational climate governance. *The Review of International Organizations*, *9*(1), 59–82. https://doi.org/10.1007/s11558-013-9174-0

Hallahan, K. (1999). Seven models of framing: implications for public relations. *Journal of Public Relations Research*, *11*(3), 205–242. https://doi.org/10.1207/s1532754xjprr1103_02

Hamberger, J. (Hrsg.). (2021). *Hans Carl von Carlowitz: Sylvicultura oeconomica*. Oekom Verlag.

Hammond, P. (2021). Post-political communication and sustainability. In F. Weder, L. Krainer & M. Karmasin (Hrsg.), *The sustainability communication reader: a reflective compendium* (S. 51–69). Springer Fachmedien.

Hansen, A. & Cox, J. R. (Hrsg.). (2022). *The Routledge handbook of environment and communication* (2. Aufl.). Routledge.

Hardy, C. & Maguire, S. (2017). Institutional entrepreneurship and change in fields. In R. Greenwood, C. Oliver, T. B. Lawrence & R. E. Meyer (Hrsg.), *The SAGE handbook of organizational institutionalism* (2. Aufl., S. 261–280). SAGE.

Hasse, R. & Krücken, G. (2005). *Neo-Institutionalismus* (2., vollst. überarb. Aufl.). transcript.

Hasse, R. & Krüger, A. K. (2020a). Außenbezüge, Binnendifferenzen und neue Herausforderungen des Neo-Institutionalismus: Eine Übersicht. In R. Hasse & A. K. Krüger (Hrsg.), *Sozialtheorie. Neo-Institutionalismus: Kritik und Weiterentwicklung eines sozialwissenschaftlichen Forschungsprogramms* (S. 9–34). transcript.

Hasse, R. & Krüger, A. K. (Hrsg.). (2020b). *Sozialtheorie. Neo-Institutionalismus: Kritik und Weiterentwicklung eines sozialwissenschaftlichen Forschungsprogramms*. transcript.

Hessels, L. K. & van Lente, H. (2008). Re-thinking new knowledge production: a literature review and a research agenda. *Research Policy*, *37*(4), 740–760. https://doi.org/10.1016/j.respol.2008.01.008

Hilgartner, S. & Bosk, C. L. (1988). The rise and fall of social problems: a public arenas model. *American Journal of Sociology*, *94*(1), 53–78. https://doi.org/10.1086/228951

Hjerpe, M. & Linnér, B.-O. (2009). Utopian and dystopian thought in climate change science and policy. *Futures, 41*(4), 234–245. https://doi.org/10.1016/j.futures.2008.09.007

Holtzhausen, D. R. (2007). Activism. In J. E. Grunig, L. A. Grunig & E. L. Toth (Hrsg.), *LEA's communication series. The future of excellence in public relations and communication management: challenges for the next generation* (S. 357–380). Lawrence Erlbaum.

Hoyningen-Huene, P. (2008). Systematicity: the nature of science. *Philosophia, 36*(2), 167–180. https://doi.org/10.1007/s11406-007-9100-x

Huber, R. A. (2020). The role of populist attitudes in explaining climate change skepticism and support for environmental protection. *Environmental Politics, 29*(6), 959–982. https://doi.org/10.1080/09644016.2019.1708186

Huber, R. A., Greussing, E. & Eberl, J.-M. (2021). From populism to climate scepticism: the role of institutional trust and attitudes towards science. *Environmental Politics*, 1–24. https://doi.org/10.1080/09644016.2021.1978200

Ihlen, Ø. (2011). Corporate social responsibility und die rhetorische situation. In J. Raupp, S. Jarolimek & F. Schultz (Hrsg.), *Handbuch CSR: Kommunikationswissenschaftliche Grundlagen, disziplinäre Zugänge und methodische Herausforderungen* (S. 150–170). VS Verlag für Sozialwissenschaften.

Ihlen, Ø. & Fredriksson, M. (Hrsg.). (2018). *Routledge communication series. Public relations and social theory: Key figures, concepts and developments* (2. Aufl.). Routledge Taylor & Francis Group.

Ihlen, Ø. & Nitz, M. (2008). Framing contests in environmental disputes: paying attention to media and cultural master frames. *International Journal of Strategic Communication, 2*(1), 1–18. https://doi.org/10.1080/15531180701623478

Imhof, K. (2006). Politik im „neuen" Strukturwandel der Öffentlichkeit. *Universität Zürich fög discussion papers, GL-2006–0010*, 1–26.

Imhof, K. (2008). Theorie der Öffentlichkeit als Theorie der Moderne. In C. Winter, A. Hepp & F. Krotz (Hrsg.), *Medien, Kultur, Kommunikation. Theorien der Kommunikations- und Medienwissenschaft: Grundlegende Diskussionen, Forschungsfelder und Theorieentwicklungen* (S. 65–89). VS Verlag für Sozialwissenschaften.

Imhof, K. (2011). *Die Krise der Öffentlichkeit: Kommunikation und Medien als Faktoren des sozialen Wandels.* Campus Verlag.

Imhof, K. (2014). Öffentliche Moral und private Wirtschaft: Medialisierung, Personalisierung, Emotionalisierung und Charisma. In A. Zerfaß & M. Piwinger (Hrsg.), *Handbuch Unternehmenskommunikation: Strategie – Management – Wertschöpfung* (2. Aufl., S. 219–232). Springer Fachmedien. https://doi.org/10.1007/978-3-8349-4543-3_9

Imhof, K., Blum, R., Bonfadelli, H. & Jarren, O. (Hrsg.). (2004). *Mediengesellschaft: Strukturen, Merkmale, Entwicklungsdynamiken.* Springer Fachmedien.

IPCC. (1995). *SAR Climate Change 1995: Synthesis Report.* https://www.ipcc.ch/report/ar2/syr/

IPCC. (2007). *Climate change 2007: synthesis report. Contribution of working wroups I, II and III to the fourth assessment report of the intergovernmental panel on climate change.* https://www.ipcc.ch/site/assets/uploads/2018/02/ar4_syr_full_report.pdf

IPCC. (2016). *Klimaänderung 2013: Naturwissenschaftliche Grundlagen. Zusammenfassungen für politische Entscheidungsträger. Beiträge der Arbeitsgruppen I, II und III zum fünften Sachstandsbericht des Zwischenstaatlichen Ausschusses für Klimaveränderung.* https://www.de-ipcc.de/media/content/AR5-WGI_SPM.pdf

IPCC. (2018). *1,5 °C Globale Erwärmung. Zusammenfassung für politische Entscheidungsträge.* https://www.de-ipcc.de/media/content/SR1.5-SPM_de_barrierefrei.pdf

IPCC. (2023). *Climate change 2021: the physical science basis. Contribution of the working group I to the sixth assessment report of the intergovernmental panel on climate change.* https://www.de-ipcc.de/media/content/AR6-WGI-SPM_deutsch_barrierefrei.pdf.

IPCC. (2024a). *About the IPCC.* https://www.ipcc.ch/about/

IPCC. (2024b). *History of the IPCC.* https://www.ipcc.ch/about/history/

Jabbouri, R., Schneckenberg, D. & Truong, Y. (2022). From policy-practice to means-ends decoupling in organisations: a systematic review and paths for future research. *Management International, 26*(1), 123–148. https://doi.org/10.7202/1088440ar

Jackson, R. B., Le Quéré, C., Andrew, R. M., Canadell, J. G., Peters, G. P., Roy, J. & Wu, L. (2017). Warning signs for stabilizing global CO 2 emissions. *Environmental Research Letters, 12*(11), 1–4. https://doi.org/10.1088/1748-9326/aa9662

Jakobsson, E. (2021). Political attention in a creeping crisis: the case of climate change and migration. In A. Boin, M. Ekengren & M. Rhinard (Hrsg.), *Understanding the creeping crisis* (S. 131–148). Springer International Publishing.

Jarolimek, S. (2014). CSR-Kommunikation: Zielsetzungen und Erscheinungsformen. In A. Zerfaß & M. Piwinger (Hrsg.), *Handbuch Unternehmenskommunikation: Strategie – Management – Wertschöpfung* (2. Aufl., S. 1269–1283). Springer Fachmedien. https://doi.org/10.1007/978-3-8349-4543-3_64

Jarren, O., Imhof, K. & Blum, R. (Hrsg.). (2000). *Zerfall der Öffentlichkeit?* Westdeutscher Verlag.

Jay, J. (2013). Navigating paradox as a mechanism of change and innnovation in hybrid organizations. *Academy of Management Journal, 56*(1), 137–159. https://doi.org/10.5465/amj.2010.0772

Jay, J., Sonderstrom, S. & Grant, G. (2017). Navigating the paradoxes of sustainability. In W. K. Smith, M. W. Lewis, P. Jarzabkowski & A. Langley (Hrsg.), *Oxford handbooks online business and management. The Oxford handbook of organizational paradox* (S. 353–372). Oxford University Press.

Jun, J. (2011). How climate change organizations utilize websites for public relations. *Public Relations Review, 37*(3), 245–249. https://doi.org/10.1016/j.pubrev.2011.04.001

Just, N. & Latzer, M. (2017). Governance by algorithms: reality construction by algorithmic selection on the Internet. *Media, Culture & Society, 39*(2), 238–258. https://doi.org/10.1177/0163443716643157

Just, N. & Latzer, M. (2020). Institutionalistische Theorieansätze für die Medienökonomie. In J. Krone & T. Pellegrini (Hrsg.), *Handbuch Medienökonomie* (S. 125–144). Springer VS.

Kaiser, J. (2017). Public spheres of skepticism: climate skeptics' online comments in the German networked public sphere. *International Journal of Communication,* (11), 1661–1682.

Kallis, G. (2011). Book reviews: farewell to growth. *Ecological Economics, 70*(5), 1016–1017. https://doi.org/10.1016/j.ecolecon.2010.09.026

Kalsnes, B. & Larsson, A. O. (2022). Political communication. In J. Falkheimer & M. Heide (Hrsg.), *Research handbook on strategic communication* (S. 290–300). Edward Elgar Publishing.

Keeling. (1978). The influence of Mauna Loa Observatory on the development of atmospheric CO2 research. In J. Miller (Hrsg.), *Mauna Loa Observatory, a 20th anniversary report* (S. 36–54). University of California.

Keller, R. (2011). *Wissenssoziologische Diskursanalyse: Grundlegung eines Forschungsprogramms* (3. Aufl.). *Interdisziplinäre Diskursforschung*. VS Verlag für Sozialwissenschaften.

Kim, H. & Lee, T. H. (2018). Strategic CSR communication: a moderating role of transparency in trust building. *International Journal of Strategic Communication, 12*(2), 107–124. https://doi.org/10.1080/1553118X.2018.1425692

Klandermans, B. (1988). The formation and mobilization of consensus. *International Social Movement Research, 1*, 173–196.

Klandermans, B. (1992). The social construction of protest and multiorganizational fields. In A. D. Morris & C. M. Mueller (Hrsg.), *Frontiers in social movement theory* (S. 77–103). University Press.

Klinger, K. & Metag, J. (2022). Media effects in the context of environmental issues. In B. Takahashi, J. Metag, J. Thaker & S. E. Comfort (Hrsg.), *International communication association (ICA) handbook series. The handbook of international trends in environmental communication* (S. 31–49). Routledge Taylor & Francis Group.

Klinger, U. & Svensson, J. (2015). The emergence of network media logic in political communication: a theoretical approach. *New Media & Society, 17*(8), 1241–1257. https://doi.org/10.1177/1461444814522952

Klinger, U. & Svensson, J. (2018). The end of media logics? On algorithms and agency. *New Media & Society, 20*(12), 4653–4670. https://doi.org/10.1177/1461444818779750

Klüver, H., Mahoney, C. & Opper, M. (2015). Framing in context: how interest groups employ framing to lobby the European Commission. *Journal of European Public Policy, 22*(4), 481–498. https://doi.org/10.1080/13501763.2015.1008550

Koep, L. (2017). Investigating industry expert discourses on aspirational CSR communication. *Corporate Communications: An International Journal, 22*(2), 220–238. https://doi.org/10.1108/CCIJ-01-2016-0011

Koivumäki, K. & Wilkinson, C. (2020). Exploring the intersections: researchers and communication professionals' perspectives on the organizational role of science communication. *Journal of Communication Management, 24*(3), 207–226. https://doi.org/10.1108/JCOM-05-2019-0072

Kong, Y., Antwi-Adjei, A. & Bawuah, J. (2020). A systematic review of the business case for corporate social responsibility and firm performance. *Corporate Social Responsibility and Environmental Management, 27*(2), 444–454. https://doi.org/10.1002/csr.1838

Koopmans, R. (2005). The missing link between structure and agency: outline of an evolutionary approach to social movements. *Mobilization: An International Quarterly, 10*(1), 19–33. https://doi.org/10.17813/maiq.10.1.t5767064661w2u34

Koopmans, R. & Erbe, J. (2004). Towards a European public sphere? *Innovation: The European Journal of Social Science Research, 17*(2), 97–118. https://doi.org/10.1080/1351161042000238643

Koopmans, R. & Statham, P. (1999). Political claims analysis: integrating protest event and political discourse approaches. *Mobilization, 4*(2), 203–221. https://doi.org/10.17813/maiq.4.2.d7593370607l6756

Krämer, A. (2023). Grenzenlose Inkorporation grüner Werte? Zum kommunikativen Umgang mit Wertekomplexität in Partei- und Wahlkampfprogrammen österreichischer Nationalratsparteien. In T. Koch, J. Beckert, B. Viererbl & N. Denner (Hrsg.), *Grenzen, Entgrenzung und Grenzüberschreitungen der Public Relations und Organisationskommunikation* (S. 243–263). Springer Fachmedien. https://doi.org/10.1007/978-3-658-40810-7_12

Krämer, A. (2024). Klimakommunikation als „Blame Game"? Zu Decoupling und Hypokrisievorwürfen zentraler öffentlicher Akteure im aktuellen Krisendiskurs. In O. Hoffjann, L. Seeber & I. von der Wense (Hrsg.), *Strategische Wahrheiten: Desinformation und Postfakten in der strategischen Kommunikation* (S. 79–95). Springer Fachmedien. https://doi.org/10.1007/978-3-658-43831-9_5

Krämer, A. & Winkler, P. (2023). Overcoming the "blame game" in strategic climate communication: from decoupling accusations toward an arena-spanning agenda. *Journal of Communication Management*, *28*(1), 41–57. https://doi.org/10.1108/JCOM-12-2022-0132

Krishna, A. (2021). Understanding the differences between climate change deniers and believers' knowledge, media use, and trust in related information sources. *Public Relations Review*, *47*(1), 1–8. https://doi.org/10.1016/j.pubrev.2020.101986

Kromp-Kolb, H., Nakicenovic, N., Steininger, K., Gobiet, A., Formayer, H., Köppl, A., Prettenthaler, F., Stötter, J. & Schneider, J. (Hrsg.). (2014). *Österreichischer Sachstandsbericht Klimawandel 2014: Austrian assessment report 2014 (AAR14).* Verlag der Österreichischen Akademie der Wissenschaften.

Krzyżanowski, M., Wodak, R., Bradby, H., Gardell, M., Kallis, A., Krzyżanowska, N., Mudde, C. & Rydgren, J. (2023). Discourses and practices of the 'new normal'. *Journal of Language and Politics*, *22*(4), 415–437. https://doi.org/10.1075/jlp.23024.krz

Kuckartz, U. & Rädiker, S. (2022). *Qualitative Inhaltsanalyse. Methoden, Praxis, Computerunterstützung: Grundlagentexte Methoden* (5. Aufl.). *Grundlagentexte Methoden.* Beltz Juventa. http://www.content-select.com/index.php?id=bib_view&ean=9783779955337

Kurz, T., Augoustinos, M. & Crabb, S. (2010). Contesting the 'national interest' and maintaining 'our lifestyle': a discursive analysis of political rhetoric around climate change. *The British Journal of Social Psychology*, *49*(Pt 3), 601–625. https://doi.org/10.1348/014466609X481173

Laasch, O. (2018). Beyond the purely commercial business model: organizational value logics and the heterogeneity of sustainability business models. *Long Range Planning*, *51*(1), 158–183. https://doi.org/10.1016/j.lrp.2017.09.002

Laininen, E. (2019). Transforming our worldview towards a sustainable future. In J. W. Cook (Hrsg.), *Sustainability, human well-being, and the future of education* (S. 161–200). Springer Nature Switzerland. https://doi.org/10.1007/978-3-319-78580-6_5

Latané, B. & Darley, J. M. (1970). *The unresponsive bystander: why doesn't he help?* (3. Aufl.). *Century psychology series.* Prentice-Hall.

Latouche, S. (2009). *Farewell to growth.* Polity Press.

Lawrence, T. B. & Phillips, N. (2004). From Moby Dick to Free Willy: macro-cultural discourse and institutional entrepreneurship in emerging institutional fields. *Organization*, *11*(5), 689–711. https://doi.org/10.1177/1350508404046457

Lazarus, R. J. (2009). Super wicked problems and climate change: restraining the present to liberate the future. *Cornell Law Review*, *94*, 1153–1234.

Lee, F. L. F. (2016). Economic conditions, the policy cycle, and media visibility of environmental organizations. *Environmental Communication, 10*(2), 187–205. https://doi.org/10.1080/17524032.2014.983941

Lee, T. H. (2021). How firms communicate their social roles through corporate social responsibility, corporate citizenship, and corporate sustainability: an institutional comparative analysis of firms' social reports. *International Journal of Strategic Communication, 15*(3), 214–230. https://doi.org/10.1080/1553118X.2021.1877708

Leiserowitz, A., Maibach, E., Rosenthal, S., Kotcher, J., Goddard, E., Carman, J., Ballew, M., Verner, M., Marlon, J., Lee, S., Myers, T., Goldberg, M., Badullovich, N. & Thier, K. (2023). *Climate change in the American mind: beliefs & attitudes, fall 2023.* Yale Program on Climate Change Communication.

Lester, L. & Cottle, S. (2022). Protests, publics and participation (still in an environmental age). In A. Hansen & J. R. Cox (Hrsg.), *The Routledge handbook of environment and communication* (2. Aufl., S. 146–156). Routledge.

Leviäkangas, P. (2021). Addressing sustainability or following political climate rhetoric? Anatomy of government agency's performance management. *Case Studies on Transport Policy, 9*(1), 191–199. https://doi.org/10.1016/j.cstp.2020.12.002

Linnér, B.-O. & Wibeck, V. (2020). Conceptualising variations in societal transformations towards sustainability. *Environmental Science & Policy, 106*, 221–227. https://doi.org/10.1016/j.envsci.2020.01.007

Linnér, B.-O. & Wibeck, V. (2021). Drivers of sustainability transformations: leverage points, contexts and conjunctures. *Sustainability Science, 3*, 1–12. https://doi.org/10.1007/s11625-021-00957-4

Lintemeier, K. & Rademacher, L. (2016). Stakeholder Relations. Nachhaltigkeit und Dialog als strategische Erfolgsfaktoren. In R. Altenburger & R. H. Mesicek (Hrsg.), *CSR und Stakeholdermanagement: Strategische Herausforderungen und Chancen der Stakeholdereinbindung* (S. 29–58). Springer Gabler.

Lock, I. (2016). Glaubwürdigkeit in der CSR-Kommunikation: Entwicklung eines legitimätsbasierten Ansatzes. *Publizistik, 61*(4), 413–429. https://doi.org/10.1007/s11616-016-0300-x

Lock, I. (2020). Debating glyphosate: a macro perspective on the role of strategic communication in forming and monitoring a global issue arena using inductive topic modelling. *International Journal of Strategic Communication, 14*(4), 223–245. https://doi.org/10.1080/1553118X.2020.1780240

Lock, I. (2023). Conserving Complexity: a complex systems paradigm and framework to study public relations' contribution to grand challenges. *Public Relations Review, 49*(2), 1–11. https://doi.org/10.1016/j.pubrev.2023.102310

Lörcher, I. & Taddicken, M. (2019). Online-Öffentlichkeitsarenen. Ein theoretisches Konzept zur Analyse verschiedener Formen öffentlicher Onlinekommunikation am Fallbeispiel Klimawandel. In I. Neverla, M. Taddicken, I. Lörcher & I. Hoppe (Hrsg.), *Klimawandel im Kopf: Studien zur Wirkung, Aneignung und Online-Kommunikation* (S. 175–201). Springer Fachmedien.

Löschner, L., Herrnegger, M., Apperl, B., Senoner, T., Seher, W. & Nachtnebel, H. P. (2017). Flood risk, climate change and settlement development: a micro-scale assessment of Austrian municipalities. *Regional Environmental Change, 17*(2), 311–322. https://doi.org/10.1007/s10113-016-1009-0

Lounsbury, M. & Glynn, M. A. (2001). Cultural entrepreneurship: stories, legitimacy, and the acquisition of resources. *Strategic Management Journal, 22*(6–7), 545–564. https://doi.org/10.1002/smj.188

Luhmann, N. (1995). Die Realität der Massenmedien. *Die Realität der Massenmedien*, 1–73. https://doi.org/10.1007/978-3-663-16287-2_1

Luoma-aho, V. & Vos, M. (2010). Towards a more dynamic stakeholder model: acknowledging multiple issue arenas. *Corporate Communications: An International Journal, 15*(3), 315–331. https://doi.org/10.1108/13563281011068159

Luong, K. T., Garrett, R. K. & Slater, M. D. (2019). Promoting Persuasion with ideologically tailored science messages: a novel approach to research on emphasis framing. *Science Communication, 41*(4), 488–515. https://doi.org/10.1177/1075547019862559

Lyon, T. P. & Montgomery, A. W. (2015). The means and end of greenwash. *Organization & Environment, 28*(2), 223–249. https://doi.org/10.1177/1086026615575332

MacAskill, W. (2022). *What we owe the future*. Basic Books.

Malcolm, D. (2021). Post-truth society? An Eliasian sociological analysis of knowledge in the 21st century. *Sociology, 55*(6), 1063–1079. https://doi.org/10.1177/0038038521994039

Malczok, M. (2021). Strategische Devianz: Potenziale und Risiken ungehorsamer Ästhetik in der Kommunikation sozialer Bewegungen. In N. S. Borchers, S. Güney, U. Krüger & K. Schamgerger (Hrsg.), *Transformation der Medien – Medien der Transformation* (S. 283–308). Westend Verlag. https://doi.org/10.53291/ZBAM1601

Marquardt, J. (2020). Fridays for future's disruptive potential: an inconvenient youth between moderate and radical ideas. *Frontiers in Communication, 5*(48), 1–18. https://doi.org/10.3389/fcomm.2020.00048

Marshall, G. (2014). *Don't even think about it: Why our brains are wired to ignore climate change*. Bloomsbury.

Massenberg, J. R. (2019). Social values and sustainability: a retrospective view on the contribution of economics. *Sustainability Science, 14*(5), 1233–1246. https://doi.org/10.1007/s11625-019-00693-w

McCombs, M. E. & Shaw, D. L. (1972). The agenda-setting function of mass media. *The Public Opinion Quarterly, 36*(2), 176–187.

McDermott, C. C. (2009). Corporate agenda 21: a unified global approach to CSR and sustainability. *Corporate Communications: An International Journal, 14*(3), 286–302. https://doi.org/10.1108/13563280910980078

McKasy, M. & Zulli, D. (2021). Political issues management: framing the issue of climate change. *International Journal of Communication, 15*, 4956–4975.

Meadows, D. H., Meadows, D., Randers, J. & Behrens III, William, W. (1972). *The Limits to Growth. A report for the Club of Rome's project on the predicament of mankind*. Universe Books.

Mechler, R., Bouwer, L. M., Schinko, T., Surminski, S. & Linnerooth-Bayer, J. (2019). *Loss and damage from climate change*. Springer International Publishing. https://doi.org/10.1007/978-3-319-72026-5

Meckel, M. & Kamps, K. (1998). Fernsehnachrichten. Entwicklung in Forschung und Praxis. In K. Kamps & M. Meckel (Hrsg.), *Fernsehnachrichten: Prozesse, Strukturen, Funktionen* (S. 11–32). Springer Fachmedien.

Meier, F. & Meyer, U. (2020). Organisationen und heterogene Umwelten: Zum Umgang mit Fragen institutioneller Pluralität. In R. Hasse & A. K. Krüger (Hrsg.), *Sozialtheorie. Neo-Institutionalismus: Kritik und Weiterentwicklung eines sozialwissenschaftlichen Forschungsprogramms* (S. 75–100). transcript.

Merten, K. (2013). Krise, Krisenmanagement und Krisenkommunikation. In A. Thießen (Hrsg.), *Handbuch Krisenmanagement* (S. 153–173). Springer Fachmedien. https://doi.org/10.1007/978-3-531-19367-0_9

Meyen, M., Löblich, M., Pfaff-Rüdiger, S. & Riesmeyer, C. (2019). *Qualitative Forschung in der Kommunikationswissenschaft: Eine praxisorientierte Einführung* (2. Aufl.). Springer Fachmedien. https://doi.org/10.1007/978-3-658-23530-7

Meyer, J. W. & Rowan, B. (1977). Institutionalized organizations: formal structure as myth and ceremony. *American Journal of Sociology, 83*(2), 340–363. https://doi.org/10.1086/226550

Mielke, J., Vermaßen, H., Ellenbeck, S., Fernandez Milan, B. & Jaeger, C. (2016). Stakeholder involvement in sustainability science – a critical view. *Energy Research & Social Science, 17*, 71–81. https://doi.org/10.1016/j.erss.2016.04.001

Mitra, R. & Fyke, J. (2017). Purpose-driven consultancies' negotiation of organizational tensions. *Journal of Applied Communication Research, 45*(2), 140–159. https://doi.org/10.1080/00909882.2017.1288290

Moreno, A. & Capriotti, P. (2009). Communicating CSR, Citizenship and sustainability on the web. *Journal of Communication Management, 13*(2), 157–175. https://doi.org/10.1108/13632540910951768

Morsing, M., Schultz, M. & Nielsen, K. U. (2008). The 'Catch 22' of communicating CSR: findings from a Danish study. *Journal of Marketing Communications, 14*(2), 97–111. https://doi.org/10.1080/13527260701856608

Moser, S. C. (2010). Communicating climate change: history, challenges, process and future directions. *WIREs Climate Change, 1*(1), 31–53. https://doi.org/10.1002/wcc.11

Mouffe, C. (2014). *Agonistik. Die Welt politisch denken.* Suhrkamp.

Mühlhoff, R., Breljak, A. & Slaby, J. (Hrsg.). (2019). *Affekt Macht Netz.* transcript.

Müller, K.-D. (2013). *Wissenschaft in der digitalen Revolution: Klimakommunikation 21.0.* Springer Fachmedien. https://doi.org/10.1007/978-3-658-00881-9

Murali, R., Kuwar, A. & Nagendra, H. (2021). Who's responsible for climate change? Untangling threads of media discussions in India, Nigeria, Australia, and the USA. *Climatic Change, 164*(51), 1–20. https://doi.org/10.1007/s10584-021-03031-1

Nachtwey, O. & Seidl, T. (2024). The solutionist ethic and the spirit of digital capitalism. *Theory, Culture & Society, 41*(2), 91–112. https://doi.org/10.1177/02632764231196829

Nacu-Schmidt, A., Pearman, O., Fernández-Reyes, R., Boykoff, M. & Katzung, J. (2023). Media and climate change observatory special issue 2023: a review of media coverage of climate change and global warming in 2023. *Media and Climate Change Observatory, Special Issue 2023*, 1–100. https://doi.org/10.25810/htm2-4783

Napoli, J. & Ouschan, R. (2020). Vegan stories: revealing archetypes and their moral foundations. *Qualitative Market Research: An International Journal, 23*(1), 145–169. https://doi.org/10.1108/QMR-06-2018-0064

Neverla, I. & Schäfer, M. S. (Hrsg.) (2012). *Das Medien-Klima.* VS Verlag für Sozialwissenschaften. https://doi.org/10.1007/978-3-531-94217-9

Neverla, I., Taddicken, M., Lörcher, I. & Hoppe, I. (Hrsg.). (2019). *Klimawandel im Kopf: Studien zur Wirkung, Aneignung und Online-Kommunikation*. Springer Fachmedien. https://doi.org/10.1007/978-3-658-22145-4

Newell, P. (2021). *Power shift: the global political economy of energy transitions*. Cambridge University Press.

Newig, J., Schulz, D., Fischer, D., Hetze, K., Laws, N., Lüdecke, G. & Rieckmann, M. (2013). Communication regarding sustainability: conceptual perspectives and exploration of societal subsystems. *Sustainability*, *5*(7), 2976–2990. https://doi.org/10.3390/su5072976

Nicolini, D., Delmestri, G., Goodrick, E., Reay, T., Lindberg, K. & Adolfsson, P. (2016). Look what's back! Institutional complexity, reversibility and the knotting of logics. *British Journal of Management*, *27*(2), 228–248. https://doi.org/10.1111/1467-8551.12156

Nikendei, C. (2020). Klima, Psyche und Psychotherapie: Kognitionspsychologische, psychodynamische und psychotraumatologische Betrachtung einer globalen Krise. *Psychotherapeut*, *65*, 3–13. https://doi.org/10.1007/s00278-019-00397-7

Nisbet, M. C. (2009). Communicating climate change: why frames matter for public engagement. *Environment: Science and Policy for Sustainable Development*, *51*(2), 12–23. https://doi.org/10.3200/ENVT.51.2.12-23

Noelle-Neumann, E. (1989). *Öffentliche Meinung: Die Entdeckung der Schweigespirale*. Ullstein.

Nowotny, H. (2001). *Re-thinking science: knowledge and the public in an age of uncertainty*. Polity Press.

Ocasio, W., Thornton, P. H. & Lounsbury, M. (2017). Advances to the institutional logics perspective. In R. Greenwood, C. Oliver, T. B. Lawrence & R. E. Meyer (Hrsg.), *The SAGE handbook of organizational institutionalism* (2. Aufl., S. 509–531). SAGE.

Odziemkowska, K. (2021). Frenemies: overcoming audiences' ideological opposition to firm–activist collaborations. *Administrative Science Quarterly*, *3*, 1–46. https://doi.org/10.1177/00018392211058206

OECD. (2011). *Towards green growth*. OECD Publishing. https://doi.org/10.1787/9789264111318-en

Oliveira, E., Rodriguez-Amat, J. R., Ruiz-Mora, I. & Zeler, I. (2023). The fluid and disruptive shape of activism: strategic communication in #fridaysforfuture. *International Journal of Strategic Communication*, *2*, 1–24. https://doi.org/10.1080/1553118X.2023.2204299

O'Neill, S. & Nicholson-Cole, S. (2009). "Fear won't do it": promoting positive engagement with climate change through visual and iconic representations. *Science Communication*, *30*(3), 355–379. https://doi.org/10.1177/1075547008329201

Oreskes, N. (2018). The scientific consensus on climate change: how do we know we're not wrong? In E. A. Lloyd & E. Winsberg (Hrsg.), *Climate modelling: philosophical and conceptual issues* (S. 31–64). Palgrave Macmillan. https://doi.org/10.1007/978-3-319-65058-6_2

Otto, I. M., Donges, J. F., Cremades, R., Bhowmik, A., Hewitt, R. J., Lucht, W., Rockström, J., Allerberger, F., McCaffrey, M., Doe, S. S. P., Lenferna, A., Morán, N., van Vuuren, D. P. & Schellnhuber, H. J. (2020). Social tipping dynamics for stabilizing earth's climate by 2050. *Proceedings of the National Academy of Sciences of the United States of America*, *117*(5), 2354–2365. https://doi.org/10.1073/pnas.1900577117

Otto, I. M., Wiedermann, M., Cremades, R., Donges, J. F., Auer, C. & Lucht, W. (2020). Human agency in the Anthropocene. *Ecological Economics*, *167*, 1–9. https://doi.org/10.1016/j.ecolecon.2019.106463

Pache, A.-C. & Santos, F. (2013). Inside the hybrid organization: selective coupling as a response to competing institutional logics. *Academy of Management Journal*, *56*(4), 972–1001.

Paletschek, S. (2002). Die Erfindung Der Humboldtschen Universität: Die Konstruktion Der Deutschen Universitätsidee in Der Ersten Hälfte Des 20. Jahrhunderts. *Historische Anthropologie*, *10*, 183–205.

Parks, B. C. & Roberts, J. T. (2010). Climate change, social theory and justice. *Theory, Culture & Society*, *27*(2–3), 134–166. https://doi.org/10.1177/0263276409359018

Parratt-Fernández, S., Chaparro-Domínguez, M.-Á. & Gilbert, G. S. (2022). Discursive strategies for climate change reporting: a case study of the Mercury News. *Environmental Communication*, *16*(4), 505–519. https://doi.org/10.1080/17524032.2022.2048043

Penttilä, V. (2020). Aspirational talk in strategy texts: a longitudinal case study of strategic episodes in corporate social responsibility communication. *Business & Society*, *59*(1), 67–97. https://doi.org/10.1177/0007650319825825

Perkins, P. E. (Hrsg.). (2023). *Climate justice and participatory research: building climate-resilient commons*. University of Calgary LCR Publishing Services.

Peters, H. P. (2013). Gap between science and media revisited: scientists as public communicators. *PNAS*, *110*(3), 14102–14109. https://doi.org/10.1073/pnas.1212745110

Pezzullo, P. C. & Cox, J. R. (2018). *Environmental communication and the public sphere* (5. Aufl.). SAGE.

Pleil, T., Müller, S. & Matusiak, L. (2021). Public Relations in der transformativen Wissenschaft: Der Beitrag Strategischer Kommunikation zum Gelingen eines transformativen Forschungsparadigmas. In N. S. Borchers, S. Güney, U. Krüger & K. Schamgerger (Hrsg.), *Transformation der Medien – Medien der Transformation* (S. 259–282). Westend Verlag. https://doi.org/10.53291/JFPN1141

Pompper, D. (Hrsg.). (2021). *Communicating responsible diversity, equity, and inclusion. Public Relations for Social Responsibility: affirming DEI commitment with action*. Emerald Publishing Limited. https://ebookcentral.proquest.com/lib/kxp/detail.action?docID=6633297

Priest, S. (2019). Theme issue: communication and persuasion on energy, environment, and climate. *Science Communication*, *41*(4), 391–393. https://doi.org/10.1177/1075547019864178

Priest, S. (2022). Mapping media's role in environmental thought and action. In A. Hansen & J. R. Cox (Hrsg.), *The Routledge handbook of environment and communication* (2. Aufl., S. 367–378). Routledge.

Raa, A. A. (2020). The value of philanthropy: some economic and ethical perspectives from Adam Smith to the post-world war II era. In F. Farache, G. Grigore, A. Stancu & D. McQueen (Hrsg.), *Values and corporate responsibility* (S. 47–65). Springer International Publishing.

Rademaekers, J. K. & Johnson-Sheehan, R. (2014). Framing and re-framing in environmental science: explaining climate change to the public. *Journal of Technical Writing and Communication*, *44*(1), 3–21. https://doi.org/10.2190/TW.44.1.b

Rahmstorf, S. (2022). Klima und Wetter bei 3 Grad mehr: Eine Erde, wie wir sie nicht kennen (wollen). In K. Wiegandt & E. Gonstalla (Hrsg.), *3 Grad mehr: Ein Blick in die drohende Heißzeit und wie uns die Natur helfen kann, sie zu verhindern* (S. 13–30). Oekom Verlag.

Raja, U. S. & Carrico, A. R. (2021). A qualitative exploration of individual experiences of environmental virtual reality through the lens of psychological distance. *Environmental Communication, 15*(5), 594–609. https://doi.org/10.1080/17524032.2020.1871052

Rank, A. (2022). Ökologisch nachhaltiger Journalismus: Kollision mit journalistischen Qualitätsansprüchen? *Communicatio socialis., 55*(2), 184–195. https://doi.org/10.5771/0010-3497-2022-2-184

Raupp, J. (2017). Strategische Wissenschaftskommunikation. In H. Bonfadelli, B. Fähnrich, C. Lüthje, J. Milde, M. Rhomberg & M. S. Schäfer (Hrsg.), *Forschungsfeld Wissenschaftskommunikation* (S. 143–164). Springer Fachmedien.

Raupp, J. (2019). Crisis communication in the rhetorical arena. *Public Relations Review, 45*(4), 1–12. https://doi.org/10.1016/j.pubrev.2019.04.002

Raworth, K. (2017). *Doughnut economics: seven ways to think like a 21st-century economist.* Random House Business Books.

Reber, U. (2021). Global climate change or national climate changes? An analysis of the performance of online issue publics in integrating global issues. *Environmental Communication, 15*(2), 173–188. https://doi.org/10.1080/17524032.2020.1812685

Reilly, A. H. & Hynan, K. A. (2014). Corporate communication, sustainability, and social media: it's not easy (really) being green. *Business Horizons, 57*(6), 747–758. https://doi.org/10.1016/j.bushor.2014.07.008

Reincke, C. M., Bredenoord, A. L. & van Mil, M. H. (2020). From deficit to dialogue in science communication: the dialogue communication model requires additional roles from scientists. *EMBO Reports, 21*(9), 1–4. https://doi.org/10.15252/embr.202051278

Riddick, S. (2024). Imagination, identification, intensification: rhetorical strategies for climate fiction on television. *Environmental Communication, 18*(7), 1–20. https://doi.org/10.1080/17524032.2024.2331799

Robinson, K. S. (2021). *Das Ministerium für die Zukunft.* Wilhelm Heyne Verlag.

Rootes, C., Zito, A. & Barry, J. (2012). Climate change, national politics and grassroots action: an introduction. *Environmental Politics, 21*(5), 677–690. https://doi.org/10.1080/09644016.2012.720098

Roters, W., Gräf, H. & Wollmann, H. (Hrsg.). (2023). *Zukunft denken und verantworten.* Springer Fachmedien. https://doi.org/10.1007/978-3-658-41039-1

Roth, S., Valentinov, V., Heidingsfelder, M. & Pérez-Valls, M. (2020). CSR beyond economy and society: a post-capitalist approach. *Journal of Business Ethics, 165*(3), 411–423. https://doi.org/10.1007/s10551-018-4068-y

Röttger, U. (Hrsg.). (2001a). *Issues Management.* Westdeutscher Verlag.

Röttger, U. (2001b). Issues Management – Mode, Mythos oder Managementfunktion? Begriffsklarungen und Forschungsfragen – eine Einleitung. In U. Röttger (Hrsg.), *Issues Management* (S. 11–39). Westdeutscher Verlag.

Röttger, U. (2015). Strukturationstheoretischer Ansatz. In R. Fröhlich, P. Szyszka & G. Bentele (Hrsg.), *Handbuch der Public Relations* (S. 229–242). Springer Fachmedien. https://doi.org/10.1007/978-3-531-18917-8_15

Røvik, K. A. (1996). Deinstitutionalization and the logic of fashion. In B. Czarniawska & G. Sevón (Hrsg.), *Translating organizational change* (S. 139–171). De Gruyter.

Russill, C. (2024). Displacements of care in climate crisis: the case of tipping points. *Environmental Communication, 18*(1–2), 94–101. https://doi.org/10.1080/17524032.2023.2301000

Salem, P. J. (2018). Transformative organizational communication practices. In P. J. Salem & E. Timmerman (Hrsg.), *A volume in the advances in business strategy, and competitive advantage (ABSCA) book series. Transformative practice and research in organizational communication* (S. 109–129). IGI Global Disseminator of Knowledge.

Salles, C. (2021). Advocating for journalistic urgency to include climate emergency: the case of three media collectives. In H. Bødker & H. E. Morris (Hrsg.), *Climate change and journalism* (S. 27–43). Routledge.

Sandhu, S. (2012). *Public Relations und Legitimität: Der Beitrag des organisationalen Neo-Institutionalismus für die PR-Forschung* (Dissertation). Springer VS. https://search.ebscohost.com/login.aspx?direct=true&scope=site&db=nlebk&db=nlabk&AN=1176340 https://doi.org/10.1007/978-3-531-19304-5

Sandhu, S. (2015). Public Relations aus neo-institutionalistischer Perspektive. In R. Fröhlich, P. Szyszka & G. Bentele (Hrsg.), *Handbuch der Public Relations: Wissenschaftliche Grundlagen und berufliches Handeln* (3. Aufl., S. 243–260). Springer Fachmedien.

Sandhu, S. (2020). Public Relations aus neo-institutionalistischer Perspektive. In P. Szyszka, R. Fröhlich & U. Röttger (Hrsg.), *Handbuch der Public Relations: Wissenschaftliche Grundlagen des beruflichen Handelns* (4. Aufl., S. 1–17). Springer.

Sandhu, S. (2022). The institutional perspective on strategic communication: bringing culture and society back in. In J. Falkheimer & M. Heide (Hrsg.), *Research handbook on strategic communication.* Edward Elgar Publishing. 150–165

Sankeymatic. (2024). *Sankeymatic.* https://sankeymatic.com/

Saraiva, A., Fernandes, E. & Schwedler, M. von (2020). The green identity formation process in organic consumer communities. *Qualitative Market Research: An International Journal, 23*(1), 69–86. https://doi.org/10.1108/QMR-05-2018-0048

Schade, E. (2021). Intermediäre Öffentlichkeit als Epochenbruch: Zeitvergleich mit Öffentlichkeitsmodellen. In M. Eisenegger, M. Prinzing, P. Ettinger & R. Blum (Hrsg.), *Research (Wiesbaden, Germany). Digitaler Strukturwandel der Öffentlichkeit: Historische Verortung, Modelle und Konsequenzen* (S. 255–285). Springer VS Springer Fachmedien.

Schade, H. (2018). *Soziale Bewegungen in der Mediengesellschaft: Kommunikation als Schlüsselkonzept einer Rahmentheorie sozialer Bewegungen.* Springer Fachmedien. https://doi.org/10.1007/978-3-658-19835-0

Schäfer, M. S. (2012). Online communication on climate change and climate politics: a literature review. *WIREs Climate Change, 3*(6), 527–543. https://doi.org/10.1002/wcc.191

Schäfer, M. S. (2015). Climate change and the media. In J. D. Wright (Hrsg.), *International encyclopedia of the social & behavioral sciences* (2. Aufl., S. 853–859). Elsevier. https://doi.org/10.1016/B978-0-08-097086-8.91079-1

Schäfer, M. S. & Bonfadelli, H. (2017). Umwelt- und Klimawandelkommunikation. In H. Bonfadelli, B. Fähnrich, C. Lüthje, J. Milde, M. Rhomberg & M. S. Schäfer (Hrsg.), *Forschungsfeld Wissenschaftskommunikation* (S. 315–338). Springer Fachmedien. https://doi.org/10.1007/978-3-658-12898-2_17

Schäfer, M. S. & Painter, J. (2021). Climate journalism in a changing media ecosystem: assessing the production of climate change-related news around the world. *WIREs Climate Change, 12*(1), 1–20. https://doi.org/10.1002/wcc.675

Schaller, S., Zeddies, L., Scheubc, U. & Vollmar, S. (Hrsg.). (2022). *Zukunftsbilder 2045: Eine Reise in die Welt von morgen.* Oekom Verlag.

Scherer, A. & Palazzo, G. (2007). Toward a political conception of corporate responsibility: business and society seen from a habermasian perspective. *Academy of Management Review, 32*(4), 1096–1120.

Schmidt, J.-H. (2014). Onlinebasierte Öffentlichkeiten: Praktiken, Arenen und Strukturen. In C. Fraas, S. Meier & C. Pentzold (Hrsg.), *Online-Diskurse: Theorien und Methoden transmedialer Online-Diskursforschung* (S. 35–56). Halem.

Schneider, C. R., Zaval, L. & Markowitz, E. M. (2021). Positive emotions and climate change. *Current Opinion in Behavioral Sciences, 42*, 114–120. https://doi.org/10.1016/j.cobeha.2021.04.009

Schneider, J. & Eisenegger, M. (2018). Newsrepertoires junger Erwachsener. In N. Gonser (Hrsg.), *Der öffentliche (Mehr-)Wert von Medien: Public Value aus Publikumssicht* (S. 93–108). Springer Fachmedien.

Schoeneborn, D. (2013). Organisations- trifft Kommunikationsforschung: Der Beitrag der „Communication Constitutes Organization"-Perspektive (CCO). In A. Zerfaß, L. Rademacher & S. Wehmeier (Hrsg.), *Organisationskommunikation und Public Relations: Forschungsparadigmen und neue Perspektiven* (S. 97–115). Springer Fachmedien. https://doi.org/10.1007/978-3-531-18961-1_5

Schoeneborn, D. & Trittin, H. (2013). Transcending transmission: towards a constitutive perspective on CSR communication. *Corporate Communications: An International Journal, 18*(2), 193–211. https://doi.org/10.1108/13563281311319481

Schölderle, T. (2017). *Geschichte der Utopie: Eine Einführung* (2., überarb. und aktual. Aufl.). Böhlau Verlag. https://doi.org/10.36198/9783838548180

Scholl, A. (2009). Vom Dissens zur Dissidenz. Die Bedeutung alternativer Gegenöffentlichkeit für die Gesellschaft. In J. Westerbarkey & K. Merten (Hrsg.), *Konstruktion von Kommunikation in der Mediengesellschaft: Festschrift für Joachim Westerbarkey* (S. 83–95). VS Verlag für Sozialwissenschaften. https://doi.org/10.1007/978-3-531-91509-8_6

Schröter, B. (2011). *Klientelismus in der Politik Mexikos: Parteien im Vergleich. Politik in Afrika, Asien und Lateinamerika.* VS Verlag für Sozialwissenschaften.

Scott, W. R. (2014). *Institutions and Organizations: Ideas, Interests, and Identities* (4. Aufl.). SAGE.

Sealey-Huggins, L. A. (2016). Depoliticised activism? Ambivalence and pragmatism at the COP16. *International Journal of Sociology and Social Policy, 36*(9/10), 695–710. https://doi.org/10.1108/IJSSP-12-2015-0143

Seele, P. & Gatti, L. (2017). Greenwashing revisited: in search of a typology and accusation-based definition incorporating legitimacy strategies. *Business Strategy and the Environment, 26*(2), 239–252. https://doi.org/10.1002/bse.1912

Shue, H. (2020). Global environment and international inequality. In S. M. Gardiner, S. Caney, D. Jamieson & H. Shue (Hrsg.), *Oxford scholarship online. Climate ethics: essential readings* (S. 101–111). Oxford University Press. https://doi.org/10.1093/oso/9780195399622.003.0014

Smith, W. K., Gonin, M. & Besharov, M. L. (2013). Managing social-business tensions: a review and research agenda for social enterprises. *Academy of Management Proceedings, 23*(3), 407–442. https://doi.org/10.5465/ambpp.2013.187

Smith, W. K. & Lewis, M. W. (2011). Toward a theory of paradox: a dynamic equilibrium model of organizing. *Academy of Management Review, 36*(2), 381–403.

Smith, W. K., Lewis, M. W., Jarzabkowski, P. & Langley, A. (2017). Introduction: the paradoxes of paradox. In W. K. Smith, M. W. Lewis, P. Jarzabkowski & A. Langley (Hrsg.), *Oxford handbooks online business and management. The Oxford handbook of organizational paradox* (S. 1–24). Oxford University Press. https://doi.org/10.1093/oxfordhb/9780198754428.013.30

Smith, W. K. & Pina e Cunha, M. (2020). A paradoxical approach to hybridity: integrating dynamic equilibrium and disequilibrium perspectives. In M. L. Besharov & B. C. Mitzinneck (Hrsg.), *Research in the sociology of organizations. organizational hybridity: perspectives, processes, promises* (S. 93–113). Emerald Publishing Limited.

Snelson-Powell, A. C., Grosvold, J. & Millington, A. I. (2020). Organizational hypocrisy in business schools with sustainability commitments: the drivers of talk-action inconsistency. *Journal of Business Research, 114*, 408–420. https://doi.org/10.1016/j.jbusres.2019.08.021

Snow, D. A. & Benford, R. D. (1988). Ideology, frame resonance, and participant mobilization. *International Social Movement Research, 1*, 197–218.

Snow, D. A., Rochford, E. B., Worden, S. K. & Benford, R. D. (1986). Frame alignment processes, micromobilization, and movement participation. *American Sociological Review, 51*(4), 464–481. https://doi.org/10.2307/2095581

Snow, D. A., Soule, S. A. & Kriesi, H. (2004). Mapping the terrain. In D. A. Snow, S. A. Soule & H. Kriesi (Hrsg.), *Blackwell companions to sociology. The Blackwell companion to social movements* (S. 3–16). Blackwell.

Spence, A. & Pidgeon, N. (2010). Framing and communicating climate change: the effects of distance and outcome frame manipulations. *Global Environmental Change, 20*(4), 656–667. https://doi.org/10.1016/j.gloenvcha.2010.07.002

Spence, A., Poortinga, W. & Pidgeon, N. (2012). The psychological distance of climate change. *Risk Analysis, 32*(6), 957–972. https://doi.org/10.1111/j.1539-6924.2011.01695.x

Staab, J. F. (1998). Faktoren aktueller Berichterstattung. Die Nachrichtenwert-Theorie und ihre Anwendung auf das Fernsehen. In K. Kamps & M. Meckel (Hrsg.), *Fernsehnachrichten: Prozesse, Strukturen, Funktionen* (S. 49–64). Springer Fachmedien.

Staab, P. (2022). *Anpassung: Leitmotiv der nächsten Gesellschaft*. Suhrkamp.

Stål, H. I. & Corvellec, H. (2022). Organizing means–ends decoupling: core–compartment separations in fast fashion. *Business & Society, 61*(4), 857–885. https://doi.org/10.1177/00076503211001856

Standard.at. (2001, 29. März). *USA weigern sich, das Kyoto-Abkommen umzusetzen.* https://www.derstandard.at/story/526367/usa-weigern-sich-das-kyoto-abkommen-umzusetzen

Statista. (2020). *Anteil des reichsten und ärmsten Bevölkerungsanteils an der weltweiten Produktion von CO2-Emissionen.* https://de.statista.com/statistik/daten/studie/1351819/umfrage/anteil-der-reichsten-und-aermsten-an-der-weltweiten-co2-produktion/

Statista. (2023). *Klimawandelskepsis in Deutschland.* https://de.statista.com/infografik/29590/glauben-an-menschengemachten-klimawandel/

Statista. (2024a). *Durchschnittliche jährliche globale Temperaturanomalien von 1850 bis 2023.* https://de.statista.com/statistik/daten/studie/1073559/umfrage/durchschnittliche-temperaturschwankungen-land-meer/

Statista. (2024b). *Reichweite einzelner Tageszeitungen in Österreich in den Jahren 2022 und 2023.* https://de.statista.com/statistik/daten/studie/307114/umfrage/tageszeitungen-in-oesterreich-nach-anzahl-der-leser/

Steffen, A. (2019). *Impulse zur eigenen Veränderung: Selbstcoaching mit dem Prinzip von Weniger und Mehr.* Springer Fachmedien.

Stoll-Kleemann, S. & O'Riordan, T. (2020). Revisiting the psychology of denial concerning low-carbon behaviors: from moral disengagement to generating social change. *Sustainability, 12*(3), 1–16. https://doi.org/10.3390/su12030935

Strömbäck, J. (2008). Four phases of mediatization: an analysis of the mediatization of politics. *The International Journal of Press/Politics, 13*(3), 228–246. https://doi.org/10.1177/1940161208319097

Strömbäck, J., Ørsten, M. & Aalberg, T. (2008). *Communicating politics: political communication in the Nordic countries.* Nordicom.

Suddaby, R. & Greenwood, R. (2005). Rhetorical strategies of legitimacy. *Administrative Science Quarterly, 50*(1), 35–67. https://doi.org/10.2189/asqu.2005.50.1.35

Takahashi, B., Metag, J., Thaker, J. & Comfort, S. E. (2022a). Expanding conceptualizations of environmental communication research. In B. Takahashi, J. Metag, J. Thaker & S. E. Comfort (Hrsg.), *International communication association (ICA) handbook series. The handbook of international trends in environmental communication* (S. 3–13). Routledge Taylor & Francis Group.

Takahashi, B., Metag, J., Thaker, J. & Comfort, S. E. (Hrsg.). (2022b). *International communication association (ICA) handbook series. The handbook of international trends in environmental communication.* Routledge Taylor & Francis Group.

Thaker, J. (2020). Corporate communication about climate science: a comparative analysis of top corporations in New Zealand, Australia, and Global Fortune 500. *Journal of Communication Management, 24*(3), 245–264. https://doi.org/10.1108/JCOM-06-2019-0092

Thier, K. & Lin, T. (2022). How solutions journalism shapes support for collective climate change adaptation. *Environmental Communication, 16*(8), 1027–1045. https://doi.org/10.1080/17524032.2022.2143842

Thornton, P. H. & Ocasio, W. (1999). Institutional logics and the historical contingency of power in organizations: executive succession in the higher education publishing industry, 1958–1990. *American Journal of Sociology, 105*(3), 801–843.

Thornton, P. H., Ocasio, W. & Lounsbury, M. (Hrsg.). (2012). *The institutional logics perspective: a new approach to culture, structure and process.* Oxford University Press. https://doi.org/10.1093/acprof:oso/9780199601936.001.0001

Thummes, K. (2020). CSR-Kommunikation von Unternehmen: Grundlagen der Verantwortungskommunikation. In A. Zerfaß, M. Piwinger & U. Röttger (Hrsg.), *Handbuch Unternehmenskommunikation* (S. 1–16). Springer Fachmedien. https://doi.org/10.1007/978-3-658-03894-6_44-1

Toplišek, A. & Thomassen, L. (2017). From protest to party: horizontality and verticality on the Slovenian left. *Europe-Asia Studies, 69*(9), 1383–1400. https://doi.org/10.1080/09668136.2017.1385727

Tratschin, L. (2016). *Protest und Selbstbeschreibung: Selbstbezüglichkeit und Umweltverhältnisse sozialer Bewegungen.* transcript.

Tschötschel, R., Schuck, A., Schwinges, A. & Wonneberger, A. (2021). Climate change policy support, intended behaviour change, and their drivers largely unaffected by consensus messages in Germany. *Journal of Environmental Psychology*, *76*, 1–11. https://doi.org/10.1016/j.jenvp.2021.101655

Uhl-Hädicke, I. (2022). *Warum machen wir es nicht einfach? Die Psychologie in der Klimakrise*. Molden.

Umweltbundesamt. (2024a). *Indikator: Globale Lufttemperatur*. https://www.umweltbundesamt.de/daten/umweltindikatoren/indikator-globale-lufttemperatur#welche-bedeutung-hat-der-indikator

Umweltbundesamt. (2024b). *Klimawandel-Skeptiker*. https://www.umweltbundesamt.de/themen/klima-energie/klimawandel/klimawandel-skeptiker#diskussion-um-anthropogene-durch-den-menschen-verursachte-klimaanderung

Umweltbundesamt. (2024c). *Treibhausgase*. https://www.umweltbundesamt.at/klima/treibhausgase

UN – United Nations. (1987). *Our common future: Report of the World Commission on environment and development*. https://www.are.admin.ch/dam/are/en/dokumente/nachhaltige_entwicklung/dokumente/bericht/our_common_futurebrundtlandreport1987.pdf.download.pdf/our_common_futurebrundtlandreport1987.pdf

UN – United Nations. (2015). *Transforming our world: the 2030 agenda fpr sustainable development: A/RES/70/1*. https://sdgs.un.org/sites/default/files/publications/21252030%20Agenda%20for%20Sustainable%20Development%20web.pdf

UNDP – United Nations Development Programme. (2007). *Human development report 2007/2008: fighting climate change. Human solidarity in a divided world. Human development report: 2007/08*. Palgrave Macmillan.

UNEP – United Nations Environment Programme. (2023). *Emissions Gap report 2023: broken record – temperatures hit new highs, yet world fails to cut emissions (again)*. https://wedocs.unep.org/bitstream/handle/20.500.11822/43922/EGR2023.pdf?sequence=3&isAllowed=y https://doi.org/10.59117/20.500.11822/43922

UNFCCC – United Nations Framework Convention on Climate Change. (2024a). *About the secretariat*. https://unfccc.int/about-us/about-the-secretariat

UNFCCC – United Nations Framework Convention on Climate Change. (2024b). *The Paris agreement*. https://unfccc.int/process-and-meetings/the-paris-agreement

UNFCCC – United Nations Framework Convention on Climate Change. (2024c). *What is the Kyoto protocol?* https://unfccc.int/kyoto_protocol

Urner, M. (2021). *Raus aus der ewigen Dauerkrise: Mit dem Denken von morgen die Probleme von heute lösen*. Droemer.

van der Linden, S. (2015). The social-psychological determinants of climate change risk perceptions: towards a comprehensive model. *Journal of Environmental Psychology*, *41*, 112–124. https://doi.org/10.1016/j.jenvp.2014.11.012

van Dijck, J., Poell, T. & Waal, M. de. (2018). *The platform society: public values in a connective world* (Bd. 1). Oxford University Press. https://doi.org/10.1093/oso/9780190889760.001.0001

Vernon, J. L. (2016). Overcoming the bystander effect. *American Scientist*, *104*(4), 194. https://www.jstor.org/stable/44808932

Vollero, A. (2022). *Greenwashing: foundations and emerging research on corporate sustainability and deceptive communication*. Emerald Publishing.

Waddock, S. & Googins, B. K. (2011). The paradoxes of communicating corporate social responsibility. In Ø. Ihlen, J. Bartlett & S. May (Hrsg.), *Handbooks in communication and media. The handbook of communication and corporate social responsibility* (Bd. 54, S. 23–43). Wiley-Blackwell. https://doi.org/10.1002/9781118083246.ch2

Weder, F. (2021). (P)rebels needed! Transformative potential of problematization for social change. In D. Pompper (Hrsg.), *Communicating responsible diversity, equity, and inclusion. Public Relations for Social Responsibility: affirming DEI commitment with action* (S. 191–206). Emerald Publishing. https://doi.org/10.1108/978-1-80043-167-620211014

Weder, F. (2022). Strategic problematization of sustainability reframing dissent in strategic communication for transformation. *Public Relations Inquiry*, *11*(3), 337–360. https://doi.org/10.1177/2046147X211026857

Weder, F. (2023a). Cultivation of sustainability in a discourse of change: perspectives on communication for sustainability as new "norm" and principle of action in socio-ecological transformation processes. *Journal of Language and Politics*, *22*(5), 577–600. https://doi.org/10.1075/jlp.22122.wed

Weder, F. (2023b). The evolution of the sustainability story: strategic sustainability communication as niche construction. *International Journal of Strategic Communication*, *17*(3), 228–244. https://doi.org/10.1080/1553118X.2023.2229304

Weder, F., Karmasin, M., Krainer, L. & Voci, D. (2021). Sustainability communication as critical perspective in media and communication studies—an introduction. In F. Weder, L. Krainer & M. Karmasin (Hrsg.), *The sustainability communication reader: a reflective compendium* (S. 1–12). Springer Fachmedien. https://doi.org/10.1007/978-3-658-31883-3_1

Weder, F., Koinig, I. & Voci, D. (2019). Antagonistic framing of sustainability by energy suppliers. *Corporate Communications: An International Journal*, *24*(2), 368–390. https://doi.org/10.1108/CCIJ-01-2018-0014

Weder, F., Krainer, L. & Karmasin, M. (Hrsg.). (2021). *The sustainability communication reader: a reflective compendium.* Springer Fachmedien. https://doi.org/10.1007/978-3-658-31883-3

Weder, F. & Eriksen, M. (2023). *CSR Communication and Cultures of Sustainability.* The University of Queensland. https://doi.org/10.14264/428d81b

Weder, F. & Voci, D. (2021). From ignorance to resonance: analysis of the transformative potential of dissensus and agonistic deliberation in sustainability communication. *International Journal of Communication*, *15*, 163–186.

Weik, E. (2020). Was ist eine Institution? Der organisationale Institutionenbegriff zwischen Pornographie und Fußball. In R. Hasse & A. K. Krüger (Hrsg.), *Sozialtheorie. Neo-Institutionalismus: Kritik und Weiterentwicklung eines sozialwissenschaftlichen Forschungsprogramms* (S. 35–74). transcript Verlag.

Welzer, H. (2023). Die nachhaltige Gesellschaft: Eine konkrete Utopie. In W. Roters, H. Gräf & H. Wollmann (Hrsg.), *Zukunft denken und verantworten* (S. 113–121). Springer Fachmedien. https://doi.org/10.1007/978-3-658-41039-1_5

Whelan, G. (2013). Corporate constructed and dissent enabling public spheres: differentiating dissensual from consensual corporate social responsibility. *Journal of Business Ethics*, *115*(4), 755–769. https://doi.org/10.1007/s10551-013-1823-y

Wijen, F. (2014). Means versus ends in opaque institutional fields: trading off compliance and achievement in sustainability standard adoption. *Academy of Management Review, 39*(3), 302–323. https://doi.org/10.5465/amr.2012.0218

Wild, M. (2021). Foren öffentlicher Kommunikation im Netz – Zur Anwendbarkeit des Arenenmodells im digitalen Zeitalter. In M. Eisenegger, M. Prinzing, P. Ettinger & R. Blum (Hrsg.), *Research (Wiesbaden, Germany). Digitaler Strukturwandel der Öffentlichkeit: Historische Verortung, Modelle und Konsequenzen* (S. 151–166). Springer VS Springer Fachmedien.

Wilde, P. de (2013). Representative claims analysis: theory meets method. *Journal of European Public Policy, 20*(2), 278–294. https://doi.org/10.1080/13501763.2013.746128

Willig, I., Blach-Ørsten, M. & Burkal, R. (2022). What is 'good' climate journalism? Public perceptions of climate journalism in Denmark. *Journalism Practice, 16*(2–3), 520–539. https://doi.org/10.1080/17512786.2021.2016069

Wimmer, J. (2007). *(Gegen-)Öffentlichkeit in der Mediengesellschaft: Analyse eines medialen Spannungsverhältnisses* (Dissertation). VS Verlag für Sozialwissenschaften.

Winkler, P., Etter, M. & Castelló, I. (2020). Vicious and virtuous circles of aspirational talk: from self-persuasive to agonistic CSR rhetoric. *Business & Society, 59*(1), 98–128. https://doi.org/10.1177/0007650319825758

Winkler, P., Etter, M. & Wehmeier, S. (2017). Forms of talk-action-inconsistency: introducing reverse coupling. *Management Communication Quarterly, 31*(3), 479–485. https://doi.org/10.1177/0893318917699523

Yang, A., Wang, R. & Wang, J. (2017). Green public diplomacy and global governance: the evolution of the U.S–China climate collaboration network, 2008–2014. *Public Relations Review, 43*(5), 1048–1061. https://doi.org/10.1016/j.pubrev.2017.08.001

Yi, H. & Feiock, R. C. (2015). Climate action plan adoptions in the US states. *International Journal of Climate Change Strategies and Management, 7*(3), 375–393. https://doi.org/10.1108/IJCCSM-02-2014-0019

YouGov. (2023). *Junges Europa 2023: So denken Menschen zwischen 16 und 26 Jahren.* https://www.google.com/url?sa=t&rct=j&q=&esrc=s&source=web&cd=&cad=rja&uact=8&ved=2ahUKEwj10M3lksuEAxWuSfEDHXwfAssQFnoECBMQAQ&url=https%3A%2F%2Fwww.tui-stiftung.de%2Fwp-content%2Fuploads%2F2023%2F06%2F2023_06_02-YouGov_Ergebnisbericht_TUI-Stiftung_Junges-Europa.pdf&usg=AOvVaw0jetyDpufRfPMxtmM9MJTB&opi=89978449

Yusof, N.'A., Tabassi, A. A. & Kamal, E. M. (2020). Do environmental, economic and reputational advantages strengthen green practices' impact on environmental performance? *Corporate Social Responsibility and Environmental Management, 27*(5), 2081–2093. https://doi.org/10.1002/csr.1948

Yusuf, J.-E. & St. John III, B. (Hrsg.). (2022). *Communicating climate change: making environmental messaging accessible.* Routledge. https://doi.org/10.4324/9781003037378

Zerfaß, A. (2008). Corporate communication revisited: integrating business strategy and strategic communication. In A. Zerfass, B. van Ruler & K. Sriramesh (Hrsg.), *Public relations research: European and international perspectives and innovations* (S. 65–96). VS Verlag für Sozialwissenschaften.

Zerfass, A. & Link, J. (2022). Communication management: structures, processes, and business models for value creation through corporate communications. In J. Falkheimer & M. Heide (Hrsg.), *Research handbook on strategic communication* (S. 237–258). Edward Elgar Publishing.

Zerfass, A., Verčič, D., Nothhaft, H. & Werder, K. P. (2018). Strategic communication: defining the field and its contribution to research and practice. *International Journal of Strategic Communication*, *12*(4), 487–505. https://doi.org/10.1080/1553118X.2018.1493485

Zucker, L. (1977). The role of institutionalization in cultural persistence. *American Sociological Review*, *42*(5), 726–743.

Kolibri 360 GmbH
Ferdinand-Jühlke-Straße 7
99095 Erfurt, Deutschland
produktsicherheit@kolibri360.de